Grundzüge
der Schmiertechnik

Gestaltung und Berechnung vollkommen geschmierter
Maschinenteile auf Grund der hydrodynamischen Theorie

Praktisches Handbuch für Konstrukteure
Betriebsleiter, Fabrikanten und Studierende
des Maschinenbaufaches

von

E. Falz

Oberingenieur, Mitarbeiter des
Ausschusses für wirtschaftliche Fertigung
beim Reichskuratorium für Wirtschaftlichkeit

Mit 84 Textabbildungen, 21 Zahlentafeln
und 31 Rechnungsbeispielen

Berlin
Verlag von Julius Springer
1926

Vorwort.

Wohl selten bedürfte ein Sondergebiet der Technik so notwendig einer klaren Vereinheitlichung seiner Grundzüge wie die Schmiertechnik, — weisen doch die derzeit bestehenden Anschauungen über Reibung und Schmierung so zahlreiche Widersprüche und Unklarheiten auf, daß eine eindeutige Darstellung der gegenwärtig vorherrschenden Auffassung gar nicht möglich wäre.

Der Grund dieser mangelnden Klarheit liegt vornehmlich in zwei Umständen: erstens in der unstreitig sehr großen Schwierigkeit der Materie, die von vielen, wenn nicht von den meisten, bedeutend unterschätzt wird, und zweitens wohl auch darin, daß gerade die besten und wichtigsten Forschungsergebnisse selten in solcher Form veröffentlicht werden, daß der in der Praxis stehende Ingenieur sie ohne weiteres nutzbringend verwerten kann. Letzteres liegt nun wiederum teilweise mit im Wesen der Forschungsarbeiten, daß eben gerade der Weg und die Methoden der Forschung stärker betont zu werden pflegen, als die eigentliche praktische Nutzanwendung der Forschungs-Ergebnisse.

Hier als Vermittler zwischen rein wissenschaftlicher Forschung und werktätiger Praxis durch Schaffung einer einheitlichen „Lehre der Schmiertechnik" einzugreifen, sollte eine dankenswerte Aufgabe der angewandten Wissenschaft sein. — Wenngleich eine derartige Arbeit auch zweifellos großes Geschick erfordert, so scheint der Versuch, diese Aufgabe zu erfüllen, selbst auf die Gefahr hin, nicht von allen Seiten die gleiche Anerkennung zu finden, im Interesse des allgemeinen Fortschrittes doch lohnend. Eine Ermunterung hierzu erhielt Verfasser bereits im Jahre 1921 gelegentlich der Aufstellung seiner „Schmiertechnischen Konstruktionsrichtlinien für den Dampfmaschinenbau" *) durch eine Zuschrift unseres leider zu früh verstorbenen bahnbrechenden Forschers auf dem Gebiete der Reibung und Schmierung, Prof. Dr.-Ing. L. Gümbel, Charlottenburg, mit den Worten: „Ich möchte aber zusammenfassend nicht verfehlen, meiner Freude und Bewunderung über die klare Darstellung der Kernpunkte einer zweckmäßigen Schmierung Ausdruck zu geben".

So möge denn diese Arbeit im Hinblick auf die mannigfaltigen Schwierigkeiten, sowohl des Stoffes wie der Darstellung, insbesondere seitens unserer wissenschaftlichen Fachwelt mit derselben Nachsicht aufgenommen werden, wie andere ähnliche Arbeiten auf dem Gebiete der angewandten Wissenschaften.

*) Vorgetragen im Lübecker Bezirksverein deutscher Ingenieure im November 1921.

Der Zweck des vorliegenden Buches, die Grundzüge der Schmiertechnik nach dem heutigen Stande der Erkenntnis in knapper, allgemein verständlicher Form einheitlich zur Darstellung zu bringen, sodaß sie dem werktätigen Ingenieur als Richtschnur für Konstruktion, Berechnung, Werkstattausführung und Betrieb zu dienen vermögen, erfordert begreiflicherweise manche Einschränkung, die vom rein wissenschaftlichen Standpunkt als Mangel empfunden werden mag. So mußten z. B. fast alle fundamentalen Ableitungen und verwickelteren Einzelheiten übergangen werden, um die Übersichtlichkeit und den rein praktischen Charakter der Darstellungen nicht zu beeinträchtigen. — Das zum Schluß des Buches gebrachte Literaturverzeichnis soll hierfür nach Möglichkeit entschädigen.

Besonderer Wert ist auf kurze, klare Zusammenfassungen gelegt, die am Ende jeden Abschnittes die wichtigsten Punkte unterstreichend hervorheben und damit eine bequeme Gesamtübersicht und rasche Orientierung ermöglichen. Zum Schluß werden die gesamten für Berechnung, Ausführung und Betrieb maßgebenden Gesichtspunkte der Schmiertechnik nochmals summarisch kurz zusammengefaßt und durch anschauliche Beispiele erläutert.

Wenn diese Arbeit dazu beiträgt, daß ein Teil der vielen unzweckmäßigen Konstruktionen und Schmiermethoden verschwindet und vollkommeneren und wirtschaftlicheren Einrichtungen Platz macht, so ist der Zweck dieses Buches erfüllt. — Wie sehr die Frage zweckmäßiger Schmierung auch im Interesse der allgemeinen Wirtschaftlichkeit liegt, zeigen die diesbezüglichen Bestrebungen des Ausschusses für Energieleitung im A. W. F. (Ausschuß für wirtschaftliche Fertigung), dessen Aufklärungsarbeiten auf dem Gebiete der Lagerschmierung auch vom Unterzeichneten durch Ausarbeitung allgemeiner schmiertechnischer Richtlinien unterstützt werden.

Hannover, Februar 1925.

E. Falz.

Inhaltsverzeichnis.

I. Das Wesen der vollkommenen Schmierung.

1. Unvollkommene und vollkommene Schmierung.

Die neueren Forschungen und Erfahrungen auf dem Gebiete der Reibung und Schmierung haben gezeigt, daß die Reibungsvorgänge bei den meisten Maschinenteilen ganz anderen Gesetzen folgen als auf Grund der früheren Vorstellungen und Lehrsätze angenommen wurde. Um den wirklichen Verhältnissen Rechnung zu tragen, ist daher eine grundlegende Umstellung sowohl der bisherigen Anschauungen und Berechnungsverfahren als auch der für Werkstattausführung, Zusammenbau und Betrieb maßgebenden Hauptgesichtspunkte unumgänglich. Wollte man an den veralteten, heute längst als unrichtig erkannten Vorstellungen, Konstruktionen und Berechnungen festhalten, so würde man sich nicht nur der fortgeschrittenen Technik gegenüber in Widerspruch setzen, sondern sich vor allem sehr bedeutende wirtschaftliche Vorteile vorenthalten, die unter Umständen für die Wettbewerbsfähigkeit einer ganzen Maschinengattung ausschlaggebend sein könnten.

Die früher einzige Auffassung gleitender Reibung, die auch noch neueren Lehrbüchern über Berechnung von Triebwerksteilen zugrunde liegt, war die Annahme eines Reibungsvorganges, für dessen Bestimmungsgrößen das Coulomb'sche Gesetz maßgebend ist:

$$W = \mu \cdot P \text{ kg} \ldots \ldots \ldots \ldots \ldots 1$$

oder, in Worten:

$$\text{Reibungswiderstand} = \text{Reibungszahl} \times \text{Normaldruck,}$$

wobei μ eine hauptsächlich von der Materialbeschaffenheit abhängige Unveränderliche bedeutet, die für verschiedene Verhältnisse durch praktische Versuche festgelegt worden ist. Nach diesem Gesetz ist die Reibungsziffer oder Reibungszahl μ innerhalb ziemlich weiter Grenzen vom Flächendruck und von der Gleitgeschwindigkeit unabhängig.

Je nachdem, ob es sich um geölte bzw. gefettete oder um trockene Flächen handelt, spricht man von „halbtrockener" oder von „trockener" Reibung und unterscheidet demgemäß zwischen der Reibungszahl der halbtrockenen und trockenen Reibung. Die meisten Handbücher geben auch für beide Reibungszustände verschiedene Zahlenwerte an.

Diese Reibungskoeffizienten können zur Berechnung von Band- und Backenbremsen, Reibungsgetrieben, Reibungskupplungen usw. Anwendung finden, falls dabei die Grenzen für den Flächendruck und die Gleit-

geschwindigkeit, innerhalb welcher die angegebenen Zahlenwerte gelten
sollen, nicht überschritten werden.

Trockene Reibung kommt im Maschinenbau eigentlich nur an solchen
Stellen vor, wo Reibung verhindert werden soll, z. B. bei Reibungs-
getrieben, konischen Werkzeugschäften, Keilverbindungen, Radbrem-
sen u. ä. Hierbei tritt in mehr oder weniger starkem Maße das bekannte
„Fressen" auf, da die Flächen sich gegenseitig erheblich angreifen. —
Halbtrockene Reibung entspricht dem Anfahrzustande bei Gleitlagern
und bei sonstigen Gleitflächen und sollte im übrigen nur bei sehr geringen
Geschwindigkeiten auftreten, z. B. bei Kulissensteinen, Druckspindeln,
Scharnieren und Gelenken, ferner auch bei Schneckengetrieben und bei
Reibungskupplungen, die unter Last eingerückt werden müssen.

Während bei den beiden bisher betrachteten Arten der Reibung die
Gleitflächen in unmittelbarer Berührung miteinander standen und der
Reibungsvorgang in einer teils elastischen, teils bleibenden Formände-
rung der beiden Reibungsoberflächen bestand, ist dies bei der sogenannten „flüssigen" Reibung nicht der Fall. Die flüssige Reibung
kennzeichnet sich durch die Eigentümlichkeit, daß zwischen den beiden
aufeinander gleitenden Teilen stets eine dünne, aber doch vollkommen
zusammenhängende Flüssigkeitsschicht (Schmierschicht) aufrechterhalten wird, welche die beiden Gleitflächen dauernd und an allen Punkten
voneinander trennt, so daß unmittelbare Berührung und damit eine
Formveränderung der Gleitoberflächen (Verschleiß) nicht stattfindet.

Für Reibungsvorgänge solcher Art ist das Coulomb'sche Gesetz,
das sich lediglich auf Widerstandszahlen hartstofflicher Deformations-
arbeit stützt, nicht mehr maßgebend, denn der Verschiebungswiderstand wird in diesem Falle nur durch die innere Reibung der Schmierflüssigkeit bestimmt. Es handelt sich somit bei der flüssigen Reibung
eigentlich gar nicht um Reibung im üblichen Sinne, sondern um den
Schubkraftwiderstand einer Flüssigkeit. — Die Grundlagen zur Bestimmung der Flüssigkeitsreibung gibt uns das Newton'sche Gesetz, auf
das weiterhin noch ausführlicher eingegangen wird. Es ist, ebenso wie
das Coulomb'sche Gesetz, ein Erfahrungsgesetz, dessen Gültigkeit
durch viele praktische Versuche bestätigt ist.

Da die Erfahrung gezeigt hat, daß die Reibung von Flüssigkeitsteilchen aneinander unvergleichlich viel geringer ist als die gegenseitige
Reibung fester Körper, sollte letztere nach Möglichkeit durch flüssige
Reibung ersetzt werden; allerdings hängt die Erreichung dieses Zieles
von vielerlei Bedingungen ab, deren Erfüllung nicht immer möglich ist.
Wird nämlich die Flüssigkeitsschicht zwischen den beiden Gleitflächen
zu dünn, so daß stellenweise metallische Reibung zur Flüssigkeitsreibung
hinzutritt, so erhält man statt „flüssiger" nur „halbflüssige" Reibung. Sie besteht aus flüssiger und halbtrockener Reibung und stellt
ein Übergangsstadium zwischen beiden Reibungsarten dar. Dementsprechend ist sie größer als die flüssige und kleiner als die halbtrockene
Reibung. — Beispiele halbflüssiger Reibung sind: ungenügend oder unrichtig geschmierte Lager oder Tragschuhe, ferner schwingende Zapfenlager, Schneckengetriebe, Zahnräder, Kolben und ähnliches.

Unter günstigen Bedingungen und bei richtiger Konstruktion läßt sich indes bei Traglagern, Spurlagern, Achsial-Drucklagern, Geradführungen und Gleitschlitten, also bei den wichtigsten Elementen des Maschinenbaues, reine Flüssigkeitsreibung sehr wohl erzielen und so ist letztere denn unter allen Formen der Reibung die zweifellos bedeutsamste; sie verwirklicht den Idealfall der Reibung und man bezeichnet daher mit reiner Flüssigkeitsreibung arbeitende Gleitflächen als „vollkommen" geschmierte Flächen, im Gegensatz zur „unvollkommenen" Schmierung bei der halbtrockenen und halbflüssigen Reibung.

Die Hauptaufgabe der Schmiertechnik ist hiermit bereits angedeutet: sie besteht in der Untersuchung und Festlegung der Bedingungen, unter denen reine Flüssigkeitsreibung zu erreichen und dauernd aufrechtzuerhalten ist.

Durch vollkommene Schmierung an Stelle unvollkommener kann eine ganze Reihe technischer und wirtschaftlicher Vorteile erzielt werden:

1. Beseitigung bzw. Verringerung des Verschleißes,
2. Verringerung der Reibungsverluste,
3. Verringerung des Ölverbrauches,
4. Steigerung der Belastungsfähigkeit,
5. Erhöhung der Betriebssicherheit.

Auf welche Weise und durch welche Maßnahmen obige Vorteile erzielt werden können, soll in den nachfolgenden Abschnitten dargelegt werden.

Die zwecks Verminderung der Reibung angewandte Schmierung bleibt unvollkommen, so lange direkte Berührung der Reibflächen stattfindet. Vollkommene Schmierung ist erst erreicht, wenn die Oberflächenreibung ganz ausgeschaltet ist und nur noch reine Flüssigkeitsreibung besteht. Hierbei sei jedoch darauf hingewiesen, daß durch reichlichere Schmierung allein flüssige Reibung ohne weiteres nicht zu erzielen ist, d. h. zwei unter trockener oder halbtrockener Reibung aufeinander gleitende Flächen ungeeigneter Form werden durch einfaches Überfluten mit Öl vollkommene Schmierung nicht erreichen lassen. Wohl aber wird, umgekehrt, z. B. ein mit flüssiger Reibung arbeitendes Lager bei genügender Verringerung der Schmiermittelzufuhr in das Gebiet der halbflüssigen und aus diesem in das Gebiet der halbtrockenen Reibung übergehen, um bei gänzlichem Schmiermittelmangel schließlich mit trockener Reibung zu arbeiten. — Die Erklärung und Begründung dieser eigenartigen Zusammenhänge wird aus den nachfolgenden näheren Betrachtungen über das Wesen der flüssigen Reibung hervorgehen.

Zusammenfassung:

1. Trockene Reibung: Schmierung fehlt. Die Reibung folgt dem Coulomb'schen Gesetz. Anzutreffen bei Radbremsen, konischen Werkzeugschäften, Reibungsgetrieben, Keilverbindungen usw. zur Vermeidung gleitender Bewegung oder für vorübergehendes Gleiten. Im letzteren Falle Verschleiß stark (Fressen).

2. Halbtrockene Reibung: Schmierung unvollkommen (auch bei reichlicher Schmiermittelzufuhr). Reibung folgt dem Coulomb'schen Gesetz. Anzutreffen bei Kulissensteinen, Schneckengetrieben, Druckspindeln, Scharnieren und Gelenken, ferner bei Reibungskupplungen und bei allen Gleitflächen im Anfahrzustande, wo vollkommenere Schmierung unmöglich. — Verschleiß beträchtlich.

3. Halbflüssige Reibung: Schmierung unvollkommen. Reibung folgt zum Teil den Gesetzen der Flüssigkeitsreibung, zum Teil dem Coulomb'schen Gesetz. Anzutreffen bei unrichtig oder mangelhaft geschmierten Lagern und Tragschuhen, ferner bei schwingenden Zapfenlagern, Schneckengetrieben, Zahnrädern, Kolben usw. — Verschleiß mäßig.

4. Flüssige Reibung: Schmierung vollkommen. Reibung folgt den Gesetzen der Flüssigkeitsreibung. Anzutreffen bei richtig gebauten und zweckmäßig geschmierten Traglagern, Spurlagern, Achsial-Drucklagern, Geradführungen, Gleitschlitten usw. — Verschleiß gleich null.

5. Eine scharfe Abgrenzung zwischen halbflüssiger und halbtrockener Reibung ist praktisch nicht möglich.

2. Der Schmiervorgang bei ebenen Gleitflächen.

Nachdem auf die große technische und wirtschaftliche Bedeutung der vollkommenen Schmierung hingewiesen ist, soll nunmehr versucht werden, die für die Erreichung reiner Flüssigkeitsreibung wichtigsten Bedingungen klarzulegen, und zwar zunächst bei ebenen Gleitflächen.

Als Beispiel für die nachfolgenden Betrachtungen sei der hintere Kreuzkopf (Tragschuh) einer Kolbenmaschine mit durchgeführter Kolbenstange gewählt, wobei die Erläuterung der in Frage kommenden Vorgänge an Hand eines Falles aus der Praxis erfolgen soll, durch welchen Verfasser erstmalig auf das Problem der vollkommenen Schmierung aufmerksam wurde.

Gelegentlich einer Reparatur der Luftpumpe einer 25 Jahre alten Betriebsmaschine wurde an der während der Mittagspause stillgesetzten Maschine die Wahrnehmung gemacht, daß auf der hinteren Gleitbahn das vom Auftuschieren herrührende markante Schabemuster so klar und deutlich sichtbar war, als wäre die Führung eben erst frisch auftuschiert worden. Der Maschinist versicherte indes, daß seit den 25 Jahren, da er die Maschine warte, eine Überholung der hinteren Führung nicht vorgenommen worden sei.

Diese Mitteilung wirkte einigermaßen verblüffend, war man doch gewohnt, bei älteren Maschinen stets eine mattgrau, wie eingeschliffen aussehende Geradführungsbahn vorzufinden. Durch zuverlässige Informationen bei der betreffenden Firma konnte indes einwandfrei festgestellt werden, daß in der Tat keinerlei Überholung der hinteren Führung stattgefunden hatte. Des Rätsels Lösung mußte also in der Ausführung der Leitbahn oder des hinteren Kreuzkopfes selbst zu suchen sein. Da die Betriebsverhältnisse und das verwendete Öl durchaus normal waren, blieb in der Tat nur die letzte Vermutung übrig.

Die Leitbahn war eben, ohne Schmiernuten oder sonstige Einschnitte, der hintere Kreuzkopf mit einem Gelenk ausgeführt; nichts deutete auf etwas Ungewöhnliches hin.

Infolge Reparatur des Luftpumpenantriebes konnte der Ausbau des hinteren Kreuzkopfes ermöglicht werden und dieser gab denn, allerdings nur auf dem Wege der Kombination, die gesuchte Erklärung: Die Auflagefläche des Kreuzkopfes war ebenfalls ohne Schmiernuten ausgeführt und sauber tuschiert. Das Tuschiermuster ging jedoch, etwa 1 cm von der vorderen und hinteren Kante entfernt, in eine sauber geschlichtete, sehr schlanke Abrundung über.

Mittels dieser Abrundung mußte der Kreuzkopfschuh offenbar, ähnlich einem Gleitboot, auf die Schmierschicht auflaufen und sich auf derselben, dank der Geschwindigkeit, schwimmend erhalten. — Diese Überlegung erwies sich als richtig und damit war auf dem Wege der Beobachtung und Kombination der Grundgedanke des „dynamischen Schwimmens" erkannt.

Die Tatsache, daß bei anderen Maschinen der Kreuzkopfschuh allseitig scharfkantig ausgeführt war, bestätigte, daß der Verschleiß dieser Geradführungen und Kreuzköpfe nur auf das Fehlen jener schlanken Abrundung zurückgeführt werden könne. Bemerkt sei hierzu, daß zur damaligen Zeit (der Herstellung des Kreuzkopfes) die feinere Ausführung der Werkstücke ganz der Intelligenz und dem Ermessen des Arbeiters überlassen war, da die Zeichnungen nur die Hauptmasse und wichtigsten Angaben enthielten. Nur so war es möglich, daß diese abweichende Ausführung des Kreuzkopfes verwirklicht werden konnte. — Weitere Maschinen derselben Kreuzkopfausführung konnten nicht ermittelt werden; offenbar war der betreffende Schlosser nur kurze Zeit bei der Firma beschäftigt gewesen.

Dieser Fall gab zu umfangreichen Studien Anlaß, in deren Brennpunkt die von Petroff und Osborne Reynolds begründete, durch Sommerfeld ausgebaute und von Gümbel erweiterte und der Praxis angepaßte „hydrodynamische Theorie geschmierter Maschinenteile" stand. Nach dieser erklärt sich obige Beobachtung wie folgt:

Das Auftreten reiner Flüssigkeitsreibung setzt eine Drucksteigerung in der Schmierschicht voraus, die so groß ist, daß die Belastung, unter der das Gleiten vor sich geht, vollkommen getragen wird. Zwischen zwei parallelen, aufeinander gleitenden ebenen Flächen kann aber in der Schmierschicht trotz der Bewegung eine Drucksteigerung nicht zustande kommen; eine etwa zwischen den beiden Flächen vorhandene Ölschicht würde vielmehr in kurzer Zeit durch die Belastung völlig verdrängt werden. Weiteres Gleiten würde dann unter halbtrockener Reibung vor sich gehen, vorausgesetzt, daß das Gleitstück scharfkantig ausgeführt ist, wie das bei den normalen Gleitschuhen von Geradführungen der Fall zu sein pflegt.

Wird indes ein geneigtes ebenes Gleitstück mit der angehobenen Kante voraus auf einer vorhandenen Schmierschicht bewegt, so daß sich zwischen den beiden Gleitflächen eine mit der Schneide nach hinten weisende keilförmige Ölschicht bildet, so entsteht in der Schmierschicht infolge der Bewegung und der Zähigkeit des Schmiermittels eine Drucksteigerung, die unter geeigneten Verhältnissen so groß werden kann, daß das Gleitstück trotz der auf ihm ruhenden Belastung auf der Ölschicht schwimmend erhalten wird. Die metallische Berührung beider Gleitflächen bleibt infolge der Keilkraftwirkung der Schmierschicht dauernd ausgeschaltet und das Gleiten erfolgt unter reiner Flüssigkeitsreibung.

Dieses Prinzip der **Keilkraftschmierung** lag in grober Annäherung auch bei jenem Kreuzkopfschuh vor. Trotzdem nur ein geringer Teil der Fläche geneigt war, genügte die unter dem angeschrägten Teil auftretende Öldrucksteigerung, um den gesamten Kreuzkopf mit seiner Belastung im Zustande des dynamischen Schwimmens zu erhalten. Da

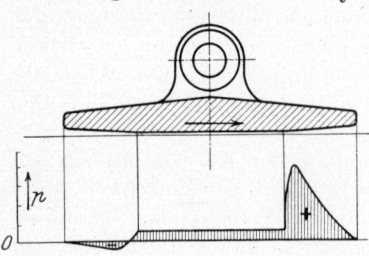

die Umkehr in den Totpunkten ziemlich rasch erfolgt, ist ein Niedersinken des Tragschuhes auf seine Unterlage nicht zu befürchten, trotzdem dieses bei der Geschwindigkeit null eigentlich zu erwarten ist. Das Verdrängen der Ölschicht erfordert jedoch auch bei ruhendem Kreuzkopf eine gewisse Zeit und diese steht eben nicht zur Verfügung.

Abb. 1. Drucksteigerung in der Schmierschicht durch einfache Keilflächen. (Grundprinzip der Keilkraftschmierung.)

Abb. 1 zeigt die Seitenansicht eines Tragschuhes mit vorn und hinten vorgesehener keilförmiger Anschrägung. Der Deutlichkeit halber ist die Neigung stark übertrieben dargestellt, denn maßstäblich ist sie so gering, daß man sie in der Zeichnung gar nicht wahrnehmen würde. Der Gleitvorgang bei dieser Konstruktion ist etwa folgender: Das Schmiermittel haftet infolge seiner Adhäsion an den beiden Gleitflächen und wird durch die Bewegung der einen Gleitfläche gegen die andere gewissermaßen zwischen den Flächen hindurchgezerrt. Wegen der Verjüngung des Querschnittes und der Kohäsion zwischen den Flüssigkeitsteilchen (Zähigkeit) findet dabei eine Drucksteigerung (Kompression) in der Schmierschicht statt, die bei genügender Gleitgeschwindigkeit zum Abheben des Gleitschuhes von der Tragfläche und zu dauerndem dynamischen Schwimmen führt.

Die Drucksteigerungen in der Schmierschicht sind in Abb. 1 unter der Seitenansicht des Tragschuhes mit dargestellt: Den höchsten Druck erreicht die Schmierschicht kurz vor der Übergangsstelle von der schrägen in die parallele Fläche. Zwischen den parallelen Flächen herrscht alsdann ein gleichmäßiger, durch die erste Keilfläche verursachter Schmierschichtdruck*), während er in dem nach hinten größer wer-

---

*) Bezüglich der Druckverteilung können nach Gümbel drei verschiedene Annahmen gemacht werden[27]. Die hier gewählte Annahme ist die ungünstigste; sie bietet jedoch die größte Sicherheit.

(Der Index — im obigen Falle 27 — bedeutet jeweils die entsprechende Nummer des Literaturverzeichnisses am Schluß des Buches.)

denden Keilraum wieder abnimmt und sogar negativ wird, d. h. saugend wirkt. Nennenswerte negative Drücke in der Schmierschicht können jedoch in der Praxis nicht auftreten, da das Öl dabei verdampfen müßte oder Luft von den Seiten eingesogen würde.

Bei schwerer belasteten ebenen Gleitschuhen wird die Ausführung der Tragflächen nach Abb. 2 bevorzugt. Hier sind für jede Bewegungsrichtung 3 tragende Keilflächen vorgesehen, wobei die zwischen den schrägen Tragflächen verbleibenden geraden Flächenteile zur Aufnahme und Übertragung des Druckes während des Stillstandes und während des Anlaufes und Auslaufes dienen, wo die Bewegungsgeschwindigkeit noch nicht ausreicht, um ein Abheben der Flächen durch die Drucksteigerung in der keilförmigen Schmierschicht zu bewirken. Zweckmäßig läßt man hierbei, wie die Ansicht auf die Lauffläche in Abb. 2 zeigt, die keilförmigen Tragflächen seitlich nicht durchgehen, um ein seitliches Abströmen des unter erhöhtem Druck stehenden Öles aus dem Keilraum zu verhindern. Auch bei der Ausführung nach Abb. 1 wäre diese Maßnahme von Vorteil.

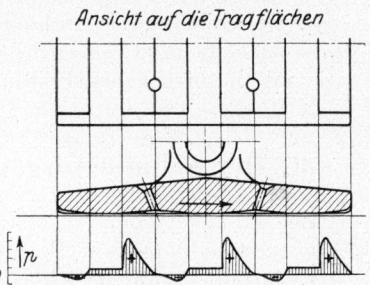

Abb. 2. Drucksteigerung in der Schmierschicht durch mehrfache Keilflächen.

Ist die Gleitgeschwindigkeit im Verhältnis zur Belastung groß genug, so daß der in der keilförmigen Schmierschicht entstehende Öldruck zum Tragen der gesamten Belastung ausreicht, so erfolgt das angestrebte Abheben des Tragschuhes von der Gleitbahn, und der Reibungsvorgang bewegt sich im Gebiet der reinen Flüssigkeitsreibung. Der hierbei auftretende Reibungswiderstand ist, entsprechend der Schubfestigkeit oder Zähigkeit des verwendeten Schmiermittels, sehr gering, und ein Verschleiß im Betriebe tritt nicht auf. Beim Abstellen der Maschine wird die flüssige Reibung nach Maßgabe der Geschwindigkeitsabnahme auf halbflüssige und schließlich, beim Stillstand, auf halbtrockene Reibung zurückgehen, mit welcher der Vorgang der erneuten Inbetriebnahme auch wieder beginnt. Verschleiß, und zwar in geringem Maße, ist demnach bei vollkommen geschmierten Gleitflächen nur während des Anfahrens und Stillsetzens zu erwarten.

Vollkommene Schmierung läßt sich also nicht einfach durch reichliche Ölzufuhr, sondern nur durch gleichzeitige Anwendung keilförmiger Tragflächen, in Verbindung mit genügender Gleitgeschwindigkeit, erreichen, — von weiteren konstruktiven Bedingungen noch abgesehen. Ist die genügende Gleitgeschwindigkeit nicht gegeben, so kann nur halbflüssige Reibung erreicht werden. Ist hingegen die keilförmige Gestalt der Schmierschicht, oder zu allermindest eine schlanke Abrundung der vorderen Gleitschuhkante, nicht gegeben, so kann auch bei genügender Gleitgeschwindigkeit und reichlicher Ölmenge kaum mehr als halbtrockene Reibung erzielt werden, da das Schmiermittel von der scharfen Gleitschuhkante fortgeschoben wird, ohne zwischen die Gleitflächen treten zu können.

Zusammenfassung:

1. Drucksteigerung in der Schmierschicht bis zum dynamischen Schwimmen ist nur zwischen zwei aufeinander gleitenden geneigten Flächen möglich, wenn durch die Bewegung das Öl zur Keilschneide hin mitgenommen wird und die Bewegungsgeschwindigkeit nicht zu gering ist. Bei zu geringer Gleitgeschwindigkeit ist nur halbflüssige Reibung erreichbar.

2. Bei zwei aufeinander gleitenden parallelen Flächen mit scharfkantiger Begrenzung ist eine Drucksteigerung in der Schmierschicht unmöglich und damit weder flüssige noch halbflüssige, sondern nur halbtrockene Reibung erzielbar — gleichgültig bei welcher Gleitgeschwindigkeit.

3. Bei Stillstand ist Schmierung überhaupt nicht möglich. (Allerdings auch nicht erforderlich.) Im Augenblick des Anfahrens ist also stets mit halbtrockener Reibung zu rechnen.

3. Der Schmiervorgang bei umlaufenden Zapfen.

Wie wir aus Abschnitt 2 ersehen haben, sind für die Erreichung reiner Flüssigkeitsreibung zwei Hauptforderungen zu erfüllen:

1. muß die Schmierschicht zwischen den Gleitflächen Keilform aufweisen, derart, daß das Schmiermittel durch die Gleitbewegung vom Keil-Rücken zur Keil-Schneide mitgenommen wird, und

2. muß die Gleitgeschwindigkeit so groß sein, daß der in der keilförmigen Schmierschicht sich infolge der Gleitbewegung bildende Öldruck zu einem Abheben des Gleitstückes von der Gleitfläche führt.

Die erste Forderung läßt sich bei umlaufenden Zapfen in denkbar einfachster Weise dadurch erfüllen, daß man der Bohrung der Lagerschale einen größeren Durchmesser gibt als dem Lagerzapfen. Liegt der Zapfen in einem solchen Lager auf, wie das vor dem Anfahren stets der Fall ist, so ist zwischen Zapfen und Schale ein keilförmiger bzw. sichelförmiger Raum gegeben, der sich bis zum Berührungspunkt des Zapfens mit der Lagerschale stetig bis auf null verringert. Die Durchmesserdifferenz zwischen Lagerschalen- und Zapfendurchmesser — das sogenannte Lagerspiel — ist also ein einfaches Mittel, die geforderte Keilform der Schmierschicht zu verwirklichen.

Ist die Umfangsgeschwindigkeit des Zapfens so groß, daß der in der keilförmigen Schmierschicht infolge der Gleitbewegung sich bildende Öldruck ein Abheben des Zapfens von der Lagerschale bewirkt, so haben wir es mit einem regelrechten „Schwimmen" des Zapfens auf der Schmierschicht — also mit reiner Flüssigkeitsreibung — zu tun. Je größer die Gleitgeschwindigkeit, um so sicherer ist der Vorgang des Schwimmens gewährleistet, d. h. um so dicker wird die Schmierschicht an ihrer dünnsten Stelle. Die größte mögliche Schmierschichtstärke würde bei unendlich großer Drehgeschwindigkeit erreicht werden, wobei sich der Zapfen zentrisch im Lager einstellen würde; die Schmierschicht wäre alsdann an allen Stellen des Lagers gleich stark, nämlich gleich dem halben Lagerspiel.

Bei jeder kleineren Geschwindigkeit schwimmt der Zapfen e x z e n - t r i s c h im Lager und die engste Stelle zwischen Zapfen und Schale — die Stelle der geringsten Schmierschichtstärke — wird um so enger, je geringer die Gleitgeschwindigkeit ist. Bei unendlich kleiner Gleit- geschwindigkeit erreicht die Exzentrizität ihr Maximum, nämlich die Größe des halben Lagerspieles oder der ganzen Halbmesserdifferenz. Die geringste Schmierschichtstärke wird hierbei gleich null, d. h. der Zapfen liegt in einer Linie in der Lagerschale auf.

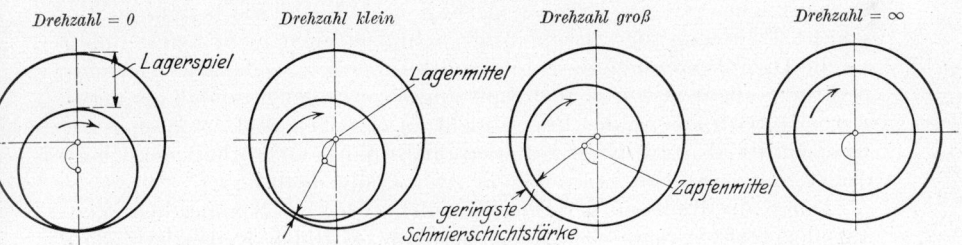

Abb. 3. Lage des Zapfens im Lager bei verschiedener Drehgeschwindigkeit.

Mit zunehmender Geschwindigkeit setzt das Schwimmen des Zap- fens ein und das Zapfenmittel nähert sich mehr und mehr dem Lager- mittel. Hierbei findet nicht nur ein senkrechtes Heben, sondern auch gleichzeitig ein seitliches Verschieben des Zapfens im Lagerspielraum statt, und zwar in der belasteten Schale im Sinne der Gleitbewegung. Die seitliche Verschiebung nimmt mit wachsender Drehgeschwindig- keit*) zunächst bis zu einem Höchstwert zu und dann wieder ab, da das Zapfenmittel schließlich dem Lagermittel zustrebt. Der Weg, den das Zapfenmittel von der Dreh- geschwindigkeit null bis zur Drehgeschwin- digkeit = unendlich im Lagerspielraum be- schreibt, stellt eine Kurve von angenähert Halbkreisgestalt dar (Abb. 3).

Das Schwimmen des Zapfens auf der Schmierschicht ist nur dadurch möglich, daß in der Schmierschicht Ölpressungen von solcher Größe auftreten, daß die gesamte Zapfenbelastung getragen wird. Die in der Schmierschicht auftretenden Drucksteige- rungen sind in Abb. 4 durch ein Diagramm schematisch versinnbildlicht: Der Zapfen

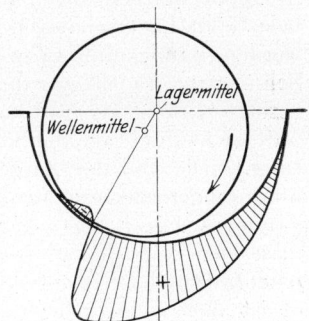

Abb. 4. Drucksteigerung in der Schmierschicht bei halb- umschließenden Traglagern.

schwimmt in einem halbumschließenden Lager bei mäßiger Drehzahl. Die Belastung wirkt senkrecht nach unten. Der die Lagerschale dar-

*) Außer von der Drehgeschwindigkeit ist die Relativlage des Zapfens im Lager noch von der Belastung, der Ölzähigkeit und dem Lagerspiel abhängig, was jedoch vorläufig übergangen werden möge.

stellende Halbkreis ist als Diagrammbasis benutzt und der spez. Druck in der Schmierschicht als Vektordiagramm aufgetragen. Wie aus der Darstellung ersichtlich, nimmt der Schmierschichtdruck von der rechten Seite des Lagers im Sinne der Drehrichtung bis zum engsten Querschnitt stetig zu und von da aus plötzlich ab, um weiterhin negativ (als Unterdruck bzw. Saugwirkung) zu verlaufen.

Der Vorgang an sich ähnelt demjenigen bei ebenen Gleitflächen: Querschnittsverengung im Sinne der Bewegungsrichtung wirkt drucksteigernd, Querschnittserweiterung druckverringernd. Die Druckverringerung würde bei gleicher Neigung der Keilfläche denselben Zahlenwert erreichen wie die Drucksteigerung, doch kann, wie bereits in Abschnitt 2 erwähnt, der Druck in der Schmierschicht nicht tiefer sinken als die Dampfspannung des Schmiermittels bei der gegebenen Lagertemperatur; außerdem würde auch Luft angesogen werden, so daß nennenswerte Unterdrucke in der Praxis nicht zu erwarten sind. Vom engsten Querschnitt ab wird in der Schmierschicht daher angenähert der Überdruck null herrschen, wie auch in Abb. 4 angedeutet ist.

Durch die Keilform der Schmierschicht wird die Schmierflüssigkeit auf der rechten Seite des Lagers bei Abb. 4 in den Keilspalt hineingezogen, hinter dem engsten Querschnitt wieder ausgestoßen. Schmiermittel kann also nur auf derjenigen Seite aufgenommen werden, wo selbsttätiges „Einsaugen" durch den sich drehenden Zapfen erfolgt. Der Zapfen ist hierbei als Pumpe (Zahnradpumpe mit unendlich kleinen Zähnen) zu betrachten, die das an der Zapfenoberfläche haftende Schmiermittel von der einen Seite der Lagerschale — durch den engsten Querschnitt hindurch — auf die andere Seite fördert. Ölaufnahme auf der linken Seite in Abb. 4 wäre also unmöglich.

Diese Betrachtungen führen zu der wichtigen Erkenntnis, daß der belasteten Lagerschale Öl nur durch den Zapfen selbst zugeführt werden kann, und zwar an der sogenannten „Einlaufseite". (Daß Schmiernuten nicht nur ihren Zweck verfehlen, sondern genau entgegengesetzt wirken, als beabsichtigt, sei hier vorweg bemerkt. Abschnitt 4 unterzieht die Frage der Schmiernuten noch einer ausführlichen Betrachtung.) Die von der Zapfenoberfläche durch die belastete Lagerschale hindurchgeförderte Ölmenge liegt bei gegebenem Ölzustand für ein vorhandenes Lager bei gegebenen Geschwindigkeits- und Druckverhältnissen ein für allemal fest und kann willkürlich nicht verändert — jedenfalls nicht vergrößert — werden; selbst durch Zuführung von Preßöl ist dies nicht, oder doch nur in ganz unerheblichem Maße zu erreichen.

Anders hingegen im nicht belasteten Teil der Lagerschale. — Da hier kein positiver Überdruck herrscht, kann durch das Lagerspiel zwischen Zapfen und unbelasteter Schale außer der normalen, vom Zapfen im Kreislauf geförderten Ölmenge noch eine zusätzliche Ölmenge mit erhöhter Geschwindigkeit hindurchgeleitet werden. Letzteres könnte jedoch niemals eine verbesserte Schmierung, sondern nur eine vergrößerte Wärmeabfuhr, also verbesserte Kühlung, bewirken, wie sie z. B. durch Preßöl erreicht werden kann.

Da das Öl hiernach ständig einen ununterbrochenen Kreislauf durch die gesamte Lagerschale vollführt, ist die dauernde und richtige Ölverteilung im Lager durch den Zapfen von selbst gegeben und ein Ölersatz nur in dem Maße erforderlich, als Öl an den Lagerenden herausgepreßt wird.

Die Reibung in einem richtig arbeitenden, d. h. vollkommen geschmierten Lager ist somit überhaupt nicht von der Art des Zapfen- und Schalenmaterials abhängig, sondern lediglich von dem Zustande des Schmiermittels, den gegebenen Druck- und Geschwindigkeitsverhältnissen und den Lagerabmessungen.

Ist die Keilform der Schmierschicht nicht gegeben, d. h. erhält die Lagerschale nicht einen größeren Durchmesser als der Zapfen, so kann die erwünschte Kompression des Schmiermittels in der tragenden Lagerschale nicht auftreten und ein Abheben des Zapfens von der Lagerschalengleitfläche findet nicht statt. Bei Lagern, deren Schalen, wie früher allgemein üblich, auf den Zapfen auftuschiert werden, ist also reine Flüssigkeitsreibung kaum zu erzielen, da jede Veranlassung zu einer Drucksteigerung in der Schmierschicht fehlt. Es wird ebenso wie bei dem ebenen Gleitschuh ohne Keilfläche nur ein Gleiten unter unmittelbarer Berührung beider Gleitflächen möglich sein; also grundsätzlich nur unvollkommene Schmierung und halbtrockene bzw. halbflüssige Reibung. Verschleißloser Betrieb ist mit tragend auftuschierten Lagern nicht zu erzielen; daher steigt die Erwärmung bei höheren Geschwindigkeiten auch verhältnismäßig rasch an.

Eine wichtige Bedingung konstruktiver Art für die Erreichbarkeit reiner Flüssigkeitsreibung ist die Forderung, daß die Lagerschale an sich frei beweglich gelagert wird, so daß sie sich selbsttätig parallel zur Zapfenachse einstellen kann. Dies ist erforderlich, weil einerseits Welle und Lagerschale nie so genau montiert werden können, daß sie vollkommen parallel zueinander sind, andererseits sich jede Welle und jeder Zapfen unter dem Einfluß der Belastung im Betriebe elastisch durchbiegt.

Abb. 5 gibt ein Lager mit vollkommener, d. h. kugelförmiger Einstellung wieder, während Abb. 6 eine einfachere und billigere Ausführung darstellt, die zwar theoretisch nicht ganz so vollkommen ist, praktisch aber für die meisten Zwecke genügt.

Abb. 7 stellt im Gegensatz hierzu das bisher übliche starre Lager dar, das sich weder den nie zu vermeidenden Ungenauigkeiten der Montage, noch den ebenso unvermeidlichen elastischen Verbiegungen der Welle anzupassen vermag. Die Anwendung solcher Lager an wichtigen Stellen sollte möglichst vermieden werden.

Einstellbare Lager mit gußeisernen Schalen und richtigem Lagerspiel konnten bei 500 Umdr. in der Minute noch mit 100 kg/cm² und darüber belastet werden, ohne daß die Gleitflächen angegriffen wurden. Eine ähnliche Leistung bei einem starren Lager mit auf die Welle auftuschierten Lagerschalen und den üblichen Schmiernuten ist demgegenüber einfach undenkbar.

Die vielfach vertretene Meinung, daß frei einstellbare Lager nur bei Schalen aus Gußeisen notwendig seien, beruht auf einem Irrtum. Richtig

ist dabei nur, daß Schalen aus Gußeisen der Einstellbarkeit tatsächlich
dringend bedürfen, um — wenigstens bei einigermaßen nennenswerten
Belastungen — überhaupt verwendbar zu sein. Der Grund hierfür liegt
in der Härte des Materials bzw. seiner schlechten Anpassungsfähigkeit.
Tritt in einem starren Gußlager durch Schiefstehen der Welle eine starke
örtliche (einseitige) Pressung auf, so erfolgt Heißlaufen und Fressen.
Eine Weißmetall-Lagerschale unter gleichen Betriebsverhältnissen wird
sich hingegen an der überbeanspruchten Stelle fortquetschen und der
Welle dadurch eine etwas größere Auflagefläche bieten; auch erfolgt das
„Einlaufen" bei Weißmetallagern allgemein viel schneller und besser als
bei Gußlagern. — Aus diesem Grunde versagt ein Weißmetallager als
starres Lager nicht so rasch wie ein Gußlager.

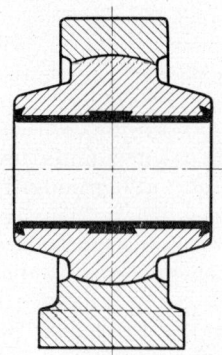
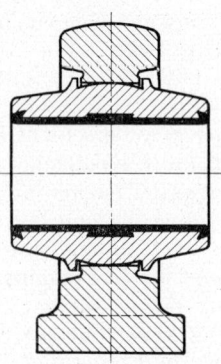
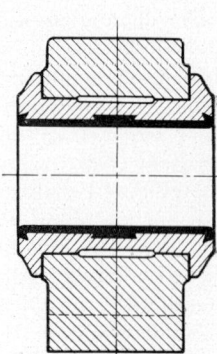

Abb. 5. Traglager mit   Abb. 6. Traglager mit   Abb. 7. Starres Trag-
vollkommener Selbstein-   vereinfachter Selbstein-   lager.
stellung.   stellung.

Zweckmäßig ist die freie Einstellbarkeit bei jeder Art von Lagern
und Lagermetallen — auch bei Triebwerkslagern von Kolbenmaschinen,
wo diesbezügliche Versuche nur vereinzelt gemacht worden sind. Die
bisher bei starren Lagern als zulässig angenommenen bzw. festgestellten Grenzbelastungen können bei einstellbar ausgebildeten Lagerschalen
um ein Vielfaches überschritten werden, womit gleichzeitig gesagt sein
soll, daß die bisherigen starren Lager mangelhaft ausgenutzt waren.

Sofern man starre, eintuschierte Lager verwendet oder anzuwenden
gezwungen ist, sollte man jedenfalls darauf achten, daß die tragende
Lagerschale nach erfolgtem Eintuschieren mindestens an der „Einlaufseite" kräftig frei geschabt wird, da hierdurch wenigstens eine rohe Annäherung an ein Lager mit kleinem Lagerspiel erzielt wird.

Zusammenfassung:

1. Vollkommene Schmierung, d. h. reine Flüssigkeitsreibung ist bei
Lagern für umlaufende Zapfen nur möglich, wenn

a) die Lagerbohrung um den Betrag des Lagerspieles größer ist als der
Zapfendurchmesser,

b) die Lagerschale beweglich gelagert ist, so daß sie sich selbsttätig parallel zur Zapfenachse einstellen kann und dadurch ein gleichmäßiges Tragen auf der ganzen Schalenlänge gewährleistet,

c) die belastete Lagerschale dabei ohne die früher üblichen sogenannten Schmiernuten ausgeführt ist,

d) die Gleitgeschwindigkeit dabei so groß ist, daß ein Abheben des Zapfens von der Lagerschale eintritt, der Zapfen also völlig auf der Schmierschicht schwimmt.

2. Bei Lagerschalen, die ohne Lagerspiel ausgeführt, also unmittelbar auf den Zapfen auftuschiert sind, kann durch reichliches seitliches Freischaben wenigstens angenähert die Wirkung richtigen Lagerspieles erzielt werden.

3. Starre Lager sind für höhere Belastungen bei größerer Drehzahl nicht geeignet, da sie kein gleichmäßiges Tragen des Zapfens gewährleisten, vielmehr zu hohen Kantenpressungen und damit zum Auftreten teilweiser halbtrockener oder halbflüssiger Reibung führen und dadurch zum Heißlaufen neigen; am ehesten bei wechselnder Kraftrichtung.

4. Schmieröl kann von einem Lager nie im mittleren Teil der belasteten Lagerschale aufgenommen werden, da der Druck in der tragenden Schmierschicht viel höher ist als der Druck des zugeführten Öles (auch bei Preßöl). Ölzufuhr ist nur in der unbelasteten Lagerschale und Verteilung des Öles nur durch den Zapfen selbst möglich.

4. Die Wirkung der Schmiernuten.

Das Diagramm der Schmierschichtdrücke in Abb. 4 zeigt uns, daß bei keilförmig, im Sinne der Drehbewegung stetig abnehmender Schmierschichtstärke, eine stetig zunehmende Drucksteigerung in der Schmierschicht auftritt. Würde an irgendeiner Stelle zwischen Einlauf und engstem Querschnitt die Stetigkeit der Keilform unterbrochen, z. B. durch eine breite, in die tragende Lagerschale achsial durchlaufend eingearbeitete Nute, so würde an der betreffenden Stelle auch eine Unterbrechung in der weiteren Steigerung des Schmierschichtdruckes auftreten. Die bis zu diesem Punkt erreichte Drucksteigerung würde sich in der Nute durch achsiales Abströmen verlieren und die Kompression bis zum engsten Querschnitt eine nur unbedeutende Höhe erreichen, da sie gewissermaßen wieder von vorn, d. h. vom Anfangsdruck in der Längsnute, beginnen muß.

Wollte man statt einer Längsnute deren zwei vorsehen, so wäre die Wirkung noch übler: man würde statt des Verlaufes des Schmierschichtdruckes nach Abb. 4 einen solchen nach Abb. 8 erhalten, — also einen insgesamt viel niedrigeren Schmierschichtdruck. Zum Vergleich mit der Ausführung ohne Längsnuten ist in Abb. 8 auch der Verlauf der Schmierschichtdrücke für die gleiche Wellenlage nach Abb. 4 punktiert eingezeichnet. — Die Tragfähigkeit des Lagers nimmt hiernach für eine gegebene Drehzahl bei Vorhandensein der Längsnuten ganz bedeutend ab.

Nach diesen Darlegungen dürfte es wohl klar sein, wie sehr zu unrecht solche Nuten in Lagern als „Schmiernuten" bezeichnet werden. Tatsache ist, daß sie in einem sonst zweckmäßig ausgebildeten Lager die Schmierung auf jeden Fall verschlechtern.

In ganz ähnlicher Weise wirken Schmiernuten, die nicht achsial, sondern z. B. diagonal verlaufen. Durch diese Nuten werden Stellen hohen Schmierschichtdruckes mit Stellen niederen Schmierschichtdruckes unmittelbar verbunden, und ein dauerndes Abströmen aus den Lagerteilen höheren Schmierschichtdruckes ist die Folge davon. Ein Lager, das bei den gegebenen Verhältnissen ohne Nuten in der belasteten Schale gerade noch mit reiner Flüssigkeitsreibung arbeitet, muß bei Anbringung von Kreuz- und Längsschmiernuten, wie sie bisher allgemein üblich waren, unweigerlich in das Gebiet der halbflüssigen Reibung zurücksinken; damit steigen die Reibungsverluste, die Tragfähigkeit nimmt ab und die Lagertemperatur zu. Das Lager verliert an Betriebssicherheit und fällt dem allmählichen Verschleiß anheim, da die schützende Ölschicht durchbrochen ist.

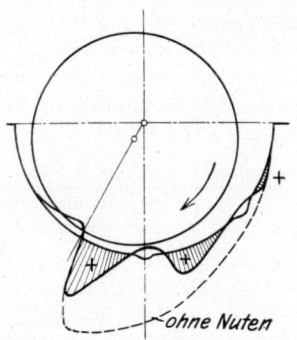

Abb. 8. Verringerung des Schmierschichtdruckes durch Anordnung zweier Schmiernuten.

Umlaufende ringförmige Nuten in der Lagerschale wirken ebenfalls schädlich, obschon sie in manchen Fällen (z. B. bei Preßschmierung) nicht gut zu vermeiden sind; sie begünstigen jedenfalls das Abströmen von Schmiermittel aus den Gebieten hohen Schmierschichtdruckes in achsialer Richtung und verringern dadurch die Stärke der erreichbaren Schmierschichtdicke. — Ein Lager normaler Länge mit in der Mitte der Schale umlaufender Ringnute trägt nicht mehr als zwei einzelne, halb so lange Lager. Wesentlich mehr als die beiden kurzen Lager zusammen trägt aber ein Lager normaler Länge, wenn seine Lauffläche in der Mitte nicht durch eine umlaufende Ringnute in zwei Hälften zerlegt ist.

Verhältnismäßig harmlos ist die Anbringung von Schmiernuten in der nicht belasteten Lagerschale, sofern es sich um ein Lager mit ständig gleichbleibender Belastungsrichtung handelt. Hier wird eine schädliche Wirkung praktisch nicht zu erwarten sein, — ebensowenig allerdings auch irgendein Nutzen, da die nicht belastete Lagerschale am Tragen des Zapfens nicht teilnimmt.

Die Behauptung, daß Schmiernuten in der belasteten Schale schädlich sind, ist nicht etwa eine Vermutung, die sich vielleicht nur auf theoretische Überlegungen stützt, sondern eine Tatsache, die durch eingehende praktische Versuche einwandfrei erwiesen ist.

Die vergleichende Untersuchung einer Lagerschale ohne Schmiernuten nach Abb. 10 und derselben Schale nach Einarbeiten der üblichen Schmiernuten nach Abb. 9 ergab unter genau gleichen Betriebsverhältnissen (Weißmetallager von 80 mm Zapfendurchmesser bei 40 at Zapfendruck und 2 m Zapfengeschwindigkeit): ohne Schmiernuten eine

Lagertemperatur von 54°, mit Schmiernuten eine Temperatur von 70°.
— Auf die Tragfähigkeit bezogen, stellt sich das Verhältnis der Belastbarkeit beider Lager bei gleicher Drehzahl und gleicher Temperatur etwa wie 4 : 1, d. h. das Lager ohne Schmiernuten kann etwa 4 mal so hoch belastet werden als das Lager mit den Kreuzschmiernuten, ohne bei gleicher Drehzahl eine höhere Temperatur anzunehmen als jenes.

Die übelste Ausführung ist die nach Abb. 11, bei der neben der Kreuznute mit Loch im Schnittpunkt noch eine Längsnute in der Mitte der belasteten Schale vorgesehen ist.

Der tragende Schmierschichtdruck wird hier, wie in Abb. 8 veranschaulicht, ganz außerordentlich verringert, und eine hohe Lagertemperatur bzw. geringe Tragfähigkeit des Lagers ist die Folge davon.

Ein Lager von 40 mm Durchmesser bei 40 at Belastung und 1 m Umfangsgeschwindigkeit ergab ohne Schmiernuten (nach Abb. 10) eine Lagertemperatur von 44°, mit Schmiernuten nach Abb. 11 eine Temperatur

unzweckmäßig   *zweckmäßig*   *schlecht*

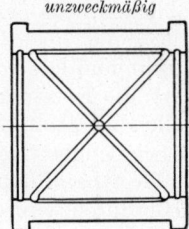 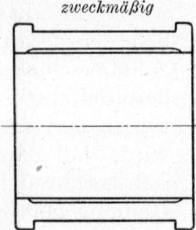 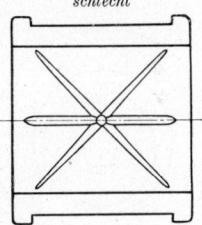

Abb. 9. Belastete Lager-schale mit den üblichen Schmiernuten.

Abb. 10. Belastete Lager-schale ohne Schmier-nuten.

Abb. 11. Belastete Lager-schale mit ungünstigster Schmiernutenanordnung.

von 63°, d. i. eine rd. 43% höhere Lagertemperatur. Die Tragfähigkeit des Lagers mit Schmiernuten ist auch hier etwa 4 mal geringer gegenüber der Lagerschale ohne Nuten.

Diese Versuche [siehe „Czochralski - Welter“ und „Kammerer, Welter und Weber“[5, 34]) dürften die große tatsächliche Überlegenheit der Lagerschalen ohne Schmiernuten gegenüber solchen mit den bisher üblichen Schmiernuten zur Genüge beweisen. Im übrigen kann sich ein jeder Betriebsmann durch den praktischen Versuch*) von der Richtigkeit des Gesagten selbst überzeugen: ein stark belastetes Lager, das ohne Schmiernuten noch in zulässigen Temperaturgrenzen blieb, wird nach Einarbeiten von Schmiernuten nach Abb. 11 in den meisten Fällen heißlaufen, — jedenfalls aber eine wesentlich höhere Betriebstemperatur annehmen als bisher.

In ähnlicher Weise schädlich wirken Schmiernuten in der Zapfenoberfläche, wie man sie heute noch vielfach gerade bei schwer belasteten Wellen, z. B. von Dampfmaschinen und Gasmaschinen, anzutreffen pflegt. Meistens werden solche Nuten zwar nur parallel zur Zapfenachse in die Zapfenoberfläche eingearbeitet, doch wirken sie auch in dieser

---

*) Siehe auch Abschnitt 26.

Form schlimm genug. Ihr Einfluß auf den Schmierschichtdruck ist ein ähnlicher wie bei Längsnuten in der Lagerschale nach Abb. 8; es haben nur Schalen- und Zapfenoberfläche ihre Rollen vertauscht. Eine Eigentümlichkeit hierbei besteht noch darin, daß eine Welle mit Längsnuten dauernd ihre Lage in der Lagerschale ändert: geht der unversehrte Teil des Zapfens durch die Zone zunehmenden Schmierschichtdruckes, so verhält sich die Welle wie eine völlig glatte Welle, d. h. der erzeugte Schmierschichtdruck ist hoch und die Welle läuft mit kleiner Exzentrizität. Im nächsten Augenblick schon geht jedoch der Zapfenteil mit der Längsnute durch den Lagerteil der hohen Schmierschichtdrücke; der Druck sackt unverzüglich auf einen ganz geringen Betrag ab und die Exzentrizität der Welle vergrößert sich stark, d. h. die Wirkung ist während dieser Zeit dieselbe wie bei einem Lager mit Längsnuten in der Lagerschale nach Abb. 8.

Hiernach müßte ein Zapfen, in dessen Oberfläche Längsnuten eingearbeitet sind, ununterbrochen eine tanzende Bewegung ausführen, wobei in den Augenblicken, da eine Schmiernute durch die Zone höchsten Schmierschichtdruckes geht und letzteren dadurch stark vermindert, die Exzentrizität in den meisten Fällen so groß sein wird, daß Zapfen und Schalenoberfläche sich berühren und zumindest halbflüssige Reibung hervorrufen. Hierdurch wird die Reibungszahl erheblich vergrößert und die mittlere Lagertemperatur erhöht.

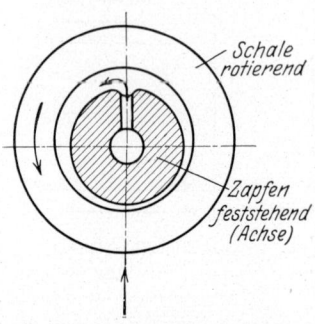

Abb. 12. Zweckmäßige Schmiermittelzufuhr bei Achsen mit rotierender Radnabe.

Bei Lagern mit Schmiernuten in der belasteten Schale ist dieser Zustand der gewaltsam verhinderten reinen Flüssigkeitsreibung der Dauerzustand und dementsprechend auch die erhöhte Reibungszahl. Die Ursache der Temperaturerhöhung bei Lagern mit Schmiernuten gegenüber solchen ohne Schmiernuten ist also in der Erhöhung der Reibungszahl (durch Anteilnahme der metallischen Reibung an der Gesamtreibung) zu erblicken.

Hiernach wird es auch verständlich sein, weshalb Schmiernuten der bisher üblichen Art sowohl in ebenen Gleitflächen wie auch in den Tragflächen der Gleitschuhe vermieden werden müssen, solange man sich das Ziel setzt, möglichst reine Flüssigkeitsreibung anzustreben.

Anders liegt die Sache, wenn reine Flüssigkeitsreibung nach den gegebenen Bedingungen, z. B. wegen zu geringer Gleitgeschwindigkeit, von vornherein nicht zu erwarten ist. Hier können mitunter Schmiernuten auch in Lagerschalen zweckmäßig bzw. notwendig sein, doch muß auf das nachdrücklichste davor gewarnt werden, diese verhältnismäßig seltenen Sonderfälle, von denen im nächsten Abschnitt die Rede sein soll, mit dem Normalfall eines Lagers mit mäßig oder schnell rotierendem Zapfen zu verwechseln. Ebenso gibt es einen Sonderfall, bei dem als einzig zweckmäßige Schmiermittelzufuhrstelle eine Längsnut im Zapfen anzusehen ist, aber ebenso darf dieser Sonderfall — es ist die stillstehende Achse mit rotierender, in gleichbleibender Richtung auf den Zapfen drückender Lagerschale — nicht mit dem Normalfall des umlaufenden Zapfens in stillstehendem Lager verwechselt werden.

Die feststehende Achse in Abb. 12 muß aus dem einfachen Grunde aus dem durchbohrten Zapfen heraus durch eine in die nicht belastete Zapfenoberfläche eingearbeitete Längsnute mit Schmiermittel gespeist werden, weil nur so die Schmiermittelzufuhr dauernd in einem nicht belasteten Teil des Lagers erfolgt, von wo aus das Schmiermittel durch die umlaufende Lagerschale selbsttätig in den keilförmigen Spalt zwischen Zapfen und Schale hineingerissen wird. Das typische Beispiel dieser Schmiermittelzufuhr ist die Wagenachse.

Zusammenfassung:

1. Nuten in der belasteten Lagerschale, sogenannte Schmiernuten, wirken bei Lagern mit umlaufenden Zapfen stets schädlich — gleichgültig ob sie diagonal, peripherial oder achsial verlaufen. Am schädlichsten sind die achsialen Nuten mit einem „Ölablaufloch" in der Mitte der belasteten Lagerschale.

2. Schmiernuten in der belasteten Lagerschale verringern die Schmierschichtstärke und führen dadurch in der Regel zu halbflüssiger Reibung, woraus sich die Tatsache erklärt, daß Lager mit Schmiernuten in der belasteten Schale stets höhere Lagertemperaturen ergeben bzw. weniger tragfähig und betriebssicher sind als Lager ohne Schmiernuten.

3. Schmiernuten in der unbelasteten Lagerschale sind unschädlich, — allerdings in der Regel auch ebenso unnütz.

4. Die Schmiermittelzuführung hat grundsätzlich in der unbelasteten Lagerschale zu erfolgen, da hier das Öl aufgenommen und durch den Zapfen der tragenden Lagerschale zugeführt werden kann.

5. Umlaufende Ringnuten in den Lagerschalen sind schädlich, weil sie das achsiale Abströmen des Schmiermittels aus der tragenden Schmierschicht verstärken. Ein Lager, dessen Schale durch eine umlaufende Ringnute in zwei Hälften zerlegt ist, oder zwei Lager von halber Länge, tragen daher weniger als ein Lager mit gleicher Projektionsfläche ohne Ringnute.

6. Schmiernuten in der Tragfläche umlaufender Zapfen wirken stets schädlich. Sie verringern die Tragfähigkeit und Betriebssicherheit des Lagers und vergrößern die Reibung und den Verschleiß; außerdem können sie zu Schwingungserscheinungen des Zapfens im Lager, innerhalb des Lagerspieles, führen.

7. Schmiernuten der bisher üblichen Art sind weder in ebenen Gleitflächen, noch in den Tragflächen von Gleitschuhen zulässig, sofern es sich nicht um ungewöhnlich kleine Geschwindigkeiten handelt.

8. Feststehenden Achszapfen muß das Schmiermittel, gemäß Punkt 4, durch eine achsiale Nute in der unbelasteten Zapfenseite zugeführt werden, da hier die Lagerschale umläuft und der Zapfen still steht.

9. Schmiernuten haben nur Berechtigung bei sehr kleiner Gleit-geschwindigkeit, wo reine Flüssigkeitsreibung von vornherein nicht zu erwarten ist; sie müssen solchenfalls stets winkelrecht zur Gleitrichtung verlaufen und sollen möglichst schlank abgerundet sein. Auch sollen sie kürzer sein als die Breite der Gleitfläche und stets in demjenigen Teil eingearbeitet werden, dessen Öldruckverhältnisse gleich bleiben: bei rotierenden bzw. schwingenden Zapfen in der Lagerschale; bei ebenen Gleitflächen im Gleitschuh; bei stillstehenden Achsen in der Achsen-mantelfläche.

5. Der Schmiervorgang bei schwingenden Zapfen.

Grundsätzlich verschieden von dem Schmiervorgang umlaufender Zapfen ist der Schmiervorgang bei nur schwingenden Zapfen, und eine einfache Übertragung der für umlaufende Zapfen geltenden Aus-führungsregeln auf schwingende Zapfen würde zu falschen Ergebnissen führen. Zum besseren Verständnis des Gesagten sei auf den Vorgang der Schmierung eines schwingenden Zapfens etwas näher eingegangen.

Betrachtet man die Vorgänge in einem Kreuzkopfzapfenlager einer doppeltwirkenden Kolbenmaschine, so kann man zunächst folgendes feststellen: Innerhalb einer Kurbelumdrehung führt der Zapfen in der Schale eine hin- und herschwingende Bewegung aus, wobei während der ersten Weghälfte der Zapfen an der einen Schalenhälfte, während der zweiten Weghälfte an der anderen Schalenhälfte anliegt. Das Um-springen der Druckrichtung erfolgt durch den sogenannten Druck-wechsel, wobei der Zapfen relativ zum Lager, d. h. innerhalb des Lager-spieles, in der Richtung der Kraftwirkung einen Weg zurücklegt, dessen Länge gleich der Größe des Lagerspieles ist. (Ein Zapfenlager ganz ohne Lagerspiel ist praktisch nicht möglich.)

Würde ein Kreuzkopfzapfenlager gänzlich ohne Schmierung arbei-ten, so würde bei jedem Druckwechsel ein mehr oder weniger hart klingender Stoß im Lager auftreten. Dieser Stoß würde in den meisten Fällen so gefährlich sein, daß ein Betrieb ohne Schmierung schon allein aus diesem Grunde ganz unmöglich wäre.

Um die Stöße nach Möglichkeit zu dämpfen, ist die Anwendung ge-schmierter Kreuzkopfzapfenlager unerläßlich. (Von der Notwendigkeit der Schmierung mit Rücksicht auf die in den Lagerschalen auftretende Reibung sei fürs erste noch abgesehen.) — Der Hauptgrund der Not-wendigkeit der Schmierung von Kreuzkopfzapfenlagern liegt also in der durch die Schmierung erzielbaren Dämpfung der Stöße. Hiermit kom-men wir zum eigentlichen Vorgang der Stoßdämpfung durch Schmierung.

Die stoßdämpfende Wirkung des dem Lager zugeführten Schmier-mittels besteht in einer Art Puffer- oder Bremswirkung, indem der gegen die bisher nicht belastet gewesene Lagerschale vorgehende Zapfen in seiner Geschwindigkeit durch den Widerstand des aus dem Lager ent-weichenden Öles gehemmt wird, so daß sich seine Auftreffgeschwindig-keit stark verlangsamt und der Stoß ganz oder teilweise aufgefangen wird. Man kann die dämpfende Wirkung eines geschmierten Lagers mit

Druckwechsel daher treffend mit der Wirkung eines Bremszylinders (Ölpuffers) vergleichen, in welchem ein Kolben hin und her zu schlagen versucht. Die hierbei gewaltsam herausgepreßte Flüssigkeit entweicht entweder durch Undichtigkeiten des Kolbens oder aber durch einen besonders hierfür vorgesehenen, beliebig verengbaren Kanal auf die andere Kolbenseite.

Beim Kreuzkopfzapfenlager wirkt der Zapfen als Kolben, während die Undichtigkeiten des Lagerabschlusses den gedrosselten Umlauf darstellen. Je dichter das Lager an seinen Stirnenden (z. B. durch Bunde am Zapfen) gegen Flüssigkeitsaustritt abschließt, um so größer der in der gepreßten Flüssigkeit erzielbare Druck, um so kräftiger die Bremsung bzw. Dämpfung. Ist die Bremsung so vollkommen, daß im Augenblick des Druckwechsels der Zapfen noch gar nicht die Lagerschale, der er zustrebte, erreicht hatte, so findet überhaupt keine Berührung zwischen Zapfen und Lagerschale statt: der Zapfen bewegt sich innerhalb des völlig mit Schmiermittel gefüllten Lagerspieles unter dem Einfluß der Kolbenkräfte hin und her, ohne jedoch weder das eine noch das andere Endziel zu erreichen.

Dieser Zustand, der bei Kreuzkopfzapfen anzustreben ist, zeigt uns, daß wir bei einem schwingenden Lager mit Druckwechsel nur für eine vollkommene Stoßdämpfung zu sorgen brauchen, um gleichzeitig, und zwar ganz ohne unser Zutun, auch vollkommene Gleitflächenschmierung zu erhalten. Letztere ist durch die Tatsache, daß der Zapfen im Lager hin- und herzuckt, ohne die Lagerschalen zu berühren, ja ohne weiteres gegeben.

Wie wir gesehen haben, dürfen Kreuzkopflager mit Druckwechsel also nicht als Gleitlager im üblichen Sinne behandelt werden. Sie sind vielmehr als Stoßpuffer anzusehen und auch als solche auszubilden; die erforderlichen Eigenschaften als Gleitlager erhalten sie dadurch ganz von selbst.

Aus obigen Darlegungen lassen sich die für eine zweckmäßige Ausgestaltung von Kreuzkopflagern maßgeblichen konstruktiven Gesichtspunkte ohne Schwierigkeiten ableiten. Entsprechend der Forderung eines dichten Kolbens bei der Ölbremse, muß beim Kreuzkopfzapfenlager für geringstes Spiel zwischen Lager- und Zapfendurchmesser Sorge getragen werden. Das Lagerspiel wird daher möglichst gleich null gemacht, indem die Lagerschalen unmittelbar auf den Zapfen auftuschiert werden, — im Gegensatz zu den Lagerschalen von Gleitlagern mit stetig umlaufendem Zapfen, wo dieses ausgesprochen unrichtig wäre.

Entsprechend der Forderung einer weitgehenden Drosselung des Umlaufkanals bei der Ölbremse muß beim Kreuzkopfzapfenlager, wie schon bemerkt, dafür gesorgt werden, daß möglichst wenig Flüssigkeit an den Lagerenden herausgepreßt werden kann. Da das herausgepreßte Schmiermittel jedoch nicht, wie bei der Ölbremse, auf die andere Kolbenseite gelangt, sondern für das Lager verloren geht, muß gleichzeitig dafür gesorgt werden, daß im Augenblick des beginnenden Druckwechsels die soeben verloren gegangene Schmiermittelmenge ohne Verzug durch eine gleiche Menge neuen Schmiermittels ersetzt wird. Hierbei muß das hinzutretende Schmiermittel durch die Saugwirkung des sich von der Lagerschale entfernenden Zapfens schnell genug eingezogen werden können, da sonst statt Schmiermittel Luft in den Lagerspalt eindringen und die Bremswirkung vernichten würde.

Die Schmiermittelzufuhr zum Lager muß also eine sehr sichere sein, d. h. es müssen genügend große Querschnitte zur Verfügung stehen. Gleichzeitig muß die Schmiermittelzufuhr an der Stelle der größten auftretenden Saugwirkung, d. h. in der Lagerschalenmitte, erfolgen, um möglichst schnelles und sicheres Ansaugen zu gewährleisten. Daß die reichlichen Ölzufuhrquerschnitte hierbei nach erfolgtem Druckwechsel entsprechend ungünstig wirken, indem sie in gewissem Grade das Abströmen des Öles aus dem Verdichtungsraum begünstigen, muß zugunsten einer sicheren Ansaugung in Kauf genommen werden. Die Verwendung von Rückschlagventilchen zur Minderung dieses Nachteiles würde dabei keinen Erfolg versprechen, da ihre Wirkung bei den minimalen verdrängten Ölmengen praktisch illusorisch wäre.

Um sicheres Ansaugen zu erzielen, führt man das Schmiermittel der Mitte jeder Lagerschale zu und sorgt durch eine kurze, nach beiden

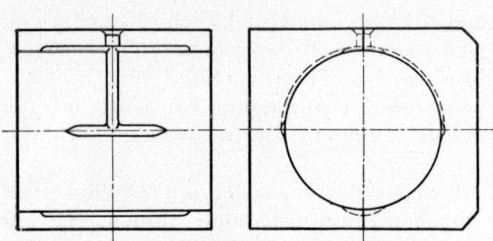

Lagerenden verlaufende Längsnute in der Mitte der Schale für möglichst schnelle achsiale Verteilung des angesaugten Schmiermittels. Gleichzeitig kann auch noch einer alten Betriebserfahrung Rechnung getragen werden, indem man das Lager an den Stoßstellen „frei schabt"

Abb. 13. Kreuzkopfzapfenlager für Tropfschmierung, für Maschinen mit Druckwechsel.

oder ausspart, damit die Lagerschalen nicht „kneifen", d. h. bei Erwärmung oder elastischen Belastungsdeformationen den Zapfen umklammern und möglicherweise Heißlaufen verursachen.

Ein nach diesen Grundsätzen ausgebildetes Kreuzkopfzapfenlager für Maschinen mit Tropfschmierung und Druckwechsel zeigt Abb. 13 in schematischer Darstellung.

Das Lager ist an den Stoßstellen ausgespart, um das erwähnte „Kneifen" zu verhüten. Mitten durch die obere Stoßstelle führt der Öleintritt, für beide Lagerschalenhälften gemeinsam. Sollen an den Stoßstellen Beilagebleche Verwendung finden, so erhält jede Schalenhälfte ein eigenes Schmierloch. Die kurze Längsnute in der Schalenmitte hat außer ihrer Bestimmung, für schnelle Verteilung des angesaugten Öles zu sorgen, noch einen weiteren Zweck, auf den weiter unten noch eingegangen werden soll.

Das bisher betrachtete Schwinglager war für Kolbenmaschinen mit Druckwechsel bestimmt. Tritt kein Druckwechsel auf, wie z. B. bei manchen einfachwirkenden stehenden Dampfmaschinen, Diesel- und Verpuffungsmotoren, so sind auch keine Stöße zu dämpfen, da Zapfen und Lagerschale (nämlich die belastete) dauernd unter hohem Druck aufeinander gleiten. Hier haben wir es wieder mit einem Gleitvorgang unter gleichbleibender Druckrichtung zu tun, und zwar mit einem außerordentlich ungünstigen Gleitvorgang. Die Gleitgeschwindigkeit, gegeben durch die Schwingbewegung, ist viel zu gering, um reine Flüssigkeitsreibung zu erzielen; ein Abheben des Zapfens von der Lagerschale ist nicht zu erreichen. Es muß daher durch geeignete Ausbildung der Lagerschale wenigstens halbflüssige Reibung angestrebt werden.

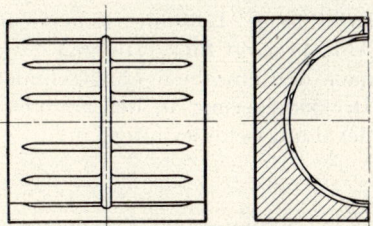

Abb. 14. Kreuzkopfzapfen-Lagerschale für Maschinen ohne Druckwechsel.

Unter halbflüssiger Reibung verstanden wir, wie uns aus Abschnitt 1 erinnerlich sein wird, unvollkommene Flüssigkeitsreibung, d. h. einen Reibungsfall, der wegen Vorhandenseins richtig angelegter Keilflächen an sich wohl zur Erzeugung reiner Flüssigkeitsreibung geeignet wäre, bei dem aber z. B. die Geschwindigkeit nicht ausreicht, um die ganze Belastung durch die Schmierschicht allein zu tragen. Die Lagerbelastung wird daher zum Teil durch die Schmierschicht (die allerdings keine zusammenhängende mehr ist), zum Teil durch unmittelbare metallische Auflage getragen. (Im Gegensatz hierzu fehlt bei der halbtrockenen Reibung die zur Erzielung flüssiger oder halbflüssiger Reibung unerläßliche Grundbedingung: das Vorhandensein schlanker Keilflächen.)

Da der Druck bei Schwinglagern ohne Druckwechsel fast ausschließlich durch direkte metallische Auflage aufgenommen wird, muß für möglichst genaues Anliegen des Zapfens in der Lagerschale gesorgt werden; auch hier ist somit Auftuschieren der Lagerschalenhälften auf den Zapfen am Platz. Da es hierbei jedoch kein natürliches Mittel gäbe, zwischen Zapfen und belasteter Schale Schmiermittel einzuführen, muß zum Hilfsmittel einzelner Keilflächen gegriffen werden. In die Schalenoberfläche werden einige Längsnuten eingearbeitet, deren Kanten so schlank zugeschrägt sind, daß sie, ähnlich wie beim Kreuzkopfschuh, Abb. 2, als keilförmige Tragflächen wirken und dadurch wenigstens etwas Schmiermittel auf natürlichem Wege zwischen Zapfen und Schale bringen.

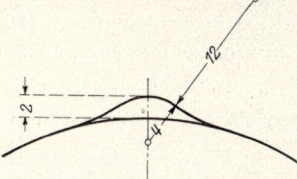

Abb. 15. Normale Schmiernute für Lager mit halbflüssiger Reibung.

Abb. 14 zeigt eine Lagerschale für schwingende Zapfen ohne Druckwechsel. Die Entfernung von Nute zu Nute entspricht dem gesamten Schwingungsausschlag, so daß jede Stelle des Lagers mit Schmiermittel versorgt wird, indem die betreffende Zapfenstelle von einer Nute bis zur anderen Nute wandert. Die nach Abb. 15 ausgebildeten Schmiernuten geben an der Übergangsstelle in die Lageroberfläche nach beiden

Richtungen hin Keilflächen, durch die, im vorliegenden Falle einzig und allein, etwas Schmiermittel zwischen die Flächen gebracht wird. Die in Abb. 13 dargestellte kurze Längsnute hat ebenfalls mit den Zweck, beim Eintreten direkter Berührung zwischen Zapfen und Schale — und das wird in der Praxis wohl ausnahmslos der Fall sein — wenigstens halbflüssige Reibung sicherzustellen. Die umlaufende Ringnute in Abb. 14 sorgt für Verteilung des dem Lager zugeführten Schmiermittels nach den einzelnen Längsschmiernuten. Die auf diese Weise bewirkte Drucksteigerung in der Schmierschicht tritt an den Übergangsstellen der Längsschmiernuten auf.

Zusammenfassung:

1. Schwingende Zapfenlager mit Druckwechsel, z. B. Kreuzkopfzapfenlager, sind ihrem Wesen nach als Flüssigkeitsbremsen zu betrachten. Der Zapfen wandert im Lager von einer Totlage in die andere, auf seinem Wege jeweils das Schmiermittel zwischen Zapfen und Schale verdrängend. Kreuzkopflager ohne Ölverluste könnten daher, wenigstens theoretisch, mit reiner Flüssigkeitsreibung arbeiten. In der Praxis wird jedoch stets nur mit halbflüssiger Reibung zu rechnen sein.

2. Schwinglager mit Druckwechsel erhalten, entgegen Lagern mit umlaufenden Zapfen, die Schmiermittelzuführung in der Mitte der (in diesem Falle beiderseits belasteten) Lagerschalen, nämlich da, wo die ansaugende Kraft des von der Schale sich abhebenden Zapfens im Augenblick des Druckwechsels am größten ist. Außer einer mittleren Ringnute und einer kurzen Längsnute in der Mitte der Lagerschale sind weitere Schmiernuten nicht vorzusehen.

3. Schwinglager ohne Druckwechsel arbeiten höchstens mit halbflüssiger Reibung. Um letztere sicherzustellen, sollen in der belasteten Schale, von einer umlaufenden mittleren Ringnute nach beiden Seiten ausgehend, mehrere schmale Längsnuten eingearbeitet sein, deren Anzahl so festzulegen ist, daß die Entfernung von Nute zu Nute, auf dem Umfange gemessen, etwa dem ganzen Zapfenausschlag entspricht.

4. Bei Schwinglagern sind die Lagerschalen stets unmittelbar auf den Zapfen aufzutuschieren; Lagerspiel also praktisch gleich null.

5. Schmiernuten, sofern solche am Platze sind, dürfen bei Schwinglagern immer nur winkelrecht zur Gleitbewegung angeordnet werden und sind mit ganz schlank verlaufenden Kanten nach Abb. 15 auszuführen; sie dürfen nie bis zum Ende der Lagerschale durchgehen, sondern müssen um einen angemessenen Betrag vom Lagerende entfernt verlaufen.

6. Um das bekannte „Kneifen" von Kreuzkopflagern zu verhüten, sind die Lagerschalen an den Stoßstellen „freizuschaben".

II. Allgemeine Berechnungsgrundlagen.

6. Die hydrodynamische Theorie.

Nachdem im ersten Teil die allgemeinen Bedingungen für die Erzielung vollkommener Schmierung klargelegt worden sind, sollen nunmehr auch die gesetz- und zahlenmäßigen Verhältnisse der einzelnen Bestimmungsgrößen entwickelt werden, von denen die Möglichkeit der praktischen Verwirklichung reiner Flüssigkeitsreibung letzten Endes abhängig ist. Während der erste Teil qualitativen Betrachtungen gewidmet war, sollen die nachfolgenden Abschnitte quantitativen Feststellungen, d. h. praktischen Berechnungen dienen.

Die Frage, ob wir denn wirklich in der Lage sind, die Reibungsvorgänge vollkommen geschmierter Maschinenteile rechnungsmäßig zu erfassen, kann im allgemeinen bejaht werden, wenngleich mit einer größeren Genauigkeit hierbei auch nicht zu rechnen ist. Wie wir sehen werden, liegt die Unsicherheit teilweise in der Schwierigkeit, die wirklichen Vorgänge in geeignete mathematische Gesetze zu kleiden, teilweise in der noch größeren Schwierigkeit, gewisse Verhältnisse, die sich einer unmittelbaren Berechnung entziehen, leidlich zutreffend einzuschätzen. Diese Unsicherheiten bestanden jedoch bei den früher üblichen Berechnungsverfahren, die sich auf ziemlich willkürliche Annahmen stützten, in noch weit höherem Maße.

Zunächst seien die Vorgänge in Gleitlagern mit umlaufendem Zapfen und senkrecht zur Lagerachse wirkender Belastung — den sogenannten Traglagern — in Betracht gezogen, deren Berechnung den größten Teil dieses Buches beschäftigt.

Die Anwendung der hydrodynamischen Theorie zur Berechnung von Traglagern setzt unelastische, genau zylindrische Wellen, vollkommen glatte Oberflächen von Zapfen und Lagerschale, das Fehlen von Schmiernuten in den Lagerschalen und das Vorhandensein eines gewissen Lagerspieles voraus. Weiter wird vorausgesetzt, daß die Lagerschale sich durch freie Einstellbarkeit selbsttätig der Stellung des Zapfens anzupassen vermag und daß, wie das bei Ringschmierung, Umlauf- oder Preßschmierung ja stets ohne weiteres der Fall ist, dem Lager jederzeit Öl im Überfluß zur Verfügung steht.

Unter diesen Voraussetzungen kann das erforderliche Lagerspiel, die Stärke der Schmierschicht, die Reibungszahl und Erwärmung, sowie der Ölbedarf eines Lagers mit praktisch hinreichender Annäherung berechnet werden.

Die erste rechnerische Behandlung des Problems der Lagerreibung stammt aus dem Jahre 1883 von Petroff[48]), dessen Ausführungen vor allem klarlegten, daß man es bei der Lagerreibung nicht mit metallischer Reibung, sondern mit Flüssigkeitsreibung, also mit einem hydrodynamischen Vorgang zu tun habe und daß die Größe des Lager-Reibungswiderstandes somit lediglich von den Eigenschaften des

Schmiermittels und nicht von denen des Zapfen- und Lagermateriales abhängig sei. Die von Petroff aufgestellten Beziehungen galten unter der Voraussetzung, daß der Lagerzapfen sich während der Drehung konzentrisch in der Lagerschale einstelle. Reynolds[51]) zeigte jedoch schon 1886, daß die Annahme konzentrischer Lagerung des Zapfens in der Lagerschale nicht berechtigt ist und wies nach, daß der Zapfen, je nach den Eigenschaften des Schmiermittels, der Größe der Belastung und der Gleitgeschwindigkeit, sich exzentrisch im Lager einstellen müsse. Dieser Gedanke wurde 1904 von Sommerfeld[54, 55]) weiter verfolgt und zu einer eigenen Theorie ausgebaut.

Einen vorläufigen Abschluß erhielt die hydrodynamische Theorie geschmierter Maschinenteile erst 1914—1922 durch Gümbel[19-27]), der durch eingehende theoretische Untersuchungen, gestützt auf die Auswertung der praktischen Versuchsergebnisse von Stribeck[61]) und anderen, eine reformierte und erweiterte Reibungstheorie entwickelte, die von derjenigen Sommerfelds zum Teil erheblich abweicht. Im besonderen wies Gümbel nach, daß Sommerfelds Annahme, es müßten bei sich erweiterndem Schmierschichtquerschnitt negative Drücke von der gleichen Größe wie die positiven bei sich verengendem Schmierschichtquerschnitt auftreten, nicht zutreffend ist, da negative Schmierschichtdrücke durch die Höhe der Dampfspannung des Schmiermittels bei der gegebenen Temperatur, sowie

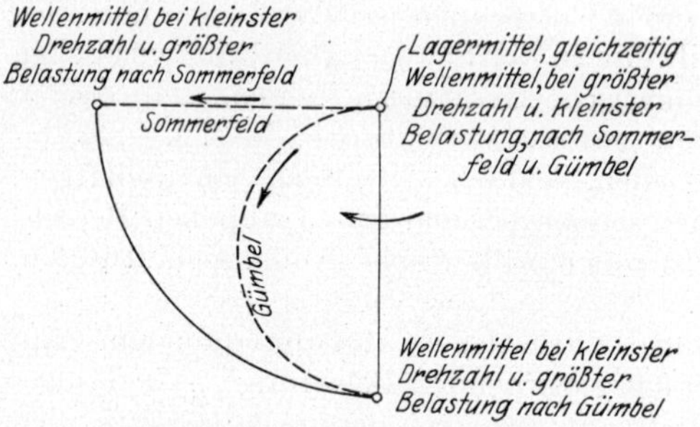

Abb. 16. Bahn des Wellenmittels nach Sommerfeld und nach Gümbel.

durch die Gefahr des Einsaugens von Luft praktisch begrenzt seien. — Dies ist dann auch durch experimentelle Versuche von Lasche[40]) bestätigt worden.

Die Sommerfeld'sche Theorie führt nämlich zu dem eigentümlichen Ergebnis, daß das Wellenmittel bei geringer Drehzahl und hoher Belastung sich derart exzentrisch verlagern müßte, daß der Zapfen winkelrecht zur Belastungsrichtung (an der Ölaustrittsseite) die Lagerschale berühre. Im Gegensatz hierzu muß nach Gümbel der Zapfen bei großer Belastung und kleinster Drehzahl die Lagerfläche in der Mitte der belasteten Schale berühren, wie bereits in Abb. 3 angedeutet und auch auf Grund bloßer Überlegung zu erwarten ist. — Abb. 16 gibt den grundsätzlichen Unterschied der rechnerisch bestimmten Bahn des Wellenmittels bei zunehmender Lagerbelastung und abnehmender Drehzahl nach Sommerfeld und nach Gümbel anschaulich wieder.

Da die von Gümbel berechnete Bahn des Wellenmittels durch praktische Versuche von Vieweg[67]), Lasche[27]) und ihm selbst[27]), als der Wirklichkeit entsprechend, bestätigt ist, des ferneren seine Berechnungen auch im übrigen, soweit sich das bislang beurteilen läßt, mit der Praxis gut übereinstimmen, kann die Gümbel'sche Theorie als derzeit vollkommenste bezeichnet werden und wurde deshalb auch den hier nachfolgenden Berechnungen zugrunde gelegt. Liebenswürdigerweise hatte Herr Prof. Gümbel für die Bearbeitung dieser Kapitel dem Verfasser seine persönliche Unterstützung zugesagt; sein unerwarteter Tod ließ jedoch diese Zusammenarbeit leider nicht zustande kommen, und so wurde denn die vorliegende Lagertheorie im wesentlichen lediglich auf den 4 Grundgleichungen 17, 21, 22 und 72*) aufgebaut, die samt den zugehörigen Tabellenwerten der Gümbel'schen Arbeit aus dem Jahre 1917 entstammen.

Außer den obenerwähnten wichtigsten theoretischen Arbeiten haben insbesondere auch praktische Versuche die Erkenntnis der Reibungsvorgänge gefördert. Genannt seien hier nur die klassischen Versuche von Tower[63]), Stribeck[61]), Lasche[39, 40]), Brown - Boveri[15]) und Meyer - Jagenberg[43]); daneben haben auch weitere Versuche zur Klärung des Schmierproblems beigetragen, wenngleich die meisten auch nicht in solcher Weise durchgeführt worden sind, daß ein Vergleich mit der Theorie oder überhaupt nur eine Verallgemeinerung möglich gewesen wäre. Unerwähnt darf auch nicht bleiben, daß wir eine große Anzahl von Abhandlungen und praktischen Versuchen zu verzeichnen haben, die nicht nur keinerlei fördernden Wert besitzen, sondern durch Verbreitung irrtümlicher Anschauungen bzw. durch unberechtigte Verallgemeinerung einzelner Beobachtungen in höchstem Maße verwirrend oder irreführend wirken.

Die Grundlage sämtlicher Theorien der Schmierung, wie weit sie auch im besonderen voneinander abweichen mögen, bildet das von Newton aus praktischen Versuchen abgeleitete Gesetz der Flüssigkeitsreibung:

$$W' = z \cdot F \cdot \frac{dV}{dH} \text{ kg} \ldots \ldots \ldots \ldots 2$$

Hierin bedeutet z die absolute Zähigkeit der Flüssigkeit (des Schmiermittels) in kg · sek/m², F die Größe zweier dH m voneinander entfernter Flüssigkeitsschichten, die mit der Geschwindigkeit dV m/sek parallel zueinander verschoben werden. Der Verschiebungswiderstand W' kg ist bei reiner Flüssigkeitsreibung somit direkt proportional der Zähigkeit des Schmiermittels, der Größe der sich gegeneinander verschiebenden Flächen und dem Differentialquotienten $\frac{dV}{dH}$.

Während der Reibungswiderstand nach dem Coulomb'schen Gesetz (Gleichung 1, Abschnitt 1) nur vom Druck, nicht aber von der Geschwindigkeit abhängig ist, zeigt sich der Reibungswiderstand nach dem Newton'schen Gesetz (Gleichung 2) nicht nur von der Geschwindigkeit, sondern auch von der Größe der Fläche abhängig, und da es sich um Flüssigkeitsreibung handelt, vor allem auch von der Zähigkeit der

---

*) Siehe Abschnitt 8, 9 und 14.

Flüssigkeit und deren Schichtstärke zwischen den Flächen. Beim Coulomb'schen Gesetz hingegen ist von einer Flüssigkeit überhaupt keine Rede. Im Wesen der Flüssigkeitsreibung wiederum liegt es, daß der Druck, unter dem die Flüssigkeit steht, in bezug auf den Verschiebungswiderstand keine Rolle spielt, da die Verschieblichkeit der Flüssigkeitsteilchen dadurch praktisch nicht beeinflußt wird.

Wie wir sehen, hat die Formel für die Flüssigkeitsreibung, der richtig gebaute Gleitlager folgen, mit der Formel der halbtrockenen Reibung, nach der die Berechnung von Gleitlagern bisher in der Regel durchgeführt wurde, überhaupt keine Ähnlichkeit. — Wunder denn, daß die Rechnungsergebnisse nach dem Coulomb'schen Gesetz auch dementsprechend schlecht mit der Wirklichkeit übereinstimmen?

Wie schon im Vorwort hervorgehoben, macht sich dieses Buch nicht zur Aufgabe, die gesamte hydrodynamische Theorie zu entwickeln und alle mathematischen Zusammenhänge abzuleiten. Der in der Praxis stehende Ingenieur hat keine Zeit, sich in komplizierte Einzelprobleme der Mathematik oder Mechanik zu vertiefen; ihn interessieren nur die Möglichkeiten, für die Ausführung seiner Konstruktionen kurze, übersichtliche und klare Berechnungsunterlagen zu gewinnen.

So sollte denn auch hier nur angedeutet werden, daß die Gesetze der Flüssigkeitsreibung ihrem Charakter nach sämtlich auf dem Newton'schen Gesetz aufbauen; die Ableitung der mathematischen Zusammenhänge kann nur anhand der ausführlichen Arbeiten von Gümbel verfolgt werden.

Bevor zu den ersten praktischen Berechnungen übergegangen werden kann, sollen in Abschnitt 7 noch die wichtigsten Eigenschaften der Schmiermittel besprochen werden.

Zusammenfassung:

1. Eine quantitative Berechnung vollkommen geschmierter Gleitflächen ist nach dem heutigen Stande der Schmiertechnik wohl möglich, wenngleich die Ergebnisse infolge der Unsicherheit verschiedener Faktoren auch nur Annäherungswerte darstellen. — Die Unsicherheit der bisherigen Berechnungsverfahren war jedoch demgegenüber noch größer.

2. Das Coulomb'sche Gesetz für halbtrockene bzw. trockene Reibung und das Newton'sche Gesetz für flüssige Reibung haben in ihrem mathematischen Bau keinerlei Ähnlichkeit; daher ist die Anwendung des Coulomb'schen Gesetzes für Flüssigkeitsreibung unter allen Umständen falsch.

3. Der Widerstand bei flüssiger Reibung ist proportional der Zähigkeit des Schmiermittels, der Größe der sich gegeneinander verschiebenden Flächen und der Verschiebungs- bzw. Gleitgeschwindigkeit, und umgekehrt proportional der Schmierschichtstärke. — Vom spez. Flüssigkeitsdruck ist die flüssige Reibung praktisch unabhängig.

4. Die Behandlung des Schmierproblems nach der hydrodynamischen Theorie setzt bei Traglagern voraus: unelastische Zapfen und Lagerschalen mit genau zylindrischen und vollkommen glatten Gleitflächen, selbsttätig einstellbare Lagerschalen ohne Schmiernuten und ein gewisses Lagerspiel zwischen Lagerschale und Zapfen.

5. Die hydrodynamische Theorie geschmierter Maschinenteile wurde 1883 von Petroff begründet, 1886 von Reynolds ausgebaut, 1904 von Sommerfeld vereinfacht und erweitert und 1914/1922 von Gümbel reformiert und den Ergebnissen praktischer Versuche angepaßt.

6. Die Gümbel'sche Theorie ist die derzeit vollkommenste und wird daher den nachfolgenden Berechnungen dieses Buches zugrunde gelegt.

7. Neben wertvollen theoretischen Arbeiten haben im besonderen auch praktische Versuche die Erkenntnis der Gesetze der Lagerreibung gefördert und gefestigt. Wichtig sind dieserhalb besonders die Versuche von Tower, Stribeck, Lasche, Brown-Boveri, Vieweg und Meyer-Jagenberg.

7. Die Zähigkeit der Schmiermittel.

Nach dem Newton'schen Erfahrungsgesetz (Gleichung 2, Abschnitt 6) ist der Bewegungswiderstand bei reiner Flüssigkeitsreibung proportional der Größe F der aneinander vorbeigleitenden Flüssigkeitsschichten, der Zähigkeit z des Schmiermittels und dem Differentialquotienten $\frac{dV}{dH}$, wobei dV die Relativgeschwindigkeit zweier dH voneinander entfernter paralleler Flüssigkeitsschichten bedeutet. Der Verschiebungswiderstand ist also auch von den Eigenschaften der Schmierflüssigkeit abhängig, und zwar von der sogenannten inneren Reibung oder Zähigkeit z des Schmiermittels.

Von Wichtigkeit ist zunächst die Tatsache, daß die Begriffe: innere Reibung, Zähigkeit, Viskosität (auch Dickflüssigkeit) sämtlich die gleiche Bedeutung haben, nämlich die Kennzeichnung des spezifischen Verschiebungswiderstandes der Flüssigkeitsteilchen gegeneinander oder, was dasselbe ist, der Schubfestigkeit des Schmiermittels. Dieser Zusammenhang fügt sich zwanglos auch der gedanklichen Vorstellung, denn es leuchtet ohne weiteres ein, daß ein zäheres, also dickflüssigeres Schmiermittel, auch entsprechend höhere innere Reibung oder größere Schubfestigkeit besitzen muß als ein dünnflüssigeres Öl.

Unwillkürlich taucht hierbei die durchaus berechtigte Frage auf, ob denn als Schmiermittel selbstverständlich immer Öle verwendet werden müssen. — Grundsätzlich ist dies zu verneinen, denn es finden außer Öl für Schmierzwecke auch andere Stoffe Verwendung, zum Beispiel: Seife, Talg, Teerbriketts, Melasse (Zuckersirup), Glyzerin, Wasser u. a. m.

Ein Schmiermittel, dessen erster Zweck es ist, die Flächen zweier, unter Druck aufeinander gleitender fester Körper vor unmittelbarer Berührung zu schützen, muß an sich keineswegs eine fettige Flüssigkeit sein; Bedingung für die Eignung als Schmiermittel ist nur, daß die Flüssigkeit erstens eine sogenannte „benetzende" Flüssigkeit ist und zweitens, daß dieselbe eine gewisse Zähigkeit besitzt. Letzteres ist erforderlich, damit die Schmierschicht eine gewisse Tragfähigkeit erhält, was bei einer Flüssigkeit, die der Verschiebung ihrer Einzelteilchen keinen Widerstand entgegensetzt, nicht denkbar wäre. (Die praktische Bedeutung dieser Forderung ist jedoch lediglich dahingehend aufzufassen, daß die Zähigkeit einer als Schmiermittel zu verwendenden Flüssigkeit nicht allzu gering sein darf.)

Eine Flüssigkeit, welche die Gleitflächen nicht benetzt, ist zur Schmierung ungeeignet, weil sie sich in engen Querschnitten überhaupt nicht halten läßt. Während eine benetzende Flüssigkeit stets danach strebt, den engsten Querschnitt auszufüllen, ist eine nicht benetzende Flüssigkeit hierzu auch nicht mit Gewalt zu bewegen, da sie im Gegensatz zur benetzenden Flüssigkeit das Bestreben hat, aus dem engsten Querschnitt zu entweichen. Diese eigentümliche Tatsache beruht auf der großen Oberflächenspannung der nicht benetzenden bzw. auf der kleinen Oberflächenspannung der benetzenden Flüssigkeiten. Bei den ersteren sind die Kohäsionskräfte groß und die Adhäsionskräfte klein und bei den letzteren umgekehrt, die Kohäsionskräfte gering und die Adhäsionskräfte groß, so daß sie gut an den Oberflächen haften und selbst die kleinsten Querschnitte ausfüllen.

Quecksilber benetzt z. B. einen metallenen Zapfen nicht und wäre daher zur Schmierung nicht zu brauchen. Wasser hingegen benetzt einen reinen metallenen Zapfen sehr wohl und wäre daher als Schmiermittel grundsätzlich nicht unbrauchbar. Anders jedoch bei nicht völlig reiner Zapfenoberfläche: schon die geringsten Spuren von Fett auf den Gleitflächen bedingen ein „Abstoßen" des Wassers und damit die Unmöglichkeit jeder Schmierwirkung, genau wie beim Quecksilber.

Wasser ist daher im Prinzip als Schmiermittel nicht ungeeignet und es sind schon zahlreiche Versuche mit Wasserschmierung mit Erfolg zur Ausführung gebracht; selbstverständlich bei verhältnismäßig geringen Belastungen, für welche die nur geringe Zähigkeit des Wassers als Schmiermittel eben noch ausreichte.

Der Grund dafür, daß als Schmiermittel in der Praxis nun doch fast ausschließlich Öle verwandt werden, liegt lediglich in der Eigentümlichkeit der Öle, eine Reihe für Schmierzwecke wertvoller physikalischer und chemischer Eigenschaften aufzuweisen, die anderen Flüssigkeiten nicht eigen sind. Zu diesen Eigenschaften, deren nähere Betrachtung einem späteren Abschnitt vorbehalten bleibt, gehören: hoher Verdampfungspunkt, hohe Adhäsionsfähigkeit, geringe Affinität zum Sauerstoff der Luft, geringe Neigung, sich durch längeren Dauergebrauch physikalisch oder chemisch zu verändern oder gar die Gleitflächen anzugreifen, und anderes mehr. Auf der anderen Seite besitzen die meisten Öle jedoch, wie weiter gezeigt werden soll, auch eine recht unerwünschte

Eigenschaft, nämlich die, mit Änderung der Temperatur ihren Zähigkeitsgrad sehr erheblich zu verändern.

Zum Wesen der Flüssigkeitsreibung ist allgemein noch folgendes zu bemerken:

Früher herrschte die Ansicht, daß die Flüssigkeitsreibung sich aus der „inneren" und der „äußeren" Reibung zusammensetze. Unter der „inneren" Reibung verstand man, wie das auch heute noch zutreffend ist, die Zähigkeit oder Schubfestigkeit des Schmiermittels gegen Verschieben der einzelnen Flüssigkeitsmoleküle gegeneinander, während unter „äußerer" Reibung der Verschiebungswiderstand oder die Reibung des Schmiermittels an den Gleitflächen selbst verstanden wurde. Die äußere Reibung, die auch noch von Petroff berücksichtigt wurde, spielt jedoch bei flüssiger Reibung fast gar keine Rolle, da eine Reibung zwischen Flüssigkeit und Wandoberfläche, wenigstens nach zahlreichen sorgfältigen Kapillarversuchen zu urteilen [siehe Ubbelohde[66])], praktisch nicht auftritt. Dennoch scheint die Adhäsionsfähigkeit eines Schmiermittels bei technischen Schmiervorgängen (nicht nur bei halbflüssiger, sondern auch bei flüssiger Reibung) insofern von Bedeutung zu sein, als die kapillaren Eigenschaften der Schmierflüssigkeit, in Verbindung mit den Eigenschaften der Gleitflächen, eine gewisse Beeinflussung der rein dynamischen Verhältnisse zur Folge haben und dadurch in manchen Fällen hydrodynamisch nicht zu erklärende Ergebnisse zutage fördern (siehe auch S. 210). Allerdings sind diese Einflüsse bzw. die Art ihrer Wirkung zur Zeit noch viel zu wenig erforscht, als daß man sie bei der rechnerischen Behandlung des Schmierproblemes zahlenmäßig zu berücksichtigen vermöchte. Die einzige Eigenschaft der Schmiermittel, mit der in den hydrodynamischen Gleichungen zur Zeit gerechnet werden kann, bildet die innere Reibung oder Zähigkeit. Letztere stellt nun nicht etwa einen Maßstab für die Güte eines Schmiermittels dar, sondern nur für dessen Konsistenz, d. h. es kann nach der Höhe der Zähigkeit nur darüber entschieden werden, ob das betreffende Schmiermittel für diesen oder jenen Zweck, d. h. für große oder kleine Werte der Flächenpressung oder Gleitgeschwindigkeit geeignet ist.

Für die zahlenmäßige Feststellung der Zähigkeit gibt es zwei Maßsysteme: das absolute und das relative oder technisch-praktische. Letzteres hat lediglich bedingten Vergleichswert, während das erstere einen absoluten Maßstab für die Zähigkeit darstellt, insofern, als die absolute Zähigkeit beliebiger Flüssigkeiten unmittelbar miteinander verglichen werden kann.

Die absolute Zähigkeit z einer Flüssigkeit läßt sich in einfachster Weise nach dem sogenannten Auslaufverfahren ermitteln: durch eine senkrechte Kapillarröhre vom Halbmesser r_0 bzw. Durchmesser d_0 und der Länge l_0 läßt man unter dem Überdruck p_0 eine gewisse Menge M der zu untersuchenden Flüssigkeit auslaufen. Die hierzu erforderliche Zeit t gibt einen Maßstab für die absolute Zähigkeit, und zwar ist nach dem Erfahrungsgesetz von Poiseuille

$$z = \frac{\pi \cdot r_0^4 \cdot p_0 \cdot t}{8 \cdot M \cdot l_0} = \frac{\pi \cdot d_0^4 \cdot p_0 \cdot t}{8 \cdot 16 \cdot M \cdot l_0} \quad \ldots \ldots \ldots 3$$

Setzt man hierin sämtliche Größen in m, kg und sek ein, so erhält man als Dimension für die abs. Zähigkeit

$$z = \frac{\text{kg} \cdot \text{m}^4 \cdot \text{sek}}{\text{m}^2 \cdot \text{m}^3 \cdot \text{m}} = \frac{\text{kg} \cdot \text{sek}}{\text{m}^2} \quad \text{oder} \quad \text{kg/m}^2/\text{sek} \,.$$

Setzt man in Formel 3 das Volumen $M = \dfrac{d_0^2 \cdot \pi \cdot v_0 \cdot t}{4}$, wobei v_0 die mittlere Durchflußgeschwindigkeit bedeutet, so erhält man

$$z = \frac{\pi \cdot p_0 \cdot d_0^4 \cdot t \cdot 4}{8 \cdot 16 \cdot l_0 \cdot d_0^2 \cdot \pi \cdot v_0 \cdot t} = \frac{p_0 \cdot d_0^2}{32 \cdot l_0 \cdot v_0} \quad \text{kg} \cdot \text{sek/m}^2 \quad \ldots \ldots 4$$

oder auch

$$z = p_0 \cdot d_0^2 \cdot \frac{\pi}{4} \cdot \frac{1}{25{,}1 \cdot l_0 \cdot v_0} \,.$$

Wie ersichtlich, stellt der erste Faktor den zur Überwindung der Flüssigkeitsreibung in der Kapillarröhre erforderlichen Flächendruck mal der Querschnittfläche der Röhre, also den gesamten Reibungswiderstand dar, der beim Durchtreiben der Flüssigkeit durch die Kapillarröhre zu überwinden ist, während der zweite Faktor andeutet, daß dieser Reibungswiderstand auf eine Röhrenlänge von 1 m und auf 1 m/sek Durchflußgeschwindigkeit bezogen ist. Hieraus ergibt sich folgende einfache Definition.

Die absolute Zähigkeit einer Flüssigkeit stellt diejenige (zur Überwindung des Flüssigkeitsreibungswiderstandes benötigte) Kraft in Kilogrammen dar, die erforderlich ist, um die Flüssigkeit mit 1 m/sek Geschwindigkeit durch eine 1 m lange Kapillarröhre hindurchzutreiben.

Die Ableitung der Definition der abs. Zähigkeit aus dem Kapillarausflußversuch ist nur gewählt worden, um einen anschaulichen Vergleich mit dem später zu besprechenden technisch-praktischen Maßsystem der Zähigkeit zu ermöglichen.

Nach der allgemeinen Definition gilt als abs. Zähigkeit z diejenige Kraft in Kilogrammen, welche erforderlich ist, um eine Flüssigkeitsschicht von 1 m² Oberfläche über eine gleich große, 1 m entfernte Schicht mit der Geschwindigkeit 1 m/sek zu verschieben. Die abs. Zähigkeit ist also nichts anderes als eine kennzeichnende Flüssigkeitsreibungszahl.

Bemerkt sei hierbei noch, daß die Poiseuille'sche Gleichung nur für Geschwindigkeiten unterhalb der kritischen Geschwindigkeit gilt. Letztere ist nach Reynolds erreicht, wenn die Durchflußgeschwindigkeit die Größe annimmt

$$v_{0\,\text{kritisch}} = \frac{20\,000 \cdot z}{d_0 \cdot \gamma_0} \quad \text{m/sek} \ldots \ldots \ldots 5$$

Hierin bedeutet d_0 wie bisher, den Durchmesser der Kapillarröhre in Metern und γ_0 das spez. Gewicht der Flüssigkeit in kg/m³.

Wird beim Auslaufversuch die kritische Geschwindigkeit überschritten, so treten Wirbelungen (Turbulenz) auf, die den Auslaufwiderstand vergrößern und dadurch die Zähigkeit z größer erscheinen lassen als sie in Wirklichkeit ist.

In der technischen Praxis gebräuchlich ist in Deutschland die Bestimmung der Zähigkeit nach Engler - Graden. Das Engler'sche Viskosimeter dient ebenfalls zur Vornahme von Auslaufversuchen, doch gilt als Zähigkeit nach Engler diejenige Zahl, welche angibt, wieviel mal mehr Zeit das Ausfließen der zu untersuchenden Flüssigkeit gegenüber dem gleichen Volumen Wasser erfordert. Die Auslaufzeit von 200 ccm Wasser von 20° C wird hierbei gleich 1 gesetzt, d. h. als Zähigkeitsmaßstab benutzt.

Als Überdruck p_0 wirkt beim Engler'schen Viskosimeter lediglich das Gewicht der Flüssigkeitssäule, deren Höhe von Unterkante Ausflußröhrchen bis zum Flüssigkeitsspiegel gemessen, zu Beginn des Versuches stets 52 mm beträgt. Das Röhrchen selbst ist 20 mm hoch und mißt oben 2,4 und unten 2,8 mm im lichten Durchmesser. — Die als Vergleichsmaß dienende Auslaufzeit von 200 ccm destill. Wasser bei 20° C beträgt bei richtig gebauten Engler-Apparaten 50 bis 52 Sekunden.

Aus diesen Angaben geht hervor, daß die Zähigkeit in Engler-Graden einer willkürlichen Festsetzung gewisser Versuchsbedingungen entspringt und daher nur Vergleichswert besitzen kann. Die praktische Handhabung des Engler-Viskosimeters ist indes so einfach und bequem, daß die handelsübliche Bezeichnung der Zähigkeit von Ölen, wenigstens in Deutschland, stets nach Engler-Graden erfolgt.

Praktische Versuche von Ubbelohde haben nun gezeigt, daß die Auslaufzeiten beim Engler-Viskosimeter der absoluten Zähigkeit nicht proportional sind, d. h. z. B., daß ein Öl von doppelter Zähigkeit nicht genau die doppelte Engler-Zahl aufweist[*]). Dementsprechend ergibt auch die Mischung eines Öles von 2 Engler-Graden mit der gleichen Menge Öl von 4 Engler-Graden nicht ein Mischöl von genau 3 Engler-Graden. Auch weisen zwei Flüssigkeiten verschiedenen spez. Gewichtes nicht etwa die gleiche Zähigkeit auf, wenn sie durch gleiche Engler-Grade gekennzeichnet sind.

Der Grund dieser Unstimmigkeiten liegt zum Teil in den von Engler festgesetzten Versuchsbedingungen, zum Teil in dem Umstande, daß als Ausflußröhre ein verhältnismäßig weites und sehr kurzes Rohr von nicht gleichbleibendem Querschnitt Verwendung findet. Letzteres hat nämlich zur Folge, daß verhältnismäßig leichtflüssige Medien, wie z. B. Wasser oder Petroleum, mit einer Geschwindigkeit ausfließen, die weit über der kritischen Geschwindigkeit, also im Gebiet der turbulenten Strömung liegt und daher erheblich größere Ausflußzeiten bedingen als bei sogenannter laminarer Strömung, bei der sich jedes Flüsigkeitsteilchen nur parallel den Wandungen, in der Strömungsrichtung, verschiebt. Auf diese Erscheinung wurde schon von Hagenbach hingewiesen, welcher darlegte, daß die von Poisseuille aufgestellte Formel 3 nur einen Sonderfall der von ihm entwickelten allgemeinen Gleichung

---

[*]) Ein Öl von 3 Engler-Graden ist z. B. nicht 2 mal, sondern rd. 3 mal zäher als ein Öl von 1,5 Engler-Graden.

darstelle, nämlich nur für solche Ausflußvorgänge richtige Werte ergebe, bei welchen die Ausflußgeschwindigkeit verhältnismäßig sehr gering ist, so daß Turbulenzerscheinungen nicht auftreten.

Ubbelohde[65] [66] ermittelte sowohl auf theoretischem wie experimentellem Wege die zahlenmäßigen Beziehungen zwischen der relativen

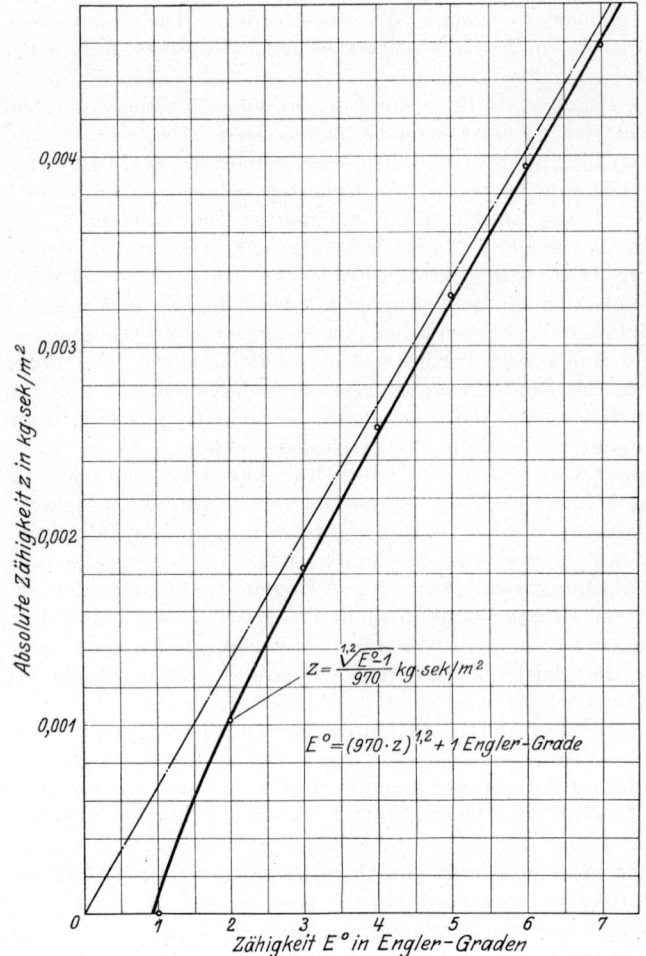

Abb. 17. Beziehung zwischen absoluter Zähigkeit und Engler-Graden bei kleinen Zähigkeiten, für $\gamma = 0,9$.

Zähigkeit in Engler-Graden und der absoluten bzw. spezifischen Zähigkeit und stellte auf Grund dieser Ermittelungen eine verhältnismäßig einfache Formel auf, nach welcher Zähigkeiten in Engler-Graden ohne weiteres in absolute Zähigkeiten umgerechnet werden können.

Nach jenen Beziehungen gilt (abgerundet)

$$z = \gamma \cdot (0,00074 \cdot E^\circ) - \frac{0,00064}{E^\circ} \ \text{kg} \cdot \text{sek/m}^2. \ \ldots \ (6)$$

Hierin ist z die abs. Zähigkeit in $\text{kg} \cdot \text{sek/m}^2$, γ das spez. Gewicht der Flüssigkeit in kg/lit und E° die Zähigkeit in Engler-Graden.*)

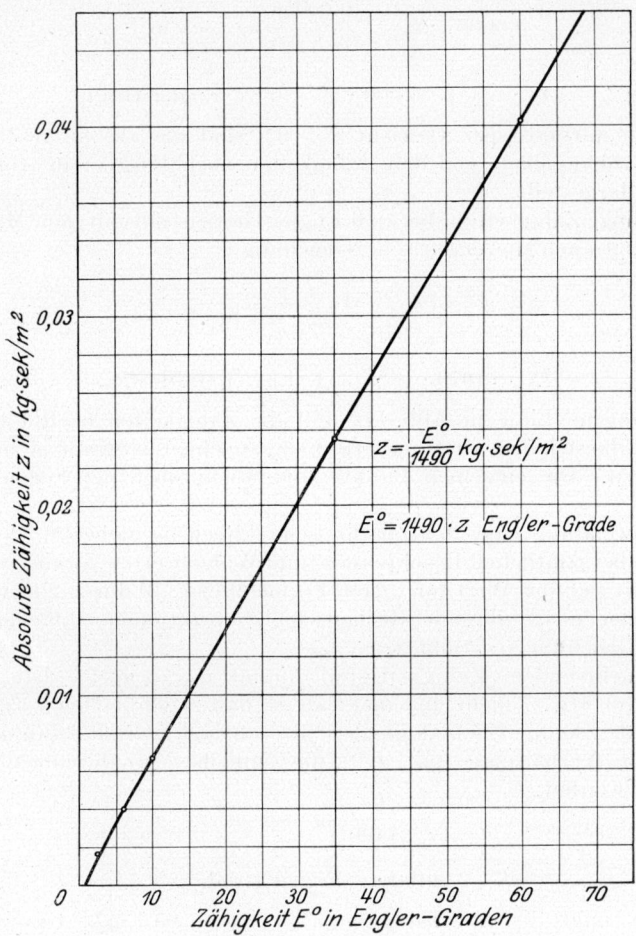

Abb. 18. Beziehung zwischen absoluter Zähigkeit und Engler-Graden bei großen Zähigkeiten, für $\gamma = 0,9$.

Da technische Berechnungen von Reibungsvorgängen, wie bereits früher bemerkt, nur annäherungsweise möglich sind und insbesondere

---

*) Um ohne weiteres eine Gleichung in die andere einsetzen zu können, soll nachstehend durchweg als Längenmaß der Meter benutzt werden. Diejenigen Formeln, die hiervon abweichen, sind durch Einklammerung gekennzeichnet.

der Wert der Zähigkeit aus verschiedenen Gründen fast immer unsicher bleibt, möge in die Gleichung (6) für das spezifische Gewicht γ ein Mittelwert, $\gamma = 0,9$, eingeführt werden, der mit leidlicher Annäherung sowohl für die in Betracht kommenden Maschinenöle, wie auch für Zylinderöle gelten kann.

Wir erhalten damit für schwere Mineralöle die Näherungs-Sondergleichung

$$z = 0,00067 \cdot E° - \frac{0,00058}{E°} \text{ kg} \cdot \text{sek/m}^2 \ldots \ldots 7$$

oder:

$$E° = 746 \cdot z + \sqrt{557\,000 \cdot z^2 + 0,87} \text{ Engler-Grade} \ldots 8$$

Für das mittlere spez. Gewicht $\gamma = 0,9$ sind die absoluten Zähigkeiten in Abhängigkeit von den Zähigkeiten nach Engler in Abb. 17 graphisch dargestellt.

Für geringe Zähigkeiten (bis zu 6 Engler-Graden) gilt mit dem Mittelwert $\gamma = 0,9$ auch die empirische Gleichung

$$z = \frac{\sqrt[1,2]{E° - 1}}{970} \text{ kg} \cdot \text{sek/m}^2 \ldots \ldots \ldots 9$$

bzw.

$$E° = (970 \cdot z)^{1,2} + 1 \text{ Engler-Grade} \ldots \ldots 10$$

Die ausgezogene Linie in Abb. 17 stellt die Zähigkeiten nach Ubbelohde dar, die sich dem strichpunktiert eingezeichneten Strahl asymptotisch nähern. Die einzelnen Punkte sind Stichproben der Formeln 9 bzw. 10.

Bei Anwendung eines bilogarithmischen Rechenschiebers*), dessen Benutzung bei sämtlichen Bruchpotenz- und Wurzelwerten vorausgesetzt ist, ermittelt sich der Wert für z nach Formel 9 bzw. 10 durch 2 in wenigen Sekunden auszuführende Rechenschieberoperationen einfacher als nach den Gleichungen 7 und 8.

Mit zunehmendem Zähigkeitsgrad nimmt das negative Glied in Gleichung (6) bzw. 7 mehr und mehr ab, so daß es schließlich vernachlässigt werden kann. Für Zähigkeiten über 6 Engler-Grade kann daher für mittlere Verhältnisse ($\gamma = 0,9$) die einfache Annäherungsformel empfohlen werden:

$$z = \frac{E°}{1490} \text{ kg} \cdot \text{sek/m}^2 \ldots \ldots \ldots 11$$

bzw.

$$E° = 1490 \cdot z \text{ Engler-Grade} \ldots \ldots \ldots 12$$

Abb. 18 zeigt die abs. Zähigkeiten**) bis zu 65 Engler-Graden in graphischer Darstellung. Die ausgezogene Linie veranschaulicht die Zähigkeiten nach Gleichung 7, während die einzelnen Punkte Stichproben nach Formel 11 bzw. 12 darstellen.

---

*) Die Benutzung von Logarithmentafeln wäre bei häufig vorkommenden Bruchpotenzrechnungen viel zu umständlich. Für sämtliche Berechnungen wurde daher der A. W. Faber „Castell"-Rechenstab Nr. 378 bzw. 379 für Elektro-Ingenieure benutzt, der lediglich bei Zahlen mit mehr als 5 Stellen eine Zerlegung in 2 Faktoren erforderlich macht.

**) Zähigkeiten gebräuchlicher Öle siehe Seite 223.

Obige Umrechnungsformeln sind für die Schmiertechnik von Wichtigkeit, weil die Zähigkeit bei sämtlichen hydrodynamischen Rechnungen
als absolute Zähigkeit eingeführt werden muß; letzteres, um in Übereinstimmung mit den anderen Rechnungsgrößen ein auf m, kg und
sek zurückgeführtes absolutes Maß zu haben, dessen Zahlengröße stets
der Zähigkeit genau proportional ist.

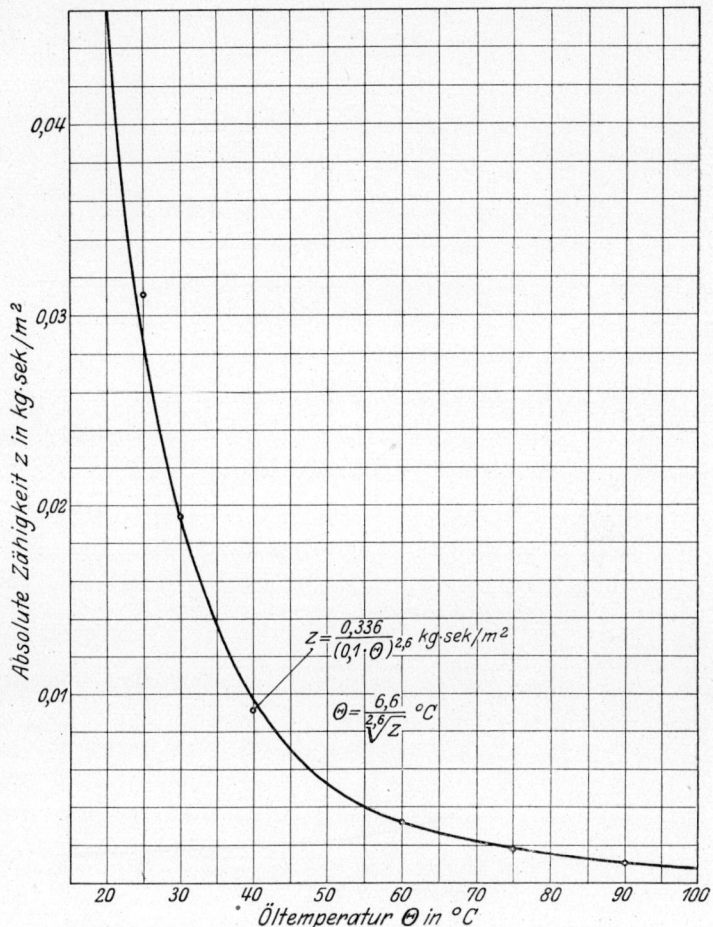

Abb. 19. Abhängigkeit der absoluten Zähigkeit von der Tempera-
tur bei einem schweren Maschinenöl mit $\bar{E}^\circ = 7{,}8$ bei $\Theta = 50^\circ$ C.

Ganz besondere Beachtung ist der Tatsache zuzuwenden, daß die
Zähigkeit von Flüssigkeiten in hohem Maße von deren Temperatur abhängig ist. Die Zähigkeit der Schmiermittel ändert sich mit der Temperatur sehr erheblich, und zwar nimmt die Zähigkeit mit zunehmender
Temperatur bei niedrigen Temperaturen schnell, bei höheren Tempera-

turen langsamer ab. So verringert sich z. B. die Zähigkeit eines schweren Maschinenöles bei Zunahme der Temperatur von 30° auf 60° auf rd. $^1/_6$ des Zähigkeitswertes bei 30°.

Abb. 19 veranschaulicht die Zähigkeitskurve eines schweren Maschinenöles in Abhängigkeit von der Temperatur. Die abs. Zähigkeit

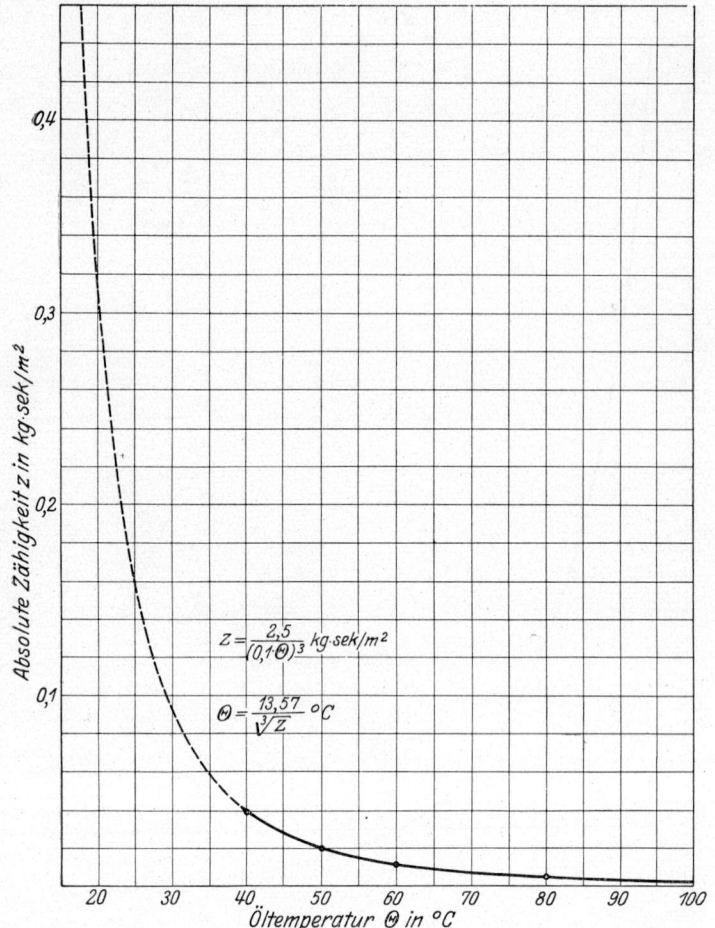

Abb. 20. Abhängigkeit der absoluten Zähigkeit von der Temperatur bei normalem Heißdampf-Zylinderöl mit $E° = 30$ bei $\Theta = 50°$ C.

bei 30° beträgt hier 0,0193 kg · sek/m², diejenige bei 60° nur 0,0032 kg · sek/m², also rd. $^1/_6$ des ersten Betrages. Hiernach wird es verständlich sein, wie wichtig einerseits eine möglichst richtige Einschätzung der herrschenden Lagertemperatur ist und wie wenig Sinn es andererseits hat, kleineren, ja selbst größeren Ungenauigkeiten bei der Umrechnung der absoluten Zähigkeit aus der Engler-Zähigkeit, praktische Bedeutung beizumessen. Es dürfte vielmehr ohne weiteres zulässig sein, die absolute Zähigkeit, selbst bis hinab zu 5 und 4 Engler-Graden, nach der einfachen und bequemen Annäherungsformel 11

$$z = \frac{E^\circ}{1490}$$

zu ermitteln.

Zweckmäßig ist es, eine zahlenmäßige Abhängigkeit zwischen der Temperatur und der absoluten Zähigkeit eines Schmiermittels festzustellen, da der Begriff der Zähigkeit bei einem gegebenen Schmiermittel nur in unmittelbarem Zusammenhang mit seiner Temperatur praktische Bedeutung hat. Eine solche Abhängigkeit ist in Abb. 19 durch die eingezeichneten einzelnen Punkte dargestellt, deren Lage nach der Formel

$$z = \frac{0{,}336}{(0{,}1 \cdot \Theta)^{2{,}6}} \text{ kg} \cdot \text{sek/m}^2 \ldots \ldots \ldots 13$$

eingetragen ist.*) Obige Formel entspricht einem Maschinenöl mit einer Viskosität von 7,8 Engler-Graden bei $\Theta = 50^\circ$ C. Das spez. Gewicht ist hierbei wiederum mit $\gamma = 0{,}9$ angenommen. Die Gültigkeit der Formel erstreckt sich von etwa 25 bis 30 Engler-Graden ab bis zu den höchsten praktisch vorkommenden Temperaturen.

Umgekehrt kann auch aus der gegebenen Zähigkeit z auf die Temperatur Θ geschlossen werden. Nach Gleichung 13 ist

$$\Theta = \frac{6{,}6}{\sqrt[2{,}6]{z}} {}^\circ \text{C} \ldots \ldots \ldots \ldots 14$$

In ähnlicher Weise ist für ein normales Heißdampfzylinderöl mit etwa 30 Engler-Graden bei 50° C die Kurve, Abb. 20 verzeichnet, wobei die eingetragenen einzelnen Punkte der Formel

$$z = \frac{2{,}5}{(0{,}1 \cdot \Theta)^3} \text{ kg} \cdot \text{sek/m}^2 \ldots \ldots \ldots 15$$

bzw.

$$\Theta = \frac{13{,}57}{\sqrt[3]{z}} {}^\circ \text{C} \ldots \ldots \ldots \ldots 16$$

entsprechen.

In gleicher Art ließen sich für verschiedene andere Öle entsprechende weitere Sonderformeln ableiten.

Zusammenfassung:

1. Innere Reibung, Zähigkeit, Viskosität oder Dickflüssigkeit bedeutet nichts anderes als die Schubfestigkeit einer Flüssigkeit.

2. Jedes technisch brauchbare Schmiermittel muß eine sogenannte „benetzende" Flüssigkeit von nicht zu geringer Zähigkeit sein. Nicht benetzende Flüssigkeiten sind zum Schmieren unbrauchbar.

---

*) Die Öltemperatur Θ im Nenner ist 10 mal verkleinert, um das Potenzieren bequem auf dem Rechenschieber ausführen zu können.

3. Bei der Berechnung von Schmiervorgängen bei reiner Flüssig-keitsreibung wird nur die Zähigkeit des Schmiermittels in Betracht gezogen.

4. Die Benetzungs- bzw. Adhäsionsfähigkeit eines Schmiermittels, d. h. seine Haftkraft an den Gleitflächen, wird bei hydrodynamischen Berechnungen zwar außer acht gelassen, doch sind diese kapillaren Eigenschaften, insbesondere bei halbflüssiger Reibung, auf die Schmier-vorgänge in mehr oder minder hohem Maße mit von Einfluß.

5. Ein Schmiermittel muß nicht unbedingt ein Öl sein, doch ver-wendet man in der Technik fast ausschließlich Öle als Schmiermittel wegen ihrer chemischen Beständigkeit und anderer wertvoller Eigen-schaften. Wasser könnte als Schmiermittel im Prinzip wohl Verwendung finden, sofern ein Benetzen der Gleitflächen sichergestellt ist und die Belastung ein so dünnflüssiges Schmiermittel zuläßt; doch wird man von einer praktischen Anwendung, insbesondere wegen der Gefahr der Rostbildung, wohl absehen.

6. Die absolute Zähigkeit ist die Einheit der Flüssigkeitsreibung. Sie definiert sich als diejenige Kraft in Kilogrammen, welche erforderlich ist, um eine Flüssigkeitsschicht von 1 m² Oberfläche über eine gleich große, 1 m entfernte Schicht mit der Geschwindigkeit 1 m/sek zu ver-schieben.

7. Die in Deutschland handelsübliche Bezeichnung der Zähigkeiten ist diejenige nach Engler-Graden. Als Maß für die Zähigkeit nach Engler dient die Zeit (etwa 51 Sekunden), welche 200 cm³ Wasser bei 20° C be-nötigen, um durch das Ausflußrohr des Engler-Viskosimeters durch die eigene Schwere auszufließen. Braucht die gleiche Menge einer anderen Flüssigkeit $E°$ mal mehr Sekunden zum Ausfließen, so ist der Engler-Grad dieser Flüssigkeit $= E°$.

8. Engler-Grade sind der abs. Zähigkeit nicht proportional, auch be-sitzen zwei Flüssigkeiten gleichen Engler-Grades, jedoch verschiedenen spez. Gewichtes, nicht die gleiche abs. Zähigkeit.

9. Bei Zähigkeiten über 6 Engler-Grade beträgt die abs. Zähigkeit in kg · sek/m² rd. den 1490sten Teil der Engler-Zahl.

10. Die Zähigkeit der Schmiermittel ist in hohem Maße von deren Temperatur abhängig, und zwar nimmt die Zähigkeit mit zunehmen-der Temperatur bei niedrigen Temperaturen schnell, bei höheren Tem-peraturen langsamer ab.

8. Die Größe des Lagerspieles.

Auf theoretischem Wege ist festgestellt, daß ein sogenanntes „halb umschließendes" Lager einem „ganz umschließenden" in bezug auf Tragfähigkeit nur ganz unbedeutend nachsteht, da die unbelastete Lager-schale zum Tagen des Zapfens begreiflicherweise nur sehr wenig beizu-tragen vermag. Es wird daher im nachstehenden ausschließlich das halb umschließende Lager (für gleichbleibende Belastungsrichtung) behandelt, doch können die Ableitungen auch auf ganz umschließende Lager angewandt werden.

Wie wir uns aus dem 3. Abschnitt erinnern, nimmt der Wellenzapfen, je nach der Belastung, der Zähigkeit des Schmiermittels, der Drehzahl und dem Lagerspiel, eine ganz bestimmte, charakteristische Stellung innerhalb des Lagers ein, deren rechnerische Bestimmung die Grundlage der Lagerberechnung bildet. Wie wir uns des weiteren entsinnen, nimmt der Zapfen bei größter Belastung und kleinster Drehzahl seine tiefste Stellung, bei höchster Drehzahl und geringster Belastung seine höchste Lage (nämlich die zum Lagermittel konzentrische) ein. Die Bahn des Wellenmittels, von der kleinsten bis zur größten Drehzahl, entspricht dabei nach Abb. 3 angenähert einem Halbkreis.

Die Stellung des Wellenmittels im Lager ist nach der hydrodynamischen Theorie lediglich von der Lagerbelastung, dem verhältnismäßigen Lagerspiel, der Winkelgeschwindigkeit des Zapfens und der abs. Zähigkeit des den Lagerspielraum ausfüllenden Schmiermittels abhängig, oder, richtiger gesagt, von dem gegenseitigen Verhältnis dieser Größen zueinander.

Im nachfolgenden sei:

D — der ideelle*) (d. h. für die Berechnung maßgebende) Durchmesser der Lagerschalenbohrung in Metern,

d — der Durchmesser des Zapfens in Metern,

R — der ideelle*) Halbmesser der Lagerschalenbohrung in Metern,

r — der Halbmesser des Zapfens in Metern,

P — die Lagergesamtbelastung, senkrecht zur Lagerachse, in Kilogrammen,

p_m — die mittlere Lagerbelastung in kg/m² Lagerprojektionsfläche,

$\quad = \dfrac{P}{d \cdot l}$, wobei l = Lagerlänge in Metern,

ψ — das verhältnismäßige Lagerspiel $= \dfrac{D - d}{d}$, d. h. das Verhältnis der ideellen*) Durchmesserdifferenz zwischen Schale und Zapfen zum Zapfendurchmesser,

ω — die Winkelgeschwindigkeit des Zapfens $= 0{,}1047 \cdot n$, wobei n die Drehzahl/min,

z — die mittlere absolute Zähigkeit des Schmiermittels in der Schmierschicht in kg · sek/m²,

Φ — ein charakteristischer Verhältniswert; für unendlich lange Lager

$\quad = \dfrac{2 \cdot p_m \cdot \psi^2}{z \cdot \omega}$ **).

Durch die Größe dieses Verhältniswertes Φ ist die Relativlage des Wellenmittels allgemein und eindeutig bestimmt, und zwar durch die Relativexzentrizität χ (als Teil des radialen Lagerspieles ausgedrückt; also eine dimensionslose Verhältnisgröße) und den Verlagerungswinkel β,

---

*) Der Begriff des „ideellen" Durchmessers soll erst in Abschnitt 10 erläutert werden.

**) Für praktische Berechnungen kommt jedoch Gleichung 18 in Betracht.

auf dessen Schenkel die Größe der Exzentrizität abzutragen ist. Zahlentafel 1 enthält für Exzentrizitäten von $\chi = 0,2$ bis $0,95$ die zusammengehörigen Werte von Φ und β. — Auf die Gümbel'sche Herleitung der Zusammenhänge muß hier verzichtet werden.[24])

Zahlentafel 1.

Abhängigkeit der Exzentrizität χ und des Verlagerungswinkels β von dem Verhältniswert Φ.

$\chi =$	0,2	0,3	0,4	0,5	0,6	0,7	0,8	0,9	0,95
$\Phi =$	1,7	2,4	3,2	4,1	5,3	7,2	10,5	20,5	39,6
$\beta =$	12,4°	17,7°	23,4°	29,2°	35,5°	41,8°	49,0°	59,7°	67,4°

Trägt man die zusammengehörigen Werte von β und χ aus Zahlentafel 1 graphisch auf, so erhält man die bereits erwähnte, mit roher Annäherung als Halbkreis verlaufende Bahn des Wellenmittelpunktes nach Abb. 21*).

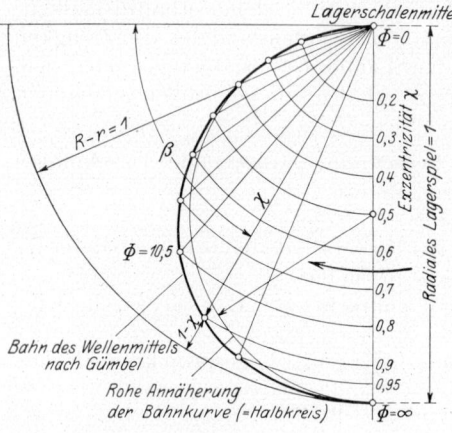

Jedem Punkt der stark ausgezogenen Kurve entspricht ein ganz bestimmter Zahlenwert von Φ. Die in Abb. 21 eingeschriebenen Größen der Exzentrizität χ sind Verhältniswerte, beziehen sich also auf das radiale Lagerspiel $= 1$. Durch Multiplikation der eingetragenen Größen mit dem ideellen radialen Lagerspiel

Abb. 21. Bahn des Wellenmittels nach Gümbel für halbumschließende Lagerschale mit dem radialen Lagerspiel $= 1$.

$r \cdot \psi = \dfrac{D - d}{2}$ würde man erst die tatsächlichen Größen der absoluten Exzentrizität e erhalten.

Zum sichereren Verständnis sei die Bedeutung des oben Gesagten noch durch ein praktisches Zahlenbeispiel nebst Skizze erläutert.

Beispiel 1.

Die Drehzahl einer Welle vom Durchmesser 100 mm betrage $n = 1000$ Umdr. pro Min., der Durchmesser der Lagerbohrung 100,4 mm, die Lagerbelastung 10,1 kg/cm². Als Öl sei normales Maschinenöl verwandt, das eine Betriebstemperatur von etwa 60° und dabei eine abs. Zähigkeit von rd. 0,003 kg · sek/m² aufweisen möge. — Welche Lage wird die Welle unter diesen Umständen im Lager einnehmen, d. h. wie groß werden die Exzentrizität χ und der Winkel β sein? Durch obige Daten ist uns gegeben:

$$p_m = 101\,000 \text{ kg/m}^2,$$
$$\psi = \frac{D - d}{d} = \frac{100,4 - 100}{100} = \frac{0,4}{100} = \frac{1}{250},$$
$$z = 0,003 \text{ kg} \cdot \text{sek/m}^2,$$
$$\omega = 0,1047 \cdot 1000 \approx 105.$$

*) Die qualitative Richtigkeit dieser Verlagerungskurve wurde durch praktische Messungen von Vieweg[27]) und auch von Lasche[67]) bestätigt.

Hiermit wird

$$\Phi = \frac{2 \cdot p_m \cdot \psi^2}{z \cdot \omega} = \frac{2 \cdot 101\,000 \cdot 1}{0,003 \cdot 105 \cdot 250^2} = \frac{202\,000}{0,315 \cdot 62\,500} = \frac{20,2}{1,97} \approx 10,3 \; .$$

Dem gefundenen Wert $\Phi = 10,3$ entspricht nach Zahlentafel 1 eine Exzentrizität $\chi \approx 0,8$ und ein Winkel $\beta \approx 49°$. Die Welle wird daher, in schematischer Darstellung, die Lage nach Abb. 22 einnehmen.

Bei dieser Ausrechnung war vorausgesetzt, daß das Lager unendliche Länge besitzt, d. h. daß ein seitliches Abströmen aus der Schmierschicht an den Lagerenden nicht stattfindet. Bei Lagern von endlicher Länge ist ein achsiales Abströmen von Schmiermittel jedoch unvermeidlich, und der Schmierschichtdruck wird von der Mitte nach den Lagerenden bis auf Null abnehmen. Die Folge davon wird ein tieferes Herabsinken der Welle im Lager oder, was dasselbe bedeutet, eine vergrößerte Exzentrizität sein, und zwar wird letztere verhältnismäßig um so größer werden, je kürzer das Lager bemessen ist, je stärker es also von der unendlichen Länge abweicht.

Um diesem Umstande Rechnung zu tragen, schlug Gümbel vor, zu setzen

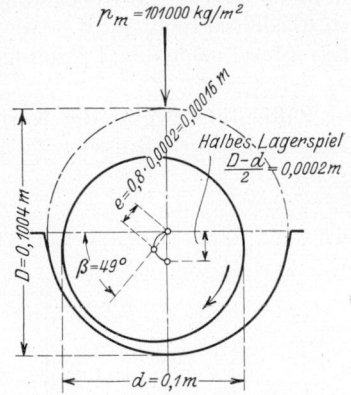

Abb. 22. Beispiel der exzentrischen Verlagerung einer Welle bei $\Phi = 10,5$.

$$\Phi = \frac{2 \cdot p_m \cdot \psi^2}{z \cdot \omega} \cdot \frac{d+l}{l} \quad \ldots \ldots \ldots \; 17$$

Hierin bedeutet d den Zapfendurchmesser und l die Länge des Lagers.

Durch den Korrektionsfaktor $\dfrac{d+l}{l}$ soll die zu erwartende tiefere Lage der Welle bzw. das entsprechend größere χ berücksichtigt sein. Ob diese Annahme quantitativ zutreffend ist, vermögen wir nicht zu sagen. Wir wissen nur, daß die Grenzwerte richtig sind, denn bei einem sehr langen Lager wird $\dfrac{d+l}{l} \approx 1$, so daß Φ in der ursprünglich abgeleiteten Größe bestehen bleibt, während bei einem unendlich kurzen Lager (Grenzbegriff = Messerschneide) der Beiwert und damit auch der Wert für Φ unendlich groß wird.

Wegen dieser und anderer Unsicherheiten wollen wir bei der Bestimmung von Φ von vornherein auf jede „genauere" Rechnung verzichten und uns damit begnügen, die Endlichkeit der Lagerlänge allgemein durch Einführung eines mittleren, für sämtliche Lagerlängen gleichbleibenden Korrektionsfaktors zu berücksichtigen.

Legen wir, um sicher zu gehen, dem Korrektionsfaktor ein verhältnismäßig kurzes Lager zugrunde, bei welchem Lagerlänge = Durchmesser ist, also $l = d$, so wird der Korrektionsfaktor

$$\frac{d+l}{l} = \frac{d+d}{d} = \frac{2 \cdot d}{d} = 2 \; .$$

Damit erhalten wir als allgemeine Grundgleichung (Annäherungsgleichung) für endliche Lagerlänge

$$\Phi = \frac{4 \cdot p_m \cdot \psi^2}{z \cdot \omega} \quad \ldots \ldots \ldots \quad 18$$

Diese Gleichung soll allen weiteren Berechnungen zugrunde gelegt werden, während auf Gleichung 17 nur in Sonderfällen zurückgegriffen zu werden braucht (z. B. etwa bei der Ableitung der Tragfähigkeit von Exzentern nach der Tragfähigkeit von Traglagern).

Zahlentafel 2 gibt die Korrektionsfaktoren $\dfrac{d+l}{l}$ für verschiedene Lagerlängenverhältnisse $l : d$ an.

Zahlentafel 2.

Korrektionsfaktor des Verhältniswertes Φ für verschiedene Lagerlänge.

$l : d =$	0,1	0,2	0,3	0,5	0,75	1,0	1,25	1,5	1,75	2,0	2,25	2,5	2,75	3
$\dfrac{d+l}{l} =$	11	6	4,34	3	2,33	2,0	1,8	1,67	1,57	1,5	1,44	1,4	1,36	1,33

In normalen Fällen sollte man über die in Zahlentafel 2 stark umrahmten Verhältniswerte $l : d = 0,75 \div 1,5$ nicht hinausgehen*). — Wie ersichtlich, stellt das Gleichung 18 zugrunde gelegte Verhältnis $l : d = 1$ einen sicheren Durchschnittswert dar.

Gleichung 18 ermöglicht es uns, das Ergebnis des für unendliche Lagerlänge durchgerechneten Zahlenbeispieles 1 nunmehr auch für endliche Lagerlänge umzuwerten. Offenbar wird der Zahlenwert für Φ sich verdoppeln, so daß wir erhalten $\Phi = 20,6$. Diesem Wert entspricht nach Zahlentafel 1 eine Exzentrizität von $\chi \approx 0,9$ auf dem Schenkel eines Winkels von $\beta \approx 60°$. Die Welle wird also bei endlicher Lagerlänge merklich tiefer im Lager liegen.

Durch Veränderung der Faktoren p_m, ω, z oder ψ haben wir es in der Hand, der Welle innerhalb des Lagers eine beliebige Relativstellung zu geben. Da nun der Lagerdruck und die Drehzahl in der Regel von vornherein gegeben sind und auch die Zähigkeit des Schmiermittels meistens in mehr oder weniger engen Grenzen festliegt, verbleibt als bequemste Variante das Lagerspiel. Durch geeignete Wahl von ψ können wir jede beliebige Relativlage der Welle verwirklichen, und es läßt sich ein für allemal ausrechnen, wie groß ψ angenommen werden muß, um eine ganz bestimmte Exzentrizität der Verlagerung zu erhalten.

Praktisch von Bedeutung sind nur die Exzentrizitäten $\chi = 0,3 \div 0,95$.

---

*) Nur bei sehr geringem Flächendruck mag bis $l : d = 2$ gegangen werden.

Diesen entsprechen nach Zahlentafel 1 die Werte $\Phi = 2{,}4 \div 40$. Setzen wir diese Grenzwerte in Gleichung 18 ein, so erhalten wir

$$\frac{4 \cdot p_m \cdot \psi^2}{z \cdot \omega} = 2{,}4 \div 40; \quad z \cdot \omega \,(2{,}4 \div 40) = 4 \cdot p_m \cdot \psi^2,$$

$$\psi = \sqrt{\frac{2{,}4 \div 40}{4} \cdot \frac{z \cdot \omega}{p_m}} = \frac{1{,}55 \div 6{,}31}{2} \cdot \sqrt{\frac{z \cdot \omega}{p_m}}.$$

Als Grenzwerte des Lagerspieles für normale Traglager und $\chi = 0{,}3 \div 0{,}95$ erhalten wir somit

$$\psi = 0{,}77 \div 3{,}15 \cdot \sqrt{\frac{z \cdot \omega}{p_m}} \quad \ldots \ldots \ldots \quad 19$$

Zahlentafel 3 gibt eine Zusammenstellung der wichtigsten zusammengehörigen Einzelwerte von ψ in Abhängigkeit von χ.

Eine praktische Nutzanwendung dieser Aufstellung kann zunächst gleich bei Zahlenbeispiel 1 erfolgen.

Wir erhielten für endliche Lagerlänge eine Exzentrizität von $\chi = 0{,}9$. Nach Zahlentafel 3 müßte, um diese Exzentrizität zu erreichen, ein Lagerspiel von $\psi = 2{,}26 \cdot \sqrt{\dfrac{z \cdot \omega}{p_m}}$ verwirklicht werden. Es müßte also gegeben gewesen sein

Zahlentafel 3.

Abhängigkeit des verhältnismäßigen Lagerspieles ψ von der Exzentrizität χ.

Für $\chi = 0{,}3$ beträgt $\psi_{0,3} = 0{,}77 \cdot \sqrt{\dfrac{z \cdot \omega}{p_m}}$,

„ $\chi = 0{,}5$ „ $\psi_{0,5} = 1{,}00 \cdot \sqrt{\dfrac{z \cdot \omega}{p_m}}$,

„ $\chi = 0{,}8$ „ $\psi_{0,8} = 1{,}62 \cdot \sqrt{\dfrac{z \cdot \omega}{p_m}}$,

„ $\chi = 0{,}9$ „ $\psi_{0,9} = 2{,}26 \cdot \sqrt{\dfrac{z \cdot \omega}{p_m}}$,

„ $\chi = 0{,}95$ „ $\psi_{0,95} = 3{,}15 \cdot \sqrt{\dfrac{z \cdot \omega}{p_m}}$.

$$\psi = 2{,}26 \cdot \sqrt{\frac{0{,}003 \cdot 105}{101\,000}} = \frac{2{,}26 \cdot 0{,}56}{318} = \frac{1{,}27}{318} = \frac{1}{250},$$

was mit den Daten unseres Beispieles auch in der Tat übereinstimmt.

Zur Übung sei noch die Formel für ψ für eine Exzentrizität von $\chi = 0{,}2$ abgeleitet.

Nach Zahlentafel 1 entspricht einer Exzentrizität von 0,2 der Wert $\Phi = 1{,}7$. Damit erhalten wir

$$\frac{4 \cdot p_m \cdot \psi^2}{z \cdot \omega} = 1{,}7; \quad 1{,}7 \cdot z \cdot \omega = 4 \cdot p_m \cdot \psi^2;$$

$$\psi_{0,2} = \sqrt{\frac{1{,}7 \cdot z \cdot \omega}{4 \cdot p_m}} = \frac{1{,}3}{2} \cdot \sqrt{\frac{z \cdot \omega}{p_m}};$$

$$\psi_{0,2} = 0{,}65 \cdot \sqrt{\frac{z \cdot \omega}{p_m}} \quad \ldots \ldots \ldots \ldots \ldots \quad 20$$

(Dieser Wert soll übrigens im nächsten Abschnitt noch zu einer interessanten Feststellung dienen.)

Die in Frage kommenden Werte für ψ sind uns durch Zahlentafel 3 gegeben. Die Entscheidung, welcher von den angeführten Werten jeweils zu wählen ist, kann jedoch erst im Anschluß an weitere Untersuchungen erfolgen, die ebenfalls im nächsten Abschnitt durchgeführt werden sollen.

Zusammenfassung:

1. Das halbumschließende Traglager steht in bezug auf Tragfähigkeit dem ganzumschließenden Lager fast um nichts nach. Sämtliche nachfolgenden Berechnungen gelten für halbumschließende Lager, lassen sich jedoch auch auf ganzumschließende anwenden.

2. Die Relativlage, welche der Wellenmittelpunkt im Betriebszustande in bezug auf das Lagerzentrum einnimmt, hängt in erster Linie ab von der Lagerbelastung, der Drehzahl, der Zähigkeit des den Lagerspielraum ausfüllenden Schmiermittels und dem verhältnismäßigen Lagerspiel und in zweiter Linie auch noch von der verhältnismäßigen Lagerlänge.

3. Bei verschiedener Lagerlänge wird die Exzentrizität um so größer, je kürzer das Lager ist.

4. Durch den Verhältniswert $\Phi = \dfrac{4 \cdot p_m \cdot \psi^2}{z \cdot \omega}$ ist für endliche Lagerlänge allgemein sowohl die Exzentrizität der Wellenverlagerung, wie auch der zugehörige Winkel gegeben, so daß die exzentrische Lage der Welle im Lager damit geometrisch festliegt.

5. Bei gegebener Lagerbelastung, Drehzahl und Zähigkeit des Schmiermittels ist die Lage der Welle im Lager nur noch von der Größe des verhältnismäßigen Lagerspieles abhängig. Durch geeignete Wahl von ψ kann daher jede gewünschte Exzentrizität erzielt werden.

6. Praktisch kommen nur Exzentrizitäten von $\chi = 0,3$ bis $0,95$ in Betracht, zu denen die Werte $\psi = 0,77 \div 3,15 \cdot \sqrt{\dfrac{z \cdot \omega}{p_m}}$ gehören.

9. Die geringste Schmierschichtstärke.

Der wichtigste Punkt in der Berechnung von Gleitlagern ist die Bestimmung der geringsten Schmierschichtstärke, hängt von deren Größe doch vor allem die Höhe der zulässigen Lagerbelastung ab. — Unter geringster Schmierschichtstärke versteht man den Abstand des sich drehenden Wellenzapfens von der Lagerschale an der engsten Stelle; ein durch letztere aus dem Lagermittel gezogener Strahl schließt mit der Horizontalen entgegen der Drehrichtung den Verlagerungswinkel β ein (Abb. 23 und 24).

Die geringste Schmierschichtstärke*) h kann theoretisch sowohl zwischen dem wirklichen Wellenzapfen und der Lagerschale als auch an

---

*) Die genaueren diesbezüglichen Verhältnisse werden in Abschnitt 10 entwickelt.

der Mittelpunktsverschiebung der beiden Zentren (Lagermitte und Wellenmitte) gemessen werden. Das Maß h ist daher in Abb. 23 an beiden Stellen eingetragen.

Bei diesen Betrachtungen ist darauf zu achten, daß nicht Verhältnisgrößen und absolute Größen miteinander verwechselt werden, selbst wenn dieser Unterschied, der Kürze des Ausdruckes wegen, an manchen Stellen des Textes nicht wörtlich scharf zum Ausdruck kommen sollte.

Absolute Größen sind Maße, in Metern, Zentimetern oder Millimetern gemessen, während Verhältnisgrößen nur Maß-Verhältnisse darstellen. Z. B. ist $D - d$ das absolute Lagerspiel in Metern, während ψ das verhältnismäßige Lagerspiel, nämlich das Verhältnis $\dfrac{D - d}{d}$ bedeutet. Alle Verhältnisgrößen sind naturgemäß unbenannte Zahlen.

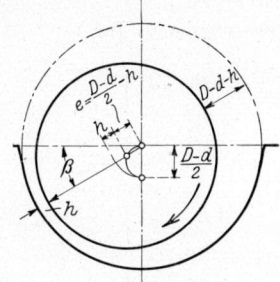

Abb. 23. Lagerspiel, Exzentrizität und geringste Schmierschichtstärke, als absolute Größen dargestellt.

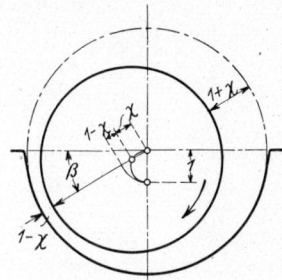

Abb. 24. Lagerspiel, Exzentrizität und geringste Schmierschichtstärke, als Verhältnisgrößen dargestellt.

Ähnlich liegt es bei der Exzentrizität und der geringsten Schmierschichtstärke. Die geringste Schmierschichtstärke h ist ein Teilbetrag des Lagerspieles $D - d$, wird also als absolutes Maß in Metern gemessen. Die verhältnismäßige Exzentrizität χ hingegen ist die verhältnismäßige Verlagerung des Wellenmittels aus dem Lagermittel, wobei das radiale Lagerspiel $R - r$ oder $\dfrac{D - d}{2}$ gleich 1 gesetzt ist.

Hieraus ergibt sich folgende Gegenüberstellung: Das absolute radiale Lagerspiel $\dfrac{D - d}{2}$ entspricht dem verhältnismäßigen radialen Lagerspiel 1; die geringste (absolute) Schmierschichtstärke h entspricht der verhältnismäßigen geringsten Schmierschichtstärke $1 - \chi$ und die absolute exzentrische Verlagerung $e = \dfrac{D - d}{2} - h$ entspricht der (verhältnismäßigen) Exzentrizität χ. — Um die verschiedenen Begriffe, in klarer Trennung voneinander, deutlich zu veranschaulichen, sind die in Betracht kommenden Werte in Abb. 23 als absolute Größen, in der gleichen Darstellung, Abb. 24, hingegen als Verhältnisgrößen eingetragen.

Die Größe der geringsten Schmierschichtstärke ergibt sich zahlenmäßig durch Multiplikation der verhältnismäßigen geringsten Schmierschichtstärke $(1 - \chi)$ mit dem Absolutwert des radialen Lagerspieles, der sich seinerseits wiederum zusammensetzt aus dem verhältnismäßigen Lagerspiel ψ und der Größe des Wellenhalbmessers r *).

Die geringste Schmierschichtstärke ergibt sich danach allgemein zu

$$h = (1 - \chi) \cdot r \cdot \psi \text{ m} \quad \ldots \ldots \ldots \quad 21$$

Da uns die Größe von ψ für die wichtigsten Werte von χ aus Zahlentafel 3 bekannt ist, kann nun auch die Größe h für jeden χ-Wert festgelegt werden, wie dies in Zahlentafel 4 geschehen ist.

Zahlentafel 4.

Größe der geringsten Schmierschichtstärke h bei verschiedener Exzentrizität χ.

Allgemein ist $h = (1 - \chi) \cdot r \cdot \psi$; im besonderen ist für

$$\chi = 0.2; \qquad h_{0,2} = 0.8 \cdot \frac{d}{2} \cdot 0.65 \cdot \sqrt{\frac{z \cdot \omega}{p_m}} = 0.26 \cdot d \cdot \sqrt{\frac{z \cdot \omega}{p_m}} \text{ m},$$

$$\chi = 0.3; \qquad h_{0,3} = 0.7 \cdot \frac{d}{2} \cdot 0.77 \cdot \sqrt{\frac{z \cdot \omega}{p_m}} = 0.27 \cdot d \cdot \sqrt{\frac{z \cdot \omega}{p_m}} \text{ m},$$

$$\chi = 0.5; \qquad h_{0,5} = 0.5 \cdot \frac{d}{2} \cdot 1.00 \cdot \sqrt{\frac{z \cdot \omega}{p_m}} = 0.25 \cdot d \cdot \sqrt{\frac{z \cdot \omega}{p_m}} \text{ m},$$

$$\chi = 0.8; \qquad h_{0,8} = 0.2 \cdot \frac{d}{2} \cdot 1.62 \cdot \sqrt{\frac{z \cdot \omega}{p_m}} = 0.162 \cdot d \cdot \sqrt{\frac{z \cdot \omega}{p_m}} \text{ m},$$

$$\chi = 0.9; \qquad h_{0,9} = 0.1 \cdot \frac{d}{2} \cdot 2.26 \cdot \sqrt{\frac{z \cdot \omega}{p_m}} = 0.113 \cdot d \cdot \sqrt{\frac{z \cdot \omega}{p_m}} \text{ m},$$

$$\chi = 0.95; \qquad h_{0,95} = 0.05 \cdot \frac{d}{2} \cdot 3.15 \cdot \sqrt{\frac{z \cdot \omega}{p_m}} = 0.079 \cdot d \cdot \sqrt{\frac{z \cdot \omega}{p_m}} \text{ m}.$$

Wie aus Zahlentafel 4 ersichtlich, nimmt die Größe $1 - \chi$ mit abnehmendem χ zu, die Größe ψ hingegen ab. Dies hat, in Verbindung mit dem eigenartigen Charakter**) der Funktion ψ, zur Folge, daß das Produkt aus den Größen $1 - \chi$ und ψ, entsprechend der Größe h, mit abnehmendem χ zunächst zunimmt und dann wieder abnimmt. Der in Formel 20 ermittelte Wert $\psi_{0,2} = 0.65 \cdot \sqrt{\frac{z \cdot \omega}{p_m}}$ läßt in Zahlentafel 4 erkennen, daß die Größe von h bei $\chi_{0,2}$ in der Tat wieder abnimmt. Die größte erreichbare Schmierschichtstärke an der engsten Stelle zwischen Zapfen und Lagerschale ist also angenähert $h_{0,3} = 0.27 \cdot d \cdot \sqrt{\frac{z \cdot \omega}{p_m}}$ bei der Exzentrizität $\chi = 0.3$.

---

*) Zum Schluß des Abschnittes 25 wird zur bequemen Übersicht ein vollständiges Verzeichnis sämtlicher benutzten Buchstabenbezeichnungen nebst ihrer Bedeutung gebracht.

**) Siehe Abb. 25, Hilfswert k.

Die Funktionen $1 - \chi$, ψ und h sind in Abb. 25 in Abhängigkeit von der Exzentrizität χ graphisch dargestellt. Als Maß von ψ ist nur der variable Faktor vor dem konstanten Ausdruck $\sqrt{\dfrac{z \cdot \omega}{p_m}}$ und als Maß von h nur der variable Faktor vor dem konstanten Ausdruck $d \cdot \sqrt{\dfrac{z \cdot \omega}{p_m}}$ gewählt.

Damit erhalten wir die allgemeineren Beziehungen

$$\psi = k \cdot \sqrt{\frac{z \cdot \omega}{p_m}} \quad \dots \dots \dots \dots \quad 22$$

und

$$h = c \cdot d \cdot \sqrt{\frac{z \cdot \omega}{p_m}} \text{ m} \quad \dots \dots \dots \dots \quad 23$$

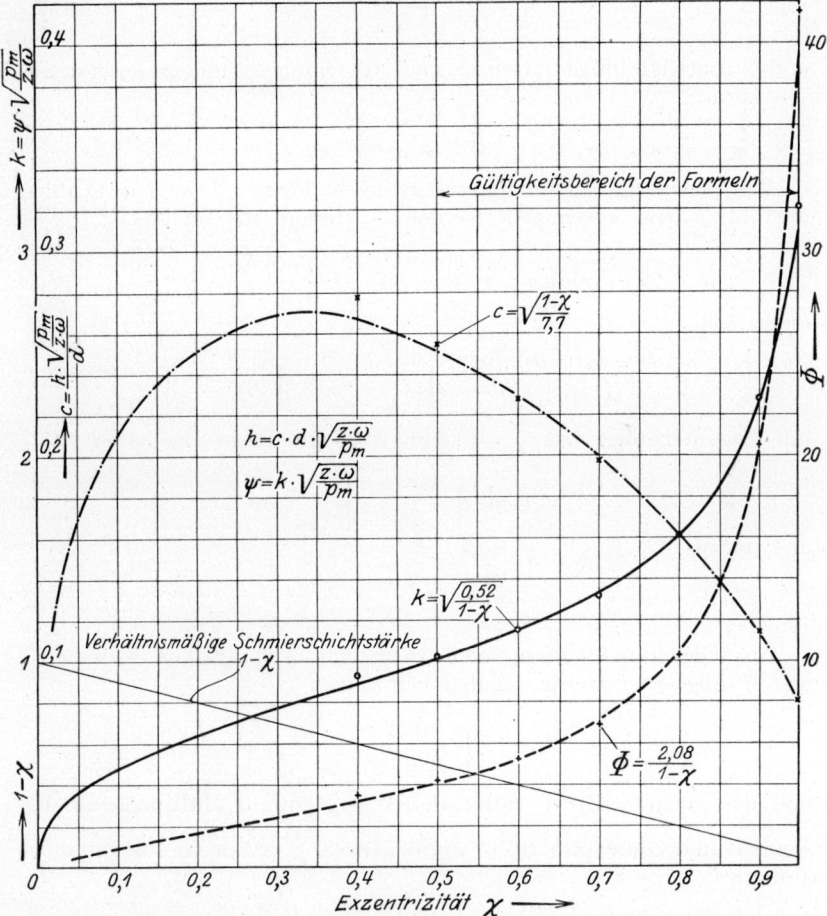

Abb. 25. Lagerspiel und geringste Schmierschichtstärke als Funktionen der Exzentrizität.

k und c sind hierbei die in den Tafeln 3 und 4 angegebenen variabeln Zahlenfaktoren vor dem Wurzelwert.

Hiernach können ψ und h für einen beliebigen Wert von χ bestimmt werden, indem z. B. die Faktoren k und c aus Abb. 25 abgegriffen werden. Um sich von letzterem unabhängig zu machen, kann man für die Faktoren k und c auch Gleichungen ermitteln, deren Charakter sich demjenigen der Kurven in Abb. 25 möglichst anpaßt.

Fassen wir zunächst die Ermittelung von ψ ins Auge. Der Faktor k kommt, wie wir später noch sehen werden, fast ausschließlich für Exzentrizitäten zwischen 0,5 und 0,95 in Betracht, und innerhalb dieses Gebietes läßt die k-Kurve sich mit hinlänglicher Annäherung analytisch erfassen.

Für Exzentrizitäten von $\chi = 0,5$ bis 0,95 gilt angenähert:

$$k = \sqrt{\frac{0,52}{1 - \chi}} \quad \ldots \ldots \ldots \ldots \quad 24$$

so daß innerhalb obiger Grenzen nach Gleichung 22 und 24 gesetzt werden kann

$$\psi = \sqrt{\frac{0,52}{1 - \chi}} \cdot \sqrt{\frac{z \cdot \omega}{p_m}} \quad \ldots \ldots \ldots \quad 25$$

Aus Gleichung 21 kann nun mit Hilfe von Formel 25 auch der Zahlenwert für c bzw. h ermittelt werden. — Indem wir setzen

$$h = (1 - \chi) \cdot r \cdot \psi = (1 - \chi) \cdot \frac{d}{2} \cdot \sqrt{\frac{0,52}{1 - \chi}} \cdot \sqrt{\frac{z \cdot \omega}{p_m}} ,$$

ergibt sich

$$h = \sqrt{\frac{(1 - \chi)^2 \cdot d^2 \cdot 0,52}{4 \cdot (1 - \chi)}} \cdot \sqrt{\frac{z \cdot \omega}{p_m}} = d \cdot \sqrt{\frac{1 - \chi}{7,7}} \cdot \sqrt{\frac{z \cdot \omega}{p_m}} .$$

Für Exzentrizitäten von $\chi = 0,5$ bis 0,95 gilt dann angenähert

$$h = d \cdot \sqrt{\frac{1 - \chi}{7,7}} \cdot \sqrt{\frac{z \cdot \omega}{p_m}} \, \text{m} \quad \ldots \ldots \ldots \quad 26$$

und daraus

$$c = \sqrt{\frac{1 - \chi}{7,7}} \quad \ldots \ldots \ldots \ldots \quad 27$$

Aus Gleichung 25 kann auch noch eine Abhängigkeit zwischen χ und Φ abgeleitet werden, indem wir setzen

$$\psi = \sqrt{\frac{0,52}{(1 - \chi)} \cdot \frac{z \cdot \omega}{p_m}}$$

und den rechten Bruch unter der Wurzel durch Multiplikation des Nenners und Zählers mit $4 \cdot \psi^2$ auf die Größe $\frac{1}{\Phi}$ ergänzen. Es ergibt sich alsdann

$$\psi = \sqrt{\frac{0,52}{(1 - \chi)} \cdot \frac{z \cdot \omega \cdot 4 \cdot \psi^2}{p_m \cdot 4 \cdot \psi^2}} = \sqrt{\frac{0,52 \cdot 4 \cdot \psi^2}{(1 - \chi) \cdot \Phi}} ,$$

oder

$$\psi^2 = \frac{0{,}52 \cdot 4 \cdot \psi^2}{(1 - \chi) \cdot \Phi}; \qquad \Phi \cdot (1 - \chi) \cdot \psi^2 = 0{,}52 \cdot 4 \cdot \psi^2$$

und daraus

$$\Phi = \frac{0{,}52 \cdot 4 \cdot \psi^2}{(1 - \chi) \cdot \psi^2} = \frac{2{,}08}{1 - \chi}; \quad (1 - \chi) \cdot \Phi = 2{,}08; \quad 1 - \chi = \frac{2{,}08}{\Phi}.$$

Wir erhalten damit für Exzentrizitäten $\chi = 0{,}5$ bis $0{,}95$ die Näherungsgleichung

$$1 - \chi = \frac{2{,}08}{\Phi} \quad \ldots \ldots \ldots \ldots \; 28$$

Der Vollständigkeit halber ist auch die Kurve Φ in Abb. 25 eingetragen. Die nach den Gleichungen 24, 27 und 28 errechneten Werte für die Größen k, c und χ sind in Abb. 25 durch kleine Kreise bzw. Kreuze gekennzeichnet. Wie ersichtlich, genügt die Genauigkeit für unsere Zwecke vollauf.

Nun kann mit der zuletzt entwickelten Gleichung 28 in Formel 21 eingegangen werden und man erhält damit eine der wichtigsten Grundgleichungen, die es ermöglicht, bei gegebenem Lagerspiel die zu erwartende geringste Schmierschichtstärke zu ermitteln, ohne erst den Wert Φ auszurechnen und nach diesem in der Kurventafel Abb. 25 das zugehörige χ aufsuchen zu müssen, um danach dann die gesuchte Größe h zu bestimmen.

Durch Einsetzen von Gleichung 28 in Gleichung 21 erhalten wir

$$h = (1 - \chi) \cdot r \cdot \psi = \frac{2{,}08}{\Phi} \cdot \frac{d}{2} \cdot \psi \; \text{m} \ldots \ldots 29$$

oder, durch Substitution von Gleichung 18,

$$h = \frac{2{,}08 \cdot d \cdot \psi \cdot z \cdot \omega}{2 \cdot 4 \cdot p_m \cdot \psi^2},$$

$$h = \frac{d \cdot z \cdot \omega}{3{,}84 \cdot p_m \cdot \psi} \; \text{m} \ldots \ldots \ldots \; 30$$

Diese Formel gilt, wie bereits bemerkt, für Exzentrizitäten $\chi = 0{,}5$ bis $0{,}95$.

Liegt die Vermutung nahe, daß es sich etwa um kleinere Exzentrizitäten handelt, so kann leicht an Hand einer Kontrollgleichung geprüft werden, ob die Gleichung 30 noch Gültigkeit hatte oder nicht. Die Kontrollgleichung entsteht durch Einführen des Grenzwertes von Φ für $\chi = 0{,}5$, d. i. $\Phi = 4{,}1$ in Gleichung 29, wodurch wir erhalten

$$\text{Grenzwert } h \approx \frac{2{,}08 \cdot d \cdot \psi}{4{,}1 \cdot 2} \approx 0{,}254 \cdot d \cdot \psi, \quad \text{oder genau}$$

$$\text{Grenzwert } h = 0{,}25 \cdot d \cdot \psi \; \text{m} \ldots \ldots \ldots \ldots \; 31$$

Ergibt sich h nach Gleichung 30 größer als $1/4$ des Lagerspieles, so ist Gleichung 30 nicht mehr zulässig und es müßte h nach der Kurventafel Abb. 25 ermittelt werden. Gleichung 31 ist eigentlich nur eine rechnerische Richtigkeitskontrolle für Gleichung 30; denn daß h bei $\chi = 0{,}5$ gleich $^1/_4$ des Lagerspieles sein muß, ist ja wohl ohne weiteres klar.

Hiermit wäre die Entwicklung der zur Ermittlung der geringsten Schmierschichtstärke erforderlichen Formeln beendet und es soll nun die praktische Nutzanwendung derselben erläutert werden.

Hierbei können zweierlei Aufgaben vorkommen: Entweder handelt es sich um die Nachrechnung einer ausgeführten Zapfenlagerung und es gilt festzustellen, ob reine Flüssigkeitsreibung möglich ist oder ob die Schmierschichtstärke an der engsten Stelle zwischen Lager und Zapfen so dünn ist, daß halbflüssige Reibung befürchtet werden muß; oder aber es soll eine Zapfenlagerung neu berechnet bzw. so bemessen werden, daß mit Sicherheit reine Flüssigkeitsreibung erreicht wird.

Im ersteren Falle sind gegeben: der mittl. Flächendruck, die Drehzahl, die Zähigkeit des Schmiermittels und die Durchmesser von Lagerschale und Zapfen, und es wird gesucht die Größe der geringsten Schmierschichtstärke. Es mögen z. B. gegeben sein:

Beispiel 2.

$p_m = 82000$ kg/m² entsprechend 8,2 at Flächendruck,
$\omega = 105$, entsprechend rd. 1000 Umdr./Min.,
$z = 0{,}003$ kg·sek/m², entsprechend etwa 4,5 Engler-Graden,
$D = 0{,}2005$ m $= 200{,}5$ mm $\}$
$d = 0{,}2000$ m $= 200{,}0$ mm $\}$ also*) $\quad \psi = \dfrac{D'' - d''}{d''} = \dfrac{200{,}5 - 200}{200} = \dfrac{1}{400}$.

Die Lösung der Aufgabe erfolgt nach Formel 30. Die zu erwartende geringste Schmierschichtstärke ist

$$h = \frac{d \cdot z \cdot \omega}{3{,}84 \cdot p_m \cdot \psi} = \frac{0{,}2 \cdot 0{,}003 \cdot 105 \cdot 400}{3{,}84 \cdot 82000 \cdot 1} = 0{,}00008 \text{ m} = 0{,}08 \text{ mm}.$$

Bevor wir uns wegen der Zulässigkeit dieses Wertes entscheiden, wollen wir zunächst feststellen, ob die Anwendung der Formel 30 überhaupt statthaft war. Wir verwenden hierzu die Kontrollgleichung 31.

$$\text{Grenzwert } h = 0{,}25 \cdot d \cdot \psi = \frac{0{,}25 \cdot 0{,}2}{400} = \frac{0{,}05}{400} = 0{,}000125 \text{ m}.$$

Der nach Gleichung 30 errechnete Wert 0,00008 m ist kleiner als der nach der Kontrollformel; folglich war Gleichung 30 zulässig.

Des Interesses halber soll die Größe h auch nach der Kurventafel bestimmt werden, wodurch gleichzeitig eine zahlenmäßige Kontrolle der Gleichung 30 bzw. des daraus errechneten Zahlenwertes gegeben ist.

$$\Phi = \frac{4 \cdot p_m \cdot \psi^2}{z \cdot \omega} = \frac{4 \cdot 82000 \cdot 1}{0{,}003 \cdot 105 \cdot 400^2} = \frac{328\,000}{0{,}315 \cdot 160\,000} = 6{,}5.$$

Einem Φ von 6,5 entspricht nach Abb. 25 ein $\chi = 0{,}675$ und ein $1 - \chi$ von 0,325. Das ganze Lagerspiel war $D'' - d'' = 200{,}5 - 200 = 0{,}5$ mm; das radiale Lagerspiel $= 0{,}25$ mm. Die geringste Schmierschichtstärke ergibt sich daher zu

$$h'' = (1 - \chi) \cdot (R - r) = 0{,}325 \cdot 0{,}25 = 0{,}081 \text{ mm},$$

in vorzüglicher Übereinstimmung mit unserem viel schneller nach Gleichung 30 gefundenen Wert $h'' = 0{,}08$ mm.

---

*) Im nachfolgenden werden die Größen D, d, l, h in m, nach Bedarf auch in mm ausgedrückt, als D'', d'', l'', h'' in mm.

Der Wert $h'' = 0,08$ mm läßt mit Sicherheit reine Flüssigkeitsreibung erwarten, falls das Lagerspiel genau eingehalten wurde und die Öltemperatur in der Schmierschicht auf solcher Höhe gehalten werden kann, daß $z = 0,003$ kg · sek/m² bleibt.

Nun wollen wir als Aufgabe der zweiten Art annehmen, das Lagerspiel sei erst festzulegen, wie dies in den weitaus meisten Fällen verlangt sein wird.

Da wir in der Bemessung des Lagerspieles vollkommen freie Hand haben, fragen wir uns natürlich, welches das günstigste Lagerspiel sei. — Zu erfüllen sind 2 Forderungen: Erstens muß das Lager mit Sicherheit im Gebiet der reinen Flüssigkeitsreibung arbeiten, d. h. es muß eine möglichst große „geringste Schmierschichtstärke" erzielt werden, und zweitens soll das Lager nicht mehr Reibungsarbeit verzehren, als unvermeidlich ist.

Die erste Bedingung würde das Maximum von h erfordern, das nach Abb. 25 bei etwa $\chi = 0,35$ erreicht wird, während die zweite Bedingung, wie wir noch erfahren werden, ein χ von etwa 0,5 verlangt, weil da die Reibungszahl am geringsten ausfällt. Die beiden Bedingungswerte liegen also glücklicherweise so nahe bei einander, daß es nicht schwer ist, angenähert beiden Forderungen gleichzeitig gerecht zu werden.

Da größere Differenzen überhaupt nicht im Spiele sind, wollen wir uns der Einfachheit halber zu dem Lagerspiel, entsprechend $\chi = 0,5$ entscheiden. Die Schmierschichtstärke liegt nur etwa 8% unter dem erreichbaren Höchstwert, die Reibungsverhältnisse sind die günstigsten und, nicht zuletzt, die Formel sowohl für das Lagerspiel ψ als auch für die geringste Schmierschichtstärke h sind von größter Einfachheit und leicht im Kopf zu behalten. Auch ist mit Rücksicht auf die Werkstattausführung ein größeres Spiel erwünschter als ein kleineres.

Bei neu auszuführenden Zapfenlagern wählt man daher zweckmäßig als ideelles Normallagerspiel

$$\frac{D - d}{d} = \psi_{0,5} = \sqrt{\frac{z \cdot \omega}{p_m}} \quad\ldots\ldots\ldots 32$$

und erhält damit eine geringste Schmierschichtstärke von

$$h_{0,5} = 0,25 \cdot d \cdot \sqrt{\frac{z \cdot \omega}{p_m}} \text{ m} \quad\ldots\ldots\ldots 33$$

Die geringste Schmierschichtstärke beträgt also beim Normallagerspiel $^1/_4$ des Lagerspieles, was ja auch durch den Wert $\chi = 0,5$ zum Ausdruck kommt.

Nun wollen wir feststellen, welche Größe Lagerspiel und Schmierschichtstärke unseres Beispieles 2 nach Formel 32 erhalten.

$$\psi_{0,5} = \sqrt{\frac{z \cdot \omega}{p_m}} = \sqrt{\frac{0,003 \cdot 105}{82\,000}} = \sqrt{\frac{0,315}{82\,000}} = \frac{1}{\sqrt{260\,000}} = \frac{1}{510};$$

$$\frac{D - d}{d} = \frac{1}{510}; \quad D'' - d'' = \frac{d''}{510} = \frac{200}{510} = 0,393 \text{ mm}$$

und

$$h'' = 0,25 \cdot (D'' - d'') = 0,25 \cdot 0,393 = 0,098 \text{ mm}.$$

4*

Wie ersichtlich, läßt sich nach Formel 30 gegenüber der ursprünglichen Annahme eine 1,22 mal größere Schmierschichtstärke erzielen, und zwar bei einem Lagerspiel, das gegenüber dem ursprünglich angenommenen 1,27 mal kleiner ist.

Die Schmierschichtstärke von rd. 0,1 mm setzte eine Zähigkeit des Schmiermittels in der Schmierschicht von $z = 0,003$ kg · sek/m² voraus. Handelt es sich z. B. um ein Maschinenöl von etwa 7,8 Engler-Graden bei 50°, so wird der angenommenen Zähigkeit von $z = 0,003$ eine mittlere Temperatur von etwa 60° entsprechen. Fällt nun die Schmierschichttemperatur im praktischen Betriebe höher als erwartet aus, z. B. = 75°, so wird auch die Lage der Welle eine andere sein, denn die Zähigkeit bei 75° beträgt nur etwa 0,0019 kg · sek/m². Berechnet man hiermit die zu erwartende geringste Schmierschichtstärke (wobei Formel 30 und nicht etwa Gleichung 33 zu benutzen ist, da ψ als Zahlenwert gegeben) so erhält man

$$h = \frac{0,2 \cdot 0,0019 \cdot 105 \cdot 510}{3,84 \cdot 82\,000} = \frac{20,4}{314\,000} = 0,000\,065 \text{ m} = 0,065 \text{ mm},$$

das sind etwa 33% weniger als bei 60° Temperatur bzw. bei $z = 0,003$.

Aus dieser Betrachtung geht besonders anschaulich hervor, worauf schon an früheren Stellen hingewiesen wurde, daß Genauigkeiten oder Feinheiten bei Lagerberechnungen nicht am Platze sind, schon allein, weil die Unsicherheit in der Einschätzung der Zähigkeit bzw. Temperatur des Schmiermittels jede genauere Rechnung unmöglich macht. Hierbei ist auch noch zu beachten, daß erstens Lagertemperatur und Schmierschichttemperatur nicht identisch sind und zweitens die Schmierschichttemperatur an allen Stellen des Umfanges der belasteten Lagerschale verschieden ist. Wir legen daher unserer Vorstellung von der Schmierschichttemperatur gezwungenermaßen eine gewisse mittlere Temperatur zugrunde, die erfahrungsgemäß, je nach den Verhältnissen, etwa 2 bis 30° höher liegt als die Lager- oder Zapfentemperatur.

Die verhältnismäßig größte Sicherheit der Berechnung ist noch bei rasch umlaufenden Zapfen mit rückgekühltem Schmieröl gegeben. Hier kann wenigstens die der Berechnung zugrunde gelegte Temperatur durch geeignete Einstellung der Kühlung tatsächlich eingehalten werden. Doch gerade hier ist eine genauere Berechnung wiederum kaum erforderlich; denn Ungenauigkeiten bei der Einschätzung der Reibungsarbeit können durch die künstliche Kühlung ausgeglichen werden, während die genaue Kenntnis der geringsten Schmierschichtstärke hier weniger interessiert, da reine Flüssigkeitsreibung meistens mit großer Sicherheit gewährleistet ist.

Unser größtes Interesse konzentriert sich vielmehr auf die Berechnung ungünstiger Lagerverhältnisse, wie sie im nächsten Beispiel behandelt werden sollen.

Beispiel 3.

Gegeben ist ein schwer belasteter, langsam umlaufender Zapfen, der mit dünnflüssigem Schmiermittel geschmiert wird.

$d = 0{,}08 \text{ m} = 80 \text{ mm Durchmesser},$
$p_m = 1\,000\,000 \text{ kg/m}^2 = 100 \text{ kg/cm}^2,$
$z = 0{,}002 \text{ kg} \cdot \text{sek/m}^2 \text{ (dünnflüssiges Maschinenöl)},$
$\omega = 6{,}3 \text{ entsprechend } n = 60 \text{ Umdr./Min.}$

Gesucht wird das erforderliche ideelle Lagerspiel und die zu erwartende geringste Schmierschichtstärke.

Das Normallagerspiel ergibt sich nach Formel 32 zu

$$\psi_{0,5} = \sqrt{\frac{0{,}002 \cdot 6{,}3}{1\,000\,000}} = \sqrt{\frac{1{,}26}{1\,000\,000 \cdot 100}} = \frac{1{,}12}{1000 \cdot 10} = \frac{1}{8900} = \frac{D'' - d''}{d''},$$

$$D'' - d'' = \frac{80}{8900} = 0{,}009 \text{ mm}.$$

Die geringste Schmierschichtstärke beträgt beim Normallagerspiel nach Gleichung 33 ein Viertel des Lagerspieles; also

$$h'' = 0{,}25 \cdot 0{,}009 = 0{,}00225 \text{ mm}.$$

Wie wir an diesem Beispiel erkennen, ergibt hoher Flächendruck bei geringer Drehzahl und dünnflüssigem Schmieröl die denkbar ungünstigsten Bedingungen für reine Flüssigkeitsreibung. Wenn letztere an sich bei der errechneten geringsten Schmierschichtstärke von 0,00225 mm auch theoretisch noch möglich erscheint, so wäre das Einpassen des Zapfens bei der üblichen Bearbeitung doch schon undurchführbar, weil für die praktische Ausführung des Lagerspieles noch ein weiterer Gesichtspunkt maßgebend ist, der bisher, der Einfachheit halber, noch unberücksichtigt geblieben war und erst im nächsten Abschnitt behandelt werden soll.

Wenn der hohe Flächendruck und die kleine Drehzahl gegeben sind und beibehalten werden müssen, so kann eine Besserung, d. h. eine Vergrößerung der geringsten Schmierschichtstärke, nur durch Erhöhen der Ölzähigkeit erzielt werden. — Letzteres läßt sich in erster Linie erreichen durch Wahl eines von Natur aus zäheren Schmiermittels.

Nehmen wir als Betriebstemperatur*) 40° und als Schmiermittel Zylinderöl an, so erhalten wir eine Zähigkeit von etwa 0,04 kg · sek/m² (gegenüber 0,002 ursprünglich). Mit diesem Wert wird

$$h_{0,5} = 0{,}25 \cdot d \cdot \sqrt{\frac{z \cdot \omega}{p_m}} = 0{,}25 \cdot 0{,}08 \cdot \sqrt{\frac{0{,}04 \cdot 6{,}3}{1\,000\,000}} = 0{,}00001 \text{ m} = 0{,}01 \text{ mm}$$

und

$$D'' - d'' = 4 \cdot h''_{0,5} = 4 \cdot 0{,}01 = 0{,}04 \text{ mm}.$$

Dieser Wert von h gewährleistet bereits Sicherheit gegen das Auftreten halbflüssiger Reibung und die Ausführung des erforderlichen Lagerspieles bietet keinerlei Schwierigkeiten. — Eine ähnliche Wirkung hätte man durch Anwendung konsistenten Fettes erreicht, während eine Verkleinerung des Lagerspieles auf den Wert $\psi_{0,3}$ zwecks Erzielung der größten Schmierschichtstärke in diesem Falle unrichtig gewesen wäre, da das Lagerspiel schon im ersten Falle aus praktischen Gründen

---

*) Diese Annahme ist eine völlig willkürliche. — Die Beurteilung der wirklich zu erwartenden Betriebstemperaturen von Lagern muß Abschnitt 16 vorbehalten bleiben.

unausführbar war. Zweck hätte die Anwendung des $\psi_{0,3}$ nur bei schwer belasteten, langsam umlaufenden Zapfen von großem Durchmesser, bei denen der Ausführung des entsprechenden Lagerspieles keine praktischen Schwierigkeiten im Wege stehen.

Nach diesen Feststellungen soll nun im nächsten Abschnitt die überaus wichtige Frage entschieden werden, bis zu welchem Kleinstwert die geringste Schmierschichtstärke sich verringern darf, ohne daß die Lagerreibung in das Gebiet der halbflüssigen Reibung übergeht.

Zusammenfassung:

1. Unter „geringster Schmierschichtstärke" versteht man den (ideellen) Abstand*) zwischen der umlaufenden Welle und der Lagerschale an der engsten Stelle. Ein entsprechendes Verhältnismaß, bezogen auf das radiale Lagerspiel $= 1$, ist die Größe $1 - \chi$.

2. Die größte erreichbare „geringste Schmierschichtstärke" ergibt sich bei einer Exzentrizität $\chi = \text{rd.}\,0,35$, die kleinste (theoretisch) bei $\chi = 1$, d. h. bei ruhendem Zapfen.

3. Die geringste Schmierschichtstärke errechnet sich bei Exzentrizitäten von $\chi = 0,5$ bis $0,95$ bei gegebenem Lagerspiel aus der Formel 30 zu $h = \dfrac{d \cdot z \cdot \omega}{3,84 \cdot p_m \cdot \psi}$ m. — Ergibt sich h hierbei kleiner als $^1/_4$ des Lagerspieles $D - d$ oder $d \cdot \psi$, so ist Formel 30 nicht mehr anwendbar, was jedoch nur äußerst selten vorkommen wird.

4. Als (ideelles) Normallagerspiel für neu zu entwerfende Lagerungen empfiehlt sich nach Gleichung 32 der Wert $\psi_{0,5} = \sqrt{\dfrac{z \cdot \omega}{p_m}}$. Die geringste Schmierschichtstärke ergibt sich hierbei zu $^1/_4$ des Lagerspieles $D - d$ oder $d \cdot \psi$, da $\chi = 0,5$.

5. Das zweckmäßigste Lagerspiel ist das Normallagerspiel $\psi_{0,5}$, denn es ergibt bei günstigsten Reibungsverhältnissen annähernd die größte Schmierschichtstärke h.

6. Hohe Drehzahl bei kleinem Flächendruck und großer Schmierölzähigkeit gibt große Schmierschichtstärke, also große Sicherheit gegen halbflüssige Reibung; niedrige Drehzahl bei hohem Flächendruck und geringer Schmierölzähigkeit bedingt kleine Schmierschichtstärke, also geringe oder gar keine Sicherheit gegen halbflüssige Reibung.

7. Bei hohem Flächendruck, dünnflüssigem Schmiermittel und niedriger Drehzahl können sich Lagerspiele ergeben, die praktisch nicht mehr ausführbar sind, insbesondere wenn es sich um Zapfen von geringem Durchmesser handelt.

8. Bei hohem Flächendruck und niedriger Drehzahl kann flüssige Reibung höchstens durch Anwendung sehr zäher Öle verwirklicht werden.

---

*) Unter Berücksichtigung des hierüber in Abschnitt 10 Gesagten.

III. Die Tragfähigkeit vollkommen geschmierter Gleitflächen.

10. Die geringste zulässige Schmierschichtstärke.

Die hydrodynamische Theorie zur Berechnung von Lagerungen setzt, wie schon eingangs erwähnt, vollkommene Kreiszylinder bei Zapfen und Lagerschalen voraus; auf diese Annahme mathematisch genauer und ideal glatter Gleitflächen stützen sich auch sämtliche bisher gegebenen Formeln.

Betrachtet man demgegenüber die Oberfläche einer Lagerschale oder eines Zapfens unter dem Mikroskop, so wird man finden, daß selbst bei sorgfältiger Bearbeitung ganz beträchtliche Unebenheiten, gleichsam Berge und Täler, vorhanden sind, deren ziemlich gleichmäßige Höhe bzw. Tiefe von der Art der Bearbeitung abhängt (Abb. 26).

Während rechnerisch eine geringste Schmierschichtstärke von Null als Grenzwert ohne weiteres denkbar ist, wobei im Berührungspunkt zwischen Zapfen und Lagerschale die Schmierschicht vollkommen verdrängt wäre, ist dieser Grenzfall praktisch nicht möglich. Die beiden Flächen werden sich nur so weit nähern können, bis die Vorsprünge der Welle die Vorsprünge der Lagerschale berühren.

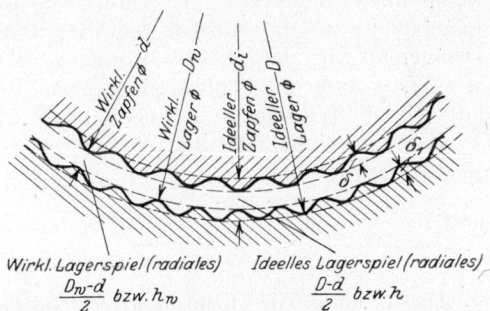

Wirkl. Lagerspiel (radiales)
$$\frac{D_w - d}{2}\ bzw.\ h_w$$

Ideelles Lagerspiel (radiales)
$$\frac{D - d}{2}\ bzw.\ h$$

Abb. 26. Schematische Darstellung der Bearbeitungsunebenheiten bei Zapfen und Lagern, in starker Vergröberung.

Hierbei wird aber nicht etwa — was eben ein Kennzeichen der Schmierschichtstärke Null wäre — die größte mögliche Annäherung des Zapfens zur Schale erzielt, ebenso wie dabei nicht vollkommene Verdrängung des Schmiermittels stattfände. Beides ist aber bei unseren Berechnungen Voraussetzung, und wir sind daher gezwungen, als Zapfendurchmesser, mit dem wir rechnen, den ideellen oder „Grunddurchmesser" d_i und als Lagerdurchmesser den ideellen oder „Grunddurchmesser" D anzusehen.

Bei dieser Annahme, die uns, wie wir sehen werden, eine recht befriedigende Lösung der Schwierigkeiten bietet, wird der Zapfen gewissermaßen als ein ideal glatter Zylinder vom Durchmesser d_i aufgefaßt, der auf seinem Umfange mehr oder weniger regelmäßige Erhöhungen von der Höhe δ trägt, während die Lagerschale als aus einem idealen Hohlzylinder vom Durchmesser D bestehend betrachtet wird, auf dessen Innenfläche Erhöhungen von der Höhe δ_1 sitzen.

Die praktische Auswirkung dieser Hypothese besteht nun lediglich darin, daß die Durchmesser und das Lagerspiel, mit denen wir in unseren Formeln rechnen, mit den praktisch meßbaren, also mit den werkstattechnisch auszuführenden Durchmessern und dem Lagerspiel nicht identisch sind. Der wirklich auszuführende und mit unseren Meßwerkzeugen meßbare Zapfendurchmesser d muß um den Betrag $2 \cdot \delta$ größer, der wirkliche Durchmesser D_w der Lagerbohrung um den Betrag $2 \cdot \delta_1$ kleiner sein als die ideellen oder Rechnungsdurchmesser d_i bzw. D. Demzufolge wird das wirkliche (mit dem Fühlblech meßbare) Lagerspiel dem errechneten gegenüber um $2 \cdot \delta + 2 \cdot \delta_1 = 2(\delta + \delta_1)$ kleiner sein.

Nach dieser Auffassung darf dann die geringste Schmierschichtstärke h niemals gleich oder kleiner werden als $2(\delta + \delta_1)$, weil die wirkliche geringste Schmierschichtstärke h_w niemals gleich Null werden darf, wenn metallische Reibung vermieden werden soll. — Die Größe h_w ist nur der Vollständigkeit halber mit in die Abbildung eingetragen; benutzen wollen wir sie nicht, da wir den Begriff h_w nicht benötigen.

Auch die Größe d_i wollen wir der Einfachheit halber nicht benutzen; wir können die Korrektur nämlich ebensogut durch Verkleinern des Lagerspieles allein (um den gesamten Betrag $2 \cdot \delta + 2 \cdot \delta_1$) bewirken. Demgemäß wird dann auch dieser ganze Betrag vom errechneten Durchmesser der Bohrung abgezogen, während der Zapfendurchmesser immer mit seinem Nennmaß d bestehen bleibt.

Hiermit ergibt sich der wirkliche Lagerschalendurchmesser zu

$$D_w = D - 2\,(\delta + \delta_1) \; \text{m} \quad \ldots \ldots \ldots \; 34$$

und das wirkliche Lagerspiel dementsprechend zu

$$D_w - d = (D - d) - 2\,(\delta + \delta_1) \; \text{m} \quad \ldots \ldots \; 35$$

Diese scheinbare Komplikation bedingt keinerlei Veränderung in der bisher angegebenen Berechnung; es ist lediglich nach erfolgter Ermittlung des ideellen Lagerdurchmessers nach Gleichung 34 der wirkliche Lagerdurchmesser zu errechnen. Hierbei werden wir allerdings die Überraschung erleben, daß unter gewissen Bedingungen das wirkliche Lagerspiel nicht nur unausführbar klein, sondern sogar negativ ausfallen kann.

Mit den Daten des Beispieles 3 ergab sich das (ideelle) Lagerspiel z. B. zu $D'' - d'' = 0,009$ mm und die geringste Schmierschichtstärke zu $h'' = 0,00225$ mm. Würden wir hierbei eine Bearbeitung wählen, nach der die Höhe der Unebenheiten auf Zapfen und Lagerschalenoberfläche $\delta'' = \delta_1'' = 0,005$ mm betrüge, so ergäbe sich für das wirkliche Lagerspiel nach Gleichung 35 der Betrag

$$D_w'' - d'' = (D'' - d'') - 2(\delta'' + \delta_1'')$$
$$= 0,009 - 2(0,005 + 0,005) = -0,011 \; \text{mm} \,.$$

Das Lager ist also bei dieser Bearbeitung nicht ausführbar, und wir erkennen hieraus allgemein, daß die Summe der Unebenheiten höchstens gleich der geringsten Schmierschichtstärke sein darf.

Es muß also stets sein

$$h > \delta + \delta_1 \; \text{m} \quad \ldots \ldots \ldots \ldots \; 36$$

Berücksichtigt man diese Bedingung, indem man für genügend feine Oberflächenbeschaffenheit sorgt, so fällt auch im obigen Beispiel das wirkliche Lagerspiel positiv aus.

Nehmen wir an, es ließe sich eine Oberflächenbeschaffenheit mit $\delta'' = \delta_1'' = 0,001$ mm erreichen, so würde

$$D_w'' - d'' = 0,009 - 2(0,001 + 0,001) = 0,009 - 0,004 = 0,005 \text{ mm}$$

werden und das Lager wäre ausführbar, falls das geringe wirkliche Lagerspiel von $^5/_{1000}$ mm werkstattechnisch eingehalten werden könnte. Gelänge dieses, dann wäre auch reine Flüssigkeitsreibung gegeben, da

$$h'' = 0,25 \cdot 0,009 = 0,00225 > 0,001 + 0,001 = 0,002 \text{ mm}.$$

Obige Betrachtungen lassen erkennen, daß bei sehr günstigen Verhältnissen (kleinem Flächendruck, hoher Drehzahl, großer Ölzähigkeit, großem Zapfendurchmesser) D_w ohne weitere = D gesetzt werden kann. Grundsätzlich empfiehlt es sich jedoch, die Korrektur des Lagerspieles in allen Fällen durchzuführen, schon der guten Gewohnheit wegen, um diese Maßnahme in schwierigen Fällen nicht zu vergessen.

Der geringe Einfluß der Berichtigung des Lagerspieles in günstigen Fällen kann leicht an Hand von Beispiel 2 festgestellt werden. Bei Annahme von $\delta'' = \delta_1'' = 0,005$ mm würde das gegebene (ideelle) Lagerspiel $D'' - d'' = 200,5 - 200 = 0,5$ mm sich verkleinern auf ein wirkliches Lagerspiel $D_w'' - d'' = (D'' - d'') - 4 \cdot \delta'' = 0,50 - 0,02 = 0,48$ mm. Behält man, wie das der Einfachheit und Klarheit wegen stets zu empfehlen ist, den Zapfendurchmesser d'' als rundes und gegebenes Maß (= 200 mm) bei, so ergibt sich als das einzige gegenüber unserer Rechnung zu ändernde Maß der wirkliche Lagerschalendurchmesser D_w'' zu 200,48 mm, statt ideell 200,50 mm.

Der Vollständigkeit halber sei schließlich noch erwähnt, daß die sich auf den ideellen Durchmesser stützende Lagerberechnung auf Grund der gemachten Annahmen etwas zu streng ist. Sie gibt etwas zu ungünstige Werte, doch bietet sie dadurch gleichzeitig den Vorteil vergrößerter Sicherheit, was uns, namentlich bei hochbelasteten Lagern, nur willkommen sein kann. Andererseits führt uns die Betrachtung des Einflusses der Bearbeitungsvollkommenheit zu der Erkenntnis, daß ein ideal glatter Zapfen in einer ebensolchen Lagerschale, selbst unter den ungünstigsten Umständen, ganz gewaltige Belastungen aufzunehmen vermöchte. — In schwierigen Fällen spielt allerfeinste Bearbeitung eine ungemein wichtige Rolle, und es ist daher von größtem Interesse, festzustellen, wie groß wohl in Wirklichkeit die Höhe der Unebenheiten bei verschieden bearbeiteten Flächen sein mag.

Diese Feststellungen wurden auf Anregung des Verfassers in dankenswerter Weise von Herrn Prof. Dr. Berndt, Berlin, übernommen und führten zu sehr befriedigenden und für die moderne Lagerberechnung höchst wichtigen Ergebnissen[2]).

Die Höhe der Unebenheiten δ'' bearbeiteter Oberflächen bei ungehärtetem Siemens-Martin-Stahl kann nach diesen Feststellungen, in guter Übereinstimmung mit englischen Ermittelungen, nach Maßgabe der Zahlentafel 5 angenommen werden.

Zahlentafel 5 Höhe der Unebenheiten δ'' bearbeiteter Oberflächen bei ungehärtetem S. M. - Stahl.

1. Gedreht . . . . 0,03 ÷ 0,04 mm
2. Gedreht und mit Halbschlichtfeile geschlichtet . . . . . 0,02 ÷ 0,03 „
3. Gedreht und mit Schlichtfeile geschlichtet . . . . 0,01 ÷ 0,02 „
4. Geschlichtet und mit Schmirgelleinen Nr. 1 abgezogen . 0,006 ÷ 0,007 „
5. Mit Schmirgelscheibe geschliffen . . . . 0,004 ÷ 0,005 „
6. Geschlichtet und mit Schmirgelleinen Nr. 00 abgezogen
   (oder gehärtet und geschliffen) . . . . 0,003 ÷ 0,004 „
7. Auf Gußplatte sauber abgezogen (nur für ebene Flächen) 0,001 ÷ 0,003 „
8. Gehärtet und ff. sauber auf Gußplatte abgezogen . . . .   rd. 0,0001 „

Für Lagerzapfen kommen nur die Reihen 4, 5 und 6 in Betracht, und zwar kann als sicherer Mittelwert für neuzeitlich auf der Schleifmaschine geschliffene (ungehärtete) Zapfen eine Unebenheitshöhe von $\delta'' = 0,005$ mm angenommen werden.

Bei Lagerschalen spielt sowohl die Art des Materials wie auch die Bearbeitungsmethode eine Rolle. Als Lagerlaufflächen kommen vorwiegend Weißmetall, Bronze und Gußeisen in Betracht.

Transmissionslager aus Gußeisen werden bei Serienherstellung mit der Reibahle durchgerieben und können dabei einen Genauigkeitsgrad annehmen, der dem des geschliffenen Stahlzapfens nicht viel nachsteht. Neuzeitliche Weißmetallager sollten in der Bohrung stets mittels der Glättrolle verdichtet werden*). Das Weißmetall wird dadurch an der Oberfläche hart und spiegelglatt; die Höhe der Unebenheiten dürfte solchen Falles kaum mehr als etwa 0,003 mm betragen.

Bei nur sauber ausgebohrten Lagerschalen mit Weißmetallfutter wird man mit einem $\delta_1'' = $ etwa 0,015 rechnen müssen, bei Bronzeschalen vielleicht sogar mit 0,02 mm. Durch Auftuschieren (bei nur schwingenden Zapfen auf den Zapfen selbst, bei umlaufenden Zapfen auf einen um das wirkliche Lagerspiel größeren Lehrdorn) dürften sich die Unebenheiten sowohl bei Weißmetall als auch bei Bronze auf etwa 0,005 mm verringern lassen.

Nach diesen Unterlagen läßt sich für die geringste zulässige Schmierschichtstärke h jedenfalls ein sicherer Grenzwert festlegen, der bei der Berechnung von Lagern als Norm gelten kann.

Für die Bearbeitung von Zapfen können wir unter normalen Verhältnissen $\delta_1'' = 0,005$ mm annehmen, für die Ebenheit der Lagerschalen bei guter Ausführung (mit der Glättrolle verdichtet, durchgerieben oder auftuschiert) etwa ebensoviel, also auch $\delta_1'' = 0,005$ mm. Da diese Werte bei erstklassiger Arbeit unterschritten werden, die Berechnungsmethode schon an und für sich, durch zu strenge Annahmen, eine gewisse Sicherheit bietet und als Lagerdruck vorsorglich stets der höchste vorkommende Druck eingesetzt wird, unter gleichzeitiger vorsichtiger Einschätzung der Zähigkeit in der Schmierschicht, so kann

---

*) Auch bei Guß- und Bronzeschalen zu empfehlen.

von einem besonderen Zuschlag zu der Summe $\delta + \delta_1$ abgesehen werden, und wir erhalten als Grenzwert, der bei normalen Lagerungen nicht unterschritten werden soll,

$$h''_{min} \geqq 0,01 \text{ mm} *) = 0,00001 \text{ m} \ldots \ldots 37$$

In schwierigen Fällen, bei sehr hohen Flächendrücken, ist allerhochwertigste Bearbeitung der Flächen direkt unerläßlich, um auf befriedigende Verhältnisse zu kommen.

Das Drehen und Feilen von Lagerzapfen ist ganz allgemein, sowohl vom Standpunkte der Ebenheit und Glätte wie auch in bezug auf Genauigkeit der zylindrischen Form unzulänglich. Nur Schleifen auf der Schleifmaschine liefert genügend genau zylindrische und glatte Oberflächen. Das vielfach noch übliche Überschleifen warm eingezogener gehärteter Stirnkurbelzapfen von Kolbenmaschinen mittels Holz- oder Bleikluppe und Schmirgelpulver ist unter allen Umständen zu verwerfen, da die Zapfen dadurch rauh **) und unrund werden. Das Überschleifen muß vielmehr auf der Kurbelschleifmaschine erfolgen, und zwar mit möglichst hoher Drehzahl und erschütterungsfreier Schleifspindel.

Die geringste Dicke, die eine Schmierschicht rein physikalisch anzunehmen vermag, ohne zu zerreißen, dürfte sicherlich kleiner als $^1/_{10\,000}$ mm sein. Mit Rücksicht auf die feine Verteilbarkeit des Schmiermittels wären also Schmierschichtstärken von so geringer Dicke zulässig, daß deren praktische Ausnutzung selbst bei allerfeinster Oberflächenbearbeitung nicht möglich wäre. Je weiter wir uns aber der vollkommenen Ebenheit nähern, um so geringere Schmierschichtstärken dürfen wir im Notfalle zulassen, ohne halbflüssige Reibung befürchten zu müssen.

Zusammenfassung.

1. Jede noch so gut bearbeitete Welle oder Lagerschale zeigt an ihrer Oberfläche Unebenheiten, von deren Höhe letzten Endes die Größe der geringsten zulässigen Schmierschichtstärke und damit die Höhe der Belastbarkeit abhängig ist.

2. Die hydrodynamische Theorie setzt bei der Berechnung Zapfen und Lagerschalen von mathematischer Genauigkeit und vollkommener Ebenheit der Gleitflächen voraus. Die theoretischen Durchmesser d_i bzw. D sind daher die „ideellen" Durchmesser oder „Grunddurchmesser". Sie entsprechen demjenigen Durchmesser, den man erhalten würde, wenn man bis auf den „Grund" der Unebenheitsvertiefungen messen könnte.

3. Der wirkliche (meßbare) Durchmesser eines Zapfens ist gleich dem ideellen Zapfendurchmesser d_i plus 2 mal der Höhe der Unebenheiten δ

---

*) Hiermit stimmen auch die von Herrn Geheimrat Vieweg auf experimentell-optischem Wege gefundenen Größen befriedigend überein[67]).

**) Die unzähligen feinen Schleifriefen wirken nämlich wie peripherial umlaufende schmale Ringnuten und setzen dadurch die Tragfähigkeit des Zapfens herab.

des Zapfens; somit $d = d_i + 2 \cdot \delta$. — Der wirkliche Durchmesser einer Lagerschale ist gleich dem ideellen (gerechneten) Lagerdurchmesser D minus 2 mal der Höhe der Unebenheiten der Lagerschale; somit $D_w = D - 2 \cdot \delta_1$.

4. Bei praktischen Berechnungen setzen wir den Zapfendurchmesser stets gleich dem Rechnungsdurchmesser d und verlegen die ganze Abweichung $2 \cdot \delta + 2 \cdot \delta_1$ in den Lagerschalendurchmesser bzw. in das Lagerspiel. Wir setzen also $D_w = D - 2 (\delta + \delta_1)$ und $D_w - d = (D - d) - 2 \cdot (\delta + \delta_1)$.

5. Die geringste Schmierschichtstärke h muß stets größer sein als die Summe der Unebenheitshöhen δ und δ_1 von Zapfen und Lagerschale, wenn halbflüssige Reibung vermieden werden soll. Es muß also stets sein $h > \delta + \delta_i$.

6. Die Summe der Unebenheiten von Zapfen und Lagerschale bei stählernen geschliffenen Zapfen und durchgeriebenen oder auftuschierten Lagerschalen kann nach praktischen Versuchen angenähert $= 0{,}01$ mm angenommen werden. In Wirklichkeit wird sie noch etwas geringer sein, so daß gesetzt werden kann: geringste zulässige Schmierschichtstärke bei normalen Lagern $h''_{min} = 0{,}01$ mm.

7. Die Verteilungsfähigkeit eines Schmiermittels ist so groß, daß rein physikalisch Schmierschichtstärken von $0{,}0001$ mm und weniger erreichbar wären, wenn man in der Lage wäre, entsprechend fein bearbeitete Gleitflächen herzustellen.

11. Der zulässige Flächendruck bei Traglagern.

Die Ermittlung der zulässigen Belastbarkeit eines ausgeführten Traglagers ist theoretisch außerordentlich einfach; denn bei gegebener Drehzahl, gegebener Ölzähigkeit und gegebenen Abmessungen, d. h. bekanntem Lagerspiel, läßt sich die zulässige Flächenpressung ohne weiteres berechnen. Praktisch dürfte die Lösung solcher Aufgaben jedoch nur selten gelingen, weil man einfach nicht in der Lage sein wird, das Lagerspiel zu ermitteln. Höchstens bei neuzeitlich ausgeführten Transmissionslagern läßt sich das Lagerspiel bei richtig und genau zusammengeschraubten Schalen durch einfaches Messen des einseitigen Spieles zwischen Zapfen und Welle mittels einer Fühlblechlehre feststellen. Ebenso kann natürlich auch der Durchmesser von Welle und Schale getrennt ermittelt werden.

Ist die Durchmesserdifferenz festgestellt, so bestimmt man durch Addition von $2 (\delta + \delta_1)$ das ideelle Lagerspiel $D - d$ bzw. das verhältnismäßige Lagerspiel $\psi = \dfrac{D - d}{d}$. Nunmehr braucht lediglich Formel 30 nach p_m aufgelöst zu werden, und wir erhalten aus

$$3{,}84 \cdot p_m \cdot \psi \cdot h = d \cdot z \cdot \omega \quad \text{für Exzentrizitäten größer } \chi = 0{,}5$$

allgemein

$$p_m = \frac{d \cdot z \cdot \omega}{3{,}84 \cdot \psi \cdot h} = \frac{d \cdot z \cdot \omega \cdot d}{3{,}84 \cdot h \, (D - d)} \quad \text{kg/m}^2 \ . \ . \ . \ . \ . \ 38$$

Hierin setzt man $h =$ dem als zulässig erachteten Wert, entsprechend der Summe der Unebenheiten $\delta + \delta_1$; also z. B. $h = 0{,}00001$ m.

Beispiel 4.

Gegeben sei ein Transmissionslager von 125 mm Durchmesser und 250 mm Länge, das bei 300 Umdrehungen in der Minute einen kräftigen Riemenzug aufnehmen soll. Die Ölzähigkeit in der Schmierschicht werde mit etwa $z = 0{,}003$ kg $\cdot$ sek/m² eingeschätzt. Der Durchmesser der Lagerschalenbohrung sei zu 125,01 mm, der Wellendurchmesser zu 124,96 mm gemessen. Vorsichtshalber soll rechnerisch geprüft werden, welche Belastung dem Lager, das als frei einstellbares Weißmetalllager ausgeführt ist, zugemutet werden darf, ohne halbflüssige Reibung befürchten zu müssen.

Das ideelle Lagerspiel beträgt nach Formel 35

$$D'' - d'' = (D_w'' - d'') + 2 \cdot (\delta'' + \delta_1'') = 125{,}01 - 124{,}96 + 2 \cdot 0{,}01 = 0{,}07 \text{ mm}$$

und

$$\psi = \frac{D'' - d''}{d''} = \frac{0{,}07}{125} = \frac{1}{1790}.$$

Hiermit wird, wenn wir als geringste Schmierschichtstärke $h = 0{,}00001$ m zulassen, der dementsprechende höchste Lagerflächendruck nach Gleichung 38

$$p_m = \frac{d \cdot z \cdot \omega}{3{,}84 \cdot h \cdot \psi} = \frac{0{,}125 \cdot 0{,}003 \cdot 0{,}105 \cdot 300 \cdot 1790}{3{,}84 \cdot 0{,}00001 \cdot 1} = 550\,000 \text{ kg/m}^2 = 55 \text{ kg/cm}^2.$$

Die mit Rücksicht auf die Schmierschichtstärke zulässige Lagerbelastung beträgt damit, d und l in cm ($= d'$ bzw. l') und den Lagerdruck p in kg/cm² eingesetzt,

$$P = d' \cdot l' \cdot p = 12{,}5 \cdot 25 \cdot 55 = 17\,200 \text{ kg}.$$

Selbst wenn die Ölzähigkeit im praktischen Betriebe etwas geringer ausfallen sollte, bleibt die Tragfähigkeit des Lagers noch eine sehr beträchtliche. (Bei der Besprechung der Reibungsverhältnisse in Traglagern werden wir sehen, daß sich die zu erwartende Lagertemperatur und damit auch die Ölzähigkeit in der Schmierschicht auf Grund einer Annäherungsrechnung gleich von vornherein einschätzen läßt.)

Die Berechnung der zulässigen Flächenpressung eines Lagers, dessen einzelne Bestimmungsgrößen gegeben sind, erfolgt ebenfalls nach Gleichung 38, doch muß in diesem Falle auch der Wert ψ bzw. das Lagerspiel angenommen werden. — Um bei verschiedenen Werten von p und n einen Überblick über die zulässigen Flächendrücke zu erhalten, ist in Zahlentafel 6 eine Zusammenstellung für verschiedene Drehzahlen und Lagerdurchmesser gegeben, und zwar unter der Voraussetzung verschiedener Lagerspiele und eines ziemlich sicheren (also kleinen) Zähigkeitswertes. (Etwaige Zapfendurchbiegung ist hierbei der Einfachheit halber unberücksichtigt gelassen.)

Der erste (obere) Teil der Zahlentafel 6 ist mit dem praktisch geringstmöglichen Lagerspiel $D_w'' - d'' = 0{,}02$ mm gerechnet, das bei kleinen Zapfendurchmessern und besonders sorgfältiger Arbeit allenfalls noch verwirklicht werden kann; bei größeren Durchmessern ist es schon werkstattechnisch unausführbar, und es müssen gezwungenermaßen größere Spiele angewandt werden.

Die Unebenheiten wurden als normal, d. h. mit $\delta'' = \delta_1'' = 0{,}005$ mm angenommen und dementsprechend gesetzt $D_w'' - d'' = (D'' - d'') - 2(\delta'' + \delta_1'') = (D'' - d'') - 0{,}02$ mm. Als geringste Schmierschichtstärke wurde ebenfalls das normale äußerst zulässige Maß, nämlich

Zahlentafel 6. Äußerst zulässige höchste Lagerdrücke in kg/cm² bei $z = 0,002$ kg · sek/m² bei der geringsten zulässigen Schmierschichtstärke $h''_{0,5} = 0,01$ mm und $D''_w - d'' = 0,02$ mm.

n =	25	50	75	100	150	200	250	300	350	400	450	500	550	600	650	700	800	900	1000	1500	2000	2500	3000
25	0,22	0,42	0,65	0,85	1,27	1,72	2,18	2,57	3	3,43	3,88	4,3	4,72	5,2	5,58	6	6,9	7,75	8,6	12,9	17,2	21,8	25,7
50	0,9	1,7	2,6	3,4	5,1	6,9	8,7	10,3	12	13,7	15,5	17,2	18,9	20,8	22,3	24	27,5	31	34,4	51,6	69	87,5	103
75	1,8	3,4	5,2	6,8	10,2	13,8	17,4	20,6	24	27,4	31	34,4	39,8	41,5	44,6	48	55	62	68,8	104	138	175	206
100	3,5	6,9	10,2	13,7	20,7	27,5	34,5	41,5	48	55	62	69	76	83	89,5	96,5	110	124	137	206	275	344	415
150	7,9	15,5	23	30,8	46,6	62	77,7	93,5	108	124	139	155	171	186	201	217	247	279	308	466			
200	14	27,5	41	55	82,5	110	138	165	192	220	248	275	302	330	357	385	440	495					
250	22	42,5	65	85	127	172	218	257	300	343	388	430	472	520									
300	28,8	57,6	86,5	115	173	230	287	345	402	460	520												
350	43	85	125	168	254	337	423	510															
400	56	110	164	220	328	440																	
450	71	140	207	278	420																		
500	90	170	260	340																			

(Zapfendurchmesser in mm — linke Spalte; am unteren rechten Rand: 10 300)

Geringste Schmierschichtstärke $h''_{0,5} = 0,02$ mm; Lagerspiel $D''_w - d'' = 0,06$ mm.

n =	25	50	75	100	150	200	250	300	350	400	450	500	550	600	650	700	800	900	1000	1500	2000	2500	3000
25	0,05	0,11	0,16	0,22	0,32	0,43	0,55	0,65	0,75	0,86	0,97	1,1	1,2	1,3	1,4	1,5	1,72	1,94	2,2	3,2	4,3	5,5	6,5
50	0,22	0,42	0,65	0,85	1,27	1,72	2,18	2,57	3	3,43	3,88	4,3	4,72	5,2	5,58	6	6,9	7,75	8,6	12,9	17,2	21,8	25,7
75	0,45	0,85	1,3	1,7	2,54	3,4	4,4	5,2	6	6,9	7,8	8,6	9,4	10,4	11,2	12	13,8	15,5	17,2	25,8	34,4	43,6	51,4
100	0,9	1,7	2,6	3,4	5,1	6,9	8,7	10,3	12	13,7	15,5	17,2	18,9	20,8	22,3	24	27,5	31	34,4	51,6	69	87,5	103
150	1,8	3,4	5,2	6,8	10,2	13,8	17,4	20,6	24	27,4	31	34,4	39,8	41,5	44,6	48	55	62	68,8	104	138	175	206
200	3,5	6,9	10,2	13,7	20,7	27,5	34,5	41,5	48	55	62	69	76	83	89,5	96,5	110	124	137	206	275	344	415
250	5,5	11	16	22	32	43	55	65	75	86	97	110	120	130	140	150	172	194	220	320	430		
300	8,1	15,3	23,4	30,5	46	62	78	91,5	108	124	139	155	170	187	201	216	247	279	310	465			
350	11	20,8	31,9	41,7	62,6	85	106	126	147	168	190	211	232	255	274	295	337	380	423				
400	14	27,5	41	55	82,5	110	138	165	192	220	248	275	302	330	357	385	440	495					
450	18,2	34,5	52,8	69	103	139	176	209	243	277	314	345	383	422	454	486							
500	22	42,5	65	85	127	172	218	257	300	343	388	430	472	520									

(Zapfendurchmesser in mm — linke Spalte; am unteren rechten Rand: 2570)

Geringste Schmierschichtstärke $h''_{0,5} = 0,05$ mm; Lagerspiel $D''_w - d'' = 0,18$ mm.

Zapfendurchmesser in mm \ $n =$	25	50	75	100	150	200	250	300	350	400	450	500	550	600	650	700	800	900	1000	1500	2000	2500	3000
25	0,009	0,017	0,026	0,03	0,05	0,07	0,09	0,1	0,12	0,14	0,16	0,17	0,19	0,21	0,23	0,24	0,28	0,31	0,35	0,52	0,69	0,88	1,03
50	0,035	0,07	0,102	0,14	0,21	0,27	0,35	0,42	0,48	0,55	0,62	0,7	0,76	0,83	0,9	0,97	1,1	1,25	1,4	2,1	2,75	3,44	4,15
75	0,08	0,154	0,23	0,31	0,46	0,62	0,77	0,93	1,08	1,24	1,39	1,54	1,7	1,85	2,0	2,16	2,47	2,78	3,09	4,63	6,19	7,7	9,3
100	0,14	0,275	0,41	0,55	0,825	1,1	1,38	1,65	1,92	2,2	2,48	2,75	3,02	3,3	3,57	3,85	4,4	4,95	5,5	8,25	11	13,75	16,5
150	0,45	0,85	1,3	1,7	2,54	3,4	4,4	5,2	6	6,9	7,8	8,6	9,4	10,4	11,2	12	13,8	15,5	17,2	25,8	34,4	43,6	51,5
200	0,56	1,1	1,64	2,2	3,3	4,4	5,5	6,6	7,7	8,8	9,9	11	12	13	14,3	15,4	17,6	19,8	22	33	44	55	66
250	0,9	1,7	2,6	3,4	5,1	6,9	8,7	10,3	12	13,7	15,5	17,2	18,9	20,8	22,3	24	27,5	31	34,4	51,6	69	87,5	103
300	1,26	2,47	3,69	4,95	7,4	9,9	12,3	14,8	17,3	19,8	22,3	24,7	27,2	29,7	32,2	34,6	39,6	44,5	49,5	74,2	99	123	148
350	1,72	3,37	5,02	6,72	10,1	12,4	16,9	20,2	23,5	27	30,5	33,7	37,1	40,5	43,7	47,3	54	60,8	67,5	102	135	169	202
400	2,3	4,4	6,6	8,8	13,2	17,6	22	26,4	30,8	35,2	39,6	44	48	52	57,2	61,5	70,4	79	88	132	176	220	264
450	2,84	5,58	8,3	11,1	16,7	22,2	28	33,5	39	44,6	50,4	55,9	61,2	67	72,3	78	89	100	111	167	222	280	335
500	3,5	6,9	10,2	13,7	20,7	27,5	34,5	41,5	48	55	62	69	76	83	89,5	96,5	110	124	137	206	275	344	415

Geringste Schmierschichtstärke $h''_{0,5} = 0,1$ mm; Lagerspiel $D''_w - d'' = 0,38$ mm.

Zapfendurchmesser in mm \ $n =$	25	50	75	100	150	200	250	300	350	400	450	500	550	600	650	700	800	900	1000	1500	2000	2500	3000
25	0,002	0,004	0,006	0,009	0,013	0,017	0,022	0,026	0,03	0,034	0,039	0,043	0,047	0,052	0,056	0,06	0,07	0,078	0,086	0,13	0,17	0,22	0,26
50	0,009	0,017	0,026	0,03	0,05	0,07	0,09	0,1	0,12	0,14	0,16	0,17	0,19	0,21	0,23	0,24	0,275	0,31	0,344	0,516	0,69	0,875	1,03
75	0,018	0,034	0,052	0,06	0,1	0,14	0,18	0,2	0,24	0,28	0,32	0,34	0,38	0,42	0,46	0,48	0,55	0,62	0,68	1,04	1,38	1,75	2,06
100	0,035	0,069	0,102	0,14	0,207	0,275	0,345	0,415	0,48	0,55	0,62	0,7	0,76	0,83	0,9	0,97	1,1	1,24	1,4	2,1	2,75	3,44	4,15
150	0,079	0,155	0,23	0,31	0,47	0,62	0,78	0,94	1,08	1,24	1,39	1,55	1,71	1,86	2,01	2,17	2,47	2,79	3,08	4,66	6,2	7,77	9,35
200	0,14	0,275	0,41	0,55	0,825	1,1	1,38	1,65	1,92	2,2	2,48	2,75	3,02	3,3	3,57	3,85	4,4	4,95	5,5	8,25	11	13,75	16,5
250	0,22	0,4	0,65	0,9	1,3	1,7	2,2	2,6	3	3,4	3,9	4,3	4,7	5,2	5,6	6	7	7,8	8,6	13	17	22	26
300	0,32	0,62	0,92	1,26	1,86	2,47	3,15	3,73	4,32	4,95	5,59	6,3	6,84	7,47	8,1	8,73	9,9	11,2	12,6	18,6	24,7	31,5	37,3
350	0,43	0,85	1,25	1,72	2,54	3,38	4,24	5,1	5,9	6,75	7,6	8,6	9,3	10,2	11,9	11,9	13,5	15,2	17,2	25,4	33,8	42,4	51
400	0,56	1,1	1,6	2,2	3,3	4,4	5,5	6,5	7,7	8,8	9,9	11	12	13	14,2	15,4	17,6	19,8	22	33	44	55	66
450	0,71	1,4	2,07	2,84	4,2	5,58	7	8,4	9,7	11,1	12,5	14,2	15,4	16,8	18,2	19,6	22,3	25,1	28,4	42	55,8	70	84
500	0,9	1,7	2,6	3,4	5,1	6,9	8,7	10,3	12	13,7	15,5	17,2	18,9	20,8	22,3	24	27,5	31	34,4	51,6	69	87,5	103

$h'' = 0,01$ mm eingesetzt. Lagerspiel und Schmierschichtstärke stellen also Grenzwerte dar; nur der Zähigkeitswert $z = 0,002$ (entspr. etwa 3,3 Engler-Graden) dürfte für die meisten Fälle eine ganz beträchtliche Sicherheit enthalten, da bei niedrigeren Lagertemperaturen z und damit die Tragfähigkeit des Lagers bis zu 10 mal größer ausfallen kann.

Der zweite Teil der Zahlentafel 6 ist für ein (wirkliches) Lagerspiel von 0,06, der dritte für 0,18 und der vierte Teil für $D_w'' - d'' = 0,38$ mm berechnet. Es ist in allen Fällen das günstigste Lagerspiel $D - d$ nach Gleichung 32 gewählt, um angenähert die größte mögliche Schmierschichtstärke bei geringster Reibung zu erhalten. Die entsprechenden geringsten Schmierschichtstärken sind: für den ersten Teil $h'' = 0,01 = h_{min}''$, für den zweiten $h'' = 0,02$, für den dritten $h'' = 0,05$ und für den vierten $h'' = 0,1$ mm.

Zahlentafel 6 zeigt, daß bei gleicher Ölzähigkeit, gleicher Schmierschichtstärke und gleichem abs. Lagerspiel dicke Zapfen wesentlich mehr tragen als dünne und rasch laufende wiederum mehr als langsam laufende. Mit der Zapfenstärke nimmt die Tragfähigkeit quadratisch, mit der Drehzahl in einfachem Verhältnis zu.

Besonders interessant sind die Grenzwerte (Zahlentafel 6, erster Teil): Ein Zapfen von 25 mm Durchmesser trägt bei einem Lagerspiel $D_w'' - d'' = 0,02$ mm, $z = 0,002$ und 25 Umdrehungen in der Minute 0,22 kg/cm², während eine Welle von 500 mm Stärke bei einer Drehzahl von $n = 3000$ rechnerisch eine Flächenpressung von 10 300 at aufnehmen könnte, — wenn es zur Aufnahme solcher Drücke geeignete Baustoffe gäbe und die Möglichkeit bestände, die dabei entstehende ungeheure Reibungswärme abzuführen. Da Lager mit ähnlich großen Flächendrücken praktisch nicht ausführbar sind und wohl auch kaum je benötigt würden, sind nur Belastungsziffern bis rd. 500 at eingetragen, und auch diese nur, um von der bedeutenden Zunahme der errechneten Tragfähigkeit mit wachsendem Durchmesser und steigender Drehzahl allgemein einen zahlenmäßigen Begriff zu geben. Schon die Herstellung eines wirklichen Lagerspieles von 0,02 mm bei einem Zapfen von 500 mm Durchmesser ist praktisch völlig ausgeschlossen und noch viel mehr die Aufrechterhaltung der genau kreisrunden Lagerform bei so geringem Spiel und den im Betriebe auftretenden hohen Temperaturen.

Da große Zapfen bedeutend mehr tragen als kleine, können größere Zapfen auch stets mit größerem Lagerspiel ausgeführt werden und kommen für stärkere Wellen daher der zweite, dritte oder vierte Teil der Zahlentafel 6 in Betracht. Diese Tabellenwerte reichen wiederum für kleine Zapfen nicht aus, und man kann daher allgemein sagen:

Kleine, langsam laufende Lager können größere Tragfähigkeit nur bei kleinstem Lagerspiel entwickeln; letzteres ist hier, in gewissen Grenzen, werkstattechnisch noch durchführbar.

Große, rasch laufende Lager besitzen schon an und für sich eine so bedeutende Tragfähigkeit, daß ohne weiteres größere Lagerspiele ausgeführt werden können; letzteres ist aber aus Herstellungsrücksichten auch unerläßlich.

Nicht außer acht zu lassen ist, daß der größte Flächendruck, der von einem Zapfen aufgenommen werden könnte, schließlich auch durch dessen Festigkeit begrenzt ist. — Für einen Stirnzapfen mit gleichmäßig verteilter Last ergibt sich z. B. folgende Abhängigkeit:

$$P \cdot \frac{l'}{2} = W_0 \cdot k_b \approx 0{,}1 \cdot d'^3 \cdot k_b \,,$$

wobei P die gesamte Lagerbelastung in Kilogrammen, d' und l' Zapfendurchmesser und -länge in Zentimetern, W_0 das Widerstandsmoment des Zapfenquerschnittes in cm³ und k_b die zulässige Biegungsbeanspruchung des Zapfenmaterials in kg/cm² bedeutet.

Setzen wir im letzten Ausdruck $P = p \cdot d' \cdot l'$, wobei p die mittlere Flächenpressung des Lagers in kg/cm² bedeutet, so erhalten wir:

$$\frac{p \cdot d' \cdot l' \cdot l'}{2} = 0{,}1 \cdot d'^3 \cdot k_b \quad \text{oder} \quad p = \frac{2 \cdot 0{,}1 \cdot d'^3 \cdot k_b}{d' \cdot l'^2} \,.$$

Der größte vom Standpunkte der Zapfenfestigkeit zulässige Flächendruck ist damit bei Stirnzapfen gegeben zu

$$p = \frac{0{,}2 \cdot d'^2 \cdot k_b}{l'^2} \quad \text{kg/cm}^2 \ldots \ldots \ldots (39)$$

Für ein Längenverhältnis $l : d = 1{,}5$ und ein $k_b = 450$ würde z. B.

$$p = \frac{0{,}2 \cdot 1^2 \cdot 450}{1{,}5^2} = \frac{90}{2{,}24} = 40 \text{ kg/cm}^2.$$

Bei sehr kurzen Zapfen sind wesentlich höhere Flächendrücke möglich. Bei einem Verhältnis von $l : d = 0{,}8$ käme man z. B. auf

$$p = \frac{0{,}2 \cdot 1^2 \cdot 450}{0{,}8^2} = \frac{90}{0{,}64} = 140 \text{ kg/cm}^2.$$

Daß diese von der Zapfenfestigkeit begrenzten Werte des Flächendruckes nicht überschritten werden, wird als selbstverständlich vorausgesetzt.

Um für die Bestimmung des vom schmiertechnischen Standpunkte zulässigen Flächendruckes eine für den praktischen Gebrauch bequeme Norm zu erhalten, setzen wir in Gleichung 38 die Schmierschichtstärke mit dem für normale Verhältnisse zulässigen geringsten Wert $h = 0{,}00001$ Meter und $\psi = \sqrt{\dfrac{z \cdot \omega}{p_m}}$, entsprechend dem günstigsten Lagerspiel $D - d = 4 \cdot h = 0{,}00004$ m ein und erhalten damit als Grenzwert

$$p_m = \frac{d \cdot z \cdot \omega \cdot \sqrt{p_m}}{3{,}84 \cdot 0{,}00001 \cdot \sqrt{z \cdot \omega}} = \frac{d^2 \cdot z \cdot \omega}{0{,}0000000148} \quad \text{kg/m}^2. \ . \ (40)$$

oder, den Zapfendurchmesser d' in Zentimetern, die Winkelgeschwindigkeit $\omega = 0{,}105 \cdot n$ und den Flächendruck p in kg/cm² eingesetzt,

$$p_{\text{max}_{0{,}5}} = 0{,}7 \cdot d'^2 \cdot z \cdot n \quad \text{kg/cm}^2. \ \ldots \ldots (40a)$$

für eine Schmierschichtstärke von 0,01 mm und das günstigste Lagerspiel $D'' - d'' = 0,04$ mm bzw. $D''_w - d'' = 0,02$ mm.

Für $D'' - d'' = 0,1$ bzw. $D''_w - d'' = 0,08$ mm und $h'' = 0,01$ mm wird $\chi = 0,8$ und nach Gleichung 38

$$p_{\max_{0,8}} = 0,28 \cdot d'^2 \cdot z \cdot n \;\; \text{kg/cm}^2 \;\; \ldots \ldots \;\; (41)$$

Ein Zapfen von 180 mm Durchmesser trägt z. B. bei $n = 225$ und $z = 0,004$ kg · sek/m² nach Formel (40a) äußerst

$$p_{\max_{0,5}} = 0,7 \cdot 18^2 \cdot 0,004 \cdot 225 = 204 \;\; \text{kg/cm}^2$$

bei einem wirklichen Lagerspiel $D''_w - d'' = 0,02$ mm bzw.

$$p_{\max_{0,8}} = \frac{204 \cdot 0,28}{0,7} = 82 \;\; \text{kg/cm}^2$$

nach Formel (41) bei einem wirklichen Lagerspiel $D''_w - d'' = 0,08$ mm.

Wie schon früher bemerkt, wird für gewöhnlich mit dem günstigsten

Lagerspiel $\psi_{0,5} = \sqrt{\dfrac{z \cdot \omega}{p_m}}$ gerechnet. Letzteres kann der bequemeren Anwendung wegen auch in technischen Maßen und Tausendsteln ($^0/_{00}$) ausgedrückt werden. Wir erhalten alsdann

$$\sqrt{\frac{z \cdot 0,105 \cdot n}{10\,000 \cdot p}} \cdot 1000 = s = \frac{1000}{308} \cdot \sqrt{\frac{z \cdot n}{p}} \;\; ^0/_{00}$$

$$s_{0,5} = 3,25 \cdot \sqrt{\frac{z \cdot n}{p}} \;\; ^0/_{00} \ldots \ldots \ldots \; (42)$$

und als absolutes (ideelles) Lagerspiel bei $\chi = 0,5$

$$D' - d' = S_{0,5} = \frac{d'}{308} \cdot \sqrt{\frac{z \cdot n}{p}} \;\; \text{cm} \;\; \ldots \ldots \; (43)$$

wobei D' und d' in Zentimetern und p in kg/cm² einzusetzen ist.

Nur wenn der Wert S (bei großen Zapfen) zu geringes Lagerspiel liefert, der Wert h aber noch reichlich ist, wendet man die Formel für $\chi = 0,8$ an

$$s_{0,8} = 5,26 \cdot \sqrt{\frac{z \cdot n}{p}} \;\; ^0/_{00} \ldots \ldots \ldots \; (44)$$

bzw.

$$D' - d' = S_{0,8} = \frac{d'}{190} \cdot \sqrt{\frac{z \cdot n}{p}} \;\; \text{cm} \;\; \ldots \ldots \; (45)$$

Bei dieser Gelegenheit sei nochmals auf die einfachen Zusammenhänge zwischen den Zahlengrößen h und $D - d$ aufmerksam gemacht. Eine einfache Überlegung zeigt z. B., wie wir das schon früher festgestellt hatten, daß bei einer Exzentrizität von $\chi = 0,5$ die geringste Schmierschichtstärke $^1/_4$ des gesamten Lagerspieles betragen muß. In ähnlicher Weise kann nach der einfachen Beziehung

$$\frac{D - d}{h} = \frac{2}{1 - \chi}$$

das Verhältnis $\dfrac{D - d}{h}$ für jeden beliebigen Wert von χ ermittelt werden.

— Zahlentafel 7 gibt eine Zusammenstellung der Werte für $\chi = 0{,}2$ bis $\chi = 0{,}95$.

Zahlentafel 7. Verhältnis des ideellen Lagerspieles $D - d$ zur geringsten Schmierschichtstärke h bei verschiedenen Exzentrizitäten.

$\chi =$	0,2	0,3	0,4	0,5	0,6	0,7	0,8	0,9	0,95
$\dfrac{D-d}{h} =$	2,5	2,86	3,33	4	5	6,66	10	20	40

Gleichung (42) ist eine sehr einfache und dennoch recht umfassende Formel; denn falls Flächenpressung, Drehzahl und Ölzähigkeit bekannt sind oder angenommen werden, gibt sie Aufschluß über

1. die Größe des auszuführenden Lagerspieles,
2. die Frage, ob das Lager werkstattechnisch noch ausführbar ist,
3. die Größe der zu erwartenden geringsten Schmierschichtstärke,
4. die Frage, ob das Lager noch im Gebiet der reinen Flüssigkeitsreibung arbeiten wird.

Ein praktisches Beispiel möge dies anschaulich erläutern.

Beispiel 5.

Ein Stirnzapfen soll bei $n = 500$ eine Belastung von 15 000 kg aufnehmen. Das Lager soll ein Längenverhältnis von $l : d = 1{,}5$ erhalten, während die Zähigkeit des Schmiermittels in der Schmierschicht mit $z = 0{,}008$ kg · sek/m² eingeschätzt sei. Gesucht wird der Zapfendurchmesser unter gleichzeitiger Beantwortung obiger 4 Fragen.

Gewählt werde ein Flächendruck von 20 kg/cm². [Daß dieser Flächendruck mit Rücksicht auf die Festigkeit des Zapfens bei $l : d = 1{,}5$ ohne weiteres zulässig ist, kann unmittelbar aus dem Beispiel zu Formel (39) ersehen werden.] Die erforderliche Zapfenprojektionsfläche wird damit

$$ d' \cdot l' = \frac{15\,000}{20} = 750 \text{ cm}^2, $$

mit $l : d = 1{,}5$ wird $l = 1{,}5 \cdot d$ und somit $d' \cdot l' = 1{,}5 \cdot d'^2 = 750$ und daraus

$$ d' = \sqrt{\frac{750}{1{,}5}} = \sqrt{500} = 22{,}4 \text{ cm} = 224 \text{ mm}. $$

Angenommen werde $\qquad\qquad d'' = 225$ mm.

Nun wird nach Formel (42)

$$ s_{0,5} = 3{,}25 \cdot \sqrt{\frac{z \cdot n}{p}} = 3{,}25 \cdot \sqrt{\frac{0{,}008 \cdot 500}{20}} = 3{,}25 \cdot \sqrt{\frac{1}{5}} = \frac{3{,}25}{2{,}24} = 1{,}45 \,^0/_{00}. $$

Damit wird $D'' - d'' = \dfrac{1{,}45}{1000} \cdot 225 = 0{,}327$ mm; $\quad h'' = 0{,}25 \cdot 0{,}327 = 0{,}082$ mm und das wirkliche auszuführende Lagerspiel

$$ D''_w - d'' = 0{,}327 - 0{,}02 = 0{,}307 \text{ mm} = \text{rd. } 0{,}31 \text{ mm}. $$

Die gestellten Fragen beantworten sich hiermit wie folgt:

1. Das wirklich auszuführende Lagerspiel müßte 0,31 mm betragen.
2. Dieses Spiel ist bei 225 mm Zapfendurchmesser werkstattechnisch ohne weiteres ausführbar.
3. Die zu erwartende Schmierschichtstärke wird rd. 0,08 mm betragen.
4. Damit arbeitet das Lager mit sehr großer Sicherheit im Gebiete der reinen Flüssigkeitsreibung ($h'' = 0{,}01$ mm hätte genügt).

Zahlentafel 8. Verhältnismäßiges ideelles Lagerspiel $s_{0,5}$ in $^o/_{oo}$ bei $z = 0,002$ kg · sek/m² und $\chi = 0,5$.

Wirkliches Lagerspiel $D''_w - d'' = s_{0,5} \cdot d'' - 0,02$ mm.

Flächenpressung p in kg/cm² \ $n =$	25	50	75	100	150	200	250	300	350	400	450	500	550	600	650	700	800	900	1000	1500	2000	2500	3000
0,5	1,02	1,45	1,76	2,04	2,05	2,88	3,22	3,53	3,82	4,08	4,33	4,56	4,78	4,99	5,20	5,40	5,77	6,12	6,45	7,9	9,1	10,2	11,2
1	0,72	1,02	1,244	1,45	1,76	2,04	2,28	2,49	2,69	2,88	3,05	3,22	3,38	3,52	3,67	3,81	4,07	4,32	4,55	5,57	6,43	7,20	7,9
2	0,514	0,726	0,890	1,02	1,25	1,45	1,62	1,78	1,92	2,05	2,18	2,29	2,41	2,51	2,62	2,72	2,90	3,08	3,24	3,98	4,59	5,14	5,63
3	0,324	0,458	0,561	0,650	0,793	0,916	1,02	1,12	1,21	1,29	1,37	1,45	1,52	1,58	1,65	1,71	1,83	1,94	2,05	2,50	2,89	3,24	3,55
5	0,274	0,387	0,475	0,550	0,670	0,775	0,866	0,949	1,02	1,09	1,16	1,22	1,28	1,34	1,39	1,45	1,55	1,64	1,73	2,12	2,44	2,74	3,00
7	0,229	0,324	0,397	0,458	0,560	0,647	0,724	0,794	0,856	0,915	0,97	1,02	1,07	1,12	1,17	1,21	1,29	1,37	1,45	1,77	2,04	2,29	2,51
10	0,187	0,264	0,324	0,374	0,458	0,529	0,590	0,647	0,700	0,748	0,794	0,835	0,876	0,915	0,953	0,99	1,06	1,12	1,18	1,45	1,67	1,87	2,05
15	0,162	0,229	0,280	0,324	0,396	0,458	0,512	0,560	0,605	0,648	0,687	0,724	0,760	0,794	0,825	0,856	0,916	0,972	1,02	1,25	1,45	1,62	1,77
20	0,132	0,186	0,228	0,264	0,324	0,373	0,417	0,457	0,494	0,528	0,560	0,590	0,619	0,646	0,672	0,698	0,746	0,792	0,835	1,02	1,18	1,32	1,45
30	0,115	0,162	0,199	0,230	0,281	0,325	0,364	0,398	0,430	0,460	0,487	0,514	0,539	0,563	0,585	0,609	0,650	0,690	0,728	0,890	1,02	1,15	1,26
40	0,102	0,145	0,176	0,204	0,250	0,290	0,322	0,353	0,382	0,408	0,433	0,456	0,478	0,499	0,520	0,540	0,577	0,612	0,645	0,790	0,91	1,02	1,12
50	0,094	0,133	0,163	0,188	0,230	0,266	0,295	0,325	0,352	0,376	0,398	0,420	0,440	0,460	0,478	0,497	0,531	0,564	0,594	0,728	0,84	0,94	1,03
60	0,087	0,123	0,151	0,174	0,212	0,246	0,275	0,301	0,325	0,348	0,368	0,388	0,407	0,426	0,443	0,460	0,491	0,522	0,550	0,674	0,777	0,87	0,954
70	0,081	0,114	0,140	0,162	0,198	0,229	0,256	0,280	0,303	0,324	0,344	0,362	0,380	0,397	0,412	0,428	0,458	0,486	0,512	0,627	0,724	0,81	0,888
80	0,077	0,109	0,133	0,154	0,188	0,218	0,243	0,266	0,288	0,308	0,326	0,344	0,361	0,377	0,392	0,407	0,435	0,462	0,487	0,596	0,688	0,77	0,844
90	0,073	0,102	0,126	0,145	0,178	0,206	0,230	0,252	0,273	0,290	0,309	0,326	0,342	0,357	0,371	0,386	0,412	0,438	0,461	0,565	0,652	0,73	0,800
100	0,069	0,097	0,119	0,138	0,169	0,195	0,218	0,238	0,258	0,276	0,292	0,308	0,324	0,338	0,351	0,365	0,390	0,414	0,436	0,534	0,616	0,69	0,756
110	0,066	0,093	0,114	0,132	0,161	0,186	0,208	0,228	0,246	0,264	0,280	0,295	0,309	0,323	0,336	0,349	0,373	0,396	0,417	0,511	0,590	0,66	0,724
120	0,064	0,090	0,111	0,128	0,156	0,181	0,202	0,221	0,239	0,256	0,271	0,288	0,300	0,313	0,325	0,338	0,362	0,384	0,404	0,495	0,571	0,64	0,701
130	0,061	0,086	0,105	0,122	0,149	0,172	0,193	0,211	0,228	0,244	0,258	0,272	0,286	0,298	0,310	0,323	0,344	0,366	0,386	0,472	0,545	0,61	0,668
140	0,059	0,083	0,102	0,118	0,145	0,167	0,186	0,204	0,220	0,236	0,250	0,263	0,276	0,289	0,300	0,312	0,333	0,354	0,373	0,457	0,527	0,59	0,646
150	0,058	0,081	0,100	0,116	0,141	0,164	0,183	0,200	0,216	0,232	0,246	0,258	0,271	0,283	0,295	0,306	0,327	0,348	0,366	0,449	0,518	0,58	0,635
160	0,057	0,081	0,099	0,114	0,139	0,161	0,180	0,197	0,213	0,228	0,242	0,254	0,267	0,279	0,290	0,301	0,322	0,342	0,360	0,441	0,509	0,57	0,625
170	0,056	0,079	0,097	0,112	0,137	0,158	0,177	0,193	0,209	0,224	0,237	0,250	0,262	0,274	0,285	0,296	0,316	0,336	0,354	0,434	0,500	0,56	0,614
180	0,054	0,076	0,093	0,108	0,132	0,152	0,170	0,186	0,202	0,216	0,229	0,241	0,253	0,264	0,274	0,285	0,305	0,324	0,341	0,418	0,482	0,54	0,591
190	0,053	0,075	0,092	0,106	0,129	0,150	0,167	0,183	0,198	0,212	0,224	0,236	0,248	0,259	0,269	0,280	0,300	0,318	0,335	0,410	0,473	0,53	0,580
200	0,051	0,072	0,089	0,103	0,126	0,145	0,162	0,178	0,192	0,205	0,217	0,229	0,240	0,251	0,261	0,271	0,290	0,308	0,324	0,397	0,458	0,51	0,561

Für eine Ölzähigkeit von z = 0,008 sind die Tabellenwerte mit 2 zu multiplizieren
„   „   „   „   z = 0,018   „   „   „   „   3   „   „
„   „   „   „   z = 0,032   „   „   „   „   4   „   „

Des Interesses halber wollen wir noch untersuchen, wie stark man den so gegebenen Zapfen bei gleichbleibender Ölzähigkeit belasten dürfte, um auf die geringste zulässige Schmierschichtstärke von $h'' = 0,01$ mm zu kommen. Diese Grenzpressung für das gegebene ideelle Lagerspiel $D'' - d'' = 0,327$ mm und dementsprechend $\psi = \dfrac{D'' - d''}{d''} = \dfrac{0,327}{225} = \dfrac{1}{690}$ erhält man nach Gleichung 38

$$p_m = \frac{d \cdot z \cdot \omega}{3,84 \cdot \psi \cdot h} = \frac{0,225 \cdot 0,008 \cdot 0,105 \cdot 500 \cdot 690}{3,84 \cdot 0,00001 \cdot 1} = 1\,690\,000 \text{ kg/m}^2.$$

Das Lager könnte also, ohne das Gebiet der reinen Flüssigkeitsreibung zu verlassen, statt mit 20 kg/cm² mit 169 kg/cm² belasten werden, falls die Festigkeit des Zapfenmaterials und die gegebene Wärmeableitung dies zulassen würden und keine Verbiegung zu berücksichtigen wäre.

Um einen Überblick über die zahlenmäßige Größe des verhältnismäßigen (ideellen) Lagerspieles s bei den praktisch vorkommenden Lagerpressungen und Drehzahlen zu erhalten, ist für die willkürlich gewählte Ölzähigkeit $z = 0,002$ kg · sek/m² (unter normalen Verhältnissen ein ziemlich sicherer Kleinstwert) Zahlentafel 8 berechnet, aus welcher $s_{0,5}$ in Tausendsteln [nach Formel (42) berechnet] für Flächendrücke von 0,5 bis 200 kg/cm² und Drehzahlen von 25 bis 3000 ohne weiteres ersichtlich ist. — Multipliziert man die Tabellenwerte mit 0,1, so erhält man z. B. das ideelle Lagerspiel eines Zapfens von 100 mm Durchmesser direkt in Millimetern.

Interessant sind auch hier wieder die errechneten Grenzwerte. Während für einen Zapfen von 100 mm Durchmesser bei 0,5 at Flächendruck und 3000 Umdrehungen/min das günstigste Lagerspiel 1,12 mm betragen würde, ein Spiel, das werkstattechnisch ohne weiteres (mit dem gröbsten Tasterzirkel und Zollstock) ausgeführt werden könnte, müßte der gleiche Zapfen bei 200 at Flächendruck und 25 Umdrehungen/min ein ideelles Spiel von $0,005\,14 \approx 0,005$ mm erhalten, dessen Ausführung auf jeden Fall unmöglich ist, da sich dabei das wirkliche Spiel bei normaler Bearbeitung als negativ ergäbe.

$$D''_w - d'' = D'' - d'' - 0,02 = 0,005 - 0,02 = -0,015 \text{ mm}.$$

Mit obigen Daten wäre das Lager also praktisch unausführbar. Nur durch Vergrößern der Zapfenabmessungen und der Ölzähigkeit könnte das Lagerspiel so weit gesteigert werden, daß es praktisch ausführbar wäre.

Nehmen wir an, der Zapfen hatte bei einem Durchmesser von 100 eine Länge von 150 mm. (Ein derartiger Zapfen bei 200 at Flächendruck ist jedoch nur als Rechnungsbeispiel denkbar, nicht aber ausführbar!) Die Zapfenprojektionsfläche wäre damit $10 \cdot 15 = 150$ cm² und der Gesamtlagerdruck $150 \cdot 200 = 30\,000$ kg.

Verringern wir den Flächendruck schätzungsweise auf $^1/_4$. Das würde eine Fläche von $150 \cdot 4 = 600$ cm² bedingen. Wählen wir das Verhältnis $l : d = 2$ (was hier praktisch allerdings unzulässig wäre), dann erhalten wir $l' \cdot d' = 2 \cdot d'^2 = 600$; $d = \sqrt{\dfrac{600}{2}} = 17,3$ cm $=$ rd. 175 mm.

Bei 4 mal kleinerem Flächendruck wird s entsprechend, nämlich $\sqrt{4} = 2$ mal, größer.

Als Schmiermittel sei Zylinderöl gewählt. Die Zähigkeit bei der zu erwartenden Temperatur werde zu $z = 0,09 \, \text{kg} \cdot \text{sek/m}^2$ geschätzt. Die Vergrößerung gegenüber $z = 0,002$ beträgt das 45fache. Folglich wird der Wert s sich $\sqrt{45} \approx 6,7$ mal vergrößern.

Durch Verringerung des Flächendruckes und durch Anwendung von Zylinderöl vergrößerte sich s demnach insgesamt $2 \cdot 6,7 = 13,4$ mal. Wir erhalten daher

$$s = 0,0514 \cdot 13,4 = 0,69 \, {}^0\!/_{00} \, .$$

Damit wird

$$D'' - d'' = \frac{0,69}{1000} \cdot 175 \approx 0,12 \, \text{mm} \quad \text{und} \quad D''_w - d'' = 0,12 - 0,02 = 0,1 \, \text{mm} \, .$$

Dieses Spiel ist bei einem 175er Zapfen ohne weiteres ausführbar. Die geringste Schmierschichtstärke ergäbe sich zu

$$h'' = 0,25 \cdot 0,12 = 0,03 \, \text{mm} \, .$$

Flüssige Reibung wäre also mit Sicherheit gewährleistet.

Um jedem Mißverständnis vorzubeugen, sei nochmals ausdrücklich darauf hingewiesen, daß sowohl die hier wie auch in früheren Beispielen angenommenen Zähigkeiten vollkommen willkürlich gewählt sind. In Wirklichkeit ergibt sich die Temperatur und damit auch die Zähigkeit aus der Wärmeentwicklung und Wärmeableitung des Lagers. Die hier gemachten Annahmen bezüglich der Zähigkeit dienten lediglich dem Zweck, an Hand konkreter Zahlenbeispiele die Anwendungsmöglichkeiten der bisher entwickelten Beziehungen zu üben.

Auf jeden Fall stehen die bisherigen Untersuchungsergebnisse in krassem Gegensatz zu der im praktischen Maschinenbau eingebürgerten guten, alten Regel:

„Der größte vorkommende Flächendruck darf 100 bis allerhöchstens 130 kg/cm² nicht übersteigen, damit die Schmierschicht zwischen Zapfen und Lagerschale nie ganz verdrängt wird."

Diese Regel sollte sowohl für Kurbelzapfen wie für Kreuzkopfzapfen gelten, und es konnte hierbei unter „Verdrängen der Schmierschicht" offenbar nur eine zu weitgehende Verringerung der Schmierschichtstärke h gemeint sein.

Demgegenüber haben wir an Hand der hydrodynamischen Theorie festgestellt, daß der für ein Lager zulässige höchste Flächendruck kein konstanter, für umlaufende wie für schwingende Zapfenlager geltender Zahlenwert ist. Die Höhe des zulässigen Flächendruckes ist vielmehr von der Größe des Lagerspieles, der Drehzahl und der Zähigkeit des Schmiermittels im Lagerspielraum sowie vom Zapfendurchmesser bzw. der Gleitgeschwindigkeit abhängig.

Es gilt also nicht allgemein

$$p_{\max} = 100 \div 130 \, \text{kg/cm}^2,$$

sondern z. B. bei einem wirklichen Lagerspiel von 0,02 mm nach Gleichung (40a)

$$p_{\max_{0,5}} = 0,7 \cdot d'^2 \cdot z \cdot n \quad \text{kg/cm}^2$$

oder, auf die Umfangsgeschwindigkeit des Zapfens von v m/sek bezogen, indem $n = \dfrac{60 \cdot v}{d \cdot \pi}$ gesetzt wird,

$$p_{max_{0,5}} = 13{,}5 \cdot d' \cdot z \cdot v \quad \text{kg/cm}^2 \quad . \quad . \quad . \quad . \quad . \quad (40\,\text{b})$$

Gleichzeitige Voraussetzung hierbei ist, wie schon bemerkt, daß das Lager nach Gleichung (42) oder (43) mit dem günstigsten Lagerspiel $D'' - d'' = 0{,}04$ mm bzw. $D_w'' - d'' = 0{,}02$ mm ausgeführt wird. (Ist das Lagerspiel in Metern bzw. Millimetern gegeben, so gilt für den höchsten zulässigen Flächendruck Gleichung 38.) — Ohne Rücksichtnahme auf das Lagerspiel haben Angaben über den höchsten zulässigen Lagerflächendruck vom Gesichtspunkte der Schmierschichtverdrängung überhaupt keinen Sinn.

Auf die Gleitgeschwindigkeit $v = \dfrac{d \cdot \pi \cdot n}{60}$ m/sek bezogen, kann Gleichung (41) auch geschrieben werden in der Form

$$p_{max_{0,8}} = 5{,}4 \cdot d' \cdot z \cdot v \quad \text{kg/cm}^2 \quad . \quad . \quad . \quad . \quad . \quad (41\,\text{a})$$

Immer wieder stellen wir fest, daß die Frage der Berührung zwischen Zapfen und Lagerschale (wie wir später sehen werden, auch die Größe der Reibung) in hohem Maße von der richtigen Bemessung und genauen Einhaltung des Lagerspieles abhängig ist. Da hierbei hundertstel, unter Umständen sogar tausendstel Millimeter eine Rolle spielen, so ist ohne weiteres klar, daß nicht nur die Herstellung, sondern auch die E r h a l t u n g des richtigen Lagerspieles von größter Wichtigkeit ist. Deformationen des Zapfens und der Lagerschale können ebenso verhängnisvoll werden, wie falsche Bemessung oder mangelhafte Ausführung des Lagerspieles.

Bei Zapfen ist eigentlich nur die Durchbiegung zu fürchten, und zwar macht sich diese fast in allen Fällen bemerkbar, — auch da, wo man sie gar nicht vermuten möchte. Daß selbst die geringste Durchbiegung bei hoch belasteten Lagern gefährlich zu werden vermag, kann man sich leicht vergegenwärtigen, wenn man daran denkt, daß eine Abweichung von einigen tausendstel Millimetern innerhalb des Lagerlaufes das Verdrängen der Schmierschicht an dieser Stelle, ein starkes Zunehmen der Reibung durch Hinzutreten teilweiser metallischer Reibung und damit unter Umständen ein Heißlaufen des Lagers verursachen kann.

Bei der Verbiegung eines Stirnzapfens unter der Einwirkung der Lagerbelastung können zwei verschiedene Erscheinungen unterschieden werden: die Schiefstellung und die Krümmung des Zapfens.

Abb. 27 stellt die elastische Deformation eines freitragend eingespannten Zapfens in vergrößertem Maßstabe dar. Da bei reiner Flüssigkeitsreibung die Übertragung des Lagerdruckes auf den Zapfen durch Vermittlung der Ölschicht, also angenähert gleichmäßig auf der ganzen Länge erfolgt, kann der Berechnung der Durchbiegung die elastische Linie bei gleichmäßig verteilter Last zugrunde gelegt werden. Abb. 27 zeigt unten die Form der elastischen Linie in starker Vergrößerung, wobei in gewissen Abständen die zugehörigen Durchbiegungen als Teile der größten Durchbiegung f' (in Prozenten) eingetragen sind. Hiermit liegt der Verlauf der elastischen Linie in allgemeiner Form fest und könnte für jeden ähnlichen Fall in einem geeigneten Maßstabe aufgezeichnet werden.

Die aus der linken unteren nach der rechten oberen Ecke gezogene Gerade gibt die mittlere Schiefstellung an, während die größte Krümmung durch den Wert f'_k dargestellt wird. Wie die eingeschriebenen Maße zeigen, beträgt der Zahlenwert der Krümmung nur 16% des Zahlenwertes der größten Durchbiegung f', die sich für vollen Kreisquerschnitt bestimmt nach der Gleichung

$$f' = \frac{2{,}5 \cdot P \cdot l'^{\,3}}{E \cdot d'^{\,4}} = \frac{2{,}5 \cdot p \cdot l'^{\,4}}{E \cdot d'^{\,3}} \text{ cm} \quad \ldots \ldots \quad (46)$$

Hierin ist P die gesamte Lagerbelastung in Kilogrammen, p der Flächendruck in kg/cm$^2 = \dfrac{P}{d' \cdot l'}$, l' die Lagerlänge in Zentimetern, E der Elastizitätsmodul des Zapfenmaterials und d' der Zapfendurchmesser in Zentimetern.

Daraus ergibt sich die Größe der Krümmung zu

$$f'_k = 0{,}16 \cdot f' = \frac{0{,}4 \cdot P \cdot l'^{\,3}}{E \cdot d'^{\,4}} \text{ cm} \quad \ldots \ldots \quad (47)$$

Wie wir sehen, ist die Schiefstellung weit beträchtlicher als die Krümmung. — Während uns zur Korrektur oder Kompensierung der Krümmung kein geeignetes Mittel zur Verfügung steht, kann die Schiefstellung an sich durch frei einstellbare Lagerschalen unschädlich gemacht werden. Von diesem Kompensationsmittel sollte man Gebrauch machen, wo es nur irgend angängig ist, — auch in Fällen, wo bisher die Verwendung beweglicher Lagerschalen noch nicht üblich war.

Da die Krümmung sich nicht vermeiden läßt, muß sie in Kauf genommen werden. Doch können wir durch möglichst starre, also dicke und kurze Zapfen den Absolutwert der Krümmung (auf den es ja schmiertechnisch ankommt) so weit herabdrücken, daß er unter Umständen ganz vernachlässigt werden kann. — In wichtigen Fällen (bei schwer belasteten, langsam laufenden Zapfen) ist der Wert f'_k stets nachzurechnen und zu der aus den Unebenheiten der Oberflächen bedingten geringsten Schmierschichtstärke hinzuzuzählen.

Für einen Stirnzapfen von $d' = 7$ cm, $l' = 10$ cm, bei $p = 80$ at, also $P = 80 \cdot 7 \cdot 10 = 5600$ kg ist mit $E = 2\,200\,000$

$$f'_k = \frac{0{,}4 \cdot 5600 \cdot 10^3}{2\,200\,000 \cdot 7^4} = 0{,}000425 \text{ cm} = 0{,}00425 \text{ mm}.$$

Die geringste Schmierschichtstärke darf also bei beweglich gelagerten Schalen im vorliegenden Falle nicht kleiner sein als $0{,}01 + 0{,}00425 = \approx 0{,}015$ mm, wenn reine Flüssigkeitsreibung gewährleistet sein soll. — Bei starrer Lagerschale müßte zu $h'' = 0{,}01$ mm (in Lagermitte gemessen) noch etwa der Betrag $f''/2$ hinzugezählt werden, um mit der

inneren Lagerschalenkante auf der belasteten Seite den Zapfen nicht
zu berühren. — Hierbei kann die Schiefstellung jedoch unter Umständen
einen so großen Wert erreichen, daß der Zapfen auf der unbelasteten
Seite des Lagers zum Anliegen und damit zum Klemmen kommt. Die
Schiefstellung würde für obigen Fall nach Gleichung (46) betragen

$$f' = \frac{2{,}5 \cdot P \cdot l'^{3}}{E \cdot d'^{4}} = f'_{k} \cdot \frac{100}{16} = \frac{0{,}0425}{16} = 0{,}002\,66 \text{ cm},$$

$$f'' = 0{,}0266 \text{ mm} .$$

Das Lagerspiel muß somit einen Mindestwert besitzen von $0{,}01 + 0{,}0266 \approx$
$\approx 0{,}037$ mm, wobei die geringste zulässige Schmierschichtstärke
$= 0{,}01 + 0{,}013 = 0{,}023$ mm
betragen müßte. Wird diese
geringste Schmierschicht-
stärke eingehalten und normales Lagerspiel ausge-
führt, so wird das Lager-
spiel $4 \cdot 0{,}023 = 0{,}092$ mm
betragen. Ein Klemmen des
Zapfens im Lager ist also
bei $\psi_{0{,}5}$ nicht zu erwarten.

Das Beispiel zeigt, daß
infolge Verbiegens des Zapfens auf jeden Fall mit
einer größeren Mindest-
schmierschichtstärke ge-
rechnet werden muß als
bei absolut starrem Zapfen,
der praktisch eigentlich
überhaupt nicht vorkommt.
— Bei starren Lagern und
nicht gerade sehr geringem
Flächendruck muß die
Schiefstellung bei der Festlegung der geringsten zu-
lässigen Schmierschicht-
stärke unbedingt berück-
sichtigt werden; bei beweglichen (frei einstellbaren)

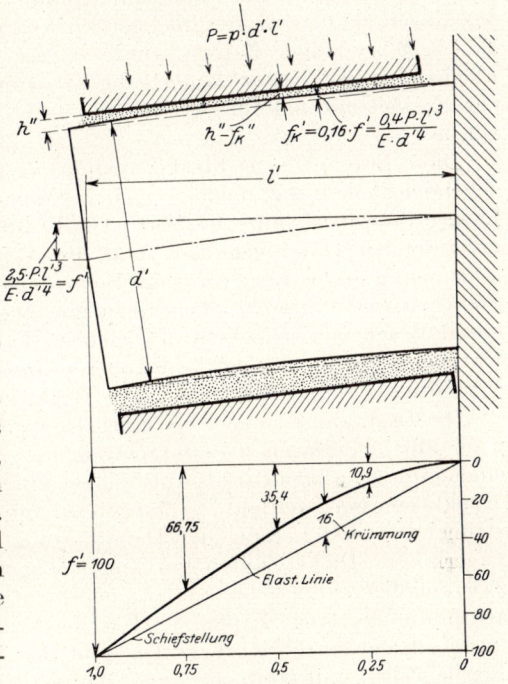

Abb. 27. Stirnzapfen-Verbiegung unter der Einwirkung der Nutzlast und Ausgleich der Schiefstellung durch bewegliche Lagerschale.

Lagern kommt nur der viel geringere Betrag der Krümmung in Betracht, der bei geringerer Flächenpressung vernachlässigt werden kann.
— Wie ersichtlich, wird die Tragfähigkeit eines Lagers durch die Verbiegung des Zapfens bei beweglicher Lagerschale nur wenig, bei starrer
Lagerschale hingegen recht erheblich herabgesetzt.

Nach diesen Betrachtungen wird es auch klar sein, warum bei
Kurbelwellen mit starren Lagern nur verhältnismäßig geringe Flächen-
drücke zulässig sind. Die Erfahrung hat gezeigt, daß hoch belastete
Kurbelwellenzapfen zum Heißlaufen neigen; diese Erscheinung hat je-

doch ihre Ursache nicht in dem zu hohen Flächendruck an sich, sondern lediglich in der Durchbiegung und der damit zusammenhängenden Schiefstellung der Welle im Lager. Es entstehen Kantenpressungen mit halbflüssiger Reibung und starker lokaler Wärmeentwicklung. Unterstützt wird das Auftreten hoher Kantenpressungen noch durch die allgemein übliche große Lagerlänge.

In der irrigen Meinung, daß die Lagerpressung als solche einen gewissen niedrigen Betrag nicht überschreiten dürfe, werden größtenteils verhältnismäßig lange Lager ausgeführt, um den Zahlenwert der Flächenpressung klein zu halten. Dadurch wird leider das Gegenteil von dem erreicht, was angestrebt wurde: der Wellenzapfen biegt sich kräftig durch, ergibt hohe Kantenpressungen mit halbflüssiger Reibung, und das Lager geht trotz der rechnerisch geringen Flächenpressung heiß. Ein halb so langer Zapfen würde in der Regel trotz des doppelten Flächendruckes besser laufen, da die Durchbiegung ganz erheblich zurückginge und halbflüssige Reibung unter Umständen ganz vermieden würde.

Diese Erkenntnis ist für die Ausführung von Kurbelwellen von maßgebender Bedeutung, und so manche Mißerfolge haben in zu langen Lagern ihre unerkannte Ursache. Die Ermittlung der bei Kurbelwellen auftretenden Durchbiegungen und die Ableitung mehr oder weniger allgemein gültiger Regeln für die Bemessung der Lager würde an dieser Stelle zu weit führen*). Es sei hier nur eine allgemeine Regel gegeben, deren Beachtung jedoch in den meisten Fällen auch ohne langwierige Untersuchungen zu einer bedeutenden Besserung der diesbezüglichen Verhältnisse führen dürfte. — Die Regel lautet:

Die Lagerabmessungen bei Kurbelwellen dürfen grundsätzlich nicht nach der zulässigen Gesamtanstrengung des Wellenmaterials oder einem festen, allgemein als zulässig erachteten Wert für den Flächendruck bemessen werden. — Maßgebend für die Lagerabmessungen ist vielmehr in erster Linie die Durchbiegung der Zapfen innerhalb der Lagerlänge. Dicke Zapfen mit kurzer Lagerlänge sind auf jeden Fall zweckmäßiger; denn sie vertragen wesentlich höhere Flächendrücke als dünne und lange Zapfen. — Für die Ermittlung der Durchbiegung mehrfach gelagerter Kurbelwellen gibt das Buch „Mehrmals gelagerte Kurbelwellen mit einfacher und doppelter Kröpfung" von Dr.-Ing. M. Ensslin[11]) eine ganz vorzügliche Anleitung.

Nicht minder beachtenswert sind die möglichen Deformationen der Lagerschalen. — Man hat hier zu unterscheiden zwischen Längskrümmungen der Lagerschale unter dem biegenden Einfluß des Schmierschichtdruckes und Deformationen der Lagerschale in radialer Richtung. — Mit der Verbiegung der Lagerschalen in Richtung ihrer Längsachse wollen wir uns nicht näher befassen, da die Werte der Durchbiegung bei starr gelagerten oder einstellbaren kurzen Lagerschalen nur gering sind, falls die Lagerschalenstärke kräftig gehalten ist, was

---

*) Die Aufstellung einer allgemeinen, unmittelbaren Beziehung zwischen Lagerpressung und Durchbiegung, wie sie sich für Stirnzapfen ergibt, ist z. B. für durchgehende Wellen (Transmissionswellen) überhaupt nicht möglich.

grundsätzlich der Fall sein sollte. Zu beachten ist hierbei nur, daß starre Lagerschalen stets auch in der Mitte ihrer Lager aufliegen müssen, da sie sonst unter dem Einfluß des Schmierschichtdruckes, dessen Maximum bekanntlich in der Mitte der Lagerlänge auftritt, eine merkliche elastische Durchbiegung erfahren und dadurch an Tragfähigkeit einbüßen. [Unter anderem nachgewiesen von Dr. T. E. Stanton in „The Engineer" vom 8. Dezember 1922 [59]).] Die noch vielfach übliche Auflagerung der Lagerschalen lediglich auf zwei schmalen Arbeitsleisten an den Lagerenden (Abb. 7) genügt also bei größeren Flächendrücken nicht. Sauberes Auftuschieren der Lagerschalenaußenfläche, möglichst auf ganzer Länge, mindestens aber auch auf einem breiteren Streifen in der Mitte, ist vielmehr zur Erzielung größerer Tragfähigkeit bzw. zur Vermeidung von Heißläufern bei starren Lagern unerläßlich.

Schwieriger liegen die Verhältnisse bei den radialen Deformationen der Lagerschale. Diese haben ihre Ursache zum Teil in der auseinanderbiegenden Wirkung des Schmierschichtdruckes, namentlich aber in ungleichen Wärmedehnungen der Lagerschale und bedingen oft sehr unliebsame Veränderungen der Schmierverhältnisse.

Die Temperatur in der Schmierschicht nimmt bekanntlich von der Einlaufstelle bis zum engsten Querschnitt stetig zu, entsprechend der Zunahme des Schmierschichtdruckes. Da die Außentemperatur der Lagerschale wegen der dauernd stattfindenden Wärmeableitung stets kleiner sein muß als die Temperatur der Lagerinnenfläche, so wird die Lagerschale auf der Innenseite eine stärkere Wärmedehnung erfahren als außen. Bei zweiteiligen Lagerschalen wird dies ein Spreizen bzw. „Auseinandergehenwollen" der belasteten Schalenhälfte zur Folge haben, wodurch zunächst eine Tendenz zur Vergrößerung des Lagerschalenhalbmessers bzw. des Lagerspieles entsteht. Ist die Lagerschale jedoch seitlich sehr genau eingepaßt, so daß ein Ausdehnen in Richtung der Teilfuge nicht möglich ist, und nimmt die Temperatur der Lagerschale aus irgendeinem Grunde weiter zu, so wird die Schalenhälfte, nachdem sie außen ein festes Widerlager gefunden hat, radial nach innen zu wachsen beginnen, — Hierdurch kann sich das Lagerspiel praktisch bis auf Null verringern und es entsteht das bekannte sogenannte „Zwicken", d. h. die Lagerschale kneift den Zapfen an der Schalenteilfuge regelrecht zusammen.

Um den üblen Folgen des „Zwickens" zu entraten, pflegt man die Lagerschalen von vornherein in der Gegend der Teilfuge „frei zu schaben". Hierdurch ist, wie jedem Praktiker bekannt, für den Fall eines Heißläufers die Gefahr der Zerstörung von Lagerschale und Zapfenoberfläche ganz erheblich herabgemindert, da nun ein direktes Einklemmen des Zapfens nicht mehr möglich ist.

Durch den Umstand, daß sich Deformationen der Lagerschale und damit Veränderungen des Lagerspieles bei zweiteiligen Lagern praktisch kaum verhüten lassen, wird die Sicherheit der Rechnungsergebnisse leider in sehr bedeutendem Maße beeinträchtigt, so daß die Übereinstimmung von Rechnung und Wirklichkeit schon aus diesem Grunde von vornherein in Frage gestellt ist, insbesondere wenn es sich um hohe

Lagerpressungen und nicht sehr starke Lagerschalen handelt. Dies ist namentlich bei der Betrachtung der Rechnungswerte in Zahlentafel 6 zu beachten.

Verhältnismäßig am sichersten ist noch die zu erwartende Übereinstimmung zwischen Rechnung und Wirklichkeit bei ungeteilten Lagern, da Deformationen und Veränderungen des Lagerspieles in dem Falle weniger zu befürchten sind. Ungeteilte Lager lassen sich nun zwar in der Praxis verhältnismäßig selten anwenden, doch können auch zweiteilige Lagerschalen (durch sauberes Verfalzen und starres Verschrauben der beiden Schalenhälften) sehr weitgehend gegeneinander versteift werden.

Das einzige uns zu Gebote stehende Mittel zur Milderung obiger Unzuträglichkeiten besteht darin, daß man das Lagerspiel so groß wählt, als dies mit Rücksicht auf die Reibungsverhältnisse angängig erscheint, da der quantitative Einfluß der Lagerverzerrungen dadurch ganz erheblich verringert wird. Allerdings wird dieses gerade bei den gegen Deformationen empfindlichsten Lagern mit hohen Pressungen am wenigsten möglich sein.

Zum Schluß sei noch kurz auf die Berechnung der Tragfähigkeit von Exzentern eingegangen.

Die Tragfähigkeit berechnet sich bei Exzentern in der Hauptsache genau wie bei Traglagern, nur daß dabei die verhältnismäßig geringe Breite in Rücksicht gezogen werden muß. — Dies kann z. B. mit Hilfe von Zahlentafel 2 geschehen.

Die Tragfähigkeit wird offenbar soviel mal geringer sein als bei normalen Traglagern, als der Zahlenwert $\dfrac{d+l}{l}$ für das Exzenter größer ist als 2 (d. i. der Zahlenwert $\dfrac{d+l}{l}$ für ein Traglager mit dem Längenverhältnis $l : d = 1$).

Bei einem Exzenter von der Breite $l = 2$ bei einem Durchmesser $d = 10$ ist nach Zahlentafel 2 der Korrektionsfaktor $\dfrac{d+l}{l} = 6$; beim normalen Traglager gleich 2; folglich trägt ein solches Exzenter bei gleichem Lagerspiel 3 mal weniger als das Traglager.

Beispiel 6.

Ein Exzenter von 200 mm Durchmesser und 40 mm Breite soll bei einem ideellen Lagerspiel von $D'' - d'' = 0,2$ mm, $n = 210$ und $z = 0,018$ so hoch belastet werden, daß $h'' = 0,01$ mm wird. — Bei welchem Flächendruck wird dies der Fall sein?

Nach der allgemeinen Gleichung 38, jedoch unter Reduktion des Wertes p_m auf $^1/_3$, erhalten wir

$$p_m = \frac{1}{3} \cdot \frac{d \cdot z \cdot \omega \cdot d}{3,84 \cdot h\,(D-d)} = \frac{0,2 \cdot 0,018 \cdot 0,105 \cdot 210 \cdot 200}{3 \cdot 3,84 \cdot 0,00001 \cdot 0,2} = 690000 \text{ kg/m}^2,$$

$$p = 69 \text{ kg/cm}^2$$

als äußerst zulässigen Flächendruck, bei einem wirklichen Lagerspiel von $0,2 - 0,02 = 0,18$ mm, das bequem auszuführen ist.

Bedingung für gutes Arbeiten ist, insbesondere bei Exzentern, eine möglichst starre Konstruktion der als Lagerschalen dienenden Exzenterbügel. Werden letztere nicht als in der Mitte verstärkte Biegungsträger, sondern als dünnwandige Ringe ausgebildet, so verzerrt sich das Lagerspiel unvermeidlich, und die Exzenterringe wirken nicht als Lagerschalen, sondern eher als Bandbremsen.

Zusammenfassung:

1. Für ein gegebenes Lager, d. h. wenn Drehzahl, Ölzähigkeit, Zapfendurchmesser, Lagerspiel und geringste Schmierschichtstärke gegeben sind, berechnet sich der zulässige Flächendruck unter der Annahme starrer Zapfen nach Gleichung 38 zu $p_m = \dfrac{d \cdot z \cdot \omega \cdot d}{3{,}84 \cdot h \cdot (D - d)}$ kg/m².

2. Gleichbedeutend mit dem Begriff des verhältnismäßig günstigsten Lagerspieles ψ nach Gleichung 32 ist Gleichung (42) $s_{0,5} = 3{,}25 \sqrt{\dfrac{z \cdot n}{p}} \, {}^0/_{00}$, wobei p in kg/cm² einzusetzen ist.

3. Gleichung (42) gibt Aufschluß darüber, wie groß das Lagerspiel bemessen werden muß und ob es werkstattechnisch noch ausführbar ist; ferner wie groß die geringste Schmierschichtstärke im Betriebe sein wird bzw. ob reine Flüssigkeitsreibung zu erwarten ist oder nicht.

4. Die für Kurbelzapfen und Kreuzkopflager aufgestellte alte Regel: „Der größte Flächendruck darf 100 bis 130 kg/cm² nicht überschreiten, damit die Schmierschicht nicht gänzlich verdrängt wird", ist vom Standpunkt der geringsten zulässigen Schmierschichtstärke unzutreffend. Die Höhe des zulässigen Flächendruckes ist vielmehr vom Lagerspiel, vom Zapfendurchmesser, von der Gleitgeschwindigkeit und von der Zähigkeit des verwendeten Schmiermittels abhängig. Der größte, für umlaufende Zapfen zulässige Flächendruck für ein wirkliches Lagerspiel von 0,02 mm (für kleine Zapfen) und eine geringste Schmierschichtstärke von 0,01 mm beträgt z. B. nach Gleichung (40a) $p_{\max_{0,5}} = 0{,}7 \cdot d'^2 \cdot z \cdot n$ kg/cm², wobei d' in Zentimetern einzusetzen ist, oder nach Gleichung (40b) $p_{\max_{0,5}} = 13{,}5 \cdot d' \cdot z \cdot v$ kg/cm². — Für große Zapfen mit einem wirklichen Lagerspiel $D''_w - d'' = 0{,}08$ mm ist für eine geringste Schmierschichtstärke von 0,01 mm nach Gleichung (41) $p_{\max_{0,8}} = 0{,}28 \cdot d'^2 \cdot z \cdot n$ kg/cm² bzw. nach Gleichung (41a) (S. 71) $p_{\max_{0,8}} = 5{,}4 \cdot d' \cdot z \cdot v$ kg/cm². (Unter der Annahme starrer Zapfen.)

5. Um Deformationen des Lagerspieles und damit größere Unstimmigkeiten zwischen Berechnung und Wirklichkeit möglichst zu vermeiden, müssen Lagerschalen, und vor allem Exzenterbügel, so starr als irgend möglich ausgeführt werden. Starre Lagerschalen für hohe Belastungen müssen zudem auch möglichst auf der ganzen Länge ihres äußeren Umfanges — mindestens aber an beiden Enden und in der Mitte — in den Lagersitz eintuschiert sein.

6. Die unvermeidliche Schrägstellung der Zapfen zur Lagerschale infolge der Betriebsbelastung muß durch sich selbst einstellende Lagerschalen unschädlich gemacht werden. — Gegen elastische Krümmung bzw. Durchbiegung der Zapfen und Wellen gibt es kein Kompensations-

mittel; man kann nur durch Wahl großer Durchmesser dafür sorgen, daß der Absolutwert der Durchbiegung möglichst klein bleibt.

7. Der schädlichen Durchbiegungen wegen sollen stärker belastete Zapfen und Wellen, insbesondere Kurbelwellen, stets großen Durchmesser und kurze Lagerlänge erhalten.

8. Um das sogenannte „Zwicken" oder „Kneifen" der Lagerschalen bei etwaigem Heißlaufen zu vermeiden, ist das bekannte „Freischaben" der Schalen in der Teilfuge zweckmäßig.

12. Das „Einlaufen" der Traglager.

Wir hatten erkannt, daß die Größe der geringsten zulässigen Schmierschichtstärke und damit die Tragfähigkeit eines Lagers (von Zapfendeformationen abgesehen) ausschließlich von der Bearbeitungsvollkommenheit der Zapfen- und Lagerschalenoberfläche abhängt und daß die geringste Schmierschichtstärke nur darum niemals unendlich klein werden darf, weil technisch bearbeitete Körper niemals absolut vollkommen, d. h. mathematisch genau und glatt sein können. Je mehr wir uns jedoch bezüglich der Bearbeitungsfeinheit der absoluten Vollkommenheit nähern, um so geringere Schmierschichtstärken dürfen zugelassen werden und dementsprechend größere Tragfähigkeiten lassen sich erzielen.

Wie groß der zahlenmäßige Einfluß solcher scheinbarer „Feinheiten" ist, soll an Hand eines Rechnungsbeispieles festgestellt werden.

Beispiel 7.

Zu bestimmen sei die Tragfähigkeit eines Lagers von 80 mm Durchmesser bei einem wirklichen Lagerspiel von 0,04 mm, $n = 150$ und $z = 0,005$; 1. bei einer Höhe der Bearbeitungsunebenheiten von $\delta'' = \delta_1'' = 0,005$ mm und dementsprechender geringster zulässiger Schmierschichtstärke $h'' = 0,01$ mm; 2. bei $\delta'' = \delta_1'' = 0,001$ mm und $h'' = 0,002$ mm.

Das ideelle Lagerspiel ist im ersten Falle nach Gleichung 35

$$D'' - d'' = (D''_w - d'') + 2(\delta'' + \delta_1'') = 0,04 + 2(0,005 + 0,005) = 0,06 \text{ mm}$$

und damit das verhältnismäßige Lagerspiel

$$\psi = \frac{D'' - d''}{d''} = \frac{0,06}{80} = \frac{1}{1330}.$$

Die Tragfähigkeit beträgt alsdann für $h'' = 0,01$ mm nach Gleichung 38

$$p_m = \frac{d \cdot z \cdot \omega}{3,84 \cdot \psi \cdot h} = \frac{80 \cdot 0,005 \cdot 0,105 \cdot 150 \cdot 1330}{3,84 \cdot 0,01} = 218\,000 \text{ kg/m}^2;$$

$$p = 21,8 \text{ kg/cm}^2$$

(d und h durften hier in Millimetern eingesetzt werden, da einer der Werte im Zähler, der andere im Nenner steht.)

Wie wir sehen, ist die Tragfähigkeit nicht hoch und eine Verbesserung erwünscht. Stellen wir nunmehr fest, wie groß die Belastbarkeit im zweiten Falle wird.

$$D'' - d'' = 0,04 + 2(0,001 + 0,001) = 0,044 \text{ mm},$$

$$\psi = \frac{D'' - d''}{d''} = \frac{0,044}{80} = \frac{1}{1820}$$

und für $h'' = 0,002$ mm

$$p_m = \frac{80 \cdot 0,005 \cdot 0,105 \cdot 150 \cdot 1820}{3,84 \cdot 0,002} = 1\,500\,000 \text{ kg/m}^2 \text{ bzw. } p = 150 \text{ kg/cm}^2.$$

Die Tragfähigkeit ist somit durch vollkommenere Bearbeitung auf rund das 7 fache gestiegen — ein Beweis dafür, daß es sich in obiger Frage keinesfalls um „Feinheiten", sondern um Tatsachen von größter praktischer Bedeutung handelt. Die oben errechnete hohe Tragfähigkeit ließe sich ohne weiteres verwirklichen, wenn die Oberflächen von Zapfen und Lagerschale einen Ebenheitsgrad erhielten, wie er etwa in Zahlentafel 5 unter Punkt 7 angeführt ist (siehe auch S. 83).

Unter normalen und günstigen Belastungsverhältnissen wäre eine derartig feine Bearbeitung, wenigstens für den Betriebszustand des Lagers, nicht erforderlich, unter ungünstigen Umständen kann sie hingegen unerläßlich werden. Da bisher jedoch auch in solchen Fällen eine feine Bearbeitung in der Regel nicht vorgesehen wurde, mußte die Natur hier selbst verbessernd eingreifen, und zwar geschah dies durch das sogenannte „Einlaufen" der Lager.

Dieser Vorgang kennzeichnet sich etwa wie folgt:

Wenn ein Zapfen auf Grund der gegebenen Verhältnisse rechnerisch eine geringste Schmierschichtstärke ergibt, die kleiner ist als die Summe der Unebenheiten, so greifen diese ineinander und versuchen, sich aneinander abzureiben, sich gegenseitig zu glätten. Der Zapfen wird an einer Stelle die Lagerschale berühren, wird diese Stelle allmählich glätten und, je nach dem Lagerschalenmaterial, eventuell auch seine eigene Oberfläche ebnen.

Des besseren Verständnisses wegen sei der Vorgang und die Wirkung des Einlaufens noch bildlich dargestellt, und zwar als für die Vorstellung bestgeeignetes Beispiel derart, daß Zapfen und Lagerschale aus angenähert gleich hartem Material bestehen. Man denke sich zu diesem Zwecke den Zapfen und die Lagerschale etwa aus sehr feinem Schmirgelstein bestehend und in solcher Stellung zueinander, daß ein Eingreifen der Vorsprünge stattfindet. Diesen Vorgang, der unter erhöhter Lagerbelastung vor sich gehen möge, zeigt Abb. 28 in stark vergröberter schematischer Darstellung. — Man beachte die verhältnismäßig große (nämlich normale) Höhe der Unebenheiten δ und δ_1 sowie den zum Zwecke des Einlaufens durch Mehrbelastung vergrößerten Winkel β_1. Abb. 28 stellt in stilisierter Form den Zustand vor dem Einlaufen dar. In Wirklichkeit wird der Prozeß des Einlaufens natürlich unter allmählicher Belastung vorgenommen; Abb. 28 soll nur veranschaulichen, in welchem Maße die Unebenheiten von Zapfen und Schale ineinandergreifen würden, wenn das Einlaufen gleich mit der größten Belastung begonnen würde.

Abb. 29 zeigt den Zustand nach erfolgtem Einlaufen: Die Zapfenunebenheiten haben sich an den nächstliegenden Unebenheiten der Lagerschale erheblich abgeschliffen. Hierzu muß jedoch bemerkt werden, daß die angegriffene Zone der Lagerschale in Wirklichkeit eine beträchtliche Breite aufweisen wird, da die Durchmesser von Zapfen und Welle ja praktisch nur sehr wenig voneinander verschieden sind.

Nachdem Zapfen und Lagerschale sich so weit gegenseitig abgeschliffen haben, daß die gegebene Belastung bereits voll durch die Schmierschicht allein getragen wird, und ein weiteres Tiefersinken und

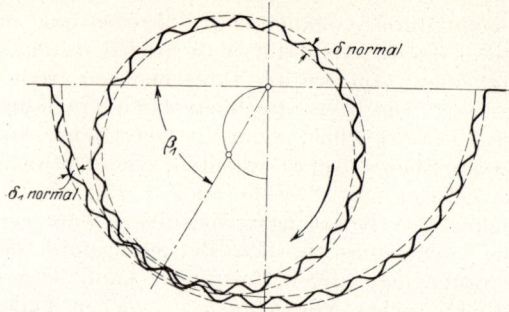

Abb. 28. Lager unter erhöhter Belastung in Einlaufstellung, jedoch noch vor dem Einlaufen. — Halbflüssige Reibung. (Schematische, stark vergröberte Darstellung.)

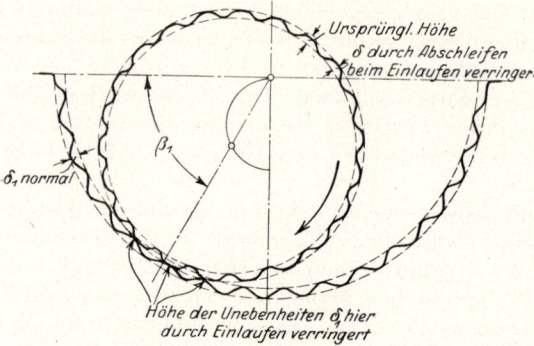

Abb. 29. Lager unter erhöhter Belastung nach beendetem Einlaufen. — Halbflüssige Reibung. (Schematische, stark vergröberte Darstellung.)

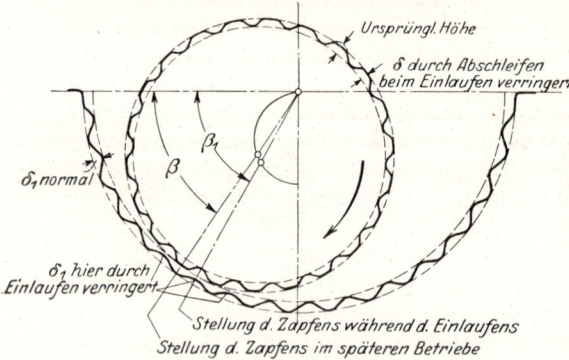

Abb. 30. Lager unter normaler Belastung nach erfolgtem Einlaufen. — Reine Flüssigkeitsreibung. (Schematische, stark vergröberte Darstellung.)

dadurch ein weiteres Abschleifen von Lagerschale und Welle nicht mehr stattfindet, wird das Einlaufen für beendet angesehen*).

Man vermindert nun die Belastung auf den Betrag der normalen Betriebsbelastung, wodurch die Lage der Welle von β_1 auf den Winkel β zurückgeht (Abb. 30), und das Lager ist nunmehr imstande, bei dieser Belastung dauernd mit reiner Flüssigkeitsreibung zu arbeiten.

Die Wirkung des Einlaufens besteht also bei dem betrachteten Beispiel in einer allseitigen Herabminderung der Unebenheiten des Zapfens und einer gleichzeitigen Abarbeitung der Unebenheiten der Lagerschale an der Berührungsstelle mit dem Zapfen, und zwar in solchem Maße, bis die Summe der Unebenheiten von Zapfen und Schale (an der in Frage kommenden Stelle) sich bis auf die Größe der geforderten geringsten Schmierschichtstärke verringert hat. Dieser Vorgang wird in der geschilderten Weise nur selten, vielleicht bei stählernen, gußeisernen und angenähert

*) Ein überlasteter Zapfen würde sich in die Lagerschale immer tiefer einarbeiten, ohne jedoch aus dem Gebiet der halbflüssigen Reibung herauszukommen.

wohl auch bei bronzenen Lagern zutreffen. In den weitaus meisten Fällen pflegt das Lagermetall erheblich weicher zu sein als der Baustoff des Zapfens (z. B. bei allen Lagerweißmetallen), und es wird daher ausschließlich eine Veränderung (Glättung) der Lagerschalenoberfläche stattfinden. Während die Glättung bei Gußeisen und Bronze durch Abschleifen erfolgt, werden die Unebenheiten bei einem Weißmetallager vorwiegend durch Drücken bzw. Quetschen geglättet. Dementsprechend dauert auch das natürliche Einlaufen harter Lagerschalen, im Vergleich zur Einlaufzeit von Weißmetallagern, außerordentlich lange und erfordert große Vorsicht und Sorgfalt.

Da bei Weißmetallagern ein Abschleifen des Zapfens beim Einlaufen nicht in Frage kommt, die Weißmetalloberfläche jedoch möglichst glatt werden soll, muß naturgemäß von vornherein auf beste Bearbeitung des Zapfens gesehen werden. Ein Zapfen, der selbst uneben ist, kann auch ein Lagerfutter nur mangelhaft glätten.

Eigentlich kann das Einlaufen nur als primitive Korrektur mangelhafter Oberflächenbearbeitung oder ungenauer Wellenlage angesehen werden. Ungeachtet dessen muß zugegeben werden, daß das Einlaufen in vielen Fällen das einfachste und oft, wie z. B. bei starren Lagern, auch das einzig mögliche Verfahren darstellt, befriedigend arbeitende Lager mit reiner Flüssigkeitsreibung zu erhalten. Lager mit genügend feiner Gleitflächenbearbeitung, richtig bemessenem Lagerspiel und selbsttätig einstellbaren Lagerschalen werden bei richtig gewähltem Schmiermittel des Einlaufens meistens nicht bedürfen; sie werden sofort in Dauerbetrieb genommen werden können*).

Die Notwendigkeit des Einlaufens ist vorwiegend in zu großer Exzentrizität bzw. relativ zu großer Belastung zu suchen. Dieser Fall tritt in der Hauptsache bei zu großem Lagerspiel auf. Bei sehr kleinem Lagerspiel ist Einlaufen wiederum meistens darum erforderlich, weil die geringste Schmierschichtstärke bereits durch die allerkleinsten Ungenauigkeiten in der Lage der Wellenachse zur Lagerachse stellenweise durchbrochen wird und dadurch zu halbflüssiger Reibung führt. Das Einlaufen ist also gleichzeitig ein Notbehelf sowohl gegen mangelhafte Bearbeitung wie auch gegen mangelnde Selbsteinstellung der Lagerschale. —

Die durch das Einlaufen erzielbare, in so hohem Maße zur Steigerung der Tragfähigkeit beitragende Verfeinerung der Oberflächenbeschaffenheit von Zapfen und Lagerschale kann jedoch auch ohne eigentliches, d. h. schleifendes oder quetschendes Einlaufen auf künstlichem Wege erzielt werden. Ein modernes derartiges Verfahren, das leider noch viel zu wenig bekannt ist, besteht in dem Einlaufenlassen der vorher sauber bearbeiteten Gleitflächen mit kolloidalem Graphit, über dessen Ursprung und besondere Eigenschaften in Abschnitt 22 noch ausführlicher berichtet werden soll.

Kolloidaler oder kolloider Graphit, in einem bestimmten Verhältnis mit dem Schmieröl gemischt, saugt sich in die mikroskopisch feinen Poren des Lager- und Wellenmetalles ein und verleiht beiden Teilen

---

*) Dies wird auch in der bekannten Arbeit von R. Stribeck zugegeben.

unter dem Einfluß der Pressung und der Drehbewegung eine so außerordentlich hochgradige Politur, wie sie mit gewöhnlichen Mitteln durch Bearbeitung allein nie zu erzielen ist. Sämtliche Flächen erhalten nach einer gewissen längeren Betriebszeit einen schwärzlich schimmernden harten Graphitspiegel, der auch durch Abwaschen nicht wieder entfernbar ist, da der kolloide Graphit (nicht aber gewöhnlicher Flockengraphit!) sich mit der Metalloberfläche sehr innig verbindet.

Die Vorteile dieses Verfahrens kommen nach verschiedenen Richtungen zur Geltung: Langsam umlaufende oder nur schwingende Zapfen mit hohem Flächendruck, bei denen flüssige Reibung nicht erzielbar ist, ergeben bei Anwendung kolloiden Graphites als Zusatz zum Schmieröl eine wesentlich geringere Reibung als ohne Graphitzusatz, da die unmittelbare Reibung von Stahl auf Graphit unvergleichlich viel kleiner ist als die Reibung zwischen Stahl und Bronze oder einem anderen Lagermetall.

Ein weiterer, vom Standpunkte der Betriebspraxis nicht hoch genug zu schätzender Vorteil der Graphitschmierung ist ihre Eigentümlichkeit, beim Versagen der Ölzufuhr den Betrieb eine längere Zeit lang auch ganz ohne flüssige Schmiermittel aufrechterhalten zu können, ohne ein Warmgehen oder Fressen

Abb. 31. Graphitierte Gleitflächen. Die Unebenheiten von Zapfen und Lagerschale sind durch Kolloidalgraphit ausgeglichen, der selbst in die Poren der Metalle eindringt. (Vergrößerte schematische Darstellung.)

des Lagers zuzulassen. Die Erklärung dieser durch eingehende Versuche festgestellten Tatsache [siehe Dierfeld[10])] liegt in dem Umstande, daß der Reibungskoeffizient von Stahl auf Kolloidalgraphit nicht allzuviel höher liegt als der Koeffizient der flüssigen Reibung, und ein Aufrauhen der graphitierten Oberfläche, selbst unter sehr hohem Druck, bei glatter Welle nicht zu befürchten ist.

Auf jeden Fall, also auch bei reiner Flüssigkeitsreibung, erhalten Zapfen und Lagerschale durch Einlaufen mit Kolloidalgraphit eine unübertreffliche Politur; die Höhe der verbleibenden Unebenheiten ist auf das äußerste praktisch erzielbare Maß verringert und es können infolgedessen Schmierschichtstärken von viel geringerer Dicke zugelassen werden. Die Folge davon ist, daß ein sonst richtig ausgeführtes, mit Kolloidalgraphit eingelaufenes Lager selbst bei nachträglich reiner Ölschmierung viel höhere Belastungen verträgt als ursprünglich.

Dieser Punkt ist von ganz besonderem Interesse. An Hand der Abb. 31 bemerken wir zunächst, daß das erwähnte „Graphitieren" gegenüber normalem Einlaufen etwa in umgekehrter Weise zur Wirkung kommt. Beim Einlaufen werden die Unebenheiten durch Herabmindern der Vorsprünge verkleinert, beim „Graphitieren" durch Ausfüllen der Vertiefungen. — Das Ergebnis ist in beiden Fällen grundsätzlich das gleiche; nur daß durch „Graphitieren" zweifellos weit ebenere Flächen zu erzielen sind als durch gewöhnliches Einlaufen.

Die bei vorzüglich geschliffenen Flächen nach erfolgtem „Graphitieren" noch verbleibenden Unebenheiten sind äußerst gering. Man kann ihre Höhe mit etwa 0,001 mm einschätzen, so daß geringste Schmierschichtstärken bis hinab zu 0,002 mm zulässig werden dürften *). — Abb. 31 deutet auch an, daß Kolloidalgraphit selbst in die feinen Poren der Metalle eindringt und dadurch jene dauerhafte innige Verbindung bewirkt.

Beim Rechnen mit derartig kleinen Schmierschichtstärken darf jedoch nicht vergessen werden, daß die normale Exzentrizität $\chi = 0,5$ hierbei keine Anwendung finden kann. Nach Zahlentafel 7 bedingt selbst eine Exzentrizität von $\chi = 0,95$ ein ideelles Lagerspiel von nur $40 \cdot 0,002 = 0,08$ mm und eine Exzentrizität von $\chi = 0,9$ gar nur ein solches von $20 \cdot 0,002 = 0,04$ mm, das, wie wir wissen, nur bei kleinen Zapfen ausführbar ist. — Eine Korrektur des ideellen Lagerspieles um den Betrag $-2\,(\delta'' + \delta_1'') = -0,004$ mm kann hier selbstverständlich unterbleiben, da es sich um Maße handelt, die werkstatttechnisch nicht mehr meßbar sind; in solchen Fällen gilt also stets $D_w - d = D - d$.

Wie wir aus obigen Ausführungen ersehen, könnte das Lager in Beispiel 7, durch Verwendung von Kolloidalgraphit, in der Tat auf eine Tragfähigkeit von rd. 150 kg/cm² gebracht werden. — Dieses Hilfsmittel ermöglicht es somit, auch Lager unter den schwierigsten Verhältnissen, d. h. für höchste Drücke, noch tragfähig zu gestalten.

Welche geringste Schmierschichtstärke durch das übliche Einlaufen erzielbar ist, läßt sich nicht ohne weiteres sagen. Bei Weißmetallagern wird sie jedenfalls größer als 0,006 mm sein, da die Unebenheiten des Zapfens mit rd. 0,004 ÷ 0,005, die Unebenheiten der eingelaufenen Lagerschale mit 0,001 ÷ 0,002 mm veranschlagt werden müssen. Das würde bedeuten, daß in unseren Rechnungen mit $h'' = 0,01$ mm immer noch eine gewisse Sicherheit enthalten ist, die jedoch auch stets nur als eine solche betrachtet werden soll, da wir von vornherein, d. h. bei der Berechnung, das Hilfsmittel des Einlaufens grundsätzlich nicht in Anspruch nehmen wollen. Daß dies bei manchen (richtig gebauten) Lagern auch in der Tat nicht notwendig ist, beweist der tadellose Zustand von Transmissionslagern, die lange Jahre hindurch in Betrieb waren, ohne eine Abnutzung aufzuweisen. So waren z. B. auf der technischen Ausstellung des VDI in Hannover (1923) einige gußeiserne Lagerschalen des Eisenwerk Wülfel zu sehen, die bis zu 20 Jahren gelaufen hatten, ohne daß die Laufflächen auch nur im geringsten angegriffen oder verschlissen waren; eine Bestätigung dafür, daß die Lager auch keines Einlaufens bedurft hatten, sondern sofort nach Inbetriebnahme mit reiner Flüssigkeitsreibung arbeiteten.

Interessante Berichte über das Verhalten verschiedener Lagerarten beim Einlaufen finden wir in der verdienstvollen Arbeit von Stribeck[61]: „Die wesentlichen Eigenschaften der Gleit- und Rollenlager".

Ganz entbehrlich ist das Einlaufen nur in solchen Fällen, wo mit einer Durchbiegung des Zapfens im Betriebe praktisch kaum zu rechnen ist oder wo die Schmierschichtstärke so groß ist, daß die De

---

*) Bei derart vollkommener Gleitflächenbeschaffenheit sollten sich Reibungsziffern erzielen lassen, wie sie selbst mit Wälzlagern kaum erreichbar sein dürften.

formationen des Zapfens noch nicht zu halbflüssiger Reibung führen. — Schwer belastete Zapfen werden daher der Notwendigkeit des Einlaufens kaum entraten können.

Zusammenfassung:

1. Durch vollkommenere Oberflächenbearbeitung von Zapfen und Lagerschale kann die geringste zulässige Schmierschichtstärke erheblich verringert und damit die zulässige Flächenpressung eines Lagers gegenüber normaler Bearbeitung um ein Vielfaches gesteigert werden.

2. Das „Einlaufen" der Lager ist ein natürliches Hilfsmittel zur Beseitigung von Ungenauigkeiten und Unvollkommenheiten der Bearbeitung und des Zusammenbaues. — Bei hartem Lagermetall schleift sich die Welle und der sich mit dieser berührende Teil der Lagerschale ab; bei weichem Lagermetall werden die Unebenheiten der Lagerschale durch Quetschen ausgeglichen, während der Zapfen selbst unverändert bleibt.

3. Das Einlaufen hat stets unter geringer Belastung und vorsichtig, stufenweise zu erfolgen, bis die gewünschte Belastung erreicht ist. Diese wird dann noch etwas erhöht und das Einlaufen unter dieser erhöhten Belastung beendet. Nach Verringerung der Belastung auf die vorgesehene Betriebsbelastung arbeitet das Lager alsdann im Gebiet der reinen Flüssigkeitsreibung, sofern es nicht von vornherein überlastet war.

4. Während des Einlaufens herrscht halbflüssige Reibung. Diese ist nur so lange möglich, als die Summe der Unebenheiten von Zapfen- und Schalenoberfläche größer ist, als die geringste Schmierschichtstärke, die bei dem gegebenen Lagerspiel, der Ölzähigkeit und Drehzahl erforderlich ist, um die gegebene Belastung bei reiner Flüssigkeitsreibung zu tragen.

5. Die höchste praktisch erreichbare Tragfähigkeit und Betriebssicherheit wird erhalten durch Einlaufenlassen mit Kolloidalgraphit. Die Tragfähigkeit eines Lagers kann dadurch auf das 3- bis 7fache gesteigert werden.

6. Die Notwendigkeit des Einlaufens kann durch 5 verschiedene Gründe bedingt sein: Mangelhafte Kreiszylinderform, mangelhafte Oberflächenbearbeitung, unrichtiges Lagerspiel, mangelnder Parallelismus zwischen Zapfenachse und Lagerachse und ungleiche Schmierschichtstärke infolge Krümmung des Zapfens durch die Betriebsbelastung. — Die ersten 3 Mängel sollten sich durch sachgemäße neuzeitliche Bearbeitung und Berechnung im allgemeinen vermeiden lassen; der 4. Mangel durch Anwendung sich selbst einstellender Lagerschalen. Die durch Verbiegen des Zapfens entstehenden Unzuträglichkeiten können nicht vermieden, sondern nur durch Wahl möglichst dicker und starrer Zapfen gemildert werden. — Bei schwer belasteten Lagern wird aus dem letztgenannten Grunde das Einlaufen kaum entbehrlich werden.

13. Der zulässige Flächendruck bei ebenen Gleitflächen.

Die Berechnung der Tragfähigkeit ebener Gleitflächen, wie z. B. Führungsschlitten, Kreuzkopfschuhe oder Tragflächen für Achsialdrucklager, erfolgt in ähnlicher Weise wie bei Traglagern; nur haben wir es bei ebenen Flächen nicht mit den Begriffen „Lagerspiel", „Exzentrizität" und „Winkelgeschwindigkeit" zu tun, sondern mit den entsprechenden Größen: „Keilflächensteigung", „Keilspitzenlänge" und „Gleitgeschwindigkeit".

Wie wir aus Abschnitt 2 bereits wissen, kann reine Flüssigkeitsreibung bei ebenen Gleitflächen nur erzielt werden, wenn die eigentlichen Tragflächen unter schwacher Neigung auf ihrer Unterlage verschoben werden, wobei gleichzeitig für Selbsteinstellung des ganzen Gleitkörpers gesorgt sein muß, wie z. B. bei Abb. 1 und 2. Als wirklich tragende Flächen sollen dabei nur die Keilflächen angesehen werden, während die zur Gleitbahn parallelen Teile des Tragschuhes (siehe Abb. 1 und 2) bei der Berechnung nicht berücksichtigt werden mögen; sie haben in erster Linie den Zweck, während des Anlaufens und Auslaufens — also zur Zeit, da in Ermangelung der erforderlichen Gleitgeschwindigkeit reine Flüssigkeitsreibung noch nicht möglich ist — die Belastung unmittelbar, d. h. unter halbflüssiger Reibung, auf die Gleitbahn zu übertragen. — Selbstverständlich zählen für jede Bewegungsrichtung als tragende Keilflächen nur die nach gleicher Richtung geneigten.

Um etwaigen Mißverständnissen vorzubeugen, sei ausdrücklich darauf hingewiesen, daß im nachfolgenden nur in sich starre Gleitkörper betrachtet werden sollen, d. h. solche, bei denen die Keilflächen mit festem Neigungswinkel direkt in den Gleitkörper eingearbeitet sind. Die Selbsteinstellung des ganzen Gleitkörpers durch ein Bolzen- oder Kugelgelenk hat hier lediglich den Zweck, Ungenauigkeiten des Zusammenbaues oder gewisse elastische Deformationen unschädlich zu machen; die nicht keilförmigen Teile des Gleitkörpers werden also als der Gleitbahn parallel bleibend vorausgesetzt. — Die Berechnung von Achsialdrucklagern mit einzelnen, auf Schneiden oder Kugeln gelagerten Gleitklötzchen nach der Konstruktion von Michell, wobei die Neigung der Keilfläche sich den Betriebsverhältnissen selbsttätig anpaßt, würde hier zu weit führen. Auch dürfte man mit der Anwendung von ebenen Tragkörpern mit mehreren eingearbeiteten Keilflächen in normalen Fällen meistens auskommen.

Im nachfolgenden bezeichne:

L — die Keilflächenlänge (eines einzelnen Gleitkörpers) in der Bewegungsrichtung, in Metern,

B — die gesamte Keilflächenbreite, quer zur Bewegungsrichtung, in Metern,

B_1 — die Breite einer einzelnen Keilfläche, in Metern (es ist $\Sigma B_1 = B$),

P — die Gesamtbelastung der keilförmigen Tragfläche, in Kilogrammen,

p_m — den mittleren Flächendruck $= \dfrac{P}{L \cdot B}$ auf die keilförmige Tragfläche, in kg/m²,

V — die Gleitgeschwindigkeit der keilförmigen Tragfläche in der Pfeil-
richtung Abb. 32, in m/sek,

ε — die Keilflächensteigung auf 1 m Länge, in Metern,

H — die geringste Schmierschichtstärke (am hinteren Ende der Keilfläche) in Metern,

u — die absolute Keilspitzenlänge, in Metern,

X — die (verhältnismäßige) Keilspitzenlänge $= u : L$,

φ — einen kennzeichnenden Verhältniswert, $= \dfrac{p_m \cdot L \cdot \varepsilon^2}{z \cdot V}$ für unendliche
Breite der Tragfläche*),

z — die mittlere absolute Zähigkeit des Schmiermittels in der Schmier-
keilschicht, in $kg \cdot sek/m^2$.

Ähnlich den Verhältnissen bei Traglagern ist der Verhältniswert φ
kennzeichnend für die Relativlage der Keilfläche zur Gleitbahn, und
zwar gehört auch hier zu jedem Zahlenwert von φ ein ganz bestimmter Zahlenwert
von X. Die Keilspitzen-
länge $X = u : L$ gibt
in Verbindung mit der
Keilflächensteigung ε
die genaue Lage der
Keilfläche an und da-
mit auch die Größe der
geringsten Schmier-
schichtstärke H.

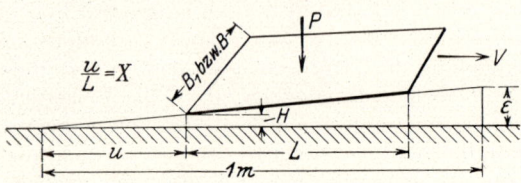

Abb. 32. Darstellung der Keilflächensteigung ε, der
Länge L und Breite B der Keilfläche, der Keilspitzenlänge $X = u : L$ und der geringsten Schmierschichtstärke H bei der Gleitgeschwindigkeit V.

Nach Zahlentafel 9 sind zusammengehörige Werte:

Zahlentafel 9. Größe der verhältnismäßigen Keilspitzenlänge X in
Abhängigkeit vom Verhältniswert φ.

$\varphi =$	9,64	4,46	2,22	1,35	0,85	0,6	0,42	0,32	0,26
$X =$	0,05	0,1	0,2	0,3	0,4	0,5	0,6	0,7	0,8

Die geringste Schmierschichtstärke H bestimmt sich nach der einfachen, aus Abb. 32 leicht herzuleitenden Grundgleichung

$$H = \varepsilon \cdot X \cdot L \text{ m} \quad \ldots \ldots \ldots \quad 48$$

Um in der Bestimmung der geringsten Schmierschichtstärke sicher-
zugehen, wollen wir auch hier, ähnlich wie bei den Traglagern, für endliche Tragflächenbreite B_1

$$\varphi = \frac{p_m \cdot L \cdot \varepsilon^2}{z \cdot V} \cdot \frac{L + B_1}{B_1} \quad \ldots \ldots \ldots \quad 49$$

setzen und für das Breitenverhältnis den sehr sicheren Wert $B_1 : L = 1$,

---

*) Für endliche Tragflächenbreite gilt Formel 50.

entsprechend $\dfrac{L + B_1}{B_1} = \dfrac{1 + 1}{1} = 2$ einführen, als allgemein für endliche Tragflächenbreite geltend*).

Damit erhalten wir die für praktische Berechnungen maßgebende allgemeine Näherungsgleichung

$$\varphi = \frac{2 \cdot p_m \cdot L \cdot \varepsilon^2}{z \cdot V} \quad \ldots \ldots \ldots \quad 50$$

Hieraus berechnet sich der Wert der Keilflächensteigung ε wie folgt:

$$\varepsilon^2 \cdot 2 \cdot p_m \cdot L = \varphi \cdot z \cdot V; \qquad \varepsilon^2 = \frac{\varphi \cdot z \cdot V}{2 \cdot p_m \cdot L};$$

$$\varepsilon = \sqrt{\frac{\varphi \cdot z \cdot V}{2 \cdot p_m \cdot L}} \; \text{m} \ldots \ldots \ldots \quad 51$$

Nach Gleichung 51 und 48 ergeben sich nun für die wichtigsten in Betracht kommenden Keilspitzenlängen $X = 0{,}8$ bis $0{,}05$ nachfolgende Werte für ε bzw. H:

Zahlentafel 10.

Keilsteigung ε und geringste Schmierschichtstärke H bei verschiedener Keilspitzenlänge X.

$$\varepsilon_{0,8} = 0{,}36 \cdot \sqrt{\frac{z \cdot V}{p_m \cdot L}}; \qquad H_{0,8} = 0{,}288 \cdot L \cdot \sqrt{\frac{z \cdot V}{p_m \cdot L}} = \frac{\varepsilon \cdot L}{1{,}25}$$

$$\varepsilon_{0,4} = 0{,}652 \cdot \sqrt{\frac{z \cdot V}{p_m \cdot L}}; \qquad H_{0,4} = 0{,}261 \cdot L \cdot \sqrt{\frac{z \cdot V}{p_m \cdot L}} = \frac{\varepsilon \cdot L}{2{,}5}$$

$$\varepsilon_{0,2} = 1{,}055 \cdot \sqrt{\frac{z \cdot V}{p_m \cdot L}}; \qquad H_{0,2} = 0{,}211 \cdot L \cdot \sqrt{\frac{z \cdot V}{p_m \cdot L}} = \frac{\varepsilon \cdot L}{5}$$

$$\varepsilon_{0,1} = 1{,}5 \cdot \sqrt{\frac{z \cdot V}{p_m \cdot L}}; \qquad H_{0,1} = 0{,}15 \cdot L \cdot \sqrt{\frac{z \cdot V}{p_m \cdot L}} = \frac{\varepsilon \cdot L}{10}$$

$$\varepsilon_{0,05} = 2{,}2 \cdot \sqrt{\frac{z \cdot V}{p_m \cdot L}}; \qquad H_{0,05} = 0{,}11 \cdot L \cdot \sqrt{\frac{z \cdot V}{p_m \cdot L}} = \frac{\varepsilon \cdot L}{20}$$

Eine bildliche Vorstellung von der Verhältnisgröße der Keilspitzenlänge X erhält man durch Abb. 33.

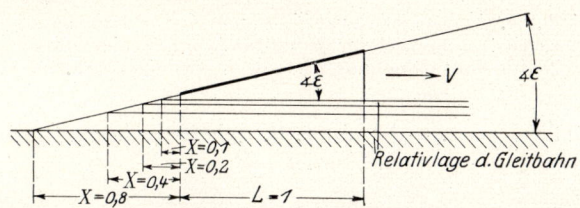

Abb. 33. Schematische Darstellung der Relativlage der Gleitbahn bei verschiedener Keilspitzenlänge X und konstanter Keilsteigung ε.

---

*) Das wirkliche Breitenverhältnis $B_1 : L$ bei starren, d. h. eingearbeiteten Keilflächen beträgt in normalen Fällen etwa 1 bis 3, was bei der Festlegung des Reibungswertes auch berücksichtigt werden wird. Zur Bestimmung der geringsten Schmierschichtstärke sei zur Sicherheit jedoch mit $B_1 : L = 1$ gerechnet.

Um sich von jeder Tabellenbenutzung unabhängig zu machen, können für die in Frage kommenden Beziehungen Annäherungsgleichun-

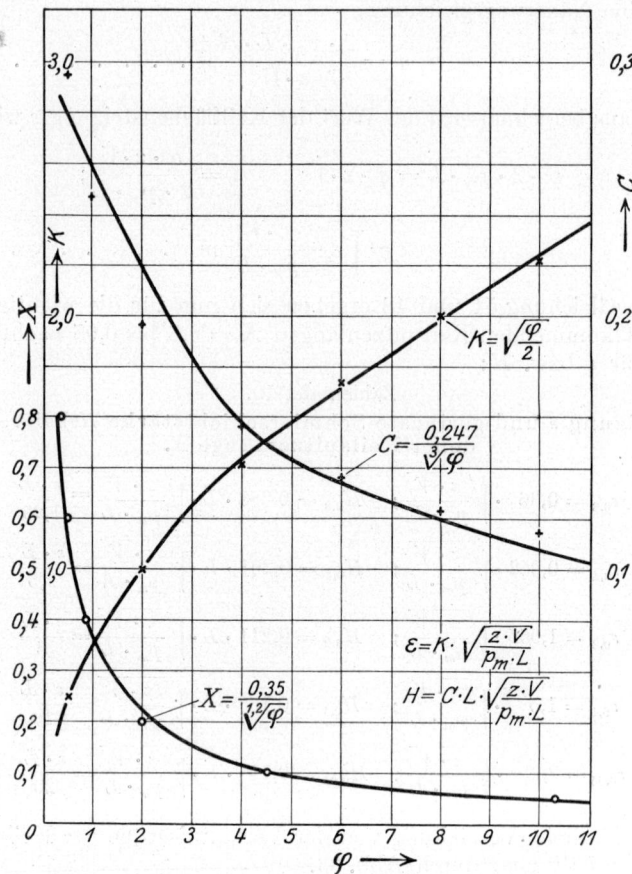

Abb. 34. Die drei Größen X, K und C zur Berechnung
der Keilsteigung und der geringsten Schmierschichtstärke,
durch Annäherungsgleichungen wiedergegeben.

gen aufgestellt werden. — So gilt z. B. zwischen φ und X mit genügender Annäherung die einfache Beziehung

$$X = \frac{0{,}35}{\sqrt[1{,}2]{\varphi}} \quad \ldots \ldots \ldots \ldots 52$$

und

$$\varphi = \left(\frac{0{,}35}{X}\right)^{1{,}2} \quad \ldots \ldots \ldots 53$$

Drückt man die Gleichungen für ε und H in Zahlentafel 9 allgemein aus, indem man den veränderlichen Zahlenfaktor vor dem Wurzelausdruck $= K$ bzw. C setzt, so erhält man

$$\varepsilon = K \cdot \sqrt{\frac{z \cdot V}{p_m \cdot L}} \ \text{m} \quad \ldots \ldots \ldots \ldots \ 54$$

und

$$H = C \cdot L \cdot \sqrt{\frac{z \cdot V}{p_m \cdot L}} \ \text{m} \quad \ldots \ldots \ldots \ 55$$

Die Werte X, K und C sind in Abb. 34 in Abhängigkeit von φ graphisch dargestellt. Die Punkte längs der X-Kurve geben Stichproben der Näherungsgleichung 52 wieder.

Durch Gleichsetzung der Gleichungen 51 und 54 kann nun die Größe K ermittelt werden.

Aus

$$\varepsilon = \sqrt{\frac{\varphi \cdot z \cdot V}{2 \cdot p_m \cdot L}} = K \cdot \sqrt{\frac{z \cdot V}{p_m \cdot L}}$$

erhalten wir alsdann

$$K = \sqrt{\frac{\varphi}{2}} \quad \ldots \ldots \ldots \ldots \ 56$$

In ähnlicher Weise läßt sich aus den Gleichungen 48, 54 und 55 die Zahlengröße für den Faktor C ermitteln. — Nach Gleichung 48 ist $H = X \cdot L \cdot \varepsilon$ und nach Gleichung 54 $\varepsilon = K \cdot \sqrt{\dfrac{z \cdot V}{p_m \cdot L}}$; ferner nach Gleichung 55

$$H = C \cdot L \cdot \sqrt{\frac{z \cdot V}{p_m \cdot L}} \, .$$

Eliminieren wir H und setzen gleichzeitig für ε den Wert nach Gleichung 54 ein, so erhalten wir

$$X \cdot L \cdot K \cdot \sqrt{\frac{z \cdot V}{p_m \cdot L}} = C \cdot L \cdot \sqrt{\frac{z \cdot V}{p_m \cdot L}}; \quad X \cdot K = C$$

oder, unter Benutzung von Gleichung 52 und 56,

$$C = \frac{0{,}35 \cdot \sqrt{\varphi}}{\sqrt[1,2]{\varphi} \cdot \sqrt{2}} = \frac{0{,}247 \cdot \varphi^{0,5}}{\varphi^{0,833}} = \frac{0{,}247}{\varphi^{0,333}}$$

und somit schließlich

$$C = \frac{0{,}247}{\sqrt[3]{\varphi}} \quad \ldots \ldots \ldots \ldots \ 57$$

Setzt man diesen Wert in Gleichung 55 ein und gleichzeitig nach Gleichung 50

$$\varphi = \frac{2 \cdot p_m \cdot L \cdot \varepsilon^2}{z \cdot V},$$

so erhält man

$$H = 0{,}247 \cdot \sqrt[3]{\frac{z \cdot V}{2 \cdot p_m \cdot L \cdot \varepsilon^2}} \cdot L \cdot \sqrt{\frac{z \cdot V}{p_m \cdot L}}$$

$$= 0{,}247 \cdot L \cdot \sqrt[3]{\frac{1}{2 \cdot \varepsilon^2}} \cdot \sqrt[3]{\frac{z \cdot V}{p_m \cdot L}} \cdot \sqrt{\frac{z \cdot V}{p_m \cdot L}}.$$

$$= \frac{0{,}196 \cdot L}{\sqrt[1,5]{\varepsilon}} \cdot \sqrt[6]{\left(\frac{z \cdot V}{p_m \cdot L}\right)^2 \cdot \left(\frac{z \cdot V}{p_m \cdot L}\right)^3}$$

$$= \frac{0{,}196 \cdot L}{\sqrt[1,5]{\varepsilon}} \cdot \sqrt[1,2]{\frac{z \cdot V}{k_m \cdot L}} = \sqrt[1,2]{\frac{L^{1,2} \cdot z \cdot V}{7{,}06 \cdot \sqrt[1,25]{\varepsilon} \cdot p_m \cdot L}}.$$

$$H = \sqrt[1,2]{\frac{\sqrt[5]{L} \cdot z \cdot V}{7{,}06 \cdot \sqrt[1,25]{\varepsilon} \cdot p_m}} \text{ m} \quad\cdots\cdots\cdots\quad 58$$

Die Ableitung obiger Formel ist auch ohne Benutzung des Hilfswertes K, lediglich aus den Gleichungen 48, 50, 51 und 52, möglich.

Gleichung 58 gestattet die Berechnung der geringsten Schmierschichtstärke mit praktisch hinlänglicher Annäherung ohne die Benutzung von Tabellen oder Kurventafeln. — Ein praktisches Beispiel möge die Anwendung obiger Gleichung, deren Ausrechnung mit Hilfe des Bruchpotenz-Rechenschiebers in wenigen Minuten durchführbar ist, veranschaulichen.

Beispiel 8.

Die 80 mm langen Tragflächen eines Gleitschuhes, der sich bei 10 at mittlerem Flächendruck mit einer Geschwindigkeit von 8 m/sek auf seiner ebenen Gleitbahn bewegt, seien mit einer Keilsteigung von $1^0/_{00}$ ausgeführt. Wie groß wird bei einem Schmiermittel mit der Zähigkeit 0,003 die zu erwartende geringste Schmierschichtstärke?

Gegeben ist:

$$L = 0{,}08 \text{ m},$$
$$z = 0{,}003 \text{ kg} \cdot \text{sek/m}^2,$$
$$V = 8 \text{ m/sek},$$
$$\varepsilon = 0{,}001 \text{ m},$$
$$p_m = 100\,000 \text{ kg/m}^2.$$

Damit wird nach Formel 58

$$H = \sqrt[1,2]{\frac{\sqrt[5]{L} \cdot z \cdot V}{7{,}06 \cdot \sqrt[1,25]{\varepsilon} \cdot p_m}} = \sqrt[1,2]{\frac{\sqrt[5]{0{,}08} \cdot 0{,}003 \cdot 8}{7{,}06 \cdot \sqrt[1,25]{0{,}001} \cdot 100\,000}} = \sqrt[1,2]{\frac{0{,}604 \cdot 0{,}003 \cdot 8}{7{,}06 \cdot 0{,}004 \cdot 100\,000}} =$$

$$H = \sqrt[1,2]{\frac{1}{195\,000}} = \frac{1}{25\,600} = 0{,}0000391 \text{ m} \approx 0{,}04 \text{ mm}.$$

Zur Kontrolle ermitteln wir H auch noch nach der Kurventafel und nach Gleichung 48. Hierzu muß zunächst der Wert φ berechnet werden, um danach aus der Kurventafel den zugehörigen Wert von X zu suchen und mit diesem dann in die Gleichung 48 einzugehen. — Es ist nach Gl. 50

$$\varphi = \frac{2 \cdot p_m \cdot L \cdot \varepsilon^2}{z \cdot V} = \frac{2 \cdot 100\,000 \cdot 0{,}08 \cdot 0{,}001 \cdot 0{,}001}{0{,}003 \cdot 8} = 0{,}666\,.$$

Einem $\varphi = 0{,}666$ entspricht nach Kurventafel Abb. 34 ein $X = 0{,}46$. Damit wird nach Gleichung 48

$$H = \varepsilon \cdot X \cdot L = 0{,}001 \cdot 0{,}46 \cdot 0{,}08 = 0{,}0000368 \text{ m} \approx 0{,}037 \text{ mm}$$

gegenüber 0,039 mm nach Gleichung 58.

Bezüglich der Wahl der Keilspitzenlänge X ist folgendes zu bemerken:

Bei gegebener Keilsteigung wird die erzielbare geringste Schmierschichtstärke um so größer, je größer die Keilspitzenlänge X ist (siehe auch Zahlentafel 10). Andererseits wird mit wachsender Keilspitzenlänge aber wiederum die verlangte Keilsteigung kleiner, was werkstatttechnisch unliebsam ist. Vom Standpunkte der Reibung schließlich ist eine Keilspitzenlänge von etwa 0,5 am günstigsten, da sich hierbei die günstigsten Reibungsverhältnisse ergeben.

Wir können die widerstreitenden Forderungen danach kurz wie folgt zusammenfassen:

Die Betriebssicherheit (größtes H) verlangt möglichst . . $X = 0{,}8$
die Werkstattausführung tunlichst . . . . $X = 0{,}05$
die Rücksichten auf geringste Reibung etwa . . . . . . $X = 0{,}5$

Als günstigste Keilspitzenlänge für Neuentwürfe könnte hiernach $X = 0{,}4$ angenommen werden. Dieser Wert liegt in der Mitte zwischen den Forderungen der Werkstattechnik und dem Streben nach größtmöglicher Schmierschichtstärke und deckt sich gleichzeitig nahezu mit der Keilspitzenlänge des geringsten Reibungswertes. Man könnte danach, soweit werkstattechnisch ausführbar, die günstigste Keilsteigung

$$\varepsilon_{0,4} = 0{,}65 \cdot \sqrt{\frac{z \cdot V}{p_m \cdot L}} \text{ m} \quad \ldots \ldots \ldots \quad 59$$

anstreben, bei einer geringsten Schmierschichtstärke von

$$H_{0,4} = 0{,}26 \cdot L \cdot \sqrt{\frac{z \cdot V}{p_m \cdot L}} = \frac{\varepsilon \cdot L}{2{,}5} \text{ m} \quad \ldots \ldots \quad 60$$

(Wir werden jedoch sehen, daß Werkstattrücksichten andere Annahmen bedingen.)

Eine weitere Grenze läßt sich ziehen durch die Festlegung der geringsten zulässigen Schmierschichtstärke. — Als Materialien für ebene Gleitflächen kommen in Betracht: für die Gleitbahn wohl ausnahmslos Gußeisen, für die Tragkörper vornehmlich Gußeisen, mit oder ohne Weißmetallbelag. Die Bearbeitungsfähigkeit beider Flächen, von denen die Gleitbahn vollständig, die Tragkörper mindestens in den zur Gleitbahn parallelen Teilen tuschiert sein sollen, dürfte sich etwa mit der erzielbaren Bearbeitung der Gleitlager decken.

Bei beiderseits geschabten Flächen kann mit einer größten Höhe der Unebenheiten von etwa $\varDelta = 0{,}000\,005$ m bzw. $\varDelta'' = 0{,}005$ mm gerechnet werden.

Auch hier gilt, genau wie bei Traglagern, die wichtige Forderung, daß die geringste Schmierschichtstärke niemals kleiner werden darf, als die Summe der Höhen der Unebenheiten beider Flächen. Mit Rücksicht auf die Sicherheit, die durch unsere Annahme einer quadratischen Platte gegeben sein dürfte, kann die geringste zulässige Schmierschichtstärke unter normalen Verhältnissen (bei Ausgleich unvermeidlicher Ungenauigkeiten durch gelenkige Verbindung mit dem Tragkörper, etwa nach Abb. 2) angenommen werden zu

$$H''_{\min} = 0{,}01 \text{ mm} \quad \ldots \ldots \ldots \ldots \quad (61)$$

Für normale Keilspitzenlänge nach Formel 60 läßt sich dann mit $H = 0{,}000\,01$ m eine Grenzgleichung ableiten:

$$0{,}26 \cdot L \cdot \sqrt{\frac{z \cdot V}{p_m \cdot L}} = 0{,}00001 = 0{,}26 \cdot \sqrt{\frac{z \cdot V \cdot L}{p_m}} \; ;$$

$$\sqrt{\frac{z \cdot V \cdot L}{p_m}} = \frac{0{,}00001}{0{,}26} = 0{,}000\,0385 \; ;$$

$$0{,}000\,0385 \cdot \sqrt{p_m} = \sqrt{z \cdot V \cdot L} \; ; \quad \sqrt{p_m} = \frac{\sqrt{z \cdot V \cdot L}}{0{,}000\,0385} \; ;$$

$$p_m = \frac{z \cdot V \cdot L}{\dfrac{1}{26\,000^2}} = 675\,000\,000 \cdot z \cdot V \cdot L \; \text{kg/m}^2$$

oder, die Keilflächenlänge L'' in Millimetern und den Flächendruck $= p$ kg/cm² eingesetzt, erhält man als Gleichung für den zulässigen Flächendruck bei günstigster Keilspitzenlänge $X = 0{,}4$

$$p_{\max(0{,}4)} = 67{,}5 \cdot z \cdot V \cdot L'' \; \text{kg/cm}^2 \quad \ldots \ldots \quad (62)$$

unter der Voraussetzung, daß (nach Zahlentafel 10)

$$H = \frac{\varepsilon \cdot L}{2{,}5} = 0{,}00001 \text{ m}; \quad \varepsilon = \frac{0{,}000025}{L} \text{ m}$$

oder, die Keillänge $= L''$ in Millimetern und die Keilsteigung in Millimetern auf 100 mm Länge ausgedrückt,

$$\varepsilon''_{0{,}4} = \frac{2{,}5}{L''} \% \quad \ldots \ldots \ldots \ldots \quad (63)$$

Beispiel 9.

Ein Kreuzkopfschuh in Form und Gestalt nach Abb. 2 sei mit insgesamt 6 keilförmigen Tragflächen versehen, von denen je 3 für jede Bewegungsrichtung bestimmt sind. Die Länge der Keilflächen in Richtung der Bewegung betrage je 40 mm. Welche Gesamtbelastung kann dieser Kreuzkopfschuh bei einer Breite der Keilflächen von je 120 mm und 3 m mittlerer Kolbengeschwindigkeit bei günstigster Keilspitzenlänge im äußersten Falle tragen, wenn die Ölzähigkeit $z = 0{,}01$ beträgt?

Gegeben ist:

$$z = 0,01 \text{ kg} \cdot \text{sek/m}^2,$$
$$V = 3 \text{ m/sek},$$
$$L'' = 40 \text{ mm}.$$

Damit wird die höchste bei günstigster Keilspitzenlänge und $H'' = 0,01$ mm zulässige Flächenpressung nach Formel (62)

$$p_{\max(0,4)} = 67,5 \cdot z \cdot V \cdot L'' = 67,5 \cdot 0,01 \cdot 3 \cdot 40 = 81 \text{ kg/cm}^2.$$

Jede Keilfläche trägt damit $81 \cdot 4 \cdot 12 = 3900$ kg und der ganze Gleitschuh $3900 \cdot 3 = 11\,700$ kg.
Die Keilsteigung hat hierbei zu betragen nach Formel (63)

$$\varepsilon'' = \frac{2,5}{L''} = \frac{2,5}{40} = 0,0625\%;$$

das wären auf 100 mm Länge 0,0625 mm Steigung.

Dieser schlanke Keilwinkel ist mit Rücksicht auf die erreichbare Ausführungsgenauigkeit viel zu gering; erwünscht wäre etwa der zehnfache Betrag. — Für so geringe Gleitgeschwindigkeiten ist die günstigste Steigung somit nicht zu brauchen. — Versuchen wir es daher mit $\varepsilon_{0,05}$.
Nach Zahlentafel 10 würde bei $H'' = 0,01$ mm, entsprechend $H = 0,00001$ m

$$\varepsilon_{0,05} = \frac{0,00001 \cdot 20}{0,04} = \frac{0,0002}{0,04} = 0,005 \text{ m auf 1 m};$$

$$\varepsilon''_{0,05} = \frac{0,005 \cdot 1000}{10} = 0,5\%.$$

Wir ersehen hieraus die Notwendigkeit, für gewisse Fälle auch eine andere Formel als die für $\varepsilon_{0,4}$ zu benutzen, und es soll daher der zulässige Flächendruck allgemein ermittelt werden. Dies kann geschehen, indem wir Gleichung 55 nach p_m auflösen.

$$H = C \cdot L \cdot \sqrt{\frac{z \cdot V}{p_m \cdot L}} = C \cdot \sqrt{\frac{z \cdot V \cdot L}{p_m}} = \frac{C \cdot \sqrt{z \cdot V \cdot L}}{\sqrt{p_m}}; \quad \sqrt{p_m} = \frac{C \cdot \sqrt{z \cdot V \cdot L}}{H}$$

$$p_m = \left(\frac{C}{H}\right)^2 \cdot z \cdot V \cdot L \text{ kg/m}^2 \dots\dots\dots 64$$

Für obigen Fall ($H'' = 0,01$ mm bei $\varepsilon_{0,05}$) würde der zulässige Flächendruck betragen

$$p_m = \left(\frac{0,11}{0,00001}\right)^2 \cdot z \cdot V \cdot L = 121\,000\,000 \cdot z \cdot V \cdot L \text{ kg/m}^2$$

oder, den Druck in Atmosphären (p) und L in Millimetern (L''),

$$p_{\max(0,05)} = 12,1 \cdot z \cdot V \cdot L'' \text{ kg/cm}^2 \dots\dots (65)$$

Nach Formel (65) beträgt für Beispiel 9 der äußerst zulässige Flächendruck somit

$$12,1 \cdot 0,01 \cdot 3 \cdot 40 = 14,5 \text{ kg/cm}^2$$

und der zulässige Gesamtdruck $14,5 \cdot 4 \cdot 12 \cdot 3 \approx 2100$ kg.
Dieses Beispiel legt den Gedanken nahe, statt einer bestimmten Keilspitzenlänge mit Rücksicht auf die Werkstattausführung vielleicht

zweckmäßiger einen bestimmten, bequem einzuhaltenden Steigungswinkel als normal anzunehmen. Zu diesem Zwecke leiten wir zunächst einen allgemeinen Ausdruck für den mittl. Flächendruck p_m ab und spezialisieren denselben sodann durch Einsetzen bestimmter Werte. — Auf Grund geeigneter Durchschnittswerte kann alsdann eine Zahlentafel aufgestellt werden, deren Benutzung bei unübersichtlichen Verhältnissen zwecks Feststellung der zu erwartenden Zahlengrößen von Vorteil sein dürfte. Hierbei ist jedoch darauf hinzuweisen, daß bei allen in diesem Abschnitt gebrachten Formeln und Beispielen die Ölzähigkeit als gegebene Größe angesehen wird, während sie in Wirklichkeit in hohem Maße von der im Betriebe sich einstellenden Gleitkörpertemperatur abhängig ist. Die Beurteilung der letzteren soll jedoch den Ausführungen des 18. Abschnittes vorbehalten bleiben.

Die Flächenpressung ergibt sich allgemein nach Gleichung 58 aus

$$H^{1,2} = \frac{\sqrt[5]{L} \cdot z \cdot V}{7,06 \cdot \sqrt[1,25]{\varepsilon} \cdot p_m}$$

zu

$$p_m = \frac{z \cdot V \cdot \sqrt[5]{L}}{7,06 \cdot H^{1,2} \cdot \sqrt[1,25]{\varepsilon}} \ \text{kg/m}^2 \ \ . \ . \ . \ . \ 66$$

Gleichung 66 stellt eine allgemeine Näherungsformel zur Ermittlung des Flächendruckes bei gegebenem z, V, L, H und ε dar. Die entsprechende Sondergleichung für $H = 0,00001$ und $\varepsilon = 0,005$ ergibt sich dann zu

$$p_m = \frac{z \cdot V \cdot \sqrt[5]{L} \cdot 100\,000^{1,2} \cdot \sqrt[1,25]{200}}{7,06} = \frac{1\,000\,000 \cdot 69,3}{7,06} \cdot z \cdot V \cdot \sqrt[5]{L},$$

$$p_m = 9\,820\,000 \cdot z \cdot V \cdot \sqrt[5]{L} \ \text{kg/m}^2 \ \ . \ . \ . \ . \ 67$$

Setzt man aus bestimmten Gründen noch $L = 0,04$ m, so erhält man in kg/cm²

$$p_{\max} = 982 \cdot z \cdot V \cdot \sqrt[5]{\frac{4}{100}} = 516 \cdot z \cdot V \ \text{kg/cm}^2 \ \ . \ . \ . \ (68)$$

Zur Kontrolle sei mit dieser Formel das letzte Beispiel nachgerechnet.

$$p_{\max} = 516 \cdot z \cdot V = 516 \cdot 0,01 \cdot 3 = 15,5 \ \text{kg/cm}^2$$

gegenüber $p_{\max} = 14,5$ kg/cm² nach Formel (65). — Die Differenz hat ihre Ursache in dem Umstande, daß Gleichung 65 nach der Kurventafel Abb. 34, Gleichung 68 hingegen nach der Näherungsformel 57 berechnet wurde. Wie schon früher bemerkt, genügt diese Annäherung bei der Berechnung von Vorgängen, die teilweise (z. B. bezüglich des Wertes z) einer ganz rohen Schätzung unterliegen, vollauf. Die Möglichkeit einer leidlich zutreffenden Einschätzung der mittleren Zähigkeit in der Schmierschicht wird übrigens mit zunehmender Keilflächenlänge L (in Richtung der Bewegung) immer geringer. Aus diesem Grunde soll die Keilflächenlänge nicht zu groß gewählt und die erforderliche Tragfähigkeit besser durch Anwendung einer größeren Anzahl von

Keilflächen sichergestellt werden. — Eine Keilflächenlänge von 40 mm sollte selbst bei größeren Tragflächen noch ausreichend sein und es möge daher dieser Wert für L'' auch nachstehender Zahlentafel zugrunde gelegt werden.

Zahlentafel 11 zeigt uns ein ähnliches Bild wie bei den Traglagern: geringe Ölzähigkeit und kleine Gleitgeschwindigkeit lassen nur geringe Flächendrücke zu, während hohe Gleitgeschwindigkeiten, schon bei verhältnismäßig geringer Ölzähigkeit, ganz bedeutende und bei hoch viskosen Ölen ganz gewaltige Flächenpressungen gestatten. Ob bzw. inwieweit solch hohe Geschwindigkeiten mit Rücksicht auf ausreichende Wärmeableitung zulässig sind, soll bei der Betrachtung der Reibungswärme untersucht werden. Vorläufig wollen wir uns mit einer mehr oder weniger willkürlichen Einschätzung der Ölzähigkeit begnügen, zumal die hier gebrachten Beispiele in erster Linie nur Übungswert besitzen.

Um bei fest angenommener Keilsteigung $\varepsilon = 0{,}005$ die zu erwartende geringste Schmierschichtstärke zu erhalten, greifen wir wiederum auf Gleichung 58 zurück. Unter gleichzeitiger Einführung des Zahlenwertes $\varepsilon = 0{,}005$ für die Keilsteigung erhalten wir

$$H = \sqrt[1,2]{\frac{z \cdot V \cdot \sqrt[5]{L}}{7{,}06 \cdot p_m \cdot \sqrt[1,25]{\dfrac{1}{200}}}} \; ;$$

$$H = \sqrt[1,2]{\frac{z \cdot V \cdot \sqrt[5]{L} \cdot 69{,}3}{7{,}06 \cdot p_m}}$$

$$= \sqrt[1,2]{\frac{9{,}8 \cdot z \cdot V \cdot \sqrt[5]{L}}{p_m}} \; \text{m} \,.$$

Zahlentafel 11.

Zulässiger höchster Flächendruck in at für keilförmige Gleitflächen von 40 mm Länge und 0,5% Steigung bei verschiedenen Gleitgeschwindigkeiten und Ölzähigkeiten, für $H'' = 0{,}01$ mm.

Ölzähigkeit in kg·sek/m² z	$V=$ 0,1	0,2	0,5	1	2	3	4	5	6	7	8	10	15	20	25	30	35	40	45	50	55	60 m/sek
0,001	0,05	0,104	0,26	0,52	1,04	1,55	2,08	2,6	3,1	3,63	4,16	5,2	7,8	10,4	13	15,6	18,2	20,8	23,4	26	28,5	31
0,002	0,1	0,21	0,52	1,04	2,08	3,10	4,16	5,2	6,2	7,26	8,32	10,4	15,6	20,8	26	31,2	36,4	41,6	46,8	52	57	62
0,003	0,15	0,31	0,78	1,56	3,12	4,65	6,2	7,8	9,3	10,9	12,5	15,6	23,4	31,2	39	47	54,6	62,4	70	78	85,5	93
0,004	0,21	0,42	1,04	2,08	4,16	6,20	8,32	10,4	12,4	14,5	16,6	20,8	31,2	41,6	52	62	72,8	83,2	93,5	104	114	124
0,005	0,26	0,52	1,3	2,6	5,2	7,75	10,4	13	15,5	18,1	20,8	26	39	52	65	78	91	104	117	130	142	155
0,007	0,36	0,72	1,8	3,6	7,2	10,8	14,4	18	21,7	25,4	29,1	36	54,5	72	91	108	127	144	164	180	200	217
0,01	0,52	1,04	2,6	5,2	10,4	15,5	20,8	26	31	36,3	41,6	52	78	104	130	156	182	208	234	260	285	310
0,02	1,04	2,08	5,2	10,4	20,8	31	41,6	52	62	72,6	83,2	104	156	208	260	312	364	416	468	520	570	620
0,05	2,6	5,2	13	26	52	78	104	130	155	181	208	260	390	520	650	780	910	1040	1170	1300	1425	1550

Für $\varepsilon = 0,005$ ist somit

$$H = \sqrt[1,2]{\frac{9,8 \cdot z \cdot V \cdot \sqrt[5]{L}}{p_m}} \; m \quad \ldots \ldots \ldots \; 69$$

Setzt man für normale Verhältnisse noch $L = 0,04$ m, so vereinfacht sich Gleichung 69 auf die Form

$$H = \sqrt[1,2]{\frac{9,8 \cdot z \cdot V \cdot 1}{p_m \cdot \sqrt[5]{25}}} = \sqrt[1,2]{\frac{9,8 \cdot z \cdot V}{1,9 \cdot p_m}}$$

und es gilt somit für $\varepsilon = 0,005$ und $L = 0,04$

$$H = \sqrt[1,2]{\frac{5,15 \cdot z \cdot V}{p_m}} \; m \quad \ldots \ldots \ldots \; 70$$

Beispiel 10.

Wie groß ist die zu erwartende Schmierschichtstärke bei einem Achsialdrucklager, in dessen Druckring 20 Keilflächen mit 0,5% Steigung und einer Länge von je 40 bei einer Breite von 80 mm eingearbeitet sind, wenn der Gesamtdruck auf das Lager 16 000 kg beträgt, bei einer Umfangsgeschwindigkeit in Mitte Druckringfläche von 18 m/sek und einer Ölzähigkeit von 0,01 kg·sek/m²? Wie gering darf die Zähigkeit des Schmiermittels sein, wenn die Schmierschichtstärke gerade noch 0,01 mm betragen soll?

Die gesamte Tragfläche des Druckringes beträgt $4 \cdot 8 \cdot 20 = 640$ cm²; der mittlere Flächendruck demnach 16 000 : 640 = 25 kg/cm².

Nach Gleichung 70 werden wir eine geringste Schmierschichtstärke erhalten von

$$H = \sqrt[1,2]{\frac{5,15 \cdot z \cdot V}{p_m}} = \sqrt[1,2]{\frac{5,15 \cdot 0,01 \cdot 18}{250\,000}} = \sqrt[1,2]{\frac{1}{270\,000}} = \frac{1}{34\,000}$$

$$= 0,0000295 \; m \approx 0,03 \; mm.$$

Um eine 3 mal geringere Schmierschichtstärke zu erzielen, müßte die Ölzähigkeit $3^{1,2}$ mal, d. i. 3,74 mal geringer sein. Es könnte also ein Schmiermittel mit einer Zähigkeit $z = 0,00268$ verwandt werden.

Es ist selbstverständlich, daß mit Rücksicht auf die Betriebssicherheit jeweils die größte noch zweckmäßig erscheinende Schmierschichtstärke angestrebt werden muß. Da die Gleitgeschwindigkeit und die Ölsorte in den meisten Fällen gegeben sind und die Keilsteigung mit Rücksicht auf die praktische Ausführbarkeit nicht zu gering sein darf, muß der Flächendruck eben so niedrig gehalten werden, daß eine genügend große Schmierschichtstärke zu erwarten ist, auch wenn die Betriebstemperatur sich aus irgendwelchen Gründen bedeutend erhöhen und die Ölzähigkeit in der Schmierschicht sich dementsprechend verringern sollte.

Hauptbedingung ist und bleibt in allen Fällen, daß der Gleitkörper nach allen Richtungen frei einstellbar ist. Wird diese Forderung nicht erfüllt, so ist auf ein brauchbares Betriebsergebnis trotz im übrigen bester und richtigster Ausführung der Tragflächen nicht zu rechnen. Andererseits haben Tragschuhe, die lediglich eben geschabt, aber mit gelenkiger Einstellung versehen waren, in vielen Fällen jahrelang ohne Verschleiß, also mit reiner Flüssigkeitsreibung, gearbeitet, da eine geringe Abrundung der Vorderkante des Gleitschuhes, kleine Ungenauigkeiten in der Ebenheit desselben bei kleiner Belastung schon genügen, um ein ganz geringes Anheben der Vorderkante und damit Kippen des

Tragschuhes nach Art der Druckklötzchen beim Michell-Lager zu bewirken. Durch diese natürliche Selbsthilfe ist wohl in vielen Fällen unversehens reine Flüssigkeitsreibung und damit verschleißloser Betrieb zustande gekommen, wenngleich die erzielten Vorteile auch sicherlich nicht der wirklichen Ursache, sondern wahrscheinlich der vermeintlichen „Schmierkraft" der verwendeten Ölsorte oder der Tüchtigkeit des Maschinenwärters zugeschrieben worden sein werden.

Tatsache ist jedenfalls, daß ebene Tragflächen, wie z. B. Drucklager und Kreuzkopfschuhe, bei richtiger Ausbildung und zweckmäßiger Schmierung ganz erhebliche Flächendrücke aufzunehmen vermögen, ohne unmittelbare Berührung der beiden Gleitflächen zuzulassen. Die bisher allgemein angenommene geringe Tragfähigkeit ebener Gleitflächen ist daher nur für parallele, starr geführte Tragflächen, die im Gebiet der halbflüssigen Reibung arbeiten, begründet. Daß z. B. mit starren Kreuzköpfen, selbst im günstigsten Falle, nur halbflüssige Reibung zu erzielen ist, liegt auf der Hand; denn die geringste Veränderung in der Führung oder Durchbiegung der Kolbenstange bewirkt ein Schrägstellen des Kreuzkopfschuhes auf der Gleitbahn, und wir wissen, daß die zur Verfügung stehende Ölschicht in der Regel kaum $^1/_{100}$ mm Stärke erreicht.

Die für Kreuzkopfschuhe und Drucklager (sogenannte Kammlager) bekannte alte Regel, daß der Flächendruck den Wert von etwa 3 bis 6 kg/cm² nicht überschreiten dürfe, ist also weder allgemeingültig, noch für neuzeitlich ausgebildete Tragflächen zutreffend. Richtig berechnete und einwandfrei ausgeführte Tragflächen gestatten bei nicht zu ungünstigen Verhältnissen wesentlich höhere Belastungen, und zwar um so größere, je größer bei normaler Keilsteigung die Gleitgeschwindigkeit und die Ölzähigkeit. — Bei abnormal kleinem Steigungswinkel können selbst unter ungünstigen Verhältnissen sehr beträchtliche Flächenpressungen*) erzielt werden, — frei bewegliche Einstellung des Gleitkörpers stets vorausgesetzt.

Bei hoher Gleitgeschwindigkeit und niedrigem Druck dürfen die eingearbeiteten keilförmigen Tragflächen seitlich durchgehen, was die genaue und billige Herstellung sehr begünstigt; bei kleineren Geschwindigkeiten empfiehlt es sich, die Keilflächen seitlich nicht durchgehen zu lassen, um ein seitliches Abströmen des Schmiermittels unter dem Einfluß der Belastung möglichst zu verhindern. In schwierigen Fällen, wo man also auf besonders kleine Schmierschichtstärke angewiesen ist, sollte man stets mit Kolloidalgraphit einlaufen lassen, um auch die kleinsten Unebenheiten noch auszufüllen und dadurch die geringste zulässige Schmierschichtstärke auf ein Mindestmaß herabzusetzen.

Nimmt man die geringste zulässige Schmierschichtstärke bei Anwendung von Kolloidalgraphit wie bei Traglagern mit rd. 0,002 mm an, so kann die Flächenpressung nach Formel 66 bei gleichbleibender Keilsteigung, Gleitgeschwindigkeit und Ölzähigkeit rd. 7 mal vergrößert werden, ohne daß ein Auftreten halbflüssiger Reibung befürchtet werden müßte. Der betriebstechnisch schwerwiegende Vorteil, eine derartige

---

*) Näheres über die Tragfähigkeit von Drucklagern siehe Abschnitt 23.

Gleitfläche im Notfalle ohne Gefahr auch kurze Zeit ganz ohne Schmiermittel laufen lassen zu können, erscheint hierbei noch als wertvolle Zugabe.

Die Gleitbahn selbst darf in keinem Falle irgendwie geartete Schmiernuten erhalten. — Die Ölzuführung hat stets an der Vorderkante jeder Keilfläche zu erfolgen.

Zusammenfassung.

1. Bei der Berechnung von ebenen Gleitflächen ist nur die Summe der schrägen Tragflächen als wirksame Tragfläche betrachtet, während der ebene, der Gleitbahn parallel bleibende Teil des Gleitkörpers lediglich als Sicherheit anzusehen ist.

2. Die Tragfähigkeit hängt auch bei ebenen Gleitflächen von der erzielbaren geringsten Schmierschichtstärke ab, und letztere fällt um so größer aus, je kleiner der Flächendruck und der Steigungswinkel der Keilfläche und je größer die Gleitgeschwindigkeit, die Ölzähigkeit und die Keilflächenlänge sind.

3. Durch den Verhältniswert $\varphi = \dfrac{2 \cdot p_m \cdot L \cdot \varepsilon^2}{z \cdot V}$ ist für endliche Tragflächenbreite allgemein sowohl die Keilspitzenlänge X, wie bei angenommener Keilsteigung ε auch die geringste Schmierschichtstärke H gegeben, so daß die Lage der Tragfläche damit geometrisch festliegt.

4. Bei gegebenem Flächendruck, gegebener Gleitgeschwindigkeit, Ölzähigkeit und Keilflächenlänge hängt die Relativlage der Tragfläche zur Gleitbahn nur noch von der Größe ε der Keilsteigung ab. Durch geeignete Wahl von ε kann daher grundsätzlich jede gewünschte Relativlage (Keilspitzenlänge) der Tragfläche erzielt werden.

5. Praktisch in Betracht kommen Keilspitzenlängen von $X = 0,8$ bis $X = 0,05$. Ersterer entspricht bei gegebener Keilsteigung die größte, letzterer die kleinste Schmierschichtstärke.

6. Die geringste Schmierschichtstärke H (stets am hinteren Ende der Keilfläche auftretend) kann allgemein nach der Annäherungsformel 58 berechnet werden:

$$H = \sqrt[1,2]{\frac{\sqrt[5]{L \cdot z \cdot V}}{7,06 \cdot \sqrt[1,25]{\varepsilon \cdot p_m}}} \ \text{m}.$$

7. Die geringste Reibung erhält man angenähert bei einer Keilspitzenlänge $X = 0,4$ durch die Keilsteigung $\varepsilon_{0,4} = 0,65 \sqrt{\dfrac{z \cdot V}{p_m \cdot L}}$, doch wird man der werkstatttechnischen Ausführbarkeit wegen in normalen Fällen zweckmäßiger $\varepsilon = 0,005$ annehmen, da sich diese Steigung noch gut ausführen und messen läßt.

8. Die geringste Schmierschichtstärke darf nie kleiner sein als die Summe der Unebenheiten beider Gleitflächen. Für normale Verhältnisse kann man annehmen $H''_{min} = 0,01$ mm; bei Anwendung von Kolloidalgraphit zum Einlaufen $H''_{min} =$ etwa $0,002$ mm. Hierbei ist

immer gelenkige Einstellbarkeit des Gleitkörpers zur Gleitbahn vorausgesetzt.

9. Die Größe der Flächenpressung ergibt sich allgemein aus Gleichung 66. — Für $\varepsilon = 0,005$ und $H = 0,00001$ m als geringste zulässige Schmierschichtstärke erhält man für den höchsten zulässigen
Flächendruck die Sondergleichung 67: $p_m = 9\,820\,000 \cdot z \cdot V \cdot \sqrt[5]{L}$ kg/m²
und nach Einsetzen von $L = 0,04$ (40 mm als normale Keilflächenlänge)
die einfache Gebrauchsgleichung (68): $p_{max} = 516 \cdot z \cdot V$ kg/cm².

10. Die für Drucklager und Kreuzkopfschuhe geltende alte Regel,
nach welcher der Flächendruck 3 bis 6 kg/cm² nicht übersteigen dürfe,
ist weder allgemeingültig noch für neuzeitlich ausgebildete Tragflächen
zutreffend. Die Größe des höchstzulässigen Flächendruckes ist zum
mindesten von der Gleitgeschwindigkeit und der Ölzähigkeit abhängig,
und zwar der Gleitgeschwindigkeit und Ölzähigkeit proportional.

11. Die Gleitbahn selbst darf in keinem Falle irgendwelche Schmiernuten erhalten. — Gleitbahn und Gleitkörper müssen stets sauber geschabt (tuschiert) sein, doch ist ein nachfolgendes Einschleifen (Einkutschieren) mit Schmirgel auf alle Fälle zu unterlassen, da dadurch
die Tragfähigkeit nicht unbedeutend herabgesetzt würde.

IV. Die Reibungsverhältnisse bei vollkommener Schmierung.

14. Die Lagerreibungszahl.

Die Gleitlagerreibung, als Vorgang reiner Flüssigkeitsreibung, stellt
einen am Zapfenumfange angreifenden Zähigkeitsschubwiderstand dar,
der sich, je nach der Lage des Zapfens im Lager, in bestimmter Weise
ungleichmäßig auf den Umfang verteilt. Eigentlich könnte man daher
nur von einem Umfangswiderstand oder einem Reibungsmoment
sprechen, doch soll, einer verbreiteten Gewohnheit Rechnung tragend,
auch die Größe der Flüssigkeitsreibung durch den von der halbtrockenen
Reibung her geläufigen Begriff der Reibungszahl zum Ausdruck
gebracht werden.

Die Lagerreibungszahl, die auch hier mit μ bezeichnet sei, ist definiert
als der Quotient „gesamter Reibungswiderstand W' am Zapfenumfang"
durch „Gesamtzapfenbelastung P"

$$\mu = \frac{W'}{P} \quad \ldots \ldots \ldots \ldots \ldots \text{1a}$$

in äußerlicher Übereinstimmung mit Gleichung 1 der halbtrockenen
Reibung. Hierbei ist der Widerstand W' jedoch in der durch Gleichung 2
angedeuteten Art von der Gleitgeschwindigkeit V, der Ölzähigkeit z,
der benetzten Oberfläche F und der Schmierschichtstärke h abhängig,
d. h. W' folgt den Gesetzen der Flüssigkeitsreibung.

Nach der den wirklichen Vorgängen in Gleitlagern angepaßten hydro-dynamischen Theorie der Lagerreibung ist die Größe von W' und damit die Größe von μ von der Ölzähigkeit, der Winkelgeschwindigkeit und dem Flächendruck, und in gewissem Maße auch von der Relativlage der Welle im Lager abhängig. Da die Lage der Welle im Lager, wie wir wissen, durch die Kenntnis des Verhältniswertes $\Phi = \dfrac{2 \cdot p_m \cdot \psi^2}{z \cdot \omega}$ (für unendliche Lagerlänge) eindeutig bestimmt ist, so entspricht jedem Zahlenwert von Φ ein anderer Wert von μ bzw. ein Faktor, mit dessen Hilfe sich μ errechnen läßt.

Eigentümlicherweise ist der Ausdruck für μ demjenigen für ψ wesens-ähnlich.

Für unendliche Lagerlänge gilt nämlich

$$\mu = \frac{\varkappa}{\sqrt{2}} \cdot \sqrt{\frac{z \cdot \omega}{p_m}} \quad \ldots \ldots \ldots \ldots \quad 71$$

Hierin ist $\varkappa$ ein Zahlenfaktor, dessen Größe in Zahlentafel 12 als Funktion von Φ eingetragen ist.

Zahlentafel 12.

Größe des Zahlenfaktors $\varkappa$ in Abhängigkeit von Φ bzw. von der Exzentrizität χ.

$\Phi =$	1,7	2,4	3,2	4,1	5,3	7,2	10,5	20,5	39,6
$\chi =$	0,2	0,3	0,4	0,5	0,6	0,7	0,8	0,9	0,95
$\varkappa =$	2,47	2,22	2,08	2,05	2,09	2,17	2,31	2,61	2,67

Abb. 35 gibt den Verlauf des Wertes $\varkappa$ in Abhängigkeit von Φ graphisch wieder.

Wie ersichtlich, schwankt der Zahlenwert von $\varkappa$ nur verhältnis-mäßig wenig, so daß man für allgemeine praktische Berechnungen einen Mittelwert benutzen kann. Die Zulässigkeit dieser Vereinfachung stützt sich wiederum auf die Unsicherheit der richtigen Einschätzung der Zähigkeit z, die eine genauere Rechnung von vornherein sinnlos erscheinen läßt[*]. Aus dem gleichen Grunde kann dann auch wieder eine besondere Berücksichtigung des genauen Lagerlängenverhältnisses unterbleiben. Es wird vielmehr genügen, wenn wir als Durchschnitts-wert das Lagerlängenverhältnis $l : d = 1,0$ als allgemein für endliche Lagerlänge gültig, einführen.

Mit Berücksichtigung des von Gümbel aus den Stribeck'schen Lagerversuchen [61] errechneten Korrekturfaktors für μ ergibt sich für endliche Lagerlänge allgemein

$$\mu = \frac{\varkappa}{\sqrt{2}} \cdot \sqrt{\frac{z \cdot \omega}{p_m}} \cdot \sqrt{\frac{4 \cdot d + l}{l}} \quad \ldots \ldots \ldots \quad 72$$

---

[*] Daß an verschiedenen Stellen dieses Buches trotzdem Zahlenwerte von größerer Genauigkeit auftreten, hat lediglich den Zweck, größere Unstimmigkeiten in den mathematischen Zusammenhängen zu vermeiden.

Setzt man nun in dieser Gleichung, wie oben beschlossen, $l = d$, so wird

$$\sqrt{\frac{4 \cdot d + l}{l}} = \sqrt{\frac{4 \cdot 1 + 1}{1}} = \sqrt{5} = 2{,}24 \;.$$

Wählen wir jetzt für $\varkappa$ einen Durchschnittswert, z. B. $\varkappa = 2{,}4$, so erhalten wir für $l = d$

$$\mu_{\mathrm{mittel}} = \frac{2{,}4 \cdot 2{,}24}{\sqrt{2}} \cdot \sqrt{\frac{z \cdot \omega}{p_m}}$$

und damit als Durchschnitts-Lagerreibungszahl für alle praktisch in Betracht kommenden Exzentrizitäten und allgemein für endliche Lagerlänge

$$\mu_{\mathrm{mittel}} = 3{,}8 \cdot \sqrt{\frac{z \cdot \omega}{p_m}} \; . \; . \; . \; . \; . \; . \; . \; . \; . \quad 73$$

Die Benutzung dieses Mittelwertes für μ ermöglicht eine ganz außerordentliche Vereinfachung der Berechnung.

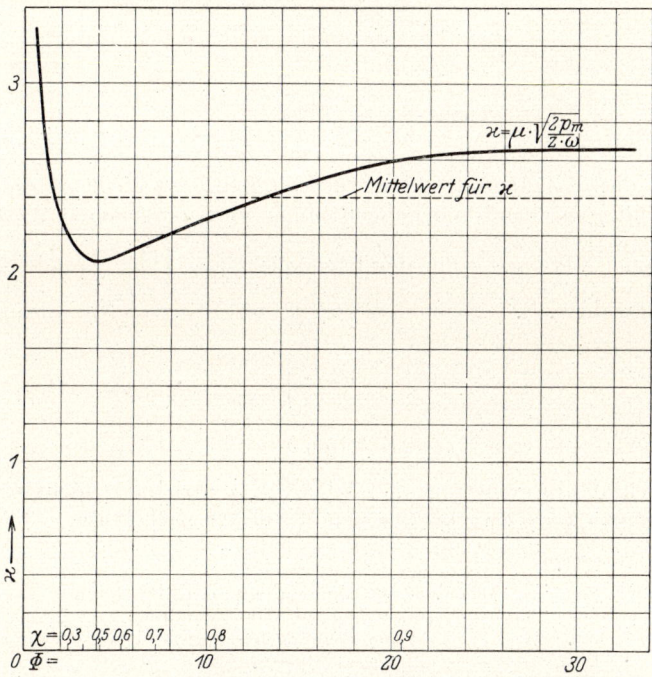

Abb. 35. Abhängigkeit der Lagerreibungszahl.

Rein wissenschaftlich weist der Verlauf der $\varkappa$-Kurve manche interessante Eigentümlichkeit auf. Zunächst fällt das eigenartige Abnehmen der Reibungszahl mit kleiner werdender Exzentrizität ins Auge. Der

Wert von $\varkappa$ sinkt von 2,67 bei $\chi = 0,95$ auf 2,05 bei $\chi = $ rd. 0,5, womit der Geringstwert von $\varkappa$ erreicht ist.

Bei kleineren Exzentrizitäten als $\chi = 0,5$ beginnt $\varkappa$ jedoch jäh anzusteigen und würde bei $\chi = 0$, also bei genau konzentrischer Lage der Welle, unendlich groß werden. Schon mit aus diesem Grunde, d. h. um von diesem Grenzwert genügend weit entfernt zu bleiben, hatten wir Exzentrizitäten kleiner als $\chi = 0,3$ geflissentlich vermieden. Das Ansteigen der Reibungszahl rasch laufender Wellen bei sehr kleinem Lagerspiel infolge der dadurch bedingten sehr kleinen Exzentrizität ist durch praktische Versuche an einem Generatorlager bestätigt worden*).

Für Untersuchungen auf Reibungsunterschiede bei verschiedenen Exzentrizitäten kann Zahlentafel 13 benutzt werden, die das Verhältnis $\zeta = \dfrac{\mu}{\psi}$ allgemein für endliche Lagerlänge angibt.

Zahlentafel 13.

Verhältnis zwischen der Größe des verhältnismäßigen Lagerspieles und der Lagerreibungszahl.

$\chi =$	0,2	0,3	0,5	0,8	0,9	0,95
$\zeta = \dfrac{\mu}{\psi} =$	6,0	4,55	3,25	2,25	1,82	1,34
$\mu \cdot \sqrt{\dfrac{p_m}{z \cdot \omega}} =$	3,92	3,52	3,25	3,66	4,14	4,23

Aus dieser Zahlentafel kann für den Fall, daß die Exzentrizität χ und damit ψ gegeben ist oder angenommen wird, der genauere Wert von $\varkappa$ entnommen werden. — Für das Lagerspiel $\psi_{0,5} = \sqrt{\dfrac{z \cdot \omega}{p_m}}$ ergibt sich die Reibungszahl z. B. 3,25 mal größer als das Lagerspiel ψ, also

$$\mu_{0,5} = 3,25 \cdot \sqrt{\dfrac{z \cdot \omega}{p_m}} \quad \ldots \ldots \ldots \quad 74$$

Auch für die übrigen Exzentrizitäten sind die Zahlenwerte $\mu \cdot \sqrt{\dfrac{p_m}{z \cdot \omega}}$ in Zahlentafel 13 eingetragen. — Ist die Exzentrizität χ nicht bekannt, so wird man für μ zweckmäßig den Mittelwert nach Formel 73 wählen.

Beispiel 11.

Gegeben sei eine Welle von 300 mm Durchmesser, für 450 mm Lagerlänge, welche bei einer Belastung von 6,5 kg/cm² 3000 Umdrehungen in der Minute zu machen hat. Wie groß ist die Reibungsleistung bei einer Ölzähigkeit von 0,0003 kg·sek/m² und wie groß bei $z = 0,002$?

Nach Gleichung 73 ermittelt sich für den ersten Fall die Reibungszahl zu

$$\mu = 3,8 \cdot \sqrt{\dfrac{z \cdot \omega}{p_m}} = 3,8 \sqrt{\dfrac{0,0003 \cdot 0,105 \cdot 3000}{65\,000}} = 3,8 \cdot \sqrt{\dfrac{1}{688\,000}} = 0,0046 \, .$$

*) „Untersuchungen an Lagern." BBC-Mitteilungen.[15])

Um die größte Betriebssicherheit zu erhalten, würde man das Lagerspiel der größten Schmierschichtstärke wählen, als welches angenähert $\psi_{0,5}$ angesehen werden darf. ($\psi_{0,3}$ gibt wohl eine um 8% größere Schmierschichtstärke, erfordert jedoch ein um 30% kleineres Lagerspiel, dessen Ausführung bei kleineren Zapfen Schwierigkeiten ergeben kann. Aus diesem Grunde wollen wir praktisch als Lagerspiel der größten Schmierschichtstärke $\psi_{0,5}$ gelten lassen.) — Nach Formel 32 und obiger Ausrechnung ist

$$\psi_{0,5} = \sqrt{\frac{z \cdot \omega}{p_m}} = \frac{0,0046}{3,8} = 0,00121 = \frac{1}{825}.$$

Damit wird $D'' - d'' = \dfrac{300}{825} = 0,364$ und $h'' = \dfrac{D'' - d''}{4} = \dfrac{0,364}{4} = 0,091$ mm.

Die Sicherheit gegen halbflüssige Reibung ist also außerordentlich hoch.

Die gesamte Lagerbelastung beträgt

$$P = p \cdot d' \cdot l' = 6,5 \cdot 30 \cdot 45 = 8770 \text{ kg},$$

die gesamte Reibung am Zapfenumfang somit

$$W' = \mu \cdot P = 0,0046 \cdot 8770 = 40,3 \text{ kg}.$$

(Da wir $\psi_{0,5}$ wählten, würde μ nach Gleichung 74 etwas geringer ausfallen, nämlich $\mu = 3,25 \sqrt{\dfrac{z \cdot \omega}{p_m}} = 0,00395$; wir nehmen daher $\mu = 0,004$.)

Genauer wird also

$$W' = 0,004 \cdot 8770 = 35 \text{ kg}.$$

Dieser Reibungswiderstand greift am Umfange des Zapfens an, der eine Umfangsgeschwindigkeit besitzt von

$$v = \frac{d \cdot \pi \cdot n}{60} = \frac{0,3 \cdot \pi \cdot 3000}{60} = 47 \text{ m/sek}.$$

Die Reibungsleistung in PS beträgt daher

$$N_r = \frac{W' \cdot v}{75} = \frac{35 \cdot 47}{75} = 22 \text{ PS}.$$

Für das zweite Öl mit $z = 0,002$ kg·sek/m² wird μ bei $\psi_{0,5}$ nach Gleichung 74

$$\mu = 3,25 \cdot \sqrt{\frac{z \cdot \omega}{p_m}} = 3,25 \cdot \sqrt{\frac{0,002 \cdot 315}{65\,000}} = 3,25 \cdot \sqrt{\frac{1}{103\,000}} = \frac{3,25}{320} \approx 0,01.$$

Damit erhalten wir für den zweiten Fall

$$N_r = \frac{22 \cdot 0,01}{0,004} = 55 \text{ PS},$$

d. i. das 2,5fache der Reibung des ersten Falles. (Bei gleichbleibendem absoluten Lagerspiel $D - d$ würde die Reibung noch etwas größer ausfallen.)

Aus diesem Beispiel soll zunächst nur die allgemeine Lehre gezogen werden, daß die Zähigkeit des verwendeten Öles, namentlich bei großen Zapfen und hoher Umfangsgeschwindigkeit, eine sehr bedeutende Rolle spielt und daß unrichtige Wahl des Öles sehr beträchtliche Dauerverluste zur Folge haben kann. Im nächsten Abschnitt wird unter anderem auch gezeigt werden, daß durch unkundige Wahl des Schmiermittels und des Lagerspieles nicht nur große Reibungsverluste, sondern auch Gefährdungen der Betriebssicherheit entstehen können.

Als Maßstab der Betriebssicherheit ist, von anderen Umständen zunächst abgesehen, die zwischen Lagerschale und Zapfen verbleibende, beide Metalle vor Berührung schützende Schmierschichtstärke h an der dünnsten Stelle anzusehen. Wird h kleiner als die Summe der Unebenheiten beider Gleitflächen, so tritt metallische (halbtrockene) Reibung mit hinzu und vergrößert dadurch den Reibungskoeffizienten unter Umständen so bedeutend, daß Heißlaufen des Lagers eintreten kann.

Eine unzulässige Verringerung der Schmierschichtstärke kann nur durch zu starke Vergrößerung der Exzentrizität entstehen und dieses wiederum nur durch zu große Lagerbelastung, zu großes Lagerspiel, zu geringe Ölzähigkeit oder zu geringe Drehzahl. Bei gleichbleibender Ölzähigkeit und gleichbleibendem Flächendruck (gleichbleibende Lagerabmessungen, also gleichbleibendes ψ, vorausgesetzt) kann die geringste Schmierschichtstärke nur von der Drehzahl beeinflußt werden, und es ist interessant festzustellen, in welcher Weise sich μ mit veränderlicher Drehzahl ändert.

Zu diesem Zwecke sei ein Zahlenbeispiel durchgerechnet, dessen einzelne Daten nach einem praktisch durchgeführten Versuch gewählt sind, so daß ein unmittelbarer zahlenmäßiger Vergleich zwischen Theorie und Praxis möglich wird.

Beispiel 12.

Gegeben sei ein Weißmetallager von 70 mm Durchmesser und 70 mm Länge, das bei konstanter Ölzähigkeit von $z = 0{,}018$ einem Flächendruck von zunächst 20 kg/cm² ausgesetzt wird.

Das ideelle Lagerspiel $D'' - d''$ betrage 0,04 mm und damit $\psi = \dfrac{D'' - d''}{d''}$ $= \dfrac{0{,}04}{70} = \dfrac{1}{1750}$. Die Bearbeitung von Zapfen und Lager sei normal, doch werde angenommen, daß das Lager unter allmählicher Belastungssteigerung eingelaufen ist, so daß auf Grund der hierdurch hervorgerufenen lokalen Glättung der Schale eine geringste Schmierschichtstärke bis zu etwa 0,005 mm erreichbar ist. — Gesucht wird der Verlauf der Lagerreibungszahl von 800 Umdr./min abwärts. Insbesondere ist das Minimum der Reibungszahl festzustellen, und zwar nach Größe und Lage.

Der Gang der Berechnung ist folgender: Zunächst werde die Reibungszahl für $n = 800$ bestimmt. Dies geschieht der Einfachheit halber nach Gleichung 73, womit wir erhalten:

$$\mu_{800} = 3{,}8 \sqrt{\frac{z \cdot \omega}{p_m}} = 3{,}8 \cdot \sqrt{\frac{0{,}018 \cdot 0{,}105 \cdot 800}{200\,000}} = 3{,}8 \cdot \sqrt{\frac{1{,}51}{200\,000}}$$

$$= 3{,}8 \cdot \sqrt{\frac{1}{132\,000}} = \frac{3{,}8}{363} = 0{,}0105\,.$$

Alsdann wird in ähnlicher Weise der Zwischenwert für $n = 400$ ermittelt:

$$\mu_{400} = 3{,}8 \cdot \sqrt{\frac{0{,}018 \cdot 0{,}105 \cdot 400}{200\,000}} = 3{,}8 \cdot \sqrt{\frac{1}{264\,000}} = \frac{3{,}8}{513} = 0{,}0074\,.$$

Wie wir sehen, nimmt die Reibungszahl mit kleiner werdender Drehzahl weiter und weiter ab. Sie würde schließlich bei $n = 0$ ebenfalls Null werden, wenn das Gebiet der Flüssigkeitsreibung praktisch so weit reichen würde. Wir wissen jedoch, daß die kleinste Schmierschichtstärke, bei der noch reine Flüssigkeitsreibung zu erwarten ist, im vorliegenden Falle bei $h'' = 0{,}005$ mm $= 0{,}000005$ m erreicht wäre und daß somit in diesem Punkte auch die Reibungszahl ihr Minimum erreicht haben muß.

Stellen wir zunächst fest, bei welcher Drehzahl das Minimum der Schmierschichtstärke, $h = 0{,}000005$ m, erreicht sein wird!

Nach Gleichung 30 erhalten wir:

$$h = \frac{d \cdot z \cdot \omega}{3,84 \cdot p_m \cdot \psi} \qquad \text{oder} \qquad \omega = \frac{3,84 \cdot p_m \cdot \psi \cdot h}{d \cdot z}$$

oder auch

$$n = \frac{36,5 \cdot p_m \cdot \psi \cdot h}{d \cdot z} \text{ Umdr./min} \quad \ldots \ldots \quad 30\,\text{a}$$

Mit $p_m = 200\,000$; $\psi = \dfrac{1}{1750}$; $h = 0,000005$; $d = 0,07$ und $z = 0,018$ ergibt sich alsdann die gesuchte Drehzahl des Reibungsminimums zu

$$n_{\min} = \frac{36,5 \cdot 200\,000 \cdot 0,000005}{0,07 \cdot 1750 \cdot 0,018} = \frac{36,5}{2,2} = 16,6\,.$$

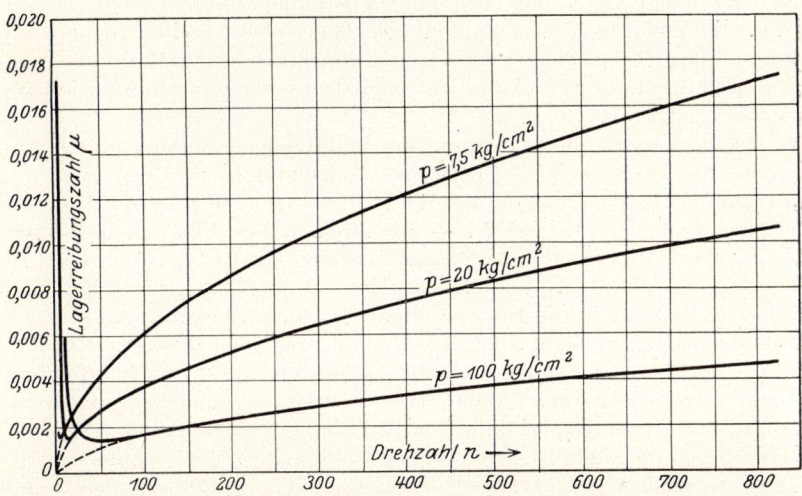

Abb. 36. Errechnete Reibungszahlen für ein Weißmetall-Lager von 70 mm Durchmesser und 70 mm Länge bei $D'' - d'' = 0,04$ mm und $z = 0,018$ für $p = 7,5$ at, 20 at und 100 at Flächenpressung.

Für diese Drehzahl kann nun ebenfalls nach Gleichung 73 die Reibungszahl ermittelt werden. Es wird

$$\mu_{16,6} = 3,8 \cdot \sqrt{\frac{0,018 \cdot 0,105 \cdot 16,6}{200\,000}} = 3,8 \cdot \sqrt{\frac{1}{6\,400\,000}} = \frac{3,8}{2530} = 0,0015\,.$$

Aus diesen 3 Werten von μ läßt sich durch Einschalten von Zwischenwerten der Verlauf der Reibungszahl für $p = 20$ kg/cm² und $n = 800$ bis $n = 16,6$ festlegen. In Abb. 36 ist diese Kurve nebst zwei weiteren für $p = 7,5$ kg/cm² und $p = 100$ kg/cm² verzeichnet. Die Grenzdrehzahlen ergeben sich in gleicher Weise wie oben. Für $p_m = 75\,000$ kg/m² wird nach Gleichung 30a

$$n_{\min} = \frac{36,5 \cdot 75\,000 \cdot 0,000005}{0,07 \cdot 1750 \cdot 0,018} = \frac{13,7}{2,2} = 6,2$$

und für $p_m = 1\,000\,000$ kg/m²

$$n_{\min} = \frac{6,22 \cdot 100}{7,5} = 83\,.$$

Die auf den ersten Blick überraschende Tatsache, daß die Minima der Reibungszahl bei allen Drücken die gleiche Größe aufweisen, erklärt sich aus dem einfachen linearen Abhängigkeitsverhältnis der Größen ω und p_m in den Gleichungen 30 und 73. — Wird p_m in Gleichung 30 z. B. verdoppelt, so muß damit auch ω auf das Doppelte wachsen, so daß nun in Gleichung 73 unter der Wurzel statt $\dfrac{\omega}{p_m}$ der gleich große Wert $\dfrac{2\cdot\omega}{2\cdot p_m}$ erscheint, wodurch der Zahlenwert von μ unverändert bleibt.

Von besonderem Interesse ist der Verlauf der Kurven in der Gegend der Reibungsminima. Hat sich die Schmierschicht durch Nachlassen der Drehzahl bis auf das Grenzmaß $h'' = 0{,}005$ mm verringert, so tritt zu der Flüssigkeitsreibung noch unmittelbare metallische Reibung hinzu, d. h. die Vorsprünge von Zapfen und Lagerschale greifen ineinander, und die Lagerbelastung wird bei weiter abnehmender Drehzahl nur noch zum Teil durch die Schmierschicht, zum Teil bereits durch unmittelbare Auflage getragen.

Dieser Vorgang des Einleitens der halbflüssigen Reibung durch Abnahme der Drehzahl wird ,,Einklinken" genannt — im Gegensatz zum ,,Ausklinken", als Übergang von der halbflüssigen zur flüssigen Reibung bei zunehmender Drehzahl*). — Als Moment des Einklinkens ist der Augenblick zu betrachten, in dem die beiden Gleitflächen sich eben zu berühren beginnen. Von diesem Moment an tritt zwar schon metallische Reibung in die Erscheinung, es wird aber bei geringer weiterer Abnahme der Drehzahl auch die Reibungszahl der flüssigen Reibung noch weiter abnehmen, so daß die Lagerreibungszahl nach erfolgtem Einklinken bei weiterer Abnahme der Drehzahl zunächst nur etwas langsamer abnehmen, alsdann ein Minimum erreichen und erst nach Überwiegen der metallischen Reibung rasch anzusteigen beginnen wird. Der Übergang von der flüssigen auf halbflüssige Reibung wird also praktisch nicht plötzlich, sondern mehr oder weniger allmählich, mit einer gewissen Abrundung, erfolgen, was außer durch die bekannten Versuche von Stribeck auch durch Reibungsmessungen von Heimann[29]) und durch Messungen des Stromdurchganges zwischen Zapfen und Lagerschale von Schenfer[56]) praktisch bestätigt ist. Dieser Umstand verhindert auch die Aufstellung einer zuverlässigen Formel für die Reibungszahl der halbflüssigen Reibung.

Die bisher schon vielfach beobachtete Tatsache, daß die Reibungsleistung bei manchen Maschinen mit wachsender Belastung zunimmt, bei anderen abnimmt, erklärt sich auch nur dadurch, daß manche Maschinen nur im Gebiet der flüssigen Reibung arbeiten, andere wiederum nur oder zum Teil im Grenzgebiet.

Bei kleinem Flächendruck, wie in allen jenen Fällen, wo ein ziemlich plötzlicher Übergang von flüssiger auf halbflüssige Reibung zu erwarten ist, kann die Reibungszahl der halbflüssigen Reibung mit leidlicher

---

*) Der praktische Vorgang des Anlaufens (,,Aufwälzen", ,,Zittern", ,,Ausklinken", ,,Schwimmen") ist in ganz vorzüglicher Weise durch mikrophotographische Aufzeichnungen sichtbar gemacht worden [siehe V. Vieweg[67])].

Annäherung geschätzt bzw. berechnet werden. Diese Berechnung stützt sich auf die einfache Annahme, daß die Reibungskurve im μ-n-Diagramm (Abb. 36) vom Punkte des Einklinkens an bis zur Drehzahl Null als Gerade verläuft, die die Ordinatenachse in der Höhe $\mu_{\text{halbtrocken}}$ schneidet.

Damit ergibt sich mit $\mu_{\text{hfl.}}$ als Reibungszahl der halbflüssigen Reibung, n_e uns μ_e als Drehzahl bzw. Reibungszahl beim Einklinken, $\mu_{\text{htr.}}$ als Reibungszahl der halbtrockenen Reibung und n als Drehzahl bei der Reibungszahl $\mu_{\text{hfl.}}$ folgende einfache Beziehung:

$$\mu_{\text{hfl.}} = \mu_{\text{htr.}} - \frac{n \cdot (\mu_{\text{htr.}} - \mu_e)}{n_e} \quad \ldots \ldots \ldots \; 75$$

oder nach Einsetzen der entsprechenden Ausdrücke für μ_e und n_e nach den Gleichungen 73 und 30a (S. 105)

$$\mu_{\text{hfl.}} = \mu_{\text{htr.}} - \frac{n \cdot d^2 \cdot z \left(\mu_{\text{htr.}} - \frac{7,5}{d} \cdot \sqrt{(D-d) \cdot h} \right)}{36,5 \cdot p_m \cdot (D-d) \cdot h} \quad \ldots \; 76$$

Als Beispiel sei eine Reibungszahl für $p = 7,5 \; \text{kg/cm}^2$ der Abb. 36 gerechnet.

Beispiel 13.

Wie groß ist die Reibungszahl der halbflüssigen Reibung bei $p_m = 75\,000$, $z = 0,018$, $d = 0,07$, $D - d = 0,00004$, $h = 0,000005$ bei $n = 3$ Umdr./min und Weißmetallagerschale?

Für Weißmetall können wir annehmen $\mu_{\text{htr.}} = 0,22$.

Dann wird nach Formel 76

$$\mu_{\text{hfl.}} = 0,22 - \frac{3 \cdot 0,07 \cdot 0,07 \cdot 0,018 \cdot \left(0,22 - \frac{7,5}{0,07} \cdot \sqrt{\frac{4 \cdot 5}{100\,000 \cdot 1\,000\,000}} \right)}{36,5 \cdot 75\,000 \cdot 0,00004 \cdot 0,000005},$$

$$\mu_{\text{hfl.}} = 0,22 - \frac{0,000265 \cdot (0,22 - 0,0015)}{0,000547} = 0,22 - 0,106 = 0,114.$$

Wie schon erwähnt, ist die Berechnung der halbflüssigen Reibung in den meisten Fällen sehr unsicher, und zwar wird die Reibungszahl nach Formel 75 bzw. 76 in der Regel wesentlich zu hoch geschätzt. Eine praktische Bedeutung ist obigen Formeln daher kaum beizumessen.

Daß der Zustand der halbflüssigen Reibung tatsächlich so auftritt, wie er theoretisch angenommen wird, ist durch praktische Versuche bestätigt worden, und zwar findet sich ein ausführlicher Versuchsbericht über diese Feststellung in der schon erwähnten Arbeit von Dr. F. E. Stanton[59]: „Einige neuere Untersuchungen über Schmierung" in „The Engineer" vom 8. Dezember 1922. — Dem Autor jenes Aufsatzes schien die Tatsache bzw. das Wesen der halbflüssigen Reibung nicht genügend bekannt gewesen zu sein; denn er hebt mit besonderem Nachdruck hervor, daß der dem Schmiervorgang nach Reynolds eigentümliche hohe Schmierschichtdruck nach den ausgeführten Versuchen bis zum Fressen der Gleitflächen, also bis zu den allerhöchsten Drücken, nachweisbar sei. Letzteres war jedoch von vornherein zu erwarten, da der reiner Flüssigkeitsreibung entsprechende Schmierschichtdruck in den Vertiefungen der Gleitflächen, selbst nach erfolgtem Hinzutreten

metallischer Reibung, noch aufrechterhalten bleiben muß, weil halbflüssige Reibung eben nur in der Zusammenwirkung flüssiger und halbtrockener Reibung denkbar ist. Gerade aus diesem Grunde ist aber das
Vorhandensein halbflüssiger Reibung niemals durch Schmierschicht-
Druckmessungen, sondern nur durch elektrische Widerstandsmessungen
[siehe Schenfer[56]), Biel[3]) und Brown-Boveri[15])] oder durch Feststellung von Verschleiß nachzuweisen.

Abb. 37 zeigt zwei Kurven nach den praktischen Versuchen Stri-
becks für 20 und für 7,5 at Flächendruck, bei einem Weißmetallager der
eingangs erwähnten Abmessungen*).

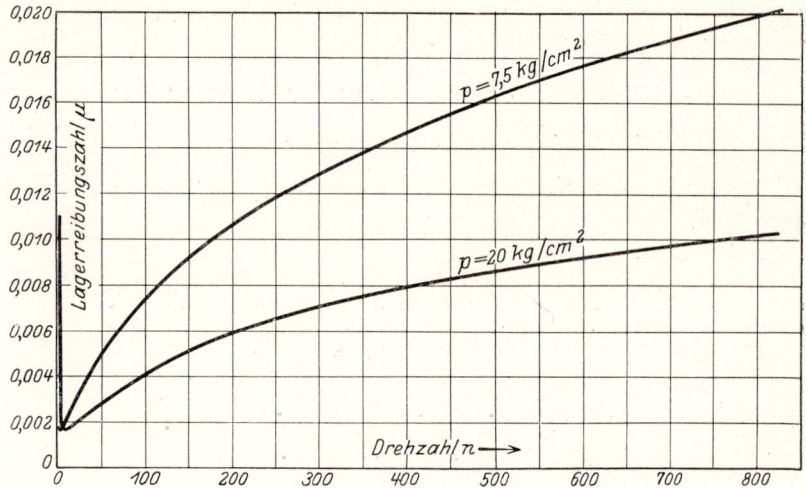

Abb. 37. Von R. Stribeck praktisch ermittelte Reibungszahlen für ein
Weißmetall-Lager von 70 mm Durchmesser und 70 mm Länge bei $z = 0,018$
für $p = 7,5$ at und 20 at Flächenpressung.

Die ganze Versuchsreihe wurde bei 25° Lagertemperatur ausgeführt,
was einer gleichbleibenden Zähigkeit des verwendeten Schmiermittels
(Gasmotorenöl) von $z = 0,018$ kg · sek/m² entspricht. Da Temperatur-
messungen in unmittelbarer Nähe der Schmierschicht fast vollkommene
Übereinstimmung mit der mittleren Lagerschalentemperatur ergaben,
können wir hier ohne weiteres Schmierschichttemperatur = Lagerschalentemperatur setzen.

Der Verlauf der beiden aus der Versuchsreihe von Stribeck wieder-
gegebenen Reibungskurven deckt sich mit den (Abb. 36) nach der Näherungsgleichung 73 errechneten so weit, daß man die der Rechnung zugrunde gelegte hydrodynamische Theorie jedenfalls als mit der Praxis
gut übereinstimmend bezeichnen kann. Wenn die Übereinstimmung

---

*) Bei den Stribeck'schen Versuchen ist die Größe des Lagerspieles nicht
angegeben. Auf Grund der Versuchsbeschreibung wurde $D_w'' - d''$ zu 0,02 mm
und $D'' - d''$ zu 0,04 mm geschätzt.

mit anderen Versuchsreihen auch nicht so vollkommen ist, so können wir mit der Brauchbarkeit der bisher entwickelten Formeln doch immerhin zufrieden sein. Eine besonders weitgehende Übereinstimmung konnte schon allein darum nicht erwartet werden, weil das Lager nach dem Versuchsbericht nach erfolgtem Einlaufen offenbar nicht mehr genau kreisrund war.

Überraschend wirkt insbesondere die gute Übereinstimmung zwischen Theorie und Praxis im Übergangsgebiet von flüssiger zu halbflüssiger Reibung. Da die Wendepunkte ziemlich eng aneinander liegen und die von Stribeck angewandten Flächendrücke nur bis 50 at reichen, ist in Abb. 36 zur deutlicheren Darstellung des Charakters des Übergangsgebietes und des linken aufsteigenden Astes noch die Kurve für 100 at eingetragen, bei der das Einklinken schon bei 83 Umdr./min erfolgt. Der linke Ast steigt steil zur Ordinatenachse an und erreicht diese bei der Drehzahl Null bei einem Reibungswert von $\mu_{\text{htr.}} \approx 0,22 =$ der Reibungszahl der Ruhe für Weißmetall.

Die Reibung der Ruhe, deren Widerstand jedesmal beim Anlaufen des Lagers zu überwinden ist, hängt ihrer Größe nach, da es sich um halbtrockene Reibung handelt, lediglich von den Eigenschaften und der Oberflächenbeschaffenheit der sich berührenden Gleitflächen ab: Stribeck stellte die Reibungszahl der Ruhe, als von der Größe des Flächendruckes nahezu unabhängig, bei Weißmetall im Mittel zu 0,22, bei Gußeisenlagerschalen zu 0,14 fest. — Hiernach läßt sich die zum Anlaufen eines Lagers erforderliche Kraft mit genügender Sicherheit berechnen.

Aus den Abb. 36 und 37 ist folgendes zu ersehen:

Für jeden Flächendruck gibt es bei gegebener Ölzähigkeit und gegebenem Lagerspiel eine ganz bestimmte Drehzahl, bei der die Reibungsziffer ein Minimum wird. Die Größe dieser Grenzdrehzahl ist außer vom Flächendruck, von der Ölzähigkeit und vom Zapfendurchmesser auch vom Lagerspiel und der geringsten zulässigen Schmierschichtstärke abhängig. Die Größe des geringsten Reibungskoeffizienten ist bei gleichbleibender Ölzähigkeit bei einem gegebenen Lager für alle Flächenpressungen praktisch gleich. — Je höher der Flächendruck, bei um so höherer Drehzahl wird das Minimum der Lagerreibungszahl erreicht.

Zu der vergleichenden Gegenüberstellung der rechnerisch und experimentell gefundenen Reibungskurven muß noch bemerkt werden, daß auch die Veränderlichkeit der Schmierschichttemperatur (bei gleichbleibender mittlerer Lagertemperatur) sowie durch Wärmedehnungen verursachte Verzerrungen des Lagerspieles gewisse Abweichungen zwischen Versuch und Rechnung bedingen, die zahlenmäßig nicht erfaßbar sind. Die Tatsache, daß die mittlere Temperatur der Schmierschicht unter Umständen ganz erheblich von der mittleren Lagerschalentemperatur abweichen kann (insbesondere bei Lagern mit Preßschmierung und künstlicher Ölkühlung), wird eine genauere Übereinstimmung zwischen Rechnung und Versuch von vornherein nicht erwarten lassen.

Zusammenfassung.

1. Der Reibungskoeffizient μ der flüssigen Reibung kann, ähnlich der Reibungszahl der halbtrockenen Reibung, definiert werden als Quotient „gesamter Reibungswiderstand W' am Zapfenumfang" durch „Gesamtzapfenbelastung P"; doch ist der Reibungswiderstand W' hierbei nicht vom Stoff der Gleitflächen, sondern nur von der Zähigkeit des Schmiermittels, von der Winkelgeschwindigkeit bzw. Drehzahl und vom Flächendruck abhängig.

2. Die Lagerreibungszahl der flüssigen Reibung beträgt für endliche Lagerlänge nach Gleichung 73 im Mittel $\mu = 3{,}8 \cdot \sqrt{\dfrac{z \cdot \omega}{p_m}}$.

3. Die Größe der Lagerreibungszahl bildet ein Vielfaches des verhältnismäßigen Lagerspieles ψ. Für $\psi_{0,5}$ ist z. B. $\mu = 3{,}25 \cdot \psi$.

4. Wird die geringste Schmierschichtstärke (zwischen den „Grunddurchmessern" von Zapfen und Lagerschale) kleiner als die Summe der Unebenheiten der Gleitflächen, so geht die flüssige Reibung in halbflüssige Reibung über, indem zur Flüssigkeitsreibung in mehr oder weniger hohem Maße noch metallische Reibung hinzutritt.

5. Bei halbflüssiger Reibung, die bei Lagern möglichst vermieden werden sollte, wird die Lagerbelastung zum Teil durch die Schmierschicht, zum Teil durch unmittelbare Auflage der Gleitflächen getragen. — Der Schmierschichtdruck weist hierbei die gleiche Höhe auf wie bei reiner Flüssigkeitsreibung, weshalb das Vorhandensein halbflüssiger Reibung nie durch Schmierschicht-Druckmessungen, sondern nur durch elektrische Widerstandsmessungen oder stattgefundenen Verschleiß nachgewiesen werden kann.

6. Bei einem gegebenen Lager ist bei gegebener Ölzähigkeit der Reibungskoeffizient um so kleiner, je niedriger die Drehzahl. Bei derjenigen Drehzahl, bei der die geringste Schmierschichtstärke die Höhe der Summe der Unebenheiten eben unterschritten hat, erreicht die Reibungszahl ihr Minimum. Der Beginn der Berührung wird mit „Einklinken" bezeichnet, da die Spitzen der Unebenheiten sich gegenseitig abzuwetzen bzw. niederzuquetschen beginnen. — Der gleiche Vorgang in umgekehrter Richtung — das „Ausklinken" der Unebenheitsvorsprünge — tritt nach erfolgtem Anfahren eines Lagers bei zunehmender Drehzahl auf.

7. Nach erfolgtem „Einklinken" vergrößert sich die Reibungszahl nicht plötzlich. Sie sinkt zunächst noch etwas, erreicht ihr Minimum und steigt dann jäh auf. Bei der Drehzahl Null erreicht die Reibungszahl ihr Maximum: den Wert des Reibungskoeffizienten der halbtrockenen Reibung; derselbe beträgt nach Versuchen von Stribeck bei Weißmetall etwa 0,22, bei Gußlagerschalen etwa 0,14 und ist von der Flächenpressung (wenigstens in dem praktisch in Betracht kommenden Gebiet) nahezu unabhängig.

8. Ein zahlenmäßiger Vergleich zwischen errechneten und durch Versuche von Stribeck gefundenen Reibungszahlen zeigt eine recht befriedigende Übereinstimmung, sowohl im Gebiet der flüssigen, wie im Gebiet der halbflüssigen Reibung.

9. Je höher der Flächendruck eines Lagers, bei um so höherer Drehzahl tritt bereits „Einklinken" auf.

10. Der mit einem gegebenen Lager bei vorgeschriebener Belastung und Drehzahl äußerst erreichbare Reibungsmindestwert setzt eine ganz bestimmte Ölzähigkeit voraus, deren Überschreitung vergrößerte Flüssigkeitsreibung, deren Unterschreitung halbflüssige (also meistens noch weit größere) Reibung zur Folge haben würde.

11. Die Reibungszahl der halbflüssigen Reibung läßt sich nach Gleichung 76 wohl roh berechnen, doch wird der ermittelte Wert in der Regel beträchtlich höher sein als der praktisch zu erwartende.

15. Die günstigsten Lagerreibungsverhältnisse.

Von ganz besonderem Interesse ist die Feststellung der günstig-sten Reibungsverhältnisse, d. h. derjenigen Beziehungen zwischen Lagerspiel, Zapfendurchmesser, Ölzähigkeit und Flächendruck, die bei gegebener Drehzahl und verlangter Mindestschmierschichtstärke die geringste Gesamtreibung ergeben; denn auf der Kenntnis der gün-stigsten Reibungsverhältnisse beruht ja letzten Endes jede sachgemäße Lösung einer Schmierungsfrage, insbesondere aber die richtige Wahl der Schmiermittel.

Um diese wichtige und offenbar sehr weitgehende Frage systematisch zu lösen, muß eine gewisse Einteilung der Möglichkeiten vorgenommen werden. Als zweckmäßig erweist sich zunächst die Unterscheidung solcher Fälle, in denen die Ölzähigkeit gegeben ist, von solchen, in denen gerade die Ölzähigkeit ermittelt werden soll. In beiden Fällen wird die Drehzahl, da meistens von den Betriebsverhältnissen vorgeschrieben, als gegeben angesehen; desgleichen der gesamte Lager-druck P, sowie die zulässige Mindestschmierschichtstärke h, welch letz-tere aus Rücksichten der Betriebssicherheit niemals unterschritten, wohl aber, wenn keine Reibungsvergrößerung damit verbunden ist, überschritten werden darf bzw. soll.

Bevor wir uns der Lösung einzelner Aufgaben zuwenden, soll noch eine weitere allgemeine Formel für die Reibungszahl abgeleitet werden.

Wir hatten festgestellt, daß die Winkelgeschwindigkeit, bei der die geringste Reibungsziffer auftritt, sich nach Gleichung 30 ermittelt zu

$$\omega = \frac{3,84 \cdot p_m \cdot \psi \cdot h}{d \cdot z}.$$

Andererseits besitzen wir in Gleichung 73 eine allgemeine Formel für den Mittelwert der Reibungszahl

$$\mu = 3,8 \cdot \sqrt{\frac{z \cdot \omega}{p_m}}.$$

Setzen wir in diese Formel den obigen Wert für ω ein, so erhalten wir

$$\mu = 3{,}8 \cdot \sqrt{\frac{z \cdot 3{,}84 \cdot p_m \cdot \psi \cdot h}{p_m \cdot d \cdot z}} = 3{,}8 \cdot 1{,}96 \cdot \sqrt{\frac{\psi \cdot h}{d}} \approx 7{,}5 \cdot \sqrt{\frac{(D-d) \cdot h}{d \cdot d}}$$

$$\mu = \frac{7{,}5}{d} \cdot \sqrt{(D-d) \cdot h} \quad \ldots \ldots \ldots \quad 77$$

als Sonderformel für die Größe des Reibungskoeffizienten bei gegebenem Zapfendurchmesser, gegebenem Lagerspiel und bestimmter geringster Schmierschichtstärke; insbesondere als Grenzgleichung für den geringsten Reibungskoeffizienten.

Hiernach wäre der gesuchte geringste Reibungswert in Beispiel 12 ohne weiteres aus Gleichung 77 zu ermitteln gewesen, indem wir setzen

$$\mu_{\min} = \frac{7{,}5}{0{,}07} \cdot \sqrt{\frac{4 \cdot 5}{100\,000 \cdot 1\,000\,000}} = \frac{107}{\sqrt{5000 \cdot 1\,000\,000}}$$

$$= \frac{107}{70{,}8 \cdot 1000} = 0{,}0015.$$

Wie wir sehen, ist die Größe des erreichbaren geringsten Reibungskoeffizienten lediglich vom Durchmesser der Lagerschale und des Zapfens und von der Größe der geringsten Schmierschichtstärke abhängig, also insbesondere vom Lagerspiel und der Vollkommenheit der Gleitflächenbearbeitung. — Von der Gleitgeschwindigkeit, der Ölzähigkeit und dem Flächendruck ist die Größe von $\mu_{\min}$ an sich unabhängig.

Diese auf den ersten Blick überraschende Tatsache erklärt sich bei näherer Betrachtung ganz zwanglos. Daß die Größe von $\mu_{\min}$ vom Flächendruck und von der Gleitgeschwindigkeit unabhängig sein muß, geht ohne weiteres aus Abb. 36 hervor; denn jede Kurve entspricht einem anderen Flächendruck und hat eine andere Grenzdrehzahl. Daß auch die Zähigkeit des verwendeten Schmiermittels auf die Größe von $\mu_{\min}$ ohne Einfluß ist, ergibt sich aus einer Betrachtung der Gleichungen 73 und 30a (S. 105). Wird z. B. ein zäheres Öl verwandt, so wächst zwar der Nenner von Gleichung 30a entsprechend; in gleichem Maße wächst aber auch der Zähler in Gleichung 73, so daß die Vergrößerung von z sich innerhalb der Gleichung 73 bei Einsetzung der Grenzgeschwindigkeit ω aus Gleichung 30 aufhebt, indem sich z gänzlich forthebt.

Der Zahlenwert für $\mu_{\min}$ wird nach Gleichung 75 um so kleiner, je größer der Zapfendurchmesser und je kleiner das Lagerspiel und die zulässige geringste Schmierschichtstärke.

Nach Formel 77 kann nun eine Tabelle aufgestellt werden, aus der für jeden Zapfendurchmesser und für jedes Lagerspiel bei einer angenommenen geringsten Schmierschichtstärke die zugehörige Reibungszahl entnommen werden kann. Zahlentafel 14 gibt diese Werte von $\mu_{\min}$ für eine geringste Schmierschichtstärke von $h'' = 0{,}01$ mm wieder. Für andere Schmierschichtstärken sind die Tabellenwerte mit den in Zahlentafel 14 unten angegebenen Faktoren zu multiplizieren.

Durch Einsetzen verschiedener Schmierschichtstärken (statt des geringsten, mit Rücksicht auf die Unebenheiten der Gleitflächen äußerst zulässigen Wertes h_{min}) erhalten wir nach Gleichung 77 nicht nur den geringstmöglichen, sondern ganz allgemein den Reibungskoeffizienten für jede gewünschte Schmierschichtstärke.

Durch Wahl des kleinsten ausführbaren Lagerspieles und der geringsten überhaupt zulässigen Schmierschichtstärke erhalten wir den praktisch erreichbaren Mindestwert für μ. Durch willkürliches Vergrößern dieser Werte kann die Sicherheit gegen halbflüssige Reibung in beliebigem Maße erhöht werden, ohne dabei von dem Mindestwert der Reibung zu weit abgehen zu müssen.

Nach Gleichung 77 ist die Lagerreibungszahl μ eine geometrische Größe, deren Zahlenwert lediglich von den Lagerabmessungen und der geometrischen Lage des Zapfens zur Lagerschale abhängt und an sich unabhängig ist von der Gleit-

Zahlentafel 14. Lagerreibungszahlen für eine geringste Schmierschichtstärke von $h'' = 0,01$ mm.

Zapfen ∅ d'' mm	Ideelles Lagerspiel $D'' - d''$ in mm														
	0,02	0,03	0,05	0,07	0,1	0,15	0,2	0,3	0,5	0,75	1,0	1,5	2,0	3,0	4,0
25	0,00425	0,0052	0,0067	0,008	0,0095	0,00116	0,00134	0,00164	0,0212	0,026	0,03	0,037	0,0425	0,052	0,06
50	0,00212	0,0026	0,00336	0,004	0,00475	0,0058	0,0067	0,0082	0,0106	0,013	0,015	0,0184	0,0212	0,026	0,03
75	0,00142	0,00173	0,00225	0,00265	0,00315	0,0039	0,0045	0,0055	0,0071	0,0087	0,01	0,0123	0,0142	0,0173	0,02
100	0,00106	0,0013	0,00168	0,002	0,00236	0,0029	0,00335	0,0041	0,0053	0,0065	0,0075	0,0092	0,0106	0,013	0,015
150	0,00071	0,00087	0,00112	0,0013	0,00158	0,00194	0,00223	0,00274	0,0035	0,0043	0,005	0,0061	0,0071	0,0087	0,01
200	0,00053	0,00065	0,00084	0,001	0,00118	0,00145	0,00167	0,00205	0,00265	0,00325	0,00375	0,0046	0,0035	0,0065	0,0075
250	0,00042	0,00052	0,00067	0,0008	0,00095	0,00116	0,00134	0,00164	0,00212	0,0026	0,003	0,0037	0,0042	0,0052	0,006
300	0,00035	0,00043	0,00056	0,00066	0,00079	0,00097	0,00112	0,00137	0,00176	0,00217	0,0025	0,00306	0,00354	0,00434	0,005
350	0,00030	0,00037	0,00048	0,00057	0,00068	0,00083	0,00096	0,00117	0,00151	0,00186	0,00217	0,00263	0,00303	0,0037	0,0043
400	0,00026	0,00032	0,00042	0,0005	0,00059	0,00073	0,00084	0,00103	0,00132	0,00162	0,00188	0,0023	0,00265	0,00325	0,00375
450	0,00023	0,00029	0,00037	0,00044	0,00053	0,00065	0,00075	0,00091	0,00118	0,00144	0,00167	0,00205	0,00236	0,0029	0,00333
500	0,00021	0,00026	0,00033	0,0004	0,00047	0,00058	0,00067	0,00082	0,00106	0,0013	0,0015	0,00184	0,00212	0,0026	0,003

Für verschiedene Schmierschichtstärken sind die Tabellenwerte mit einem entsprechenden Faktor zu multiplizieren. Dieser Faktor beträgt:

0,71 für $h'' = 0,005$ mm; 1,00 für $h'' = 0,01$ mm; 1,22 für $h'' = 0,015$ mm; 1,41 für $h'' = 0,02$ mm; 1,58 für $h'' = 0,025$ mm;
1,73 ,, $h'' = 0,03$,, ; 1,87 ,, $h'' = 0,035$,, ; 2,00 ,, $h'' = 0,04$,, ; 2,12 ,, $h'' = 0,045$,, ; 2,23 ,, $h'' = 0,05$,, ;
2,35 ,, $h'' = 0,055$,, ; 2,45 ,, $h'' = 0,06$,, ; 2,65 ,, $h'' = 0,07$,, ; 2,83 ,, $h'' = 0,08$,, ; 3,00 ,, $h'' = 0,09$,, ;
3,16 ,, $h'' = 0,1$,, ; 3,88 ,, $h'' = 0,15$,, ; 4,48 ,, $h'' = 0,2$,, ; 5,00 ,, $h'' = 0,25$,, ; 5,5 ,, $h'' = 0,3$,, .

geschwindigkeit, dem Flächendruck und der Ölzähigkeit. Die Zapfen-relativlage als solche ist jedoch von der Gleitgeschwindigkeit, dem Flächendruck und der Ölzähigkeit in bekannter Weise abhängig.

Diese Erkenntnis ist insofern von bedeutender Tragweite für die Praxis, als wir danach in der Lage sind, für jedes Lager von vornherein den günstigsten Reibungswert festzulegen, der unter Beachtung der gebotenen Sicherheit gegen halbflüssige Reibung überhaupt erzielbar ist.

Nach dieser Feststellung soll nunmehr zur Untersuchung bestimmter Reibungsverhältnisse übergegangen werden, und zwar zunächst unter der Voraussetzung, daß die Ölzähigkeit gegeben sei. Der besseren An-schaulichkeit wegen sei den Untersuchungen durchgehend ein und das-selbe Zahlenbeispiel zugrunde gelegt.

Beispiel 14.

Fall A: Gegeben $P = 3000$ kg; $n = 200$; $z = 0,012$ kg·sek/m²; $d'' = 100$ mm; $l'' = 120$ mm.

Bei welchem Lagerspiel wird bei dem gegebenen Zapfen die kleinste Reibungs-leistung erzielt, wenn h'' mindestens 0,01 mm betragen soll?

Der Flächendruck ermittelt sich zu

$$p = \frac{3000}{10 \cdot 12} = 25 \text{ kg/cm}^2; \quad p_m = 250\,000 \text{ kg/m}^2.$$

Die Reibungszahl wird nach Gleichung 73

$$\mu = 3,8 \cdot \sqrt{\frac{z \cdot \omega}{p_m}} = 3,8 \cdot \sqrt{\frac{0,012 \cdot 21}{250\,000}} = 3,8 \cdot \sqrt{\frac{1}{990\,000}} = \frac{3,8}{995} = 0,0038.$$

Das Lagerspiel sei zunächst nach der Forderung festgelegt, daß $h'' = 0,01$ mm betragen muß. Damit wird nach Gleichung 30 mit

$$\psi = \frac{d \cdot z \cdot \omega}{3,84 \cdot p_m \cdot h} \quad \cdots \cdots \quad 30\,\text{b}$$

das größte zulässige Lagerspiel

$$\psi = \frac{0,1 \cdot 0,012 \cdot 21}{3,84 \cdot 250\,000 \cdot 0,00001} = \frac{0,0252}{9,6} = \frac{1}{380}; \quad D'' - d'' = \frac{100}{380} = 0,26 \text{ mm}.$$

Das Lagerspiel der günstigsten Schmierschichtstärke wird nach Gleichung 32

$$\psi_{0,5} = \sqrt{\frac{z \cdot \omega}{p_m}} = \sqrt{\frac{0,012 \cdot 21}{250\,000}} = \frac{1}{995}; \quad D'' - d'' = \frac{100}{995} = 0,1005 \approx 0,1 \text{ mm}.$$

Das Lagerspiel ist im ersten Falle rd. 2,5mal größer, die geringste Schmierschicht-stärke jedoch im ersten Falle $h'' = 0,01$ mm, im zweiten Falle nach Gleichung 31

$$h'' = 0,25 \cdot (D'' - d'') = 0,25 \cdot 0,1 = 0,025 \text{ mm},$$

also 2,5mal größer als im ersten Falle.

Zur Kontrolle ermitteln wir nun μ nach Gleichung 77 für das erste Lagerspiel:

$$\mu = \frac{7,5}{d} \cdot \sqrt{(D - d) \cdot h} = \frac{7,5}{0,1} \cdot \sqrt{\frac{0,26 \cdot 1}{1000 \cdot 100\,000}} = \frac{75}{\sqrt{3850 \cdot 100\,000}} = \frac{75}{62 \cdot 316} = \frac{75}{19\,600}$$

$$\mu \approx 0,0038.$$

Wie zu erwarten, stimmt das Ergebnis mit dem nach Gleichung 73 überein. Der Reibungswert für das zweite Lagerspiel $\psi_{0,5}$ ergibt sich zu

$$\mu = \frac{7,5}{0,1} \cdot \sqrt{\frac{0,1 \cdot 0,025}{1000 \cdot 1000}} = \frac{75}{\sqrt{400\,000\,000}} = \frac{75}{20\,000} = 0,00375 .$$

Wir sehen, der Reibungskoeffizient ist in beiden Fällen der gleiche*).

Die Erklärung hierfür liegt in den Gleichungen 73 und 30. — Gleichung 73 zeigt, daß die Größe von μ nur vom Produkt $(D-d) \cdot h$ abhängig ist; Gleichung 30 zeigt aber, daß das Produkt $\psi \cdot h$ unveränderlich bleibt, indem sich h genau so viel mal verkleinern würde als ψ vergrößert wird.

Wir können daher folgern:

Bei gegebenem P, n, z, d und l ist nach Gleichung 73 μ und damit auch die Reibungsleistung bestimmt und bei jedem praktisch in Betracht kommenden Lagerspiel gleich. Da sich nach Gleichung 32 die größte Schmierschichtstärke ergibt, kann $\psi_{0,5}$ auch in diesem Falle als günstigstes Lagerspiel bezeichnet werden; eine Verringerung der Reibung findet dadurch zwar nicht statt, jedoch eine willkommene Erhöhung der Betriebssicherheit. — Eine Verringerung der Reibungszahl bzw. Reibungsleistung durch Verändern des Lagerspieles ist unter den gegebenen Verhältnissen nicht möglich.

Beispiel 15.

Fall B: Gegeben $P = 3000$ kg; $n = 200$; $z = 0,012$ kg·sek/m²; $l:d = 1,2$.
Bei welchem Zapfendurchmesser und welchem Lagerspiel wird die geringste Reibungsleistung erreicht, wenn die geringste Schmierschichtstärke mindestens $h'' = 0,01$ mm betragen soll?
Die Reibungsleistung beträgt allgemein

$$N_r = \frac{\mu \cdot P \cdot d \cdot \pi \cdot n}{75 \cdot 60} = \frac{\mu \cdot P \cdot d \cdot n}{1430} \text{ PS} \quad \ldots \ldots 78$$

Setzen wir für μ den Gleichwert der Formel 73 ein und gleichzeitig $p_m = \dfrac{P}{d \cdot l}$ $= \dfrac{P}{d^2 \cdot (l:d)}$ und $\omega = \dfrac{n}{9,5}$, so erhalten wir

$$N_r = \frac{3,8 \cdot \sqrt{\dfrac{z \cdot \omega}{p_m}} \cdot P \cdot d \cdot n}{1430} = \frac{3,8 \cdot \sqrt{z \cdot \omega} \cdot P \cdot d \cdot n}{1430 \cdot \sqrt{p_m}} = \sqrt{\frac{3,8^2 \cdot z \cdot \omega \cdot P^2 \cdot d^2 \cdot n^2}{1430^2 \cdot p_m}}$$

$$= \sqrt{\frac{3,8^2 \cdot z \cdot n \cdot P^2 \cdot d^2 \cdot n^2 \cdot d^2 \cdot (l:d)}{1430^2 \cdot 9,5 \cdot P}} = \frac{3,8}{1430 \cdot 3,08} \cdot \sqrt{P \cdot d^4 \cdot n^3 \cdot z \cdot (l:d)} .$$

$$N_r = \frac{d^2}{1160} \cdot \sqrt{P \cdot n^3 \cdot z \cdot (l:d)} \text{ PS} \quad \ldots \ldots \ldots 78a$$

Hiernach ist die Reibungsleistung bei gegebenem P, n, z und $(l:d)$ um so geringer, je kleiner der Zapfendurchmesser d. — Vom Lagerspiel ist die Reibungsleistung unabhängig; es muß durch geeignete Wahl des Lagerspieles nur dafür gesorgt sein,. daß flüssige Reibung aufrechterhalten bleibt.

Hieraus folgt ohne weiteres, daß bei dem nach Gleichung 78a anzustrebenden kleinsten Zapfendurchmesser auch eine sehr kleine geringste Schmierschichtstärke

---

*) Die kleine zahlenmäßige Unstimmigkeit stammt daher, daß $D''-d'' = 0,26$ nach der Näherungsformel 30 ermittelt worden war.

zu erwarten ist. Da letztere mit Rücksicht auf die Bearbeitungsvollkommenheit der Gleitflächen letzten Endes begrenzt ist, wird auch der Zapfendurchmesser praktisch eine bestimmte untere Grenze haben. Die geringste erzielbare Reibungsleistung ist somit praktisch durch die geringste zulässige Schmierschichtstärke, unter Umständen auch durch die Zapfenfestigkeit, begrenzt.

Nehmen wir, um die verhältnismäßig größte Schmierschichtstärke zu erzielen, das Lagerspiel zu $\psi_{0,5}$ an, wobei $D - d = 4 \cdot h$ wird, so ergibt sich der Zapfendurchmesser der geringsten Reibungsleistung wie folgt:

Nach Gleichung 30 wird:

$$h = \frac{d \cdot z \cdot \omega}{3,84 \cdot p_m \cdot \psi} = \frac{d \cdot z \cdot n \cdot d^2 \cdot (l : d) \cdot d}{3,84 \cdot P \cdot 9,5 \cdot (D - d)}, \quad \text{und mit} \quad D - d = 4 \cdot h$$

$$h = \frac{d \cdot z \cdot n \cdot d^2 \cdot (l : d) \cdot d}{3,84 \cdot P \cdot 9,5 \cdot 4 \cdot h} \quad \text{oder} \quad h^2 = \frac{d^4 \cdot n \cdot z \cdot (l : d)}{146 \cdot P}$$

und daraus

$$d_{N_r \min} = \sqrt[4]{\frac{146 \cdot P \cdot h^2}{n \cdot z \cdot (l : d)}} \quad \text{m} \quad \ldots \ldots \ldots \quad 79$$

Mit den Zahlenwerten des Beispieles erhalten wir dann

$$d_{N_r \min} = \sqrt[4]{\frac{146 \cdot 3000 \cdot 0,00001 \cdot 0,00001}{200 \cdot 0,012 \cdot 1,2}} = \sqrt{\frac{1}{66\,000}} = \frac{1}{16} \quad \text{m}$$

$$d_{N_r \min} = 0,0625 \text{ m} = 62,5 \text{ mm}$$

und als Reibungsleistung nach Gleichung 78 a

$$N_r = \frac{1}{16^2 \cdot 1160} \cdot \sqrt{3000 \cdot 200^3 \cdot 0,012 \cdot 1,2} = \frac{\sqrt{346\,000\,000}}{256 \cdot 1160} = \frac{18\,600}{297\,000}$$

$$N_r = 0,063 \text{ PS}.$$

Im Gegensatz hierzu wird die Reibungsleistung im Falle A nach Gleichung 78 a

$$N_r = \frac{1}{10^2 \cdot 1160} \cdot \sqrt{3000 \cdot 200^3 \cdot 0,012 \cdot 1,2} = \frac{18\,600}{116\,000} = 0,16 \text{ PS}.$$

Die Reibungsleistung ist also im Falle B bei gleicher Lagerbelastung, gleicher Drehzahl, gleicher Ölzähigkeit und gleichem Lagerlängenverhältnis, offenbar infolge zweckmäßigerer Wahl des Wellendurchmessers, rd. 2,5 mal kleiner als im Falle A bei willkürlich angenommenem Zapfendurchmesser.

Vergleichen wir jedoch beide Lagerungen nach der Betriebssicherheit, so finden wir, daß das Verhältnis sich gänzlich verschiebt.

Im Falle A hatten wir eine Schmierschichtstärke von

$$h'' = 0,025 \text{ mm}$$

bei $N_r = 0,16$ PS, im Falle B eine Schmierschichtstärke von

$$h'' = 0,01 \text{ mm bei } N_r = 0,063 \text{ PS}.$$

Die Betriebssicherheit steht also in direktem Verhältnis zur Reibungsleistung, denn erhöhen wir die Schmierschichtstärke (durch Vergrößern des Zapfendurchmessers) auf 0,025 mm, so kommen wir auch auf die erhöhte Reibungsleistung von 0,16 PS.

Aus diesen Feststellungen können wir allgemein folgern:

Bei gegebenem P, n und z und gewähltem Lagerlängenverhältnis $l:d$ gibt es für jeden Wert der geringsten Schmierschichtstärke einen ganz bestimmten Zapfendurchmesser und ein ganz bestimmtes Lagerspiel, bei welchen die Reibungsleistung ein Minimum wird. Dieser günstigste Zapfendurchmesser ermittelt sich nach Gleichung 79, wobei das Lagerspiel $D - d = d \cdot \psi_{0,5} = 4 \cdot h$ betragen muß. — Es ist also auch hier $\psi_{0,5}$ das günstigste Lagerspiel.

Beispiel 16.

Fall C: Gegeben $P = 3000$ kg; $n = 200$; $d'' = 100$ mm; $l'' = 120$ mm.

Welche Ölzähigkeit in Verbindung mit welchem Lagerspiel ergibt die geringste Reibungsleistung, wenn die geringste Schmierschichtstärke mindestens $h'' = 0,01$ mm betragen soll?

Der Flächendruck ist nach obigem gegeben mit

$$p = \frac{P}{d' \cdot l'} = \frac{3000}{10 \cdot 12} = 25 \text{ kg/cm}^2; \ p_m = 250\,000 \text{ kg/m}^2.$$

Wählen wir für das Lagerspiel den geringsten in Betracht kommenden Wert, $\psi_{0,5}$, so ergibt sich mit $h'' = 0,01$ mm

$$D - d = 4 \cdot h = 4 \cdot 0,00001 = 0,00004 \text{ m}.$$

Damit erhalten wir die geringste Reibungszahl und, da der Zapfendurchmesser gegeben ist, auch die geringste Reibungsleistung. Es wird nach Gleichung 77

$$\mu = \frac{7,5}{0,1} \cdot \sqrt{\frac{4 \cdot 1}{100\,000 \cdot 100\,000}} = \frac{7,5}{0,1} \cdot \sqrt{\frac{1}{25\,000 \cdot 100\,000}} = \frac{7,5}{0,1 \cdot 50\,000},$$

$$\mu = \mu_{\min} = 0,0015.$$

Zur Bestimmung derjenigen Ölzähigkeit, welche erforderlich ist, um der Welle die verlangte Exzentrizität $\chi = 0,5$ zu verleihen und damit den errechneten Reibungswert zu verwirklichen, benutzen wir am einfachsten Gleichung 32 und lösen dieselbe nach z auf. Es ergibt sich dann allgemein

$$\psi_{0,5} = \frac{D - d}{d} = \sqrt{\frac{z \cdot \omega}{p_m}} = \frac{\sqrt{z \cdot \omega}}{\sqrt{p_m}}; \ \sqrt{(D - d)^2 \cdot p_m} = \sqrt{d^2 \cdot z \cdot \omega};$$

$$z = \frac{(D - d)^2 \cdot p_m}{d^2 \cdot \omega},$$

oder

$$z = \frac{9,5 \cdot P \cdot (D - d)^2}{d^4 \cdot n \cdot (l \cdot d)} \text{ kg} \cdot \text{sek/m}^2. \quad\quad\quad\quad 80$$

Nach Einsetzen der Zahlenwerte erhalten wir

$$z = \frac{9,5 \cdot 3000 \cdot 10\,000}{25\,000 \cdot 25\,000 \cdot 200 \cdot 1,2} = \frac{28,5}{15\,000} = 0,0019 \text{ kg} \cdot \text{sek/m}^2$$

entsprechend rd. 3 Engler-Graden. — Würde man statt dessen, wie bei den Beispielen A und B, ein Schmieröl von 18 Engler-Graden, entsprechend $z = 0,012$, verwenden, so wäre die Reibung damit $\sqrt{\dfrac{0,012}{0,0019}} = 2,5$ mal größer (!).

Von Interesse ist noch die Feststellung, welchen Einfluß der Zapfendurchmesser, der im vorliegenden Beispiel willkürlich angenommen war, auf die Reibungsleistung ausübt.

Setzen wir den Wert für μ aus Formel 77 in die allgemeine Gleichung 78 für die Reibungsleistung ein, so erhalten wir

$$N_r = \frac{\mu \cdot P \cdot d \cdot n}{1430} = \frac{7{,}5 \cdot \sqrt{(D-d) \cdot h} \cdot P \cdot d \cdot n}{d \cdot 1430}$$

$$N_r = \frac{P \cdot n \cdot \sqrt{(D-d) \cdot h}}{191} \; \text{PS} \; \ldots \ldots \ldots \ldots \; 81$$

Wie wir sehen, fällt der Zapfendurchmesser aus der Formel für die Reibungsleistung, unter freier Wahl des Schmiermittels, völlig heraus, d. h. das Reibungsminimum, wie die Reibungsleistung im allgemeinen, ist vom Zapfendurchmesser unabhängig, sofern jeweils der richtige Wert für die Ölzähigkeit z eingesetzt wird.

Die Reibungsleistung mit den Zahlenangaben des Beispiels ist nach Gleichung 78a

$$N_r = \frac{1}{10^2 \cdot 1160} \cdot \sqrt{3000 \cdot 200^3 \cdot 0{,}0019 \cdot 1{,}2} = 0{,}0638 \; \text{PS} \,,$$

oder auch nach Formel 81

$$N_r = \frac{3000 \cdot 200 \cdot \sqrt{0{,}00004 \cdot 0{,}00001}}{191} = 0{,}063 \; \text{PS} \,,$$

also bei gleicher geringster Schmierschichtstärke und gleichem Lagerspiel gleich groß wie im Falle B bei günstigstem Zapfendurchmesser.

Die eigentümliche Tatsache, daß bei freier Wahl des Schmiermittels die Reibungsleistung vom Zapfendurchmesser gänzlich unabhängig ist, erklärt sich folgendermaßen:

Die Zähigkeit des Schmiermittels muß stets so groß sein, daß der Zapfen bei dem gegebenen Lagerspiel gerade seine Mittelstellung, d. h. die Exzentrizität $\chi = 0{,}5$ einnimmt. Wird ein großer Zapfendurchmesser gewählt, so ist zur Aufrechterhaltung der Exzentrizität $\chi = 0{,}5$ ein nur wenig zähes Öl erforderlich; bei kleinem Zapfendurchmesser ein Schmiermittel von großer Zähigkeit. Die kleine Zähigkeit bei großer Umfangsgeschwindigkeit (großem Durchmesser) ergibt nun genau die gleiche Reibungsleistung wie große Zähigkeit bei kleiner Umfangsgeschwindigkeit, da Umfangsgeschwindigkeit und Zähigkeit umgekehrt proportional sind. (Bei Verdoppelung des Durchmessers muß die Zähigkeit nach Gleichung 80 $2^4 = 16$ mal kleiner werden. Die Reibungsleistung nach Gleichung 78a wird dann durch Verdoppelung des Durchmessers $2^2 = 4$ mal größer und durch die Zähigkeitsänderung $\sqrt{16} = 4$ mal kleiner; folglich heben die Wirkungen von d und z sich durch umgekehrte Proportionalität auf.)

Die Anwendung starker Wellen mit kleinem Flächendruck ergibt also bei richtiger Wahl der Ölzähigkeit keine größere Reibung als die Anwendung schwacher Wellen mit höherem Flächendruck. Dies ist besonders bei der Bemessung von Kurbelwellen-Lagerzapfen zu beachten, wobei jedoch nicht übersehen werden darf, daß für sämtliche Triebwerkslager ein und dieselbe Ölsorte verwendet werden muß, obschon die Schmierschichttemperatur und damit die Ölzähigkeit bei sämtlichen Lagern verschieden ausfällt. — Die Einschätzung der zu erwartenden Lagertemperatur und damit der Ölzähigkeit in der Schmierschicht bildet eine wichtige, getrennt zu behandelnde Frage und es sei daher ausdrücklich darauf aufmerksam gemacht, daß die bisher hier abgeleiteten Formeln zum praktischen Berechnen von Lagern nicht bestimmt sind, da hierzu die Berücksichtigung der Wärmeentwicklung und Wärmeableitung unerläßlich ist. — Die hier gebrachten Ableitungen sollen nur die wesentlichen inneren Zusammenhänge klären.

Aus obigen Darlegungen können wir für den Fall C folgende Schlußfolgerungen ziehen:

Bei gegebener Lagerbelastung P und gegebener Drehzahl n wird die geringste Reibungsleistung erreicht durch kleinstes Lagerspiel bei geringster Schmierschichtstärke und entsprechender Ölzähigkeit. Das Normallagerspiel $\psi_{0,5}$ mit $D - d = 4 \cdot h$ ist auch hier das günstigste. Die zugehörige Ölzähigkeit ergibt sich aus Gleichung 80, während die Reibungszahl nach Formel 77 und die Gesamtreibungsleistung für $\psi_{0,5}$ nach Gleichung 81 zu ermitteln ist.

Ein Vergleich mit Beispiel 15 zeigt insbesondere noch, daß der Fall B eigentlich nur ein Sonderbeispiel des Falles C darstellt. Ob man einem gegebenen Zapfendurchmesser das Schmiermittel anpaßt oder einem gegebenen Schmiermittel den Zapfendurchmesser, bedeutet hinsichtlich der Reibungsleistung dasselbe.

Beispiel 17.

Fall D: Gegeben $P = 3000$ kg; $n = 200$; $d'' = 100$; $l'' = 120$; $D'' - d'' = 0,05$ mm.

Welche Ölzähigkeit ergibt die geringste Reibungsleistung, wenn die geringste Schmierschichtstärke nicht weniger als $h'' = 0,01$ mm betragen darf?

Die Lösung, die in allgemeiner Form durchgeführt werden soll, ist äußerst einfach, denn es braucht bei Ableitung der Zähigkeit z nur statt des speziellen Wertes $\psi_{0,5} = \sqrt{\dfrac{z \cdot \omega}{p_m}}$ der allgemeine Wert nach Gleichung 30b (S. 114) eingesetzt zu werden. — Wir erhalten mit

$$p_m = \frac{P}{d \cdot l}; \quad D - d = d \cdot \psi; \quad \psi = \frac{d \cdot z \cdot \omega}{3,84 \cdot p_m \cdot h}$$

$$D - d = d \cdot \psi = \frac{d^2 \cdot z \cdot \omega}{3,84 \cdot p_m \cdot h} = \frac{d^2 \cdot z \cdot \omega \cdot d \cdot l}{3,84 \cdot P \cdot h} = \frac{d^3 \cdot l \cdot z \cdot \omega}{3,84 \cdot P \cdot h}$$

und daraus

$$z = \frac{36,5 \cdot P \cdot (D - d) \cdot h}{d^4 \cdot (l : d) \cdot n} \quad \text{kg sek/m}^2 \quad . \quad . \quad . \quad . \quad . \quad 82$$

Der Reibungskoeffizient ermittelt sich, wie bisher, nach Gleichung 77, die Reibungsleistung nach Formel 78a.

Als erforderliche Ölzähigkeit für $h'' = 0,01$ mm erhalten wir nach Gleichung 82

$$z = \frac{36,5 \cdot 3000 \cdot 5 \cdot 1 \cdot 10000}{1 \cdot 1,2 \cdot 100000 \cdot 100000 \cdot 200} = \frac{54,8}{24000} = 0,00228 \text{ kg sek/m}^2.$$

Vorteilhafter wäre, bei gleicher geringster Schmierschichtstärke, ein Lagerspiel von 0,04 mm, so daß das Lagerspiel die normale Größe $\psi_{0,5}$ erhält. Die Reibungsleistung wäre $\sqrt{\dfrac{5}{4}} = 1,12$ mal geringer, da ein entsprechend dünnflüssigeres Öl verwendet werden könnte.

Als Schlußfolgerungen kommen für den Fall D somit dieselben Punkte in Betracht wie für den Fall C: Die geringste Reibung ergibt sich, unabhängig vom Zapfendurchmesser, bei der geringsten Schmierschichtstärke und bei kleinstem Lagerspiel, also bei dem kleinsten Produkt $(D - d) \cdot h$. Jedes Lagerspiel, das größer ist als $\psi_{0,5}$, ergibt bei gleicher Schmierschichtstärke größere Reibung, weil zur Aufrechterhaltung der verlangten Schmierschichtstärke ein zäheres Öl mit höherer innerer Reibung erforderlich wäre.

Wie obige Untersuchungen zeigen, erhält man bei entsprechender Wahl der Ölzähigkeit die geringste Reibung bei kleinstem Lagerspiel und bei geringster Schmierschichtstärke. Bei dem günstigsten Lagerspiel $\psi_{0,5}$ mit $D - d = 4 \cdot h$ und dem äußersten Grenzwert für die geringste Schmierschichtstärke, $h'' = 0,01$ mm, ergäbe sich als günstigstes Lagerspiel für alle Zapfen $D'' - d'' = 0,04$ mm.

Wie schon früher dargelegt, ist die Ausführung so geringer Spiele jedoch nur bei ganz kleinen Zapfen möglich [man beachte, daß das wirkliche, werkstattechnisch auszuführende Lagerspiel $D_w - d$ noch um den Betrag $2 \cdot (\delta + \delta_1)$ kleiner sein muß als $D - d$] und es muß daher gezwungenermaßen bei größeren Zapfen ein größeres Lagerspiel ausgeführt werden; doch immer von dem Grundsatz ausgehend, das Spiel nicht größer zu machen, als es eine bequeme Werkstattausführung verlangt.

Diesen Gesichtspunkten entsprechen die Feinpassungen der deutschen Industrienormen, und zwar kommt für normale Fälle die D I-Norm-Laufsitzpassung „L in B" in Betracht, da der „enge Laufsitz" einerseits bei großen Durchmessern schwer einzuhalten ist, andererseits bei normaler Oberflächenbearbeitung vielfach zu strenge Passung ergibt.

Die eigentlichen Schwierigkeiten beim Herstellen enger Laufsitze liegen nicht etwa in dem schwierigen Treffen der geforderten Differenz zwischen Zapfen- und Lagerschalendurchmesser, sondern vielmehr in der sich bei den üblichen Bearbeitungsverfahren ergebenden ungenügenden Genauigkeit der Zylinderform. Die Zapfen zeigen innerhalb der Lagerlänge, selbst bei sorgfältiger Bearbeitung, geringe Unterschiede im Durchmesser, so daß die Zapfenmantelfläche keine einwandfrei gerade Linie aufweist. Die Ungenauigkeiten der Lagerbohrungen sind noch größer: hier kann meistens ein schlangenartiger Verlauf der Mittellinie festgestellt werden, hervorgerufen durch Ungleichheiten im Transport bzw. Vorschub des Werkzeuges oder auch durch ungleichmäßige Werkstoffabnahme beim Bearbeitungsvorgang infolge stellenweise verschiedener Werkstoffhärte und damit verbundener ungleicher elastischer Rückfederung des Schneide- bzw. Schleifwerkzeuges.

Hierdurch ergibt sich die scheinbar unerklärliche Tatsache, daß Zapfen, die vorschriftsmäßig nach Laufsitzgrenzlehren ausgeführt sind, vielfach in die zugehörigen Normalbohrungen gar nicht hineingehen, geschweige denn in den Bohrungen „laufen". — Die Ursache liegt hier nur in ungenügend genauer Zylinderform: die Achse der Lagerbohrung verläuft entweder S-förmig oder bajonettförmig oder ist einseitig ge-

krümmt; oder aber es liegen außerdem noch geringe Durchmesser-
unterschiede vor.

Die praktische Auswirkung derartiger, bei feinen Passungen kaum
zu vermeidender Herstellungsungenauigkeiten äußert sich bekanntlich
derart, daß Zapfen und Bohrung, trotz eingehaltener Durchmesserdifferenz an den Meßstellen, nicht, wie es sein sollte, leicht ineinandergehen,
sondern mehr oder weniger stark klemmen. So wurde z. B. festgestellt,
daß normal hergestellte Wellen von 70 mm Durchmesser in Bohrungen
von 70,02 mm Durchmesser und etwa 70 mm Länge durch Hammer-
schläge hineingetrieben werden mußten, während anschließend daran
angestellte Sonderversuche bei angenähert gleichartiger Oberflächenbearbeitung, aber sorgfältig eingehaltener Zylinderform, zeigten, daß
Zapfen und Bohrung selbst bei 100 mm Durchmesser und nur 0,01 mm
Spiel, ja selbst bei 0,005 mm Luft, noch anstandslos leicht übereinander-
zuschieben gingen, so daß noch von einem wirklichen „Laufsitz" gesprochen werden konnte. Das Nichthineinpassen eines Außenzylinders
in einen Hohlzylinder von etwas größerem Durchmesser ist somit durch
obige Untersuchungen restlos aufgeklärt; in gleicher Weise erklärt sich
auch die bekannte Erfahrungstatsache, daß normal hergestellte Hohlzylinder um so mehr Spiel brauchen, um über die zugehörige Welle zu
gehen, je länger sie sind.

Diese Erscheinungen sind es auch namentlich, die ein „Einlaufen"
von Lagern meistens unumgänglich machen und vor dem rechnerischen
Zulassen zu geringer Schmierschichtstärken warnen. Es war dies mit
der Hauptgrund für die Wahl des Laufsitzes als normales Lagerspiel an
Stelle des engen Laufsitzes.

Zahlentafel 15 gibt die Lagerspiele und die Reibungszahlen für verschiedene Zapfendurchmesser und Schmierschichtstärken wieder, wobei
dem wirklichen Lagerspiel $D_w'' - d''$ die Mittelwerte der Laufsitzfein-
passung „L in B" zugrunde gelegt sind. Das den Berechnungen unter-
legte ideelle Lagerspiel $D'' - d''$ ist gleich $(D_w'' - d'') + 0,02$ mm angenommen*). In der letzten Zeile der Zahlentafel sind als praktische
Grenzwerte für größte Betriebssicherheit auch die Schmierschichtstärken
$h_{0,5}'' = 0,25 \cdot (D'' - d'')$ eingetragen, deren Wahl stets zu bevorzugen ist.

Mit den oben angeführten Lagerspielen wird man, bei freier Wahl
des Schmiermittels und beweglichen Lagerschalen, wohl in allen normalen Fällen auskommen. Bei hoher Drehzahl, kleinem Flächendruck
und großem Zapfendurchmesser werden die Lagerspiele des Laufsitzes
mit $\psi_{0,5}$ hinlänglich geringe Reibungszahlen ergeben, bei Verwendung
der erforderlichen, sehr dünnflüssigen Schmieröle, während für schwer
belastete, langsam laufende Zapfen von geringerem Durchmesser zäh-
flüssige Schmiermittel, bei entsprechend erhöhter Reibung, Verwendung
finden müssen. Im letzteren Falle spielt jedoch die Reibungszahl stets
eine untergeordnete Rolle.

Zu beachten ist bei Benutzung der Zahlentafel 15 und der Formel 82
noch besonders, daß den Tabellenwerten das mittlere Lagerspiel zu-

---

*) Nur beim kleinsten Durchmesser betrug der Zuschlag 0,015 mm.

Zahlentafel 15. Lagerreibungszahlen für DI-Norm-Laufsitzpassung (Mittelwert) bei verschiedener Schmierschichtstärke.

	25	50	75	100	150	200	250	300	350	400	450	500
$(D'' - d'')_{max}$ mm	0,085	0,095	0,11	0,125	0,14	0,155	0,155	0,17	0,17	0,2	0,2	0,2
$(D'' - d'')_{mittel}$ mm	0,06	0,07	0,08	0,09	0,1	0,11	0,11	0,12	0,12	0,14	0,14	0,14
$(D''_w - d'')_{max}$ mm	0,067	0,075	0,09	0,105	0,12	0,135	0,135	0,15	0,15	0,18	0,18	0,18
$(D''_w - d'')_{mittel}$ mm	0,045	0,05	0,06	0,07	0,08	0,09	0,09	0,1	0,1	0,12	0,12	0,12
Zapfendurchm. d'' mm	**25**	**50**	**75**	**100**	**150**	**200**	**250**	**300**	**350**	**400**	**450**	**500**
μ für $h'' = 0,005$ mm	0,0052	0,00284	0,002	0,0016	0,00113	0,00116	0,00071	0,00061	0,00052	0,0005	0,00044	0,0004
μ „ $h'' = 0,01$ „	0,0074	0,004	0,00284	0,00226	0,0016	0,00125	0,001	0,00087	0,00074	0,0007	0,00062	0,00056
μ „ $h'' = 0,015$ „	0,0091	0,0049	0,00348	0,00277	0,00196	0,00153	0,00122	0,00106	0,00091	0,00086	0,00077	0,00069
μ „ $h'' = 0,02$ „			0,004	0,0032	0,00226	0,00177	0,00142	0,00123	0,00104	0,00099	0,00089	0,0008
μ „ $h'' = 0,025$ „					0,00253	0,00198	0,00158	0,00138	0,00117	0,00111	0,00099	0,00089
μ „ $h'' = 0,03$ „								0,0015	0,00128	0,00121	0,00108	0,00097
μ „ $h'' = 0,035$ „										0,00131	0,00117	0,00105
$h''_{max} = h''_{0,5}$ mm	0,015	0,0175	0,02	0,0225	0,025	0,0275	0,0275	0,03	0,03	0,035	0,035	0,035
μ für $h''_{0,5}$	0,0091	0,0053	0,004	0,0034	0,0253	0,00208	0,00166	0,0015	0,00128	0,00131	0,00117	0,00105

grunde gelegt ist; die Ölzähig-keit sollte jedoch zur Sicherheit nach dem größten möglichen Lagerspiel bemessen werden, das der Vollständigkeit halber in Zahlentafel 15 ebenfalls mit eingetragen ist. — Über die Bestimmung der Ölzähig-keit in Abhängigkeit von der zu erwartenden Lagertempera-tur soll im nächsten Abschnitt berichtet werden.

Vor der Annahme zu ge-ringer Schmierschichtstärken, mit der Absicht, möglichst niedrige Reibungsverluste zu erhalten, muß eindringlich gewarnt werden. Wird die zulässige kleinste Schmier-schichtstärke zu gering veran-schlagt, so tritt infolge Un-ebenheiten der Bearbeitung, mangelhafter Genauigkeit der Zylinderform oder Durchbie-gungen des Zapfens halb-flüssige Reibung auf, und die dementsprechende Reibungs-leistung kann das angestrebte Reibungsminimum um ein Vielfaches übersteigen; es würde somit genau das Gegenteil von dem erreicht, was angestrebt wurde.

Halbflüssige Reibung soll daher grundsätzlich vermieden werden. Sie führt zum min-desten zu gefährlichen Tem-peratursteigerungen beim Ein-laufen, sofern die Schmier-schicht nach erfolgter Glättung der Lagerschale die gesamte Lagerbelastung zu tragen ver-mag. Ist letzteres (z. B. wegen zu dünnflüssigen Schmiermit-tels) nicht der Fall, dann ist mit dauerndem Verschleiß in-folge halbflüssiger Reibung zu rechnen, und von einer positiven Betriebssicherheit kann keine Rede sein, sofern die Temperatur eines solchen Lagers sich überhaupt in zulässigen Grenzen halten läßt.

Zusammenfassung.

1. Die Größe der Lagerreibungszahl ist nach Gleichung 77 lediglich von der Größe des Zapfendurchmessers, des Lagerspieles und der geringsten Schmierschichtstärke abhängig. Letztere ist ihrerseits von der Ölzähigkeit, dem Lagerspiel, dem Flächendruck und der Gleitgeschwindigkeit abhängig.

2. Bei gegebener Lagerbelastung und Drehzahl, gegebenen Zapfenabmessungen und gegebener Ölzähigkeit ist die Lagerreibungszahl und damit die Reibungsleistung durch Gleichung 73 gegeben und kann bei flüssiger Reibung durch Verändern des Lagerspieles nicht verändert bzw. verringert werden. Das günstigste Lagerspiel ist $\psi_{0,5}$, da damit die größte Schmierschichtstärke erzielt wird.

3. Bei gegebener Lagerbelastung und Drehzahl und gegebener Ölzähigkeit wird die Reibungsleistung um so geringer, je kleiner der Zapfendurchmesser. — Der kleinste praktisch mögliche Zapfendurchmesser ist nur durch die geringste zulässige Schmierschichtstärke bzw. durch die Größe des geringsten ausführbaren Lagerspieles begrenzt. Der „günstigste" Zapfendurchmesser, bei dem die Reibungsleistung praktisch ihr Minimum findet, ergibt sich nach Gleichung 79, wobei das Lagerspiel $D - d = 4 \cdot h$ betragen muß.

4. Bei gegebener Lagerbelastung und Drehzahl gibt es für jeden Wert der Schmierschichtstärke bei gegebener Ölzähigkeit einen ganz bestimmten Zapfendurchmesser, bei gegebenem oder angenommenem Zapfendurchmesser eine ganz bestimmte Ölzähigkeit, bei der die geringste Reibungsleistung auftritt. Das Reibungsminimum setzt immer kleinste Schmierschichtstärke bei $D - d = 4 \cdot h$ voraus. — Ist die Ölzähigkeit nicht vorgeschrieben, so ergibt sich die geringste Reibungsleistung, unabhängig vom Zapfendurchmesser, nach Gleichung 81; die zugehörige Ölzähigkeit nach Gleichung 80. — Die Reibungsleistung ist allgemein um so größer, je größer die geringste Schmierschichtstärke. Reibungsminimum und hohe Betriebssicherheit sind daher Gegensätze.

5. In allen normalen Fällen (bei beweglichen Lagerschalen) kann das Lagerspiel nach D I-Norm-Laufsitzpassung „L in B" ausgeführt werden. Enger Laufsitz gibt bei normaler Bearbeitung und größeren Lagerlängen infolge nicht genau zylindrischer Bohrung unter Umständen zu enge Passungen, die als Lagerlaufsitze ohne weiteres nicht zu brauchen sind.

6. Vor der Annahme zu geringer zulässiger Schmierschichtstärken zwecks Erreichung geringster Reibung muß unbedingt gewarnt werden; es kann durch Ungenauigkeiten der Bearbeitung, Verbiegung der Welle oder geringere Ölzähigkeit (z. B. infolge zu hoher Lagertemperatur) zu leicht halbflüssige Reibung auftreten, wodurch nicht nur die Reibungsverluste erhöht werden, sondern auch Betriebsstörungen veranlaßt werden können.

16. Die Beherrschung der Lagerreibungswärme.

Die Zähigkeit des Schmiermittels in der Schmierschicht war bisher als eine gegebene Größe angenommen worden. Wir hatten uns jedoch noch keine Rechenschaft darüber gegeben, in welcher Weise bei einem bestimmten Schmiermittel die im praktischen Betriebe zu erwartende Ölzähigkeit eingeschätzt werden soll.

Wir wissen, daß die Zähigkeit eines Schmiermittels in hohem Maße von dessen Temperatur abhängig ist; wir wissen ferner, daß die Temperatur des Schmiermittels im Lager von der entwickelten Reibungswärme und diese wiederum von der Ölzähigkeit abhängig ist. Es besteht somit eine doppelte gegenseitige Abhängigkeit zwischen Lagerreibung, Ölzähigkeit und Lagertemperatur, deren innere Zusammenhänge geklärt werden müssen, wenn eine Vorausschätzung der Lagertemperatur und damit der Ölzähigkeit bei gegebenem Schmiermittel möglich werden soll.

Zur Beurteilung der Lagertemperatur im allgemeinen ist zunächst die Kenntnis der Wärme-Entwicklung und der Wärme-Ableitungsverhältnisse erforderlich, von deren Zusammenwirken die Erwärmung eines Lagers im Betriebe abhängt.

Der Vorgang der Verteilung und Ableitung der Reibungswärme vollzieht sich etwa in folgender Weise:

Die durch Lagerdruck, Reibungszahl und Gleitgeschwindigkeit gegebene Reibungswärme wird durch die mit der Lagerschale in wärmeleitender Verbindung stehenden Teile, also den Lagerbock, den Lagerdeckel, etwaige Fundamentplatten, die Welle mit etwaigen Riemenscheiben, Rädern usw., in der Hauptsache an die Luft der Umgebung abgeführt. Der Wärmeübergang an die Luft erfolgt teils durch Leitung, teils durch Strahlung und ist verhältnismäßig um so lebhafter, je größer der Temperaturunterschied zwischen Lagerkörper und Luft.

Nach erfolgter Inbetriebnahme wird die im Lager erzeugte Reibungswärme sich in den wärmeableitenden Teilen so lange stauen und dadurch eine Temperaturerhöhung derselben bewirken, bis die Wärmeabgabe an die Luft der in der gleichen Zeit im Lager erzeugten Reibungswärme gleich geworden ist. Alsdann tritt Beharrung ein: die sekundliche Wärme-Entwicklung ist gleich der sekundlichen Wärme-Ableitung, und jeder Teil des ganzen an der Wärmeableitung teilnehmenden Systems bleibt thermisch im Gleichgewicht, d. h. behält dauernd die angenommene Temperatur.

Da die Wärme sich vom Erzeugungsorte — dem Lagerlauf — durch wärmeleitende Verbindung (Kontakt) mit den anschließenden Teilen nach allen Richtungen fortzupflanzen sucht, gleichzeitig aber eine ständige Wärmeabfuhr von allen erwärmten Oberflächen des Systems stattfindet, muß die Oberflächentemperatur des wärmeableitenden Systems nach Maßgabe seiner Entfernung von der Lagermitte mehr und mehr, bis schließlich auf die Raumtemperatur, abnehmen.

Wie wir sehen, handelt es sich bei der Wärmeableitung durch die Luft der Umgebung um einen sich selbsttätig einregulierenden Gleichgewichtszustand, der prinzipiell, d. h. rein thermisch, in jedem Falle eintreten müßte. Je nach den Verhältnissen kann die höchste Temperatur des Systems — die Temperatur in der Schmierschicht — hierbei jedoch unter Umständen so hoch steigen, daß ein praktischer Betrieb nicht mehr möglich wäre. Die unzulässigen Verzerrungen mancher Lagermetalle (Bronze), die Eigentümlichkeit anderer, bei gewissen Temperaturen rissig zu werden, zu „schmieren" und schließlich zu schmelzen (Weißmetall), sowie die mit wachsender Temperatur zunehmende Dünnflüssigkeit des Schmieröles, die schließlich zum Auftreten halbflüssiger Reibung und damit zu verstärkter Wärmeentwicklung führen würde, setzen der zulässigen Lagertemperatur praktisch eine bestimmte obere Grenze, deren Überschreitung eine unmittelbare betriebstechnische Gefahr bedeuten würde.

Aus diesem Grunde muß in solchen Fällen, wo die natürliche Kühlung allein zu hohe Lagertemperaturen ergeben würde, die Mithilfe künstlicher Kühlung herangezogen werden. Letztere kann bestehen in verstärktem Luftwechsel (Zugluft oder Anblasen mittels Ventilatoren), Wasserkühlung der Lagerschalen oder Welle oder Speisung des Lagers mit gekühltem Preßöl, das in reichlichen Mengen zwischen der nichtbelasteten Lagerschale und dem derselben jeweils zugewandten Teil der Wellenoberfläche hindurchgepumpt wird, wobei ein kleiner Teil dieser Ölmenge gleichzeitig zum Schmieren dient.

Bei der letztgenannten Methode, die eine sehr intensive und gleichmäßige Wärmeableitung ermöglicht, wird die im Lager entstehende Reibungswärme zum größten Teil unmittelbar durch das unter Druck zugeführte Schmieröl abgeführt. Dem Öl wird dann in einem abseits angeordneten, durch Wasser oder Luft gekühlten Röhrensystem die überschüssige Wärme entzogen und das gekühlte Öl dem Lager (in stetem Kreislauf) wieder zugeführt. Mitunter genügt schon die Kühlung des Öles im Abflußrohr durch die umgebende Luft.

Was die Intensität der verschiedenen Wärmeableitungsarten betrifft, so sind mit der künstlichen Ölkühlung, Wasserkühlung und Luftkühlung wohl die kräftigsten Wirkungen erzielbar. In den weitaus meisten Fällen genügt jedoch entweder die natürliche Luftkühlung allein oder in Verbindung mit Preßschmierung.

Die Frage, ob natürliche Kühlung genügt oder ob künstliche Kühlung hinzutreten muß und in welchem Maße, kann nur durch eine quantitative Gegenüberstellung der Wärme-Entwicklung und Wärme-Abfuhrverhältnisse entschieden werden.

Die gesamte Wärme-Entwicklung eines Gleitlagers bestimmt sich zu

$$\varrho = \frac{P \cdot \mu \cdot \omega \cdot r \cdot 3600}{427} \text{ WE/st} \quad \ldots \ldots \quad 83$$

Setzt man für μ den Mittelwert für endliche Lagerlänge, $\mu = 3{,}8 \cdot \sqrt{\dfrac{z \cdot \omega}{p_m}}$ nach Formel 73, ferner $\omega \cdot r = \dfrac{\omega \cdot d}{2} = v = $ der Umfangs- oder Gleitgeschwindigkeit in m/sek und dementsprechend $\omega = \dfrac{2 \cdot v}{d}$, so erhält man

$$\mu = 3,8 \cdot \sqrt{\frac{z \cdot 2 \cdot v}{p_m \cdot d}} = 5,4 \cdot \sqrt{\frac{z \cdot v}{p_m \cdot d}} \quad \ldots \ldots \text{73a}$$

und

$$\varrho = \frac{P \cdot 5,4 \cdot \sqrt{\dfrac{z \cdot v}{p_m \cdot d}} \cdot v \cdot 3600}{427} = 45,5 \cdot P \cdot v \cdot \sqrt{\frac{z \cdot v}{p_m \cdot d}}$$

oder, wenn man $P = p_m \cdot l \cdot d$ setzt und das v noch mit unter die Wurzel bringt,

$$\varrho = 45,5 \cdot p_m \cdot d \cdot l \cdot \sqrt{\frac{z \cdot v^3}{p_m \cdot d}} = \sqrt{\frac{45,5^2 \cdot p_m^2 \cdot d^2 \cdot l^2 \cdot z \cdot v^3}{p_m \cdot d}},$$

$$\varrho = 45,5 \cdot l \cdot \sqrt{p_m \cdot v^3 \cdot z \cdot d} \; \text{WE/st} \ldots \ldots \text{84}$$

Um ein Verhältnismaß für die Wärmeentwicklung zu erhalten, beziehen wir dieselbe auf $1 \, \text{m}^2$ der Zapfenlauffläche $d \cdot \pi \cdot l$, womit sich als **spezifische Wärmeentwicklung** ergibt

$$\frac{\varrho}{d \cdot \pi \cdot l} = \frac{45,5 \cdot l \cdot \sqrt{p_m \cdot v^3 \cdot z \cdot d}}{d \cdot \pi \cdot l} = \sqrt{\frac{45,5^2 \cdot l^2 \cdot p_m \cdot v^3 \cdot z \cdot d}{d^2 \cdot \pi^2 \cdot l^2}}$$

$$= \frac{45,5}{\pi} \cdot \sqrt{\frac{p_m \cdot v^3 \cdot z}{d}} = \varrho_1 \; \text{WE/st} \cdot \text{m}^2 \,.$$

Die je Quadratmeter Lagerschalen-Innenfläche $d \cdot \pi \cdot l$ entwickelte Reibungswärme beträgt demnach

$$\varrho_1 = 14,5 \cdot \sqrt{\frac{p_m \cdot v^3 \cdot z}{d}} \; \text{WE/st} \ldots \ldots \text{85}$$

wobei d und l in Metern; v in m/sek; p_m in kg/m² und z in kg $\cdot$ sek/m² einzusetzen ist.

Wie aus Gleichung 85 ersichtlich, ist die spez. Wärmeentwicklung oder Reibungsleistung nicht, wie früher angenommen wurde, einfach dem Produkt $p \cdot v$ proportional, sondern die spez. Reibungsleistung ist der 0,5ten Potenz des Flächendruckes und der abs. Ölzähigkeit und der 1,5ten Potenz der Gleitgeschwindigkeit direkt, und der 0,5ten Potenz des Zapfendurchmessers umgekehrt proportional. Vor allem wurde also der Einfluß der Gleitgeschwindigkeit erheblich unterschätzt, der Einfluß der Flächenpressung hingegen überschätzt, während Ölzähigkeit und Zapfendurchmesser überhaupt keine Berücksichtigung fanden.

Selbstverständlich kann man in Formel 84 und 85 auch die Drehzahl n statt der Gleitgeschwindigkeit v erscheinen lassen. Wir erhalten mit

$$v = \frac{d \cdot \pi \cdot n}{60} \; \text{m/sek}$$

$$v^3 = \frac{d^3 \cdot \pi^3 \cdot n^3}{60^3} = \frac{d^3 \cdot n^3 \cdot 31}{216\,000} = \frac{d^3 \cdot n^3}{7000}.$$

Setzt man diesen Wert in Gleichung 84 und 85 ein, so wird

$$\varrho = 45{,}5 \cdot l \cdot \sqrt{\frac{p_m \cdot z \cdot d \cdot d^3 \cdot n^3}{7000}} = \frac{45{,}5}{83{,}5} \cdot \sqrt{p_m \cdot z \cdot n^3 \cdot d^4},$$

$$\varrho = 0{,}545 \cdot d^2 \cdot \sqrt{p_m \cdot z \cdot n^3} \ \text{WE/st} \ \dots \dots \dots \ 84\,\text{a}$$

oder

$$\varrho = 0{,}545 \cdot d \cdot \sqrt{\frac{P \cdot n^3 \cdot z}{(l:d)}} \ \text{WE/st} \ \dots \dots \dots \ 84\,\text{b}$$

und

$$\varrho_1 = 14{,}5 \cdot \sqrt{\frac{p_m \cdot z \cdot d^3 \cdot n^3}{d \cdot 7000}} = \frac{14{,}5}{83{,}5} \cdot \sqrt{p_m \cdot z \cdot d^2 \cdot n^3},$$

$$\varrho_1 = 0{,}174 \cdot d \cdot \sqrt{p_m \cdot z \cdot n^3} \ \text{WE/st} \cdot \text{m}^2 \ \dots \dots \dots \ 85\,\text{a}$$

oder

$$\varrho_1 = 0{,}174 \cdot \sqrt{\frac{P \cdot n^3 \cdot z}{(l:d)}} \ \text{WE/st} \cdot \text{m}^2 \ \dots \dots \dots \ 85\,\text{b}$$

Wenden wir uns nun der Wärme-Ableitung zu. — Wie wir bereits feststellten, gibt ein im Betriebe befindliches, mit natürlicher Kühlung arbeitendes Lager in der Zeiteinheit genau soviel Wärme an die Luft der Umgebung ab, als in der Schmierschicht in der Zeiteinheit durch Reibung erzeugt wird. Die gesamte Wärmemenge, die ein Lager mit seinen anschließenden Teilen im Verlauf einer Stunde an die Luft der Umgebung abzuführen vermag, sei mit α bezeichnet.

Von der spezifischen Wärmeabgabe eines Lagers erhalten wir einen für unsere Betrachtungen geeigneten Begriff, wenn wir die stündliche Wärmeableitung wiederum auf die gesamte Innenfläche der Lagerschale beziehen, nämlich auf die Mantelfläche $d \cdot \pi \cdot l$ in Metern. Wir bilden damit in Übereinstimmung mit ϱ_1 den Begriff der spezifischen Wärmeabgabe α_1 und setzen

$$\alpha_1 = \frac{\alpha}{d \cdot \pi \cdot l} \ \text{WE/st} \cdot \text{m}^2 \ \dots \dots \dots \ 86$$

Die spez. Wärmeabgabe ist allgemein um so höher, je höher die Übertemperatur; d. h. die „Ausstrahlfähigkeit"*) für je 1° Temperaturunterschied zwischen Lager- und Raumtemperatur ist bei höheren Wärmegraden größer als bei niedrigen. Bei 40° Temperaturunterschied leitet ein Lager also mehr als doppelt soviel Wärme ab, als bei 20° Temperaturunterschied. Man kann daher die spez. Wärmeableitungsfähigkeit α_1 als Funktion der Temperaturdifferenz $(\Theta - \Theta_1)$ darstellen. Hierbei ist Θ die mittlere Temperatur des Schmiermittels in der Schmierschicht und Θ_1 die Temperatur der umgebenden Luft in

---

*) Der Ausdruck ist unrichtig, da es sich vorwiegend um Wärmeübergang durch Leitung (an die Luft der Umgebung) und nur in ganz geringem Maße um Ausstrahlung handelt, doch sei diese Bezeichnung der Kürze und hergebrachten Üblichkeit wegen gestattet.

Grad Celsius. Bei Lagern mit eigenem Schmiermittelumlauf (Ring-schmierlagern) und natürlicher Kühlung kann die mittlere Schmier-schichttemperatur im Beharrungszustande mit genügender Annäherung gleich der mittleren Lagerschalentemperatur gesetzt werden.

Die Außentemperatur der wärmeabführenden Oberflächen, also des Lagers und der mit diesem in Verbindung stehenden Teile, wird je nach der Entfernung vom Lagerzentrum (Schmierschicht als Wärmequelle) tiefer liegen als die Öltemperatur in der Schmierschicht; sie wird, wie oben dargelegt, in gewisser Entfernung vom Lagerzentrum schließlich der Raumtemperatur gleich sein. Die tatsächliche Höhe dieser Ober-flächentemperatur wollen wir jedoch aus unseren Betrachtungen völlig ausscheiden und nur mit der Schmierschicht- oder Öltemperatur und der Außenlufttemperatur rechnen.

Die zahlenmäßige Größe der Wärmeableitung eines im Betriebe be-findlichen Lagers pro Quadratmeter Lagerinnenfläche $(d \cdot \pi \cdot l)$ ist von den mannigfaltigsten Begleitumständen abhängig, und so weisen daher die von verschiedenen Seiten durchgeführten experimentellen Unter-suchungen dementsprechend ziemlich erhebliche Abweichungen auf.

Die wohl umfangreichsten und vielseitigsten Untersuchungen dieser Art sind die von O. Lasche[39]). Sie erstrecken sich sowohl auf normale Ringschmierlager wie auf Turbinenlager mit und ohne Welle und auch auf einzelne Lagerschalen, und zwar wurden Lager von 60 bis 450 mm Durchmesser untersucht, so daß den Ergebnissen wohl ziemliche All-gemeingültigkeit beigemessen werden darf.

Abb. 38 zeigt eine Kurve der spezifischen Wärmeabgabe α_1 für na-türliche Luftkühlung für verschiedene Temperaturunterschiede $(\Theta - \Theta_1)$ nach den von Lasche durchgeführten Versuchen und darunter, schwach ausgezogen, eine auf rechnerischem Wege bestimmte Kurve der gering-sten Wärmeausstrahlfähigkeit für unendlich dünne Lagerschalenstärke (also Lageraußenoberfläche = Zapfenmantelfläche) als untersten Grenz-wert.

Die Kurve für α_1 ist hierbei nach der Gleichung

$$\frac{\alpha}{d \cdot \pi \cdot l} = \alpha_1 = 17 \cdot (\Theta - \Theta_1)^{1,3} \text{ WE/st} \cdot \text{m}^2 \quad \ldots \quad 87$$

verzeichnet, deren Charakter sich mit dem mittleren Verlauf der ein-gezeichneten Versuchswerte Lasches recht befriedigend deckt.

Die von Lasche gebrachte, nach einer Formel der „Hütte" berech-nete untere Grenzkurve für den ungünstigsten (praktisch unmöglichen) Fall der Wärmeabgabe bei relativ kleinster wärmeableitender Lager-oberfläche ist hier ebenfalls durch eine Exponentialkurve wiedergegeben, und zwar durch die Gleichung

$$\alpha_0 = \frac{\alpha_1}{6} = 2,83 \cdot (\Theta - \Theta_1)^{1,3} \text{ WE/st} \cdot \text{m}^2, \quad \ldots \quad 88$$

deren Verlauf sich mit jener Kurve ganz vorzüglich deckt.

Ein Vergleich der Kurven α_0 und α_1 lehrt uns, daß Lager mit nor-malem Gehäuse und betriebsmäßig eingelegter (stillstehender oder umlaufender) Welle gegenüber einer äußerst dünnen Lagerschale ohne Gehäuse und ohne Welle durch Vergrößerung der wärmeableitenden Oberfläche im Mittel pro Quadratmeter Lagerinnenfläche die sechsfache Wärmemenge abzuleiten vermögen. Da α_1 nach Gleichung 87 den Normalfall darstellen dürfte, der in der Praxis vorherrschend anzutreffen sein wird, soll diese Größe als Bezugsmaß für die Wärmeableitfähigkeit angenommen werden. Um dieses zum Ausdruck zu bringen, versehen wir den Gleichwert von α_1 mit einem Faktor, der im vorliegenden Falle $= 1$ gesetzt, in abweichenden Fällen größer oder kleiner als 1 angenommen werden soll*). Dieser Faktor der „individuellen" Wärme-

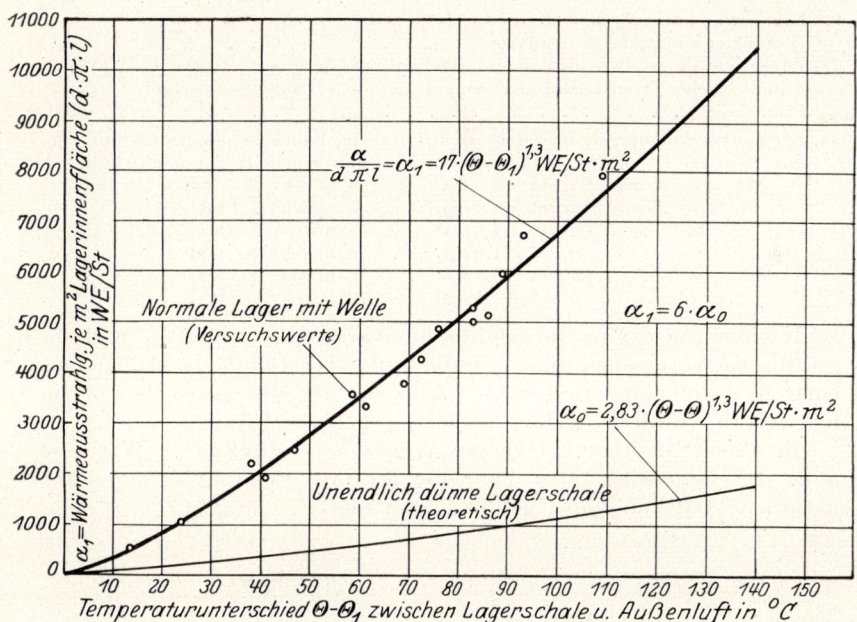

Abb. 38. Spezifische Wärmeableitfähigkeit von Ringschmierlagern und Preßschmierlagern nach praktischen Versuchen.

ableitfähigkeit, oder kurz „Ausstrahlfähigkeit" genannt, werde mit A bezeichnet, so daß wir allgemein erhalten

$$\alpha_1 = 17 \cdot A \cdot (\Theta - \Theta_1)^{1,3} \; \text{WE/st} \cdot \text{m}^2 \quad \ldots \ldots \quad 89$$

Zahlentafel 16 enthält geschätzte Werte für A unter verschiedenen Betriebsverhältnissen und soll bei der neuen Berechnungsmethode einen vorläufigen Anhalt bieten, solange bestimmtere Zahlenwerte noch nicht vorliegen.

---

*) Wissenschaftlich richtiger wäre die Annahme $\alpha_0 = 1$ gewesen, doch hätte man dann dauernd mit größeren Zahlen zu rechnen, die zudem noch im Quadrat auftreten.

Zahlentafel 16.

Individuelle Wärmeableitfähigkeit („Ausstrahlfähigkeit") von Lagern bei ruhender und bei bewegter Luft.

1. Lager mit unendlich dünner Lagerschalen- und Gehäusewandung, ohne Welle (rein theoretischer unterster Grenzwert)
für ruhende Luft $A = 0{,}17$

2. Lager mit kleinem Lagergehäuse, mit eingelegter Welle (einfache Tropföllager, Auglager u. ähnl.) . . . . für ruhende Luft $A = 0{,}7$

3. Lager mit größerem Lagergehäuse, mit eingelegter Welle (Transmissionslager, Außenlager, Ringschmierlager allgemein, Kurbelzapfenlager, Framelager . . . . für ruhende Luft $A = 1{,}0$

4. Lager wie unter 2, jedoch in der Nähe einer rotierenden Scheibe . $A = 1{,}5$

5. Lager wie unter 2, jedoch in unmittelbarer Nähe einer rotierenden Scheibe oder Ventilation zu beiden Seiten . . . . $A = 2{,}0$

6. Lager wie unter 3, jedoch in der Nähe einer rotierenden Scheibe (Transmissionslager, Außenlager) . . . . $A = 2{,}5$

7. Lager wie unter 3, jedoch in unmittelbarer Nähe einer rotierenden Scheibe oder Ventilation zu beiden Seiten (Transmissionslager, Framelager) . . . . $A = 3{,}0$

3a. Bei Kurbelzapfenlagern*) erhöht sich A mit der Kurbelzapfengeschwindigkeit, und zwar ist $A \, (= 1{,}0)$ zu vergrößern bei einer Kurbelzapfengeschwindigkeit
von 0,5 m/sek   2,3 mal   bei   6 m/sek   6,6 mal
bei   1 m/sek   3 mal   „   7 m/sek   7,1 mal
„   2 m/sek   4 mal   „   8 m/sek   7,6 mal
„   3 m/sek   4,8 mal   „   9 m/sek   8 mal
„   4 m/sek   5,5 mal   „   10 m/sek   8,4 mal
„   5 m/sek   6,1 mal   „   12 m/sek   9,2 mal

Nachdem wir nun die spezifische Wärmeentwicklung ϱ_1 und die spezifische Wärmeableitung α_1 festgelegt haben, kann die Aufstellung einer Wärmebilanz erfolgen. — Zunächst sei die Wärmebilanz für natürliche Kühlung durchgeführt.

In allen Fällen muß erzeugte Wärme/st = abgeführter Wärme/st sein. Da im vorliegenden Falle die gesamte Reibungswärme durch natürliche Luftkühlung abgeführt wird, muß

$$\varrho_1 = \alpha_1 \quad . . . . \quad 90$$

sein. Wir setzen somit Gleichung 85 = Gleichung 89 und erhalten

$$14{,}5 \cdot \sqrt{\frac{p_m \cdot v^3 \cdot z}{d} \cdot z} = 17 \cdot A \cdot (\Theta - \Theta_1)^{1,3},$$

$$(\Theta - \Theta_1)^{1,3} = \frac{14{,}5}{17 \cdot A} \cdot \sqrt{\frac{p_m \cdot v^3 \cdot z}{d}} = \frac{1}{1{,}17 \cdot A} \cdot \sqrt{\frac{p_m \cdot v^3 \cdot z}{d}},$$

$$\Theta - \Theta_1 = \sqrt[1,3]{\frac{1}{1{,}17 \cdot A} \cdot \sqrt{\frac{p_m \cdot v^3 \cdot z}{1{,}37 \cdot d}}} = \sqrt[1,3]{\sqrt{\frac{p_m \cdot v^3 \cdot z}{1{,}37 \cdot A^2 \cdot d}}}$$

oder

$$\Theta = \Theta_1 + \sqrt[2,6]{\frac{p_m \cdot v^3 \cdot z}{1{,}37 \cdot A^2 \cdot d}} \text{ Grad} \quad . . . . . . \quad 91$$

---

*) Die vollkommenste Wärmeableitung, wie sie z. B. bei Schubstangenlagern von Rennwagen erzielt wird, erhält man durch unmittelbares Einlöten der Lagerschale in die Schubstange. Die schlechteste Wärmeableitung ist gegeben durch Ansammlungen von Sickeröl zwischen Lagerschale und Lagerkörper, da Öl in hohem Maße wärmeisolierend wirkt.

oder auch, nach entsprechenden Umformungen,

$$z = \frac{1{,}37 \cdot A^2 \cdot d \cdot (\Theta - \Theta_1)^{2{,}6}}{p_m \cdot v^3} \; \text{kg} \cdot \text{sek/m}^2 \; \ldots \ldots \; 92$$

bzw.

$$z = \frac{9600 \cdot (l : d) \cdot A^2 \cdot (\Theta - \Theta_1)^{2{,}6}}{P \cdot n^3} \; \text{kg} \cdot \text{sek/m}^2 \; \ldots \; 92a$$

wenn wir Gleichung 91 nach der Zähigkeit z auflösen.

Wir erhalten nach Gleichung 91 somit aus Flächenpressung, Gleitgeschwindigkeit und Zapfendurchmesser bei richtig eingesetzter Ölzähigkeit unmittelbar die Temperaturdifferenz zwischen Schmierschicht und Außenluft in Grad Celsius. Nimmt man die Lufttemperatur an, z. B. mit 20°, so hat man damit auch die Schmierschicht- bzw. Lagertemperatur Θ. Umgekehrt kann, nach Gleichung 92 bzw. 92a, nach angenommener Temperaturdifferenz $\Theta - \Theta_1$, die bei der entsprechenden Lagertemperatur erforderliche Ölzähigkeit ermittelt werden.

Ist hingegen eine bestimmte Ölsorte gegeben bzw. vorgeschrieben, wie dies in der Praxis häufig der Fall sein wird, so reichen die Gleichungen 91 und 92 nicht aus, und es muß mit der Zähigkeitsgleichung des betreffenden Öles in Gleichung 91 eingegangen werden. — Wie uns noch aus Abschnitt 7 erinnerlich sein wird, läßt sich die Zähigkeit eines Öles in den meisten Fällen mit hinlänglicher Annäherung als Potenzfunktion seiner Temperatur darstellen.

Nach Gleichung 13 galt z. B. für Maschinenöl von 7,8 Engler-Graden bei 50° innerhalb der Temperaturgrenzen von etwa 25° bis über 100°

$$z = \frac{0{,}336}{(0{,}1 \cdot \Theta)^{2{,}6}} \; \text{kg} \cdot \text{sek/m}^2.$$

Führt man diesen Ausdruck für z in Gleichung 91 ein, so erhält man

$$\Theta - \Theta_1 = \sqrt[2,6]{\frac{p_m \cdot v^3}{1{,}37 \cdot A^2 \cdot d}} \cdot \sqrt[2,6]{\frac{1}{2{,}98\,(0{,}1 \cdot \Theta)^{2{,}6}}} = \sqrt[2,6]{\frac{p_m \cdot v^3}{1{,}37 \cdot A^2 \cdot d}} \cdot \frac{1}{0{,}152 \cdot \Theta}$$

$$= \sqrt[2,6]{\frac{97 \cdot p_m \cdot v^3}{A^2 \cdot d}} \cdot \frac{1}{\Theta}$$

oder, beide Seiten der Gleichung mit Θ multipliziert,

$$\Theta \cdot (\Theta - \Theta_1) = \sqrt[2,6]{\frac{97 \cdot p_m \cdot v^3}{A^2 \cdot d}}$$

und daraus

$$\Theta^2 - \Theta_1 \cdot \Theta - \sqrt[2,6]{\frac{97 \cdot p_m \cdot v^3}{A^2 \cdot d}} = 0.$$

Wie ersichtlich, läßt sich der Ausdruck auf eine quadratische Gleichung zurückführen, so daß wir schließlich als brauchbare Wurzel erhalten

$$\Theta = \frac{\Theta_1}{2} + \sqrt{\left(\frac{\Theta_1}{2}\right)^2 + \sqrt[2,6]{\frac{97 \cdot p_m \cdot v^3}{A^2 \cdot d}}} \; \text{ oder } \; \Theta = \frac{\Theta_1}{2} + \sqrt{\left(\frac{\Theta_1}{2}\right)^2 + \sqrt[2,6]{\frac{p_m \cdot d^2 \cdot n^3}{72{,}2 \cdot A^2}}} \cdot$$

Für ein Maschinenöl von 7,8 Engler-Graden bei 50° beträgt die Lagertemperatur bei natürlicher Kühlung somit

oder

$$\Theta = \frac{\Theta_1}{2} + \sqrt{\left(\frac{\Theta_1}{2}\right)^2 + \sqrt[2,6]{\frac{97 \cdot p_m \cdot v^3}{A^2 \cdot d}}} \text{ Grad} \quad \ldots \ldots \quad 93$$

$$\Theta = \frac{\Theta_1}{2} + \sqrt{\left(\frac{\Theta_1}{2}\right)^2 + \sqrt[2,6]{\frac{p_m \cdot d^2 \cdot n^3}{72,2 \cdot A^2}}} \text{ Grad} \quad \ldots \ldots \quad 94$$

Im Gegensatz zu obiger Ermittlung der Lagertemperatur auf Grund einer Wärmebilanz erfolgte das sogenannte „Berechnen auf Heißlaufen" bisher meistens in der Weise, daß das Produkt aus Flächenpressung und Gleitgeschwindigkeit einem gewissen Erfahrungswert $p \cdot v$ gleichgesetzt und danach dann die Länge des Lagers bestimmt wurde. Dies führte, namentlich bei stärker belasteten Zapfen, in der Regel zu sehr bedeutenden Lagerlängen und gab dadurch zu häufigen Mißerfolgen Anlaß, indem die zu langen Zapfen sich im Verhältnis zu dem nur äußerst geringen (meistens nur unbewußt ausgeführten) Lagerspiel unzulässig stark durchbogen und dadurch Heißlaufen infolge lokaler halbflüssiger Reibung verursachten. Es wurde in solchen Fällen also vielfach das Gegenteil von dem erreicht, was durch die angestellte Rechnung angestrebt war.

Um ähnliche Mißerfolge zu vermeiden, empfiehlt es sich, von vornherein ein bestimmtes (bei großen wie kleinen Maschinen ein und derselben Gattung gleichbleibendes) Verhältnis von Zapfenlänge zu Zapfendurchmesser anzunehmen und den Zapfendurchmesser alsdann nach den Forderungen vollkommener Schmierung zu bemessen. Hierbei soll das Verhältnis $l : d$, selbst bei kleinen Flächendrücken, den Wert 1,5 nicht überschreiten. Für Stirnkurbelzapfen empfiehlt sich z. B. das Verhältnis 1,2, für Kropfkurbelzapfen 1 bis 0,8 und noch weniger.

Bevor die praktische Auswertung der hier abgeleiteten Formeln vorgenommen wird, sei noch auf die Wärmebilanz bei künstlicher Kühlung eingegangen, und zwar soll hierbei der Einfachheit halber nur der Sonderfall, daß als Schmiermittel das oben erwähnte Maschinenöl gegeben sei, behandelt werden.

Ergibt die Kontrollgleichung 93 bzw. 94 eine Lagertemperatur Θ, die wegen zu geringer kleinster Schmierschichtstärke h oder Gefährdung des Lagermetalles nicht mehr zugelassen werden kann, so muß zur Anwendung künstlicher Kühlung geschritten werden. Es gilt bei künstlicher Kühlung die Beziehung

$$\varrho_1 = \alpha_1 + \alpha_2 \text{ WE/st} \cdot \text{m}^2 \quad \ldots \ldots \ldots \quad 95$$

d. h. Reibungswärme = Wärmeabfuhr durch natürliche Kühlung
  + Wärmeabfuhr durch künstliche Kühlung

oder

$$\alpha_2 = \varrho_1 - \alpha_1 \text{ WE/st} \cdot \text{m}^2 \quad \ldots \ldots \ldots \quad 95a$$

Es ist also nur der Wärmeüberschuß α_2 durch künstliche Kühlung abzuführen. — Hierbei verfährt man in folgender Weise:

Nachdem man sich davon überzeugt hat, daß Θ nach Formel 93 oder 94 unzulässig hoch ausfällt, nimmt man für Θ einen geeigneten zulässigen Wert an, z. B. $\Theta = 60°$; bei $\Theta_1 = 20°$ wird dann $\Theta - \Theta_1 = 40°$. Mit dem Θ entsprechenden Wert für z geht man nun in die allgemeine Reibungsgleichung 85 oder 85a ein und ermittelt so für die gewünschte Lagertemperatur Θ die je Quadratmeter Lagerinnenfläche entwickelte Reibungswärme ϱ_1. Alsdann berechnet man aus Gleichung 89 diejenige Wärmemenge α_1, die das Lager imstande wäre, je Quadratmeter Lagerinnenfläche bei den angenommenen Temperaturen Θ und Θ_1 durch Abgabe an die Luft „auszustrahlen".

Zieht man nun von ϱ_1 den zuletzt ermittelten Betrag α_1 ab, so erhält man die je Quadratmeter Lagerinnenfläche durch künstliche Kühlung abzuführende Wärmemenge α_2. Durch Multiplikation mit $d \cdot \pi \cdot l$ in Metern erhält man schließlich die gesamte durch künstliche Kühlung abzuführende Wärmemenge in WE/st.

Beispiel 18.

Gegeben sei ein Speziallager, das unter folgenden Verhältnissen arbeiten soll:

$$p_m = 80\,000 \text{ kg/m}^2; \quad d = 0,3 \text{ m}; \quad l = 0,45 \text{ m}; \quad A = 1,0;$$
$$n = 2860; \quad v = 45 \text{ m/sek}; \quad \omega = 300.$$

Als Schmiermittel diene Maschinenöl mit $z = \dfrac{0,336}{(0,1 \cdot \Theta)^{2,6}}$. Nach Formel 93 würde die Lagertemperatur bei natürlicher Kühlung allein, wenn die Lufttemperatur $\Theta_1 = 20°$ angenommen wird, betragen:

$$\Theta = 10 + \sqrt[2,6]{100 + \sqrt{\frac{97 \cdot 80\,000 \cdot 91\,000}{1 \cdot 0,3}}} = 10 + \sqrt{100 + \sqrt[2,6]{323 \cdot 80\,000 \cdot 91\,000}}$$

$$= 10 + \sqrt{100 + 58\,000} = 10 + 240, \quad \text{somit} \quad \Theta = 250°.$$

Es ist also unbedingt künstliche Kühlung erforderlich, wie ja auf Grund der großen Drehzahl von vornherein zu erwarten war.

Setzen wir die Lagertemperatur mit $\Theta = 72°$ fest, so erhalten wir $z = 0,002 \text{ kg} \cdot \text{sek/m}^2$, und gehen nun damit in Gleichung 85 ein. Die erzeugte Reibungswärme je Quadratmeter Zapfenlauffläche ist

$$\varrho_1 = 14,5 \cdot \sqrt{\frac{p_m \cdot v^3 \cdot z}{d}} = 14,5 \cdot \sqrt{\frac{80\,000 \cdot 91\,000 \cdot 0,002}{0,3}} = 14,5 \cdot \sqrt{80\,000 \cdot 606}$$

$$= 14,5 \cdot 6980 = 101\,000,$$

$$\varrho_1 = 101\,000 \text{ WE/st} \cdot \text{m}^2.$$

Aus Gleichung 89 folgt nun mit $A = 1$ die Wärmemenge α_1, welche das Lager imstande ist, je Quadratmeter Zapfenlauffläche selbsttätig „auszustrahlen":

$$\alpha_1 = 17 \cdot A \cdot (\Theta - \Theta_1)^{1,3} = 17 \cdot 1 \cdot (72 - 20)^{1,3} = 17 \cdot 170 = 2890;$$

$$\alpha_1 = 2890 \text{ WE/st} \cdot \text{m}^2.$$

Nach Gleichung 95a beträgt somit die durch künstliche Kühlung abzuführende Wärmemenge

$$\alpha_2 = \varrho_1 - \alpha_1 = 101\,000 - 2890 = 98\,110 \text{ WE/Stde} \cdot \text{m}^2.$$

Die gesamte Zapfenlauffläche beträgt

$$d \cdot \pi \cdot l = 0,3 \cdot \pi \cdot 0,45 = 0,424 \text{ m}^2.$$

Die durch künstliche Kühlung insgesamt abzuführende Wärmemenge beträgt danach

$$\alpha_2 \cdot d \cdot \pi \cdot l = 98\,110 \cdot 0,424 = 41\,500 \text{ WE/st}.$$

In diesem Falle, der absichtlich extrem gewählt war, hat die künstliche Kühlung also den weitaus größten Teil der Reibungswärme abzuführen.

Der Vollständigkeit halber seien auch noch die geringste Schmierschichtstärke h, das Lagerspiel $D - d$ und die Reibungsleistung N_r bestimmt.

Mit $\psi_{0,5}$ wird nach Gleichung 33 mit $z = 0,002$

$$h_{0,5} = 0,25 \cdot d \cdot \sqrt{\frac{z \cdot \omega}{p_m}} = 0,25 \cdot 0,3 \cdot \sqrt{\frac{0,002 \cdot 300}{80000}} = 0,075 \cdot \sqrt{\frac{1}{133000}} = \frac{0,075}{365},$$

$$h_{0,5} = 0,000205 \text{ m} \approx 0,2 \text{ mm}$$

und das Lagerspiel

$$D'' - d'' = 4 \cdot h_{0,5}'' = 4 \cdot 0,205 = 0,82 \text{ mm}.$$

Die Reibungsleistung beträgt schließlich allgemein

$$N_r = \frac{\varrho_1 \cdot d \cdot \pi \cdot l \cdot 427}{3600 \cdot 75} = \frac{\varrho_1 \cdot d \cdot l}{200} \text{ PS} \quad \ldots \ldots \quad 96$$

und für obiges Beispiel

$$N_r = \frac{101000 \cdot 0,3 \cdot 0,45}{200} = 68,4 \text{ PS}.$$

Davon werden $3\% \approx 2,1$ PS durch Luftkühlung und $97\% = 66,3$ PS durch künstliche Kühlung vernichtet; am zweckmäßigsten durch gekühltes Preßöl. — Wie die hohe Reibungsleistung zeigt, ist das gegebene Schmiermittel für den vorliegenden Fall viel zu dickflüssig. Mit Laufsitzpassung und entsprechend dünnerem Öl kann die Reibungsleistung auf 10 PS heruntergebracht werden.

Zusammenfassung.

1. Die Erwärmung eines Lagers im Betriebe ist von der Größe der Wärme-Entwicklung und von der Art der Wärme-Ableitung abhängig.

2. Man unterscheidet natürliche Kühlung, bei der die Wärmeabfuhr hauptsächlich durch die umgebende Luft erfolgt und künstliche Kühlung, bei der die Wärmeabfuhr außer durch natürliche Luftkühlung noch durch ein künstliches Kühlmittel (z. B. bewegte Luft, Kühlöl oder Kühlwasser) bewirkt wird.

3. Im Beharrungszustande ist in allen Fällen: in der Zeiteinheit entwickelte Wärmemenge = in der Zeiteinheit abgeführte Wärmemenge.

4. Unter spezifischer Wärme-Entwicklung ϱ_1 versteht man die in einer Stunde je Quadratmeter Zapfenauffläche $d \cdot \pi \cdot l$ entwickelte Wärmemenge in Wärmeeinheiten; unter spezifischer Wärme-Abgabe α_1 die in einer Stunde je Quadratmeter Zapfenauffläche durch natürliche Luftkühlung abgeführte Wärmemenge in Wärmeeinheiten.

5. Die spezifische Wärmeentwicklung ist der 0,5ten Potenz des Flächendruckes, der 1,5ten Potenz der Gleitgeschwindigkeit und der 0,5ten Potenz der Ölzähigkeit direkt und der 0,5ten Potenz des Zapfendurchmessers umgekehrt proportional. Die spez. Wärmeableitung ist der 1,3ten Potenz der Temperaturdifferenz zwischen Schmierschichttemperatur und Außenlufttemperatur und der „Ausstrahlfähigkeit" A des betreffenden Lagers proportional.

6. Die „individuelle" Wärmeableitfähigkeit oder „Ausstrahlfähigkeit" eines Lagers ist um so größer, je größer die gesamte Lageraußen-

fläche (großes, möglichst verripptes Lagergehäuse), je länger die Wellen-
leitung und je dichter am Lagergehäuse ventilierende Räder, Scheiben
oder dergleichen vorhanden sind.

7. Bei Lagern mit natürlicher Kühlung, kleinem Zapfendurchmesser,
kleiner Gleitgeschwindigkeit und in sich geschlossenem Schmiermittelumlauf (Ringschmierung) ist die Schmierschichttemperatur der mittleren Lagerschalentemperatur nahezu gleich; bei künstlicher Kühlung,
hoher Gleitgeschwindigkeit und großem Zapfendurchmesser ist sie höher
als die mittlere Lagerschalentemperatur. Der Einfachheit wegen sei
jedoch in allen Fällen mittlere Schmierschichttemperatur = mittlere
Lagerschalentemperatur gesetzt, zumal eine genauere Berechnung zur
Zeit noch nicht möglich ist.

8. Bei nicht gegebener Ölsorte kann die Lagerschalentemperatur für
natürliche Kühlung nach Annahme der Ölzähigkeit (z. B. nach Gleichung 80 oder 82) nach Formel 91 ermittelt werden. Bei gegebener
Lagertemperatur kann aus Formel 92 oder 92a umgekehrt die zugehörige
Ölzähigkeit berechnet werden.

9. Bei gegebener Ölsorte läßt sich die Lagertemperatur berechnen,
falls die Zähigkeitscharakteristik des betreffenden Öles nach Art der
Gleichung 13 verläuft. Für Maschinenöl mit der Charakteristik nach Formel 13 ergibt sich die Lagertemperatur z. B. aus Gleichung 93 bzw. 94.

10. Künstliche Kühlung muß Anwendung finden, falls die für natürliche Kühlung ermittelte Lagertemperatur zu hoch ausfällt. Bei künstlicher Kühlung kann die Lagertemperatur innerhalb gewisser Grenzen
beliebig angenommen werden.

11. Durch künstliche Kühlung abzuführen ist der Rest aus der gesamten Reibungswärme weniger der durch natürliche Kühlung abführ-
baren Wärmemenge.

17. Zusammenfassende Berechnung der Traglager.

Nach den bisher entwickelten Zusammenhängen hat die Berechnung
von Traglagern die Verwirklichung folgender Punkte zu umfassen:
1. Genügende Sicherheit gegen halbflüssige Reibung,
2. Genügende Sicherheit gegen zu hohe Lagertemperatur,
3. Vermeidung unnötig hoher Reibungsverluste,
4. Vermeidung praktisch unausführbarer Lagerspiele,
5. Vermeidung zu hoher Zapfenbeanspruchungen.
Der ersten Forderung wird man gerecht durch Bemessung der geringsten Schmierschichtstärke in solcher Größe, daß unter Berücksichtigung
der Wellendurchbiegung, der Bearbeitungsunvollkommenheit und der
Ölzähigkeit in der Schmierschicht eine Berührung der Gleitflächen noch
mit genügender Sicherheit vermieden wird.
Der zweiten Forderung wird entsprochen durch Nachrechnung der
Lagertemperatur und erforderlichen Falles Anwendung künstlicher
Kühlung oder durch entsprechende Festlegung der Lagerabmessungen

derart, daß von vornherein unzulässige Lagertemperaturen vermieden werden.

Der dritten Forderung kommt man nach durch Wahl kleinstzulässigen Lagerspieles bei entsprechend geringer Ölzähigkeit, sofern ein bestimmtes Schmiermittel nicht vorgeschrieben ist; bei gegebener Ölsorte durch Wahl des geringstzulässigen Zapfendurchmessers. — Bei gegebener Ölsorte und gegebenen Lagerabmessungen ist eine Beeinflussung der Reibung nicht möglich.

Der vierten Forderung wird, falls nicht von vornherein Laufsitzpassung gewählt werden kann, Genüge geleistet durch Nachprüfung des wirklichen Lagerspieles $D_w - d$, unter Berücksichtigung der Bearbeitungsunebenheiten, der Zapfendurchbiegung und der Grenzen der werkstatttechnischen Ausführungsgenauigkeit.

Der fünften Forderung wird in den meisten Fällen schon durch die Begrenzung der Zapfendurchbiegung entsprochen sein. Nur bei verhältnismäßig langen Stirnzapfen mit hohem Flächendruck wird eine Nachrechnung auf Biegungsbeanspruchung erforderlich werden. — Beanspruchungen durch die zu übertragenden Kräfte sind natürlich stets gesondert zu berücksichtigen.

Bei der Aufstellung der Berechnungsgrundlagen unterscheidet man zweckmäßig nachstehende zwei Fälle:

I. Das Schmiermittel kann frei gewählt werden.

II. Es ist ein Schmiermittel mit bekannten Eigenschaften zu verwenden.

Untersuchen wir zunächst den erstgenannten Fall, bei dem ein bestimmtes Schmiermittel nicht vorgeschrieben ist, sondern nur die Lagergesamtbelastung P und die Drehzahl n der Welle gegeben sind.

Aus Abschnitt 15 (Gleichung 81) wissen wir, daß bei entsprechender Wahl der Ölzähigkeit die geringste Reibungsleistung vom Zapfendurchmesser unabhängig ist. Nach Gleichung 82 muß die Ölzähigkeit dabei betragen

$$z = \frac{36{,}5 \cdot P \cdot (D - d) \cdot h}{d^4 \cdot (l : d) \cdot n} \; \text{kg} \cdot \text{sek/m}^2.$$

Führen wir diesen Wert für z in Gleichung 91 ein und setzen gleichzeitig

$$p_m = \frac{P}{d^2 \cdot (l : d)} \quad \text{und} \quad v^3 = \frac{d^3 \cdot n^3}{7000},$$

so erhalten wir

$$\Theta = \Theta_1 + \sqrt[2,6]{\frac{P \cdot d^3 \cdot n^3 \cdot 36{,}5 \cdot P \cdot (D - d) \cdot h}{d^2 \cdot (l : d) \cdot 7000 \cdot d^4 \cdot (l : d) \cdot n \cdot 1{,}37 \cdot A^2 \cdot d}}$$

und daraus

$$\Theta = \Theta_1 + \sqrt[2,6]{\frac{P^2 \cdot n^2 \cdot (D - d) \cdot h}{263 \cdot d^4 \cdot (l : d)^2 \cdot A^2}} \; \text{Grad} \; \ldots \; \ldots \; 97$$

als allgemeine Gleichung für die Temperatur des Öles in der Schmierschicht.

Aus Gleichung 97 ist ersichtlich, daß bei gegebener Lagerbelastung P, gegebener Drehzahl n, angenommenem Lagerspiel $D - d$, Zapfenlängenverhältnis $l : d$ und gleichzeitig angenommener geringster Schmierschichtstärke h die Lagertemperatur Θ um so niedriger wird, je größer der Zapfendurchmesser d. — Die Ölzähigkeit z muß dabei stets nach Gleichung 82 gewählt werden.

Während vom Standpunkte der Lagererwärmung und Zapfendurchbiegung ein großer Lagerdurchmesser zweifellos den Vorzug verdient, böte ein kleiner Lagerdurchmesser dagegen den Vorteil geringerer Herstellungskosten, so daß eine Entscheidung über den zweckmäßigsten Zapfendurchmesser nach obigen Gesichtspunkten allein nicht ohne weiteres möglich erscheint.

Fassen wir lediglich rein schmiertechnische Gesichtspunkte ins Auge, so kann für die Wahl des Zapfendurchmessers sowohl die Größe der geringsten Schmierschichtstärke als auch die Lagertemperatur maßgebend sein.

Die geringste Schmierschichtstärke kann folgendermaßen zur Bestimmung des Zapfendurchmessers führen: Man legt mit Rücksicht auf die Bearbeitungsvollkommenheit und die etwa zu erwartende Zapfendurchbiegung die geringste als zulässig zu erachtende Schmierschichtstärke fest und bildet aus derselben durch Vervierfachen das geringste zulässige Lagerspiel $D - d$, entsprechend $\psi_{0,5}$. Derjenige Zapfendurchmesser, der die werkstattechnische Verwirklichung dieses Lagerspieles gerade noch ohne Schwierigkeiten zuließe, wäre alsdann der schmiertechnisch günstigste, da er bei richtiger Wahl der Ölzähigkeit (nach Gleichung 82) die geringste Reibung ergäbe.

Als Lagerspiele, die bei allen Zapfendurchmessern noch ohne Schwierigkeiten ausführbar sind, können die Feinpassungs-Laufsitz-Lagerspiele angesehen werden. Um nun deren Größe in unsere Berechnungen einbeziehen zu können, soll der Mittelwert des ideellen Laufsitz-Lagerspieles durch eine Exponentialkurve ausgedrückt werden.

Abb. 39 veranschaulicht die Mittelwerte, Höchst- und Mindestwerte der wirklichen und ideellen Lagerspiele nach der D I-Norm-Laufsitzpassung „L in B". Der Mittelwert der ideellen Lagerspiele $D - d$ kann mit genügender Annäherung durch das Gesetz

$$D - d = \frac{\sqrt[3,3]{d}}{5550} \text{ m} \quad \ldots \ldots \ldots \quad 98$$

wiedergegeben werden, wenn d in Metern eingesetzt wird. — Das ideelle Lagerspiel in Millimetern erhält man nach der Gleichung

$$D'' - d'' = \frac{\sqrt[3,3]{d''}}{45} \text{ mm} \quad \ldots \ldots \ldots \quad (98\,\text{a})$$

wobei D'' und d'' in Millimetern einzusetzen sind.

Für die zweckmäßigste Schmierschichtstärke $h_{0,5}$ wird nach Gleichung 98

$$D - d = \frac{\sqrt[3,3]{d}}{5550} = 4 \cdot h,$$

woraus sich für Laufsitzpassung der Zapfendurchmesser ergibt zu

$$d_L = (22\,200 \cdot h)^{3,3}\,\mathrm{m} \quad \ldots \ldots \ldots \quad 99$$

oder, wenn man die Schmierschichtstärke h'' und den Zapfendurchmesser d'' in Millimetern ausdrückt,

$$d_L'' = (180 \cdot h'')^{3,3}\,\mathrm{mm} \quad \ldots \ldots \ldots \quad (99\,\mathrm{a})$$

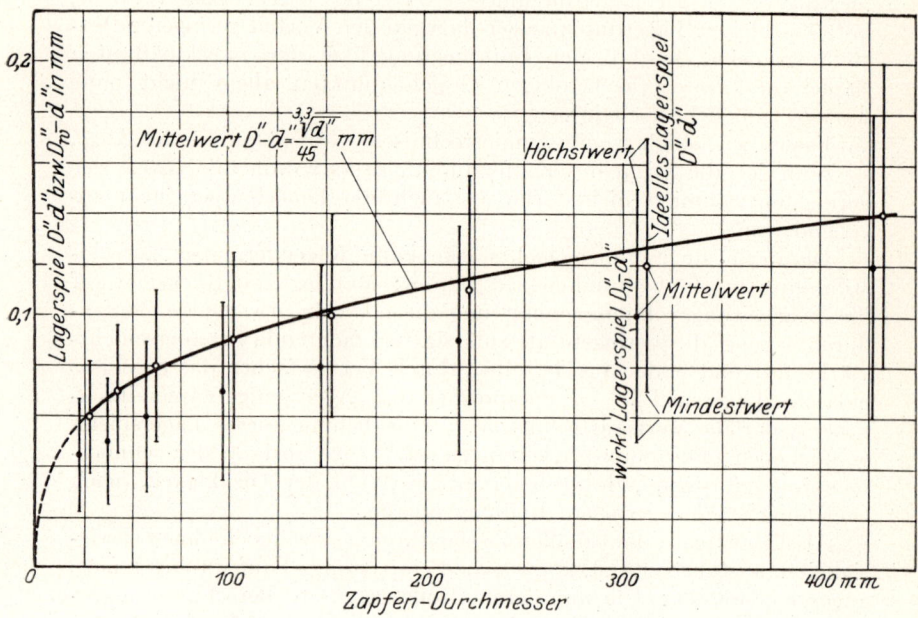

Abb. 39. Wirkliches und ideelles Lagerspiel nach D I-Norm-Laufsitzpassung „L in B".

Setzt man d nach Gleichung 99 in Gleichung 97 ein, so erhält man als allgemeine Formel für die Schmierschichttemperatur bei Laufsitzpassung

$$\Theta = \Theta_1 + \sqrt[2,6]{\frac{P^2 \cdot n^2 \cdot 4 \cdot h \cdot h}{263 \cdot (22\,200 \cdot h)^{13,2} \cdot (l:d)^2 \cdot A^2}}$$

$$= \Theta_1 + \sqrt[2,6]{\frac{P^2 \cdot n^2 \cdot h^2}{(30\,500 \cdot h)^{13,2} \cdot (l:d)^2 \cdot A^2}}$$

$$= \Theta_1 + \sqrt[2,6]{\frac{P^2 \cdot n^2}{195\,000 \cdot h)^{11,2} \cdot (l:d)^2 \cdot A^2}}$$

$$\Theta = \Theta_1 + \sqrt[1,3]{\frac{P \cdot n}{(195\,000 \cdot h)^{5,6} \cdot (l:d) \cdot A}} \quad \mathrm{Grad} \ \ldots \ldots \quad 100$$

Hierbei ist die Ölzähigkeit nach Gleichung 82 zu ermitteln, wobei jedoch $D - d$ nach Gleichung 98 und $h = 0,25 \cdot (D - d)$, entsprechend

$\psi_{0,5}$, eingeführt werden kann. Mit diesen Werten erhalten wir aus Gleichung 82

$$z = \frac{36,5 \cdot P \cdot (D - d) \cdot h}{d^4 \cdot (l : d) \cdot n} = \frac{36,5 \cdot P \cdot d^{0,303} \cdot d^{0,303}}{d^4 \cdot (l : d) \cdot n \cdot 5550 \cdot 22\,200} \approx$$

$$\approx \frac{36,5 \cdot P \cdot d^{0,6}}{5550 \cdot 22\,200 \cdot d^4 \cdot (l : d) \cdot n}$$

$$z = \frac{P}{3\,380\,000 \cdot d^{3,4} \cdot (l : d) \cdot n} \quad \text{kg} \cdot \text{sek/m}^2 \ \ldots \ 101$$

als erforderliche Ölzähigkeit für Laufsitzpassung oder auch, in Abhängigkeit von der Schmierschichtstärke h nach Gleichung 99

$$z = \frac{P}{3\,380\,000 \cdot (22\,200 \cdot h)^{11,2} \cdot (l : d) \cdot n}$$

$$z = \frac{P}{(85\,000 \cdot h)^{11,2} \cdot (l : d) \cdot n} \quad \text{kg} \cdot \text{sek/m}^2 \ \ldots \ldots \ 102$$

Ergibt Gleichung 100 eine Schmierschichttemperatur, die höher liegt als etwa $70 \div 80°$, so muß künstliche Kühlung angewandt werden.

Es sei hier ausdrücklich darauf aufmerksam gemacht, daß es bei Dampfturbinen bzw. Turbogeneratoren unter Umständen erforderlich werden kann, das Lagerspiel größer als nach der Laufsitzpassung auszuführen, nämlich wenn infolge nicht vollkommener dynamischer Auswuchtung der umlaufenden Teile starke Vibrationen der Welle auftreten. Zu beachten ist hierbei jedoch, daß bei gleicher geringster Schmierschichtstärke ein größeres Lagerspiel auch größere Ölzähigkeit erfordert und dadurch größere Reibungsverluste bedingt als ein kleineres Lagerspiel bei dünnflüssigerem Öl. — Dieser Zusammenhang ist aus den Gleichungen 82 und 73 oder auch unmittelbar aus Gleichung 77 zu erkennen.

Wie wir sehen, hängt für den Fall, daß geringste Reibung angestrebt werden soll, alles von der richtigen Wahl der geringsten Schmierschichtstärke ab. Wird h zu groß angenommen, so muß auch $D - d$ und damit z groß werden, und wir erhalten unnötig hohe Reibungsverluste. Nimmt man, um geringstes Lagerspiel und damit geringste Reibung zu erhalten, h zu klein an, so kann es vorkommen, daß das Lager selbst bei voller Drehzahl den Ausklinkzustand nicht erreicht, infolgedessen mit halbflüssiger Reibung arbeitet und dadurch wiederum mehr Reibungsarbeit verzehrt als erforderlich. Dabei wäre auch die Betriebssicherheit eine minimale; denn bei geringster Verringerung der Ölzähigkeit (durch unerwartete stärkere Erwärmung des Lagers) oder Nachlassen der Drehzahl würde die Reibungszahl stark zunehmen und unter Umständen Heißlaufen des Lagers verursachen. Mit der Hilfswirkung des Einlaufens sollte man dabei im allgemeinen nicht rechnen, es sei denn, daß man bei hochbelasteten, langsam laufenden Zapfen, bei denen eine Vergrößerung der Reibung auch weniger ins Gewicht fallen würde, dazu gezwungen wäre.

Frei einstellbare Lagerschalen vorausgesetzt, wähle man bei dünnen rasch laufenden Wellen h'' möglichst nicht kleiner als 0,02 mm, bei mittleren 0,025 und bei starken Wellen 0,03 bis 0,035 mm. (Bei langsam laufenden Wellen wird man, je nach der spezifischen Belastung, bis auf $h'' = 0,01$ mm und weniger herabgehen müssen.)

Diesen Anforderungen entspricht bei Anwendung des günstigsten Lagerspieles $\psi_{0,5}$ die D I-Norm-Laufsitzpassung, von der ohne zwingenden Grund weder bei schnell laufenden, noch bei langsam laufenden Wellen abgegangen werden sollte. Bei der Werkstattausführung empfiehlt es sich jedoch, darauf zu achten, daß stets angenähert der Mittelwert des Lagerspieles und möglichst nie die äußersten Grenzwerte des größten bzw. kleinsten Spieles erreicht werden.

Läßt man die Laufsitzpassung als Norm für das Lagerspiel und damit als Norm für die geringste Schmierschichtstärke gelten, so ergibt sich der zweckmäßigste Zapfendurchmesser ohne weiteres, nach Annahme der Schmierschichttemperatur, aus Gleichung 97. Wir erhalten zunächst allgemein

$$ d = \sqrt[4]{\frac{P^2 \cdot n^2 \cdot (D - d) \cdot h}{263 \cdot (\Theta - \Theta_1)^{2,6} \cdot (l : d)^2 \cdot A^2}} \quad \text{m} \ . \ . \ . \ . \ 97\,\text{a} $$

und nach Einsetzen von $D - d = \dfrac{d^{0,303}}{5550}$ nach Formel 98 und

$$ h = 0,25 \cdot (D - d) = \frac{d^{0,303}}{22\,200}\,, $$

entsprechend $\psi_{0,5}$,

$$ d^4 = \frac{P^2 \cdot n^2 \cdot d^{0,303} \cdot d^{0,303}}{263 \cdot (\Theta - \Theta_1)^{2,6} \cdot (l : d)^2 \cdot A^2 \cdot 5550 \cdot 22\,200} $$

oder rund

$$ d^{3,4} = \frac{P^2 \cdot n^2}{263 \cdot 5550 \cdot 22\,200 \cdot (\Theta - \Theta_1)^{2,6} \cdot (l : d)^2 \cdot A^2} $$

und daraus schließlich als Sonderformel für den günstigsten Zapfendurchmesser bei Laufsitzpassung

$$ d_L = \sqrt[1,7]{\frac{P \cdot n}{180\,000 \cdot (\Theta - \Theta_1)^{1,3} \cdot (l : d) \cdot A}} \quad \text{m} \ . \ . \ . \ . \ 103 $$

Aus Formel 103 entsteht für natürliche Kühlung eine Grenzgleichung für den kleinsten zulässigen Zapfendurchmesser, wenn man für die Schmierschichttemperatur den höchsten zulässigen Wert $\Theta = 70°$ einführt. Setzt man für normale Verhältnisse die Maschinenraumtemperatur $\Theta_1 = 20°$, das Lagerlängenverhältnis $l : d$ vorsorglich $= 1,0$ und die „Wärmeausstrahlung" $A = 1$, so ergibt sich für Überschlagsrechnungen als bei natürlicher Kühlung und Laufsitz kleinster zulässiger Zapfendurchmesser (nämlich für 70° Lagertemperatur)

$$ d_L = \sqrt[1,7]{\frac{P \cdot n}{180\,000 \cdot (70 - 20)^{1,3} \cdot 1 \cdot 1}} = \sqrt[1,7]{\frac{P \cdot n}{180\,000 \cdot 161}} = \text{abgerundet} $$

$$ d_L = \frac{\sqrt[1,7]{P \cdot n}}{25\,000} \quad \text{m} \ . \ . \ . \ . \ . \ . \ . \ . \ 104 $$

oder, in Millimetern ausgedrückt,

$$d_L'' = 0{,}04 \cdot \sqrt[1{,}7]{P \cdot n} \text{ mm} \quad \ldots \ldots \text{(104a)}$$

Es sei nochmals ausdrücklich darauf aufmerksam gemacht, daß diese Formel, die für Überschlagsrechnungen außerordentlich bequem ist, nur unter den oben genannten Voraussetzungen gilt.

Zur Wahl der geringsten Schmierschichtstärke bzw. zur Abschätzung der zu erwartenden Zapfendurchbiegung und zur Wahl des Flächendruckes sei allgemein noch folgendes bemerkt:

Die zu erwartende Krümmung des Zapfens (die Schiefstellung muß stets durch die frei einstellbare Lagerschale ausgeglichen werden) kann für den einfachsten Fall, daß eine Welle mit Stirnzapfen vorliegt, für bestimmte Grenzverhältnisse allgemein festgestellt werden, so daß dadurch eine angenäherte Abschätzung der geringsten zulässigen Schmierschichtstärke möglich ist, noch bevor der genaue Durchmesser des Zapfens bekannt ist. Wir stützen uns dabei auf Formel (46) und (47), Abschnitt 11 und erhalten, mit d'' in Millimetern, p in kg/cm², $l = d \cdot (l : d)$ und $E = 2\,200\,000$

$$f_k'' = \frac{0{,}4 \cdot p \cdot d''^4 \cdot (l : d)^4 \cdot 10}{2\,200\,000 \cdot d''^3 \cdot 10} \text{ mm}$$

$$f_k'' = \frac{p \cdot d'' \cdot (l : d)^4}{5\,500\,000} \text{ mm} \quad \ldots \ldots \ldots \text{(47a)}$$

Nehmen wir nun als ungünstigsten Fall das größte zulässige Lagerlängenverhältnis $l : d = 1{,}5$ an, so kann nach Gleichung (47a) die Größe der Krümmung f_k'' für verschiedene Flächendrücke und verschiedene Zapfendurchmesser ermittelt und in einer Tabelle übersichtlich zusammengestellt werden. — Zahlentafel 17 gibt diese Werte der Krümmung in Millimetern wieder und darunter auch die zugehörigen Biegungsbeanspruchungen σ_b, die sich aus Gleichung (39) ermitteln zu

$$\sigma_b = \frac{P \cdot l'^2}{0{,}2 \cdot d'^2} = 5 \cdot p \cdot (l : d)^2 \text{ kg/cm}^2 \quad \ldots \ldots \text{(39a)}$$

wobei p den Flächendruck in kg/cm² bedeutet.

Es empfiehlt sich, die Zapfenbeanspruchung stets so zu wählen, daß die Zapfenkrümmung vernachlässigt werden kann. Als zulässig können im allgemeinen Krümmungen angesehen werden, die unterhalb 0,01 mm liegen. Bei kleinen Zapfendurchmessern wird man möglichst darunter zu bleiben suchen, während bei großen Durchmessern im Notfalle bis zu 0,015 mm gegangen werden kann.

Zahlentafel 17 zeigt an Hand der stark umrahmten Tabellenwerte, daß ein Längenverhältnis $l : d = 1{,}5$ der Materialbeanspruchung wegen bei Stirnzapfen nur bis zu 40 at Flächendruck anwendbar ist, obschon mit Rücksicht auf die zulässige Zapfenkrümmung dünnere Stirnzapfen noch bis zu 150 at Flächendruck ausführbar wären. Da die Höhe der Materialbeanspruchung ausschlaggebend ist, muß letztere somit als für die Zulässigkeit bestimmter Lagerlängenverhältnisse maßgebend betrachtet werden. Mit

Zahlentafel 17. Krümmung f''_k in Millimetern und Biegungsbeanspruchung stählerner Stirnzapfen bei einem Längenverhältnis $l:d = 1,5$ für Flächendrücke bis zu 150 kg/cm².

p in kg/cm² =	1	5	10	20	30	40	50	60	80	100	120	150
$d'' = 25$ mm $f''_k =$	0,000023	0,000115	0,00023	0,00046	0,00069	0,00092	0,00115	0,0014	0,00183	0,0023	0,00275	0,00345
50 $f''_k =$	0,000046	0,00023	0,00046	0,00092	0,00138	0,00183	0,0023	0,00275	0,00366	0,0046	0,0055	0,0069
100 $f''_k =$	0,000092	0,00046	0,00092	0,00184	0,00275	0,00366	0,0046	0,0055	0,00735	0,0092	0,011	0,0138
150 $f''_k =$	0,000138	0,00069	0,00138	0,00276	0,00412	0,0055	0,0069	0,00825	0,012	0,0138	0,0165	0,0207
200 $f''_k =$	0,000184	0,00092	0,00184	0,00368	0,0055	0,00732	0,0092	0,011	0,0147	0,0184	0,022	0,0276
300 $f''_k =$	0,000276	0,00138	0,00276	0,0055	0,00825	0,012	0,0138	0,0165	0,024	0,0276	0,033	0,0414
400 $f''_k =$	0,000368	0,00184	0,00368	0,00736	0,011	0,0146	0,0184	0,022	0,0294	0,0368	0,044	0,055
500 $f''_k =$	0,00046	0,0023	0,0046	0,0092	0,0138	0,0183	0,023	0,0275	0,0366	0,046	0,055	0,069
σ_b für alle Durchmesser	11,25	56,25	112,5	225	337,5	450	562,5	676	900	1125	1350	1690

Für ein Verhältnis $l:d = 1,4$ ist der Tabellenwert f''_k durch 1,32 und σ_b durch 1,15 zu dividieren.

„ „ „ $l:d = 1,2$ „ „ „ „ „ 1,56 „ „ „ 2,43 „ „ „

„ „ „ $l:d = 1,0$ „ „ „ „ „ 2,25 „ „ „ 5,05 „ „ „

„ „ „ $l:d = 0,8$ „ „ „ „ „ 3,52 „ „ „ 12,4 „ „ „

dem Biegungsgrenzwert $\sigma_b = 450$ kg/cm² ergeben sich für verschiedene Zapfenlängenverhältnisse $l:d$ nach Gleichung (39a) (S.141) nachstehende, äußerst zulässige Flächendrücke.

Da, wie Zahlentafel 17 erkennen läßt, die Flächenpressung bei Stirnzapfen, deren Krümmung noch zulässig wäre, durch Festigkeitsrücksichten begrenzt wird, so ist durch Wahl des höchsten Flächendruckes nach Zahlentafel 18 gleichzeitig Gewähr dafür gegeben, daß die Zapfenkrümmung vernachlässigt werden kann.

Ist der Zapfendurchmesser d'', unter Annahme eines vorläufigen Längenverhältnisses, in Millimetern ermittelt, so hat bei Stirnzapfen die Überprüfung nach der Gleichung

$$p = \frac{100 \cdot P}{d''^2 \cdot (l:d)} \text{ kg/cm}^2 \quad (105)$$

zu entscheiden, ob das angenommene Längenverhältnis mit Rücksicht auf die Zapfenbeanspruchung nach Zahlentafel 18 zulässig ist. Größere Lagerlängen als $l:d = 1,5$ wähle man im allgemeinen nicht.

Zahlentafel 18.

Mit Rücksicht auf Biegungsfestigkeit äußerst zulässige Flächendrücke für stählerne Stirnzapfen in beweglichen Lagerschalen.

Längenverhältnis $l : d =$	4,0	3,5	3,0	2,5	2,0	1,5	1,4	1,3	1,2	1,1	1,0	0,9	0,8	0,7	0,6
Höchstzulässiger Flächendruck in at =	5,6	7,4	10	14,4	22,5	40	46	53	62	74	90	111	140	184	250

Von Interesse ist noch die Größe des Flächendruckes in Abhängigkeit vom Lagerlängenverhältnis $l : d$.

Nach Gleichung 103 ist mit $P = p_m \cdot d^2 \cdot (l : d)$

$$d^{1,7} = \frac{p_m \cdot d^2 \cdot (l : d) \cdot n}{180\,000 \cdot (\Theta - \Theta_1)^{1,3} \cdot (l : d) \cdot A}$$

und daraus

$$p_m = \frac{180\,000 \cdot (\Theta - \Theta_1)^{1,3} \cdot A \cdot d^{1,7}}{d \cdot n}$$

$$p_m = \frac{180\,000 \cdot (\Theta - \Theta_1)^{1,3} \cdot A}{n \cdot d^{3,33}}.$$

Setzen wir hierin d nun wiederum gleich dem Ausdruck Gleichung 103, so erhalten wir

$$p_m = \frac{180\,000 \cdot (\Theta - \Theta_1)^{1,3} \cdot A \cdot \sqrt[5,66]{180\,000 \cdot (\Theta - \Theta_1)^{1,3} \cdot (l : d) \cdot A}}{n \cdot \sqrt[5,66]{P \cdot n}}.$$

Aus dieser Gleichung, deren weitere Entwicklung hier nicht interessiert, ersehen wir, daß bei gleichbleibendem P, n, A und $(\Theta - \Theta_1)$ der spezifische Flächendruck p_m nur mit der 5,66ten Wurzel aus dem Verhältniswert $(l : d)$ schwankt. Es wird sich also der Flächendruck p_m z. B. durch Vergrößern des Lagerlängenverhältnisses von $(l : d) = 1,0$ auf $(l : d) = 1,5$ nur $\sqrt[5,66]{\dfrac{1,5}{1,0}} \approx 1,08$ mal oder rd. 8% vergrößern. — Nach erfolgter Ermittlung von p (mit dem vorläufigen d nach der Überschlagsformel 104) ist eine nochmalige Kontrolle der Flächenpressung nach Änderung des Lagerlängenverhältnisses $(l : d)$ somit nicht mehr erforderlich.

Hiermit wären die wichtigsten Punkte der Aufgabengruppe I besprochen, und wir wenden uns nunmehr der zweiten Gruppe zu, deren Kennzeichen es war, daß eine bestimmte Ölsorte von vornherein vorgeschrieben sein soll.

Dieser Fall (Gruppe II), daß Lager einer gegebenen Ölsorte angepaßt werden müssen, wird in der Praxis insofern ziemlich oft vorkommen, als fast bei jeder Maschine die einzelnen Lager nicht unter gleichen Verhältnissen arbeiten, nichtsdestoweniger aber aus rein praktischen Gründen meist sämtlich mit dem gleichen Öl geschmiert werden oder geschmiert werden müssen. Es ist klar, daß man in solchen Fällen die Lager derart gegeneinander abstimmen muß, daß sie trotz verschiedener

Betriebsverhältnisse mit dem gegebenen Öl doch möglichst günstig arbeiten. Hierbei wird man das Öl zweckmäßig nach dem wichtigsten Lager bzw. nach demjenigen Lager wählen, das die größte Reibungs-arbeit verzehrt, dessen günstigster Betriebszustand also wirtschaftlich vom größten Interesse ist.

Bekanntlich können durch Verwenden von Rohölen verschiedener Herkunft oder auch durch Mischen verschiedener Destillationsprodukte (Fraktionen) Öle verschiedenen Zähigkeitscharakters gewonnen werden. Es stehen uns also sowohl Öle zur Verfügung, deren Zähigkeit mit veränderlicher Temperatur stark variiert, wie auch solche, deren Zähig-keit sich mit der Temperatur verhältnismäßig weniger ändert. Der Zähigkeitscharakter eines Öles läßt sich am einfachsten durch eine Exponentialkurve ausdrücken, d. h. durch eine Näherungsgleichung von der Form, wie wir sie in den Formeln 13 und 15 bereits kennengelernt haben. Je höher der Exponent der Gleichung, um so „steiler" der Zähigkeitscharakter des Öles.

Betrachten wir nun die Formeln 93 und 94, die es ermöglichen, die Schmierschichttemperatur eines Lagers bei gegebener Ölsorte zu er-mitteln, so erkennen wir, daß die Lösung nur dadurch möglich war, daß die Ölzähigkeit als 2,6te Potenz der Temperatur auftrat. Die Be-nutzung von Ölen dieses Zähigkeitscharakters gestattet somit in allen Fällen eine bequeme Vorausberechnung der Lagertemperatur, was bei andersgearteter Zähigkeitskurve nicht möglich wäre.

Abb. 40 stellt 8 Normalöle des Zähigkeitscharakters $z = i : (0,1 \cdot \Theta)^{2,6}$ dar, wie sie in bezug auf Viskositätsverlauf vom Standpunkte der hier angewandten vereinfachten Berechnung erwünscht wären. Die Öle sind, beginnend vom dünnflüssigsten Maschinenöl bis hinauf zur Zähigkeit hochviskoser Zylinderöle, in geraden einfachen Verhältnissen ihrer Vis-kosität zueinander abgestuft und nach ihren Engler-Graden bei 50° benannt. Normalöl N. Ö. 4 besitzt z. B. bei 50° eine Viskosität von 4 Engler-Graden und ist rund doppelt so zäh als das N. Ö. 2 mit 2 Engler-Graden bei 50° C. Zwischen beiden liegt das N. Ö. 3 mit einer Viskosität von 3 Engler-Graden bei 50°. Das zäheste Öl ist N. Ö. 24 mit 24 Eng-ler-Graden, entsprechend etwa der Zähigkeit eines Heißdampfzylinder-öles. — Mit Ausnahme der dünnflüssigen Öle entsprechen die Kurven angenähert bereits handelsüblichen Ölsorten.

Um mit einem beliebigen Normalöl rechnen zu können, seien die For-meln 93 und 94 in allgemeiner Form dargestellt, indem die Ölzähigkeit in der allgemeinen Form $z = i : (0,1 \cdot \Theta)^{2,6}$ eingeführt werde. Wir erhalten durch Einsetzen dieses Wertes für z in Gleichung 91

$$\Theta = \Theta_1 + \sqrt[2,6]{\frac{p_m \cdot v^3}{1,37 \cdot A^2 \cdot d}} \cdot \sqrt[2,6]{\frac{i}{(0,1 \cdot \Theta)^{2,6}}} = \Theta_1 + \sqrt[2,6]{\frac{p_m \cdot v^3}{1,37 \cdot A^2 \cdot d}} \cdot \frac{\sqrt[2,6]{i}}{0,1 \cdot \Theta}$$

oder

$$\Theta - \Theta_1 = \sqrt[2,6]{\frac{p_m \cdot v^3 \cdot i}{1,37 \cdot 0,1^{2,6} \cdot A^2 \cdot d}} \cdot \frac{1}{\Theta} = \sqrt[2,6]{\frac{292 \cdot p_m \cdot v^3 \cdot i}{A^2 \cdot d}} \cdot \frac{1}{\Theta} \cdot$$

Multiplizieren wir wieder jede Seite der Gleichung mit Θ, so erhalten wir

$$\Theta \cdot (\Theta - \Theta_1) = \sqrt[2,6]{\frac{292 \cdot p_m \cdot v^3 \cdot i}{A^2 \cdot d}}$$

und daraus die quadratische Gleichung

$$\Theta^2 - \Theta_1 \cdot \Theta - \sqrt[2,6]{\frac{292 \cdot p_m \cdot v^3 \cdot i}{A^2 \cdot d}} = 0 \; .$$

Die Schmierschichttemperatur bei Verwendung eines beliebigen Normalöles beträgt danach

$$\Theta = \frac{\Theta_1}{2} + \sqrt{\left(\frac{\Theta_1}{2}\right)^2 + \sqrt[2,6]{\frac{292 \cdot p_m \cdot v^3 \cdot i}{A^2 \cdot d}}} \quad \text{Grad} \; . \; . \; 106$$

oder

$$\Theta = \frac{\Theta_1}{2} + \sqrt{\left(\frac{\Theta_1}{2}\right)^2 + \sqrt[2,6]{\frac{p_m \cdot d^2 \cdot n^3 \cdot i}{24 \cdot A^2}}} \quad \text{Grad} \; . \; . \; 107$$

worin i die Normalöl-Kennziffer bedeutet. Letztere gibt in der Formel

$$z = \frac{i}{(0,1 \cdot \Theta)^{2,6}} \quad \text{kg} \cdot \text{sek/m}^2 \; . \; . \; . \; . \; . \; . \; . \; . \; . \; 108$$

an, ob es sich um ein dickes oder dünnflüssiges Öl handelt. Die Werte der Kennziffer i für die vorgeschlagenen 8 Normalöle gehen aus Zahlentafel 19 hervor.

Zahlentafel 19.
Zähigkeiten*) der Normalöle bei Temperaturen von 25 bis 100°.

Temperatur $\Theta =$		**25°**	**50°**	**75°**	**100°**
N.Ö. 24	$z =$	0,096	0,0161	0,00557	0,00248
$i = 1,061;$	E° =	143	24	8,4	3,9
N.Ö. 16	$z =$	0,0638	0,0107	0,0037	0,00165
$i = 0,706;$	E° =	95	16	5,7	2,8
N.Ö. 12	$z =$	0,0482	0,0081	0,0028	0,00125
$i = 0,535;$	E° =	72	12	4,4	2,25
N.Ö. 8	$z =$	0,0316	0,0053	0,00183	0,00082
$i = 0,35;$	E° =	47,2	8	3	1,7
N.Ö. 6	$z =$	0,0235	0,00393	0,00136	0,00061
$i = 0,259;$	E° =	35	6	2,4	1,5
N.Ö. 4	$z =$	0,0151	0,00253	0,00088	0,00039
$i = 0,167;$	E° =	22,5	4	1,8	1,25
N.Ö. 3	$z =$	0,01075	0,00181	0,00063	0,00028
$i = 0,1193;$	E° =	16	3	1,5	1,15
N.Ö. 2	$z =$	0,00626	0,00105	0,00036	0,00016
$i = 0,0694;$	E° =	9,3	2	1,2	1,05

Zur Berechnung der Schmierschichttemperatur bei gegebenem Normalöl wird in vielen Fällen nur die Gesamtlagerbelastung P und die

---

*) Unter der Annahme eines durchschnittlichen spez. Gewichtes von $\gamma = 0,9$.

Drehzahl n gegeben sein. Für solche Fälle kann Gleichung 107 entsprechend umgeformt werden, indem für p_m der Gleichwert $P : d^2 \cdot (l : d)$ gesetzt wird. Wir erhalten alsdann

$$\Theta = \frac{\Theta_1}{2} + \sqrt{\left(\frac{\Theta_1}{2}\right)^2 + \sqrt[2,6]{\frac{P \cdot n^3 \cdot i}{24 \cdot A^2 \cdot (l : d)}}} \quad \text{Grad} \ . \ . \ . \ 109$$

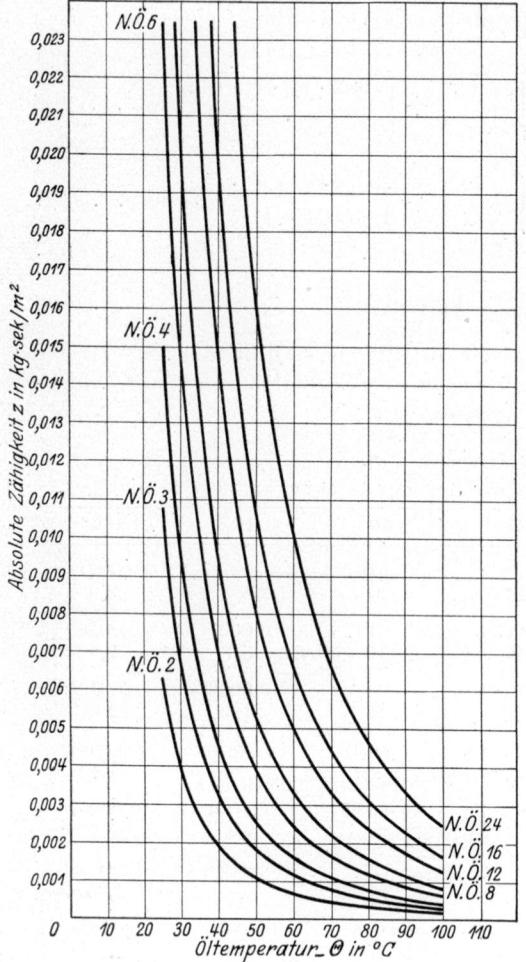

Abb. 40. Normalöle für Lagerschmierung mit der Charakteristik $z = \dfrac{i}{(0,1 \cdot \Theta)^{2,6}}$. Absolute Zähigkeit in Abhängigkeit von der Temperatur.

Formel 109 zeigt uns, daß die Lagererwärmung bei gegebenem Schmiermittel, gegebener Lagergesamtbelastung und gegebener Drehzahl vom Zapfendurchmesser unabhängig ist. Diese Tatsache erklärt sich dadurch, daß die Reibungsleistung nach Gleichung 78 zwar mit dem Zapfendurchmesser wächst, die Wärmeableitung jedoch in genau dem gleichen Maße zunimmt, so daß die Lagertemperatur unverändert bleibt.

Gleichung 109 setzt als selbstverständlich voraus, daß das Lager im Gebiet der reinen Flüssigkeitsreibung arbeitet. Ob letzteres (z. B. bei gegebener Ölsorte und gegebenen Lagerabmessungen) tatsächlich der Fall ist, kann leicht durch Nachrechnen der geringsten Schmierschichtstärke geprüft werden, deren Größe nach Gleichung 30 beträgt

$$h = \frac{d \cdot z \cdot \omega}{3,84 \cdot p_m \cdot \psi} \quad \text{m}$$

oder, auf Normalöl bezogen,

$$h = \frac{d^4 \cdot (l : d) \cdot n \cdot i}{36,4 \cdot P \cdot (D - d) \cdot (0,1 \cdot \Theta)^{2,6}} \quad \text{m} \ . \ . \ . \ . \ . \ 110$$

Von Interesse ist auch die Frage, wieweit sich ein Lager mit gegebenem Normalöl erwärmen dürfte (z. B. durch äußere Wärmezufuhr), bis die geringste Schmierschichtstärke eben gerade der Summe der Bearbeitungsunebenheiten gleich würde und damit die Grenze der Flüssigkeitsreibung erreicht bzw. überschritten wäre.

Die Lösung ist durch Vereinigung der Gleichungen 82, 108 und 37 zu erhalten, indem wir setzen:

$$z = \frac{i}{(0,1 \cdot \Theta)^{2,6}} = \frac{36,5 \cdot P \cdot (D - d) \cdot 0,00001}{d^4 \cdot n \cdot (l : d)} \; ;$$

$$(0,1 \cdot \Theta)^{2,6} \cdot 36,5 \cdot P \cdot (D - d) \cdot 0,00001 = i \cdot d^4 \cdot (l : d) \cdot n \; ;$$

$$(0,1 \cdot \Theta)^{2,6} = \frac{i \cdot d^4 \cdot n \cdot (l : d)}{0,000365 \cdot P \cdot (D - d)} ;$$

$$0,1 \cdot \Theta = \sqrt[2,6]{\frac{i \cdot d^4 \cdot n \cdot (l : d)}{0,000365 \cdot P \cdot (D - d)}} ; \quad \Theta = \sqrt[2,6]{\frac{10^{2,6} \cdot i \cdot d^4 \cdot n \cdot (l : d)}{0,000365 \cdot P \cdot (D - d)}} ;$$

$$\Theta_{\max} = \sqrt[2,6]{\frac{1\,100\,000 \cdot d^4 \cdot n \cdot i \cdot (l : d)}{P \cdot (D - d)}} \;\; \text{Grad} \; \ldots \ldots \ldots \; 111$$

Erwärmt sich das Lager aus irgendeinem Grunde über die nach Gleichung 111 sich ergebende Temperatur, so liegt die Gefahr des Heißlaufens nahe. Es tritt nämlich mit diesem Moment halbflüssige Reibung in die Erscheinung, und ein mehr oder weniger unvermitteltes Hinaufschnellen der Reibungszahl und damit eine Zerstörung der Lagerschale können die Folge sein. Selbstverständlich ist daher, daß sich nach Gleichung 111 stets eine höhere Temperatur ergeben muß als nach Gleichung 109, 107 oder 106.

Wie schon eingangs erwähnt, wird es öfters vorkommen, daß für ein vorhandenes (z. B. zum Schmieren benachbarter Lager verwandtes) Öl ein Lager neu berechnet und entworfen oder nachgerechnet werden soll.

Für gegebene Lagerbelastung P, Drehzahl n und Ölzähigkeit z ermittelt sich der günstigste Zapfendurchmesser, d. h. der Zapfendurchmesser, bei dem die geringste Reibungsleistung auftritt, nach Gleichung 79 zu

$$d_{N_{r\min}} = \sqrt[4]{\frac{146 \cdot P \cdot h^2}{n \cdot z \cdot (l : d)}} \;\; \text{m.}$$

Setzen wir hierin nach Gleichung 108 für ein beliebiges Normalöl

$$z = \frac{i}{(0,1 \cdot \Theta)^{2,6}},$$

so erhalten wir als günstigsten Zapfendurchmesser bei gegebenem Normalöl nach Annahme der geringsten Schmierschichtstärke h allgemein

$$d_{N_{r\min}} = \sqrt[4]{\frac{146 \cdot P \cdot h^2 \cdot (0,1 \cdot \Theta)^{2,6}}{n \cdot i \cdot (l : d)}} \;\; \text{m} \; \ldots \ldots \; 112$$

Hierbei muß die Öltemperatur Θ aus der allgemeinen Gleichung 109

$$\Theta = \frac{\Theta_1}{2} + \sqrt{\left(\frac{\Theta_1}{2}\right)^2 + \sqrt[2,6]{\frac{P \cdot n^3 \cdot i}{24 \cdot A^2 \cdot (l : d)}}}$$

ermittelt sein, womit dann auch gleichzeitig die gesuchte Lagertemperatur bekannt ist. — Da in Formel 112 die geringste Schmierschichtstärke h angenommen werden mußte, das Lagerspiel bereits bei Ableitung der Formel 79 mit $D - d = 4 \cdot h$ angenommen war, so sind damit die wichtigsten Daten des Lagers ermittelt. Eine Kontrolle nach Gleichung (105) hat bei Stirnzapfen noch zu entscheiden, ob das ursprünglich angenommene Lagerlängenverhältnis $l : d$ nach Zahlentafel 18 beibehalten werden kann.

Für Laufsitzpassung, die auch hier bevorzugt werden sollte, erhält man für den Zapfendurchmesser eine entsprechend veränderte Sondergleichung, indem man nach Gleichung 99 setzt

$$d = (22\,200 \cdot h)^{3,3}; \qquad 22\,200 \cdot h = \sqrt[3,3]{d}$$

und

$$h_L = \frac{\sqrt[3,3]{d}}{22\,200} \text{ m} \quad \ldots \ldots \ldots \ldots \quad 99\,\text{b}$$

Es ergibt sich damit, entsprechend der Ableitung der Gleichung 79,

$$h^2 = \frac{d^4 \cdot n \cdot z \cdot (l : d)}{146 \cdot P} = \frac{\sqrt[3,3]{d^2}}{22\,200^2} = \frac{d^4 \cdot n \cdot i \cdot (l : d)}{146 \cdot P \cdot (0,1 \cdot \Theta)^{2,6}}$$

oder

$$\sqrt[1,65]{d} \cdot 146 \cdot P \cdot (0,1 \cdot \Theta)^{2,6} = 22\,200^2 \cdot d^4 \cdot n \cdot i \cdot (l : d)$$
$$= d^{0,606} \cdot 146 \cdot P \cdot (0,1 \cdot \Theta)^{2,6}$$

oder angenähert

$$22\,200^2 \cdot d^{3,4} \cdot n \cdot i \cdot (l : d) = 146 \cdot P \cdot (0,1 \cdot \Theta)^{2,6}$$

und daraus

$$d_L = \sqrt[3,4]{\frac{146 \cdot P \cdot (0,1 \cdot \Theta)^{2,6}}{493\,000\,000 \cdot n \cdot i \cdot (l : d)}}$$

oder endgültig

$$d_L = \sqrt[3,4]{\frac{P \cdot (0,1 \cdot \Theta)^{2,6}}{3\,380\,000 \cdot n \cdot i \cdot (l : d)}} \text{ m} \quad \ldots \ldots \quad 113$$

als Zapfendurchmesser der günstigsten Reibungsleistung bei Laufsitzpassung. Die Schmierschichttemperatur Θ ist auch hier nach Gleichung 109 einzusetzen. —

Sind die Lagerabmessungen gegeben und soll für ein bestimmtes Normalöl das Lagerspiel festgelegt oder nachgeprüft werden, so erhalten wir als günstigsten Wert nach der Grundformel 32

$$(D - d)_{0,5} = d \cdot \psi_{0,5} = d \cdot \sqrt{\frac{z \cdot \omega}{p_m}}$$

durch entsprechende Umformungen das Lagerspiel

$$(D - d)_{0,5} = \sqrt{\frac{d^2 \cdot i \cdot n \cdot d^2 \cdot (l : d)}{(0,1 \cdot \Theta)^{2,6} \cdot 9,5 \cdot P}}$$

oder

$$(D - d)_{0,5} = \sqrt{\frac{d^4 \cdot i \cdot n \cdot (l : d)}{9,5 \cdot P \cdot (0,1 \cdot \Theta)^{2,6}}} \text{ m} \quad . \quad . \quad . \quad . \quad . \quad 114$$

Bevor das Lagerspiel ermittelt werden kann, ist die zu erwartende Lagertemperatur nach der allgemeinen Gleichung 109 festzustellen; erst mit dem errechneten Wert für Θ kann dann in Gleichung 114 eingegangen werden, um das erforderliche Lagerspiel zu erhalten.

Die Reibungsleistung läßt sich bekanntlich bei gegebenen Zapfenabmessungen und gegebenem Schmiermittel durch verschiedene Bemessung des Lagerspieles nicht ändern.

Ist ein fertiges Lager mit beliebigem Lagerspiel gegeben, so hat stets eine Nachrechnung der geringsten Schmierschichtstärke nach Gleichung 110 zu erfolgen. Bei Laufsitzpassung ermittelt sich die geringste Schmierschichtstärke bei gegebenem Normalöl aus Gleichung 110 und 98 zu

$$h_L = \frac{d^4 \cdot (l : d) \cdot n \cdot i}{36,4 \cdot P \cdot (D - d) \cdot (0,1 \cdot \Theta)^{2,6}} = \frac{5550 \cdot d^4 \cdot (l : d) \cdot n \cdot i}{36,4 \cdot P \cdot d^{0,303} \cdot (0,1 \cdot \Theta)^{2,6}}$$

oder rund

$$h_L = \frac{152 \cdot d^{3,7} \cdot (l : d) \cdot n \cdot i}{P \cdot (0,1 \cdot \Theta)^{2,6}} \text{ m} \quad . \quad . \quad . \quad . \quad . \quad . \quad . \quad 115$$

Auch hier muß die Schmierschichttemperatur Θ aus Gleichung 109 eingesetzt werden.

Handelt es sich um eine gegebene Welle, deren Durchbiegung, auf die Länge des Lagers bezogen, $= f''$ mm beträgt, und sind starre Lagerschalen vorgesehen, so muß die geringste Schmierschichtstärke in Lagermitte betragen

$$h'' = 0,5 \cdot f'' + 0,01 \text{ mm}$$

und das ideelle Lagerspiel $D - d = 4 \cdot h$.

Nach Berechnung der Lagertemperatur Θ, die sich bei reiner Flüssigkeitsreibung einstellen würde (nach Gleichung 109), hat man aus Gleichung 110 die wirklich sich ergebende geringste Schmierschichtstärke h zu ermitteln. — Ist diese um mehr als etwa 10% geringer als die eingangs festgelegte, so ist flüssige Reibung nicht zu erreichen, und es muß ein dickflüssigeres Öl verwendet werden. Die erforderliche Zähigkeit ergibt sich aus Gleichung 82, die bei dem neuen Öl zu erwartende Lagertemperatur aus Gleichung 97. — Nach Formel 108 erhält man schließlich die Kennziffer des erforderlichen Normalöles.

Hat man die Kennziffer i ermittelt, so stellt man an Hand der Kurventafel Abb. 40 fest, welches Normalöl dem errechneten am nächsten kommt. Man braucht hierzu nur die den einzelnen Normalölen zugehörigen Kennziffern i nach Zahlentafel 19 mit der errechneten zu vergleichen.

Bei gegebenem Schmiermittel erhält man die zu erwartende Lagertemperatur somit stets nach Gleichung 109. Sind die Lagerabmessungen nicht gegeben, so bestimmt man den günstigsten Zapfendurchmesser entweder nach Gleichung 112 (allgemein) oder nach Gleichung 113 (Laufsitz). Sind die Lagerabmessungen gegeben, so erhält man das günstigste Lagerspiel in bezug auf Schmierschichtstärke nach Gleichung 114. Ist auch das Lagerspiel gegeben, so kontrolliert man die geringste Schmierschichtstärke nach Gleichung 110 (allgemein) oder nach Gleichung 115 (Laufsitz).

Ausführliche Berechnungsbeispiele hierzu bringt Abschnitt 24.

Zusammenfassung.

1. Die Berechnung von Traglagern hat folgende Punkte zu umfassen: Genügende Sicherheit gegen halbflüssige Reibung; genügende Sicherheit gegen zu hohe Lagertemperatur; Vermeidung unnötig hoher Reibungsverluste; Vermeidung unausführbarer Lagerspiele; Vermeidung zu hoher Zapfenbeanspruchungen.

2. Bei nicht vorgeschriebenem, also frei zu bestimmendem Schmiermittel wird die Lagertemperatur nach Gleichung 97 um so höher, je größer die Lagerbelastung P, die Drehzahl n, das Lagerspiel $(D - d)$, die geringste Schmierschichtstärke h und die Temperatur Θ_1 der Umgebung, bzw. um so niedriger, je größer der Zapfendurchmesser d, das Lagerlängenverhältnis $(l : d)$ und die „Ausstrahlfähigkeit" A. — Die Ölzähigkeit muß hierbei stets nach Gleichung 82 gewählt sein.

3. Bei frei zu bestimmendem Schmiermittel wird die geringste Lagertemperatur beim größten Zapfendurchmesser mit dem kleinsten Lagerspiel und entsprechend dünnflüssigem Schmiermittel erzielt. Als kleinstes, werkstattechnisch noch ohne Schwierigkeiten herstellbares Lagerspiel werden die Spiele der D I-Norm-Laufsitzpassung „L in B" empfohlen. — Billige, d. h. kleine Lager können nur durch Zulassen hoher Lagertemperaturen erzielt werden, z. B. nach Formel (104a).

4. Enges Lagerspiel (Laufsitzpassung) ist nur bei beweglichen Lagerschalen und mäßiger Krümmung des Zapfens zulässig. Über die Zulässigkeit höherer Flächenpressungen bei Stirnzapfenlagern verschiedener Länge mit Laufsitzpassung entscheidet Zahlentafel 17. — Längere Lager als $l : d = 1,5$ führe man normalerweise nicht aus.

5. Zapfenkrümmungen unterhalb 0,01 mm können im allgemeinen vernachlässigt werden. Bei Stirnzapfen wird die Grenze der Belastbarkeit nicht durch Rücksichten auf Zapfenkrümmung, sondern durch Festigkeitsrücksichten bestimmt.

6. Verbiegungen (Schiefstellung und Krümmung) mehrfach gelagerter Wellen sind vor der Festlegung des Lagerspieles festzustellen. Bei beweglichen Lagern ist nur die Krümmung, bei starren Lagern Schiefstellung und Krümmung zu berücksichtigen. — Bei starren Lagern muß das Lagerspiel stets nach der unter Berücksichtigung der Wellendurchbiegung gewählten geringsten Schmierschichtstärke bemessen werden.

7. In bezug auf Reibung zweckmäßige Lager sind nur bei freier Wahl des Schmiermittels oder bei gegebenem Schmiermittel und freier Wahl der Lagerabmessungen zu erzielen.

8. Bei vorgeschriebenem Schmiermittel und gegebenen Lagerabmessungen ist eine konstruktive Beeinflussung der Reibungsverhältnisse (z. B. durch das Lagerspiel) nicht möglich. Das Anpassen eines Lagers an ein vorgeschriebenes Schmiermittel besteht nur in der Wahl eines solchen Lagerspieles, das größtmögliche Schmierschichtstärke und damit höchste Betriebssicherheit erwarten läßt.

9. Werden als Schmiermittel Öle gewählt, deren Zähigkeit sich angenähert in umgekehrtem Verhältnis zur 2,6ten Potenz der Öltemperatur ändert, so ist eine rechnerische Ermittlung der Lagertemperatur bei gegebenem Schmiermittel möglich. Öle dieses Viskositätscharakters werden hier als Normalöle bezeichnet.

10. Bei gegebenem Schmiermittel (Normalöl) ist die zu erwartende Lagertemperatur bei gegebener Belastung P, gegebenem Lagerspiel $D - d$ und gegebener Schmierschichtstärke h vom Zapfendurchmesser unabhängig. Nach Gleichung 109 ist die zu erwartende Lagertemperatur um so höher, je größer die Lagerbelastung P, die Drehzahl n, die Dickflüssigkeit (i) des Schmiermittels und die Temperatur Θ_1 der umgebenden Luft, oder um so niedriger, je größer die „Ausstrahlfähigkeit" A und das Lagerlängenverhältnis ($l : d$). — Siehe jedoch auch Zahlentafel 17.

11. Bei gegebenem Schmiermittel erhält man den günstigsten Zapfendurchmesser bei geringster Reibungsleistung nach Gleichung 112 (allgemein) oder nach Gleichung 113 (Laufsitz). Sind auch die Lagerabmessungen gegeben, so liegt die Reibungsleistung fest. — Das mit Rücksicht auf genügende Schmierschichtstärke günstigste Lagerspiel ($\psi_{0,5}$) erhält man nach Gleichung 114.

12. Sind bei vorgeschriebenem Normalöl Lagerabmessungen und Lagerspiel gegeben, so kann nur nach Gleichung 110 bzw. 115 die Größe der geringsten Schmierschichtstärke nachgerechnet werden. Eine Beeinflussung der Reibungsleistung oder der Betriebssicherheit ist nicht möglich.

13. Den Berechnungen der geringsten Schmierschichtstärke ist stets der größte vorkommende Lagerdruck, den Reibungsrechnungen hingegen der mittlere Lagerdruck (Zeitmitteldruck) zugrunde zu legen.

18. Die Reibungsverhältnisse bei ebenen Gleitflächen.

Infolge der grundsätzlichen Ähnlichkeit in der Berechnung der Reibungsverhältnisse zylindrischer und ebener Gleitflächen soll die vorstehende Besprechung der letzteren dementsprechend kurz gefaßt werden.

Ähnlich wie bei zylindrischen Tragflächen ist die Reibungszahl auch hier von der Gleitgeschwindigkeit, dem Flächendruck und der Ölzähig-

keit abhängig; des weiteren jedoch auch noch von der Keilflächenlänge L.

Für unendliche Breite B bzw. B_1 der Tragfläche gilt

$$\mu = \tau \cdot \sqrt{\frac{z \cdot V}{p_m \cdot L}} \quad \ldots \ldots \ldots \quad 116$$

Hierin ist τ ein Zahlenwert, dessen Größe sich bei verschiedener Keilspitzenlänge

$$X = \frac{u}{L}$$

in gewissen Grenzen ändert. Abb. 41 zeigt den Verlauf der Zahlengröße τ
in Abhängigkeit von der (verhältnismäßigen) Keilspitzenlänge X.

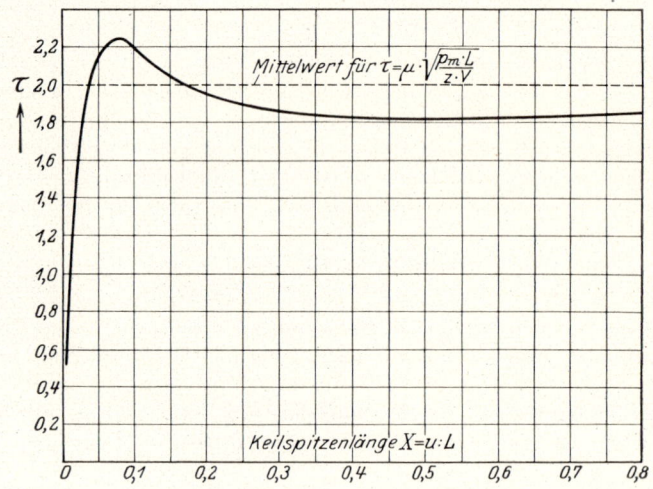

Abb. 41. Verhältnis zwischen der Reibungszahl für ebene
Flächen $\mu = \tau \cdot \sqrt{\dfrac{z \cdot V}{p_m \cdot L}}$ und der Keilspitzenlänge X. —
Zahlenwert τ in Abhängigkeit von der Keilspitzenlänge
$X = u : L$.

Wie wir sehen, schwankt der Wert für τ von 2,16 bei $X = 0,05$ bis
$\tau = 1,86$ bei $X = 0,8$. Wir können daher auch hier einen Mittelwert
wählen und setzen als Durchschnittszahl für alle Keilspitzenlängen

$$\tau_{\text{mittel}} = 2 \, .$$

Nehmen wir, in Anlehnung an die Feststellungen bei zylindrischen
Tragflächen, den Einfluß der endlichen Keilflächenbreite wie bei Trag-
lagern an, so können wir für endliche Tragflächenbreite bei ebenen
Gleitflächen allgemein schreiben

$$\mu = \tau \cdot \sqrt{\frac{z \cdot V}{p_m \cdot L}} \cdot \sqrt{\frac{4 \cdot L + B_1}{B_1}} \quad \ldots \ldots \quad 117$$

Setzen wir als Durchschnittswert für normale, eingearbeitete Keilflächen (dieselben sollen verhältnismäßig kurz sein, damit keine zu großen Temperaturunterschiede zwischen Eintritt und Austritt des Öles in der Schmierschicht auftreten) das Breitenverhältnis $B_1 : L = 2$[*]), so erhalten wir mit $\tau = 2$

$$\mu = 2 \cdot \sqrt{\frac{z \cdot V}{p_m \cdot L}} \cdot \sqrt{\frac{4 \cdot 1 + 2}{2}}$$

und daraus, abgerundet, als allgemeinen Mittelwert für die Reibungszahl bei ebenen Gleitflächen von endlicher Breite

$$\mu = 3{,}5 \cdot \sqrt{\frac{z \cdot V}{p_m \cdot L}} \quad \dots \dots \dots \quad 118$$

Setzt man Gleichung 58, nach der Zähigkeit aufgelöst, also

$$z = \frac{7{,}06 \cdot \sqrt[1,25]{\varepsilon} \cdot p_m \cdot H^{1,2}}{\sqrt[5]{L \cdot V}}$$

in Gleichung 118 ein, so erhält man

$$\mu = \sqrt{\frac{12{,}2 \cdot 7{,}06 \cdot V \cdot \sqrt[1,25]{\varepsilon} \cdot p_m \cdot H^{1,2}}{p_m \cdot L \cdot V \cdot \sqrt[5]{L}}}$$

oder, gekürzt,

$$\mu = \sqrt{\frac{86 \cdot \sqrt[1,25]{\varepsilon} \cdot H^{1,2}}{L^{1,2}}} \quad \dots \dots \dots \quad 119$$

als Wert für den Reibungskoeffizienten; hierbei ist jedoch eine ganz bestimmte Zähigkeit vorausgesetzt. — Eine andere Form ergibt sich durch Einführen von Gleichung 48:

$$X = \frac{H}{\varepsilon \cdot L}; \quad X \cdot \varepsilon = \frac{H}{L}; \quad X^{1,2} \cdot \varepsilon^{1,2} = \frac{H^{1,2}}{L^{1,2}}$$

in Gleichung 119. Wir erhalten dadurch

$$\mu = \sqrt{86 \cdot \sqrt[1,25]{\varepsilon} \cdot X^{1,2} \cdot \varepsilon^{1,2}} = \sqrt{86 \cdot \varepsilon^2 \cdot X^{1,2}}$$

oder

$$\mu = 9{,}27 \cdot \varepsilon \cdot \sqrt[1,67]{X} \quad \dots \dots \dots \quad 120$$

Beide Gleichungen zeigen, daß die Reibungszahl, ähnlich wie bei Traglagern, auch bei ebenen Gleitflächen nur von der geometrischen

---

[*]) Das Breitenverhältnis $B_1 : L = 1$ war in Abschnitt 13 nur zur vergrößerten Sicherheit bei Berechnung der geringsten Schmierschichtstärke — auch für den Fall abnorm schmaler Keilflächen — angenommen worden. Für praktische Ausführungen kommt im Mittel ein Breitenverhältnis von etwa $B_1 : L = 2$ in Betracht, weshalb dieses Verhältnis, als normaler Durchschnittswert, den Berechnungen der Reibungsverhältnisse zugrunde gelegt werden mag.

Lage der Keilfläche abhängt, also von der Keilspitzenlänge und der Keilsteigung oder von der Keilsteigung, der Keilflächenlänge und der geringsten Schmierschichtstärke. Die geometrische Lage der Keilfläche zur Gleitfläche ist ihrerseits auch noch von der Gleitgeschwindigkeit, dem Flächendruck und der Ölzähigkeit abhängig.

Formel 119 stellt gleichzeitig die Gleichung der geringsten Reibungszahl dar; bei gegebener Keilsteigung ε und gegebener Keilflächenlänge L ergibt sich μ_{min} aus Gleichung 119 einfach durch Einsetzen des äußerst zulässigen Geringstwertes für H (z. B. $H''_{min} = 0{,}01$ mm $= 0{,}00001$ m).

Die geringste zulässige Gleitgeschwindigkeit oder die geringste zulässige Ölzähigkeit, bei der das Reibungsminimum zu erwarten ist, ergibt sich aus Gleichung 58 durch Auflösen nach V bzw. z. Im ersten Falle erhält man aus

$$H^{1,2} \cdot 7{,}06 \cdot \sqrt[1,25]{\varepsilon} \cdot p_m = \sqrt[5]{L} \cdot z \cdot V$$

$$V = \frac{7{,}06 \cdot H^{1,2} \cdot p_m \cdot \sqrt[1,25]{\varepsilon}}{\sqrt[5]{L \cdot z}} \quad \text{m/sek} \quad \ldots \quad 58a$$

im zweiten Falle

$$z = \frac{7{,}06 \cdot H^{1,2} \cdot p_m \cdot \sqrt[1,25]{\varepsilon}}{\sqrt[5]{L \cdot V}} \quad \text{kg} \cdot \text{sek/m}^2 \quad \ldots \quad 58b$$

Löst man Formel 58 nach p_m auf, so erhält man als allgemeine Formel für den zulässigen Flächendruck Gleichung 66:

$$p_m = \frac{z \cdot \sqrt[5]{L} \cdot V}{7{,}06 \cdot H^{1,2} \cdot \sqrt[1,25]{\varepsilon}} \quad \text{kg/m}^2 .$$

Setzt man in obigen Formeln für H jeweils H_{min}, so erhält man entsprechend V_{min}, z_{min} und p_{max}, sofern die anderen Größen festliegen.

Von Interesse ist auch hier die Feststellung der günstigsten Reibungsverhältnisse. Den besten Einblick erhalten wir durch Ableitung einer Formel für die Reibungsleistung bei gegebener Gesamtbelastung und gegebener Gleitgeschwindigkeit.

Die Reibungsleistung ist allgemein

$$N_r = \frac{P \cdot \mu \cdot V}{75} \quad \text{PS}.$$

Setzen wir hierin μ nach Gleichung 118 ein, so erhalten wir, unter gleichzeitiger Einführung von $p_m = \dfrac{P}{B \cdot L}$,

$$N_r = \frac{P \cdot V \cdot 3{,}5}{75} \cdot \sqrt{\frac{z \cdot V \cdot B \cdot L}{P \cdot L}} = \sqrt{\frac{P^2 \cdot V^2 \cdot 3{,}5^2 \cdot z \cdot V \cdot B \cdot L}{75^2 \cdot P \cdot L}} ,$$

$$N_r = 0{,}0467 \cdot \sqrt{P \cdot V^3 \cdot B \cdot z} \quad \text{PS} \quad \ldots \ldots \quad 121$$

Da P und V gegeben sind, hängt die Reibungsleistung somit nur noch von der Größe des Produktes $B \cdot z$ ab. Die geringst zulässige Größe von B ist aber nach Gleichung 58 von der Ölzähigkeit, von der Schmierschichtstärke, von der Keilsteigung und von der Keilflächenlänge abhängig; denn es ist

$$H^{1,2} = \frac{L^{0,2} \cdot z \cdot V \cdot B \cdot L}{7,06 \cdot \sqrt[1,25]{\varepsilon \cdot P}} = \frac{V \cdot B \cdot z \cdot L^{1,2}}{7,06 \cdot \sqrt[1,25]{\varepsilon \cdot P}}$$

oder

$$B = \frac{7,06 \cdot \sqrt[1,25]{\varepsilon \cdot P} \cdot H^{1,2}}{V \cdot L^{1,2} \cdot z} \text{ m} \quad \ldots \ldots \ldots \quad 122$$

Die geringste Reibungsleistung erhält man bei gegebener Ölzähigkeit somit bei Wahl der Keilflächenbreite B nach Gleichung 122, wenn für ε und H der kleinste zulässige Wert, für L dagegen der größte Wert eingeführt wird.

Da die Keilflächenlänge L, wie schon vorausbemerkt, nicht zu groß gewählt werden soll, kann eine Steigerung der Tragfähigkeit nur durch Vergrößern der Breite B erreicht werden. Hierbei ist es für die Reibung gleichgültig, ob der Gleitschuh wirklich in der errechneten Gesamtbreite verwirklicht wird oder ob aus der Gesamtbreite B zwei oder mehrere Keilstreifen von der Länge B_1 gebildet und hintereinander geschaltet werden, wie dies z. B. in Abb. 2 zu sehen ist.

Wie Gleichung 121 zeigt, ist die Reibungsleistung bei gegebener Ölzähigkeit von der Keilflächenlänge und damit auch von der Keilspitzenlänge unabhängig. Letzteres erklärt sich daraus, daß wir τ bei allen Keilspitzenlängen gleich groß annahmen, womit auch μ für alle Werte von X gleich wird.

Beispiel 19.

Ein Gleitschuh von 230 mm Breite soll bei einer mittleren Gleitgeschwindigkeit von 3,5 m/sek einen Gesamtdruck von 2000 kg aufnehmen. Welche Länge muß der Schuh erhalten, wenn Vorwärts- und Rückwärtsgang in Frage kommt und dabei mit einem Schmiermittel von $z = 0,003$ die geringste Reibung erreicht werden soll?

Wählen wir als geringste zulässige Schmierschichtstärke $H = 0,00001$ m, als Keilsteigung $\varepsilon = 0,005$ und als Keilflächenlänge eines einzelnen Tragstreifens $L = 0,04$ m, so erhalten wir nach Gleichung 122 als geringste Keilflächenbreite

$$B = \frac{7,06 \cdot \sqrt[1,25]{\varepsilon \cdot P} \cdot H^{1,2}}{V \cdot L^{1,2} \cdot z} = \frac{7,06 \cdot 2000 \cdot 25^{1,2}}{3,5 \cdot \sqrt[1,25]{200 \cdot 0,003 \cdot 100\,000^{1,2}}}$$

$$= \frac{7,06 \cdot 2000}{3,5 \cdot 70 \cdot 0,003} \cdot \left(\frac{25}{100\,000}\right)^{1,2} = \frac{7,06 \cdot 2000}{3,5 \cdot 70 \cdot 0,003 \cdot 21\,000} = 0,92 \text{ m.}$$

Die Gesamtbreite der tragenden Keilflächen von 40 mm Keilflächenlänge hat somit 920 mm zu betragen. Bei der gegebenen Breite des Gleitschuhes von 230 mm hätte man somit

$$\frac{920}{230} = 4 \text{ Keilflächen}$$

von je 40 mm Länge und 230 mm Breite für jede Bewegungsrichtung vorzusehen. Läßt man, in Anlehnung an Abb. 2, zwischen je 2 Keilflächenpaaren noch je einen ebenen, zur Gleitfläche parallel bleibenden Streifen von 40 mm Länge stehen, so erhält man für die konstruktiv auszuführende Gesamtlänge des Gleitschuhes

$$4 \text{ Keilflächen für Vorwärtsgang, je } 40 \text{ mm} = 160 \text{ mm}$$
$$4 \text{ Keilflächen für Rückwärtsgang, je } 40 \text{ mm} = 160 \text{ mm}$$
$$\underline{4 \text{ ebene Stützflächen dazwischen, je } 40 \text{ mm} = 160 \text{ mm}}$$
$$\text{Gesamte Gleitschuhlänge} = 480 \text{ mm}$$

Die Reibungsleistung beträgt nach Gleichung 121

$$N_r = 0,0467 \cdot \sqrt{P \cdot V^3 \cdot B \cdot z} = 0,0467 \cdot \sqrt{2000 \cdot 43 \cdot 0,9 \cdot 0,003} = 0,0467 \cdot \sqrt{232}$$
$$N_r = 0,0467 \cdot 15 = 0,7 \text{ PS,}$$

die Reibungszahl nach Gleichung 118

$$\mu = 3,5 \cdot \sqrt{\frac{z \cdot V}{p_m \cdot L}} = 3,5 \cdot \sqrt{\frac{0,003 \cdot 3,5 \cdot 0,04 \cdot 0,9}{2000 \cdot 0,04}} = \frac{3,5}{\sqrt{211\,000}},$$
$$\mu = \frac{3,5}{458} = 0,00765 .$$

Die auszuführende Keilsteigung beträgt 5 mm auf 1 m oder, bei der gewählten Keilflächenlänge, 0,2 mm auf 40 mm, was noch gut ausführbar und bequem meßbar ist.

Ist eine bestimmte Ölzähigkeit nicht vorgeschrieben, so kann die Reibungsleistung auch aus der geometrischen Stellung der Gleitfläche allein berechnet werden. Wir setzen in die allgemeine Gleichung für die Reibungsleistung den Wert der Reibungszahl nach Gleichung 119 ein und erhalten

$$N_r = \frac{P \cdot V}{75} \cdot \mu = \frac{P \cdot V}{75} \cdot \sqrt{\frac{86 \cdot \sqrt[1,25]{\varepsilon} \cdot H^{1,2}}{L^{1,2}}},$$

$$N_r = 0,124 \cdot P \cdot V \cdot \sqrt[1,25]{\frac{\sqrt{\varepsilon} \cdot H^{1,2}}{L^{1,2}}} \text{ PS} \quad \ldots \ldots \ldots 123$$

Hierbei muß die Ölzähigkeit nach Gleichung 58b (S. 154) gewählt werden.

Die Reibungsverhältnisse bei ebenen Gleitflächen lassen sich unter Voraussetzung gegebener Gleitgeschwindigkeit und gegebener Gesamtbelastung ganz ähnlich denjenigen bei Traglagern kennzeichnen:

a) Bei Annahme der kleinsten zulässigen Keilsteigung, der kleinsten zulässigen Schmierschichtstärke und der größten zulässigen Keilflächenlänge ergibt sich bei gegebener Keilflächenbreite durch Wahl der Schmiermittelzähigkeit nach Gleichung 58b (S. 154) die überhaupt erreichbare geringste Reibungsleistung.

b) Bei Annahme der kleinsten zulässigen Keilsteigung, der kleinsten zulässigen Schmierschichtstärke und der größten zulässigen Keilflächenlänge ergeben sich bei gegebener Ölzähigkeit durch Wahl der Keilflächenbreite nach Gleichung 122 die gleich günstigen Reibungsverhältnisse wie unter a).

c) Bei gegebenen Abmessungen kann durch geeignete Wahl des Schmiermittels lediglich die gewünschte Schmierschichtstärke erzielt werden. Die Reibung wird jedoch, selbst bei der geringsten zulässigen Schmierschichtstärke, größer sein als im Falle a) — es sei denn, daß die gegebenen Abmessungen zufälligerweise mit den günstigsten übereinstimmen.

d) Bei gegebenen Abmessungen und gegebenem Schmiermittel wird die Reibung stets größer sein als die geringstmögliche — es sei denn, daß die Verhältnisse durch Zufall den Bedingungen unter b) entsprechen. Es wird sogar in der Regel fraglich sein, ob überhaupt Flüssigkeitsreibung zu erwarten ist. — Prüfung nach Gleichung 58.

e) Bei gegebener Ölzähigkeit und gegebenen Abmessungen, mit Ausnahme der Keilsteigung, kann durch geeignete Wahl der Keilsteigung allein der günstigste Reibungswert nicht erreicht werden. Es kann lediglich reine Flüssigkeitsreibung angestrebt werden, wobei die Reibung einen ganz bestimmten, nicht weiter zu ändernden Wert erhält. Wahl der zweckmäßigsten Keilsteigung nach Gleichung 58 durch Auflösen nach ε

$$\varepsilon = \left(\frac{\sqrt[5]{L} \cdot z \cdot V}{7{,}06 \cdot p_m \cdot H^{1,2}} \right)^{1,25} \text{ m} \quad \ldots \ldots \ldots 58c$$

Nachdem die günstigsten Reibungsverhältnisse hiermit klargestellt sind, kann an eine Betrachtung der Reibungswärme und der dadurch bedingten Gleitkörpertemperatur herangetreten werden.

Die Verhältnisse der Wärme-Entwicklung und Wärme-Ableitung liegen bei ebenen Gleitflächen im großen ganzen ähnlich wie bei Traglagern.

Die gesamte Wärme-Entwicklung ergibt sich aus der Reibungsleistung nach Gleichung 121 zu

$$\iota = \frac{0{,}0467 \cdot 3600 \cdot 75}{427} \cdot \sqrt{P \cdot V^3 \cdot B \cdot z} =$$

$$\iota = 29{,}5 \cdot \sqrt{P \cdot V^3 \cdot B \cdot z} \text{ WE/st} \quad \ldots \ldots \ldots 124$$

Die spezifische Wärmeentwicklung ι_1 erhalten wir, wenn wir die gesamte Wärmeentwicklung auf den Quadratmeter tragende Keilfläche beziehen.

$$\iota_1 = \frac{\iota}{B \cdot L} = \frac{29{,}5}{B \cdot L} \cdot \sqrt{P \cdot V^3 \cdot B \cdot z},$$

$$\iota_1 = \frac{29{,}5}{L} \cdot \sqrt{\frac{P \cdot V^3 \cdot z}{B}} = 29{,}5 \cdot \sqrt{\frac{p_m \cdot V^3 \cdot z}{L}} \text{ WE/st} \cdot \text{m}^2 \ldots 125$$

Die gesamte stündliche Wärme-Ableitung eines Gleitkörpers bei natürlicher Kühlung sei mit λ bezeichnet; dementsprechend die spezifische Wärmeableitung, auf den Quadratmeter tragende Keilfläche bezogen, mit

$$\lambda_1 = \frac{\lambda}{B \cdot L} \text{ WE/st} \cdot \text{m}^2 \quad \ldots \ldots \ldots 126$$

In Ermangelung besonderer Versuchsunterlagen soll angenommen werden, daß auch für ebene Gleitflächen das empirische Gesetz gilt

$$\lambda_1 = 17 \cdot a \cdot (\Theta - \Theta_1)^{1,3} \text{ WE/st} \cdot \text{m}^2 \quad \ldots \ldots 127$$

Hierin bedeutet a den Koeffizienten der „individuellen" Wärmeableitfähigkeit oder kurz die „Ausstrahlfähigkeit", Θ die Schmierschichttemperatur bzw. mittlere Keilflächentemperatur, Θ_1 die Temperatur der umgebenden Luft in Grad Celsius.

Zahlentafel 20 enthält geschätzte Werte für a für verschiedene Betriebsverhältnisse und soll bei der neuen Berechnungsweise einen vorläufigen Anhalt bieten, solange bestimmtere Zahlenwerte noch nicht vorliegen.

Zahlentafel 20. Individuelle Wärmeableitfähigkeit („Ausstrahlfähigkeit") bei ebenen Gleitflächen, bei ruhender und bei bewegter Luft.

1. Unendlich dünne Gleitkörper mit 100 % tragender Keilfläche, ohne anschließende Massen (rein theoretischer unterster Grenzwert)   für ruhende Luft $a = 0{,}17$

2. Kreuzkopfgleitschuhe mit etwa 30 % in einer Richtung tragender Keilfläche und anschließendem Kreuzkopfkörper nebst Kolbenstange, bei warmer Kolbenstange und warmer Gleitbahn (Dampfmaschinen, Verbrennungsmaschinen) . . . . . . für ruhende Luft $a = 1{,}0$

3. Achsialdrucklager mit etwa 50 % tragender Keilfläche und anschließendem normalen Drucklagergehäuse, bei warmer Druckwelle (Dampfturbinen) . . . . für ruhende Luft $a = 1{,}5$

4. Kreuzkopfgleitschuhe wie unter 2, jedoch bei kühler Kolbenstange und kühler Gleitbahn (Kolbenpumpen) . . . . für ruhende Luft $a = 2{,}0$

5. Achsialdrucklager wie unter 3, jedoch bei kühler Druckwelle (Wasserturbinen, Schraubenwellen) . . . . für ruhende Luft $a = 2{,}5$

2a. 4a. Bei Kreuzköpfen erhöht sich a mit der mittleren Kolbengeschwindigkeit, und zwar ist $a_{\text{ruh. Luft}}$ ($= 1$ bzw. 2) zu vergrößern bei einer mittleren Kolbengeschwindigkeit

von	0,5 m/sek	2,3 mal	bei	6 m/sek	6,6 mal
bei	1 m/sek	3 mal	„	7 m/sek	7,1 mal
„	2 m/sek	4 mal	„	8 m/sek	7,6 mal
„	3 m/sek	4,8 mal	„	9 m/sek	8 mal
„	4 m/sek	5,5 mal	„	10 m/sek	8,4 mal
„	5 m/sek	6,1 mal	„	12 m/sek	9,2 mal

Da bei normaler Luftkühlung die entwickelte Wärme durch die Luft der Umgebung allein abgeleitet wird, gilt für natürliche Kühlung

$$\iota_1 = \lambda_1 \qquad \ldots \ldots \ldots \ldots \quad 128$$

Setzen wir somit Gleichung 125 und Formel 127 gleich, so erhalten wir damit die Wärmebilanz für natürliche Kühlung:

$$29{,}5 \cdot \sqrt{\frac{p_m \cdot V^3 \cdot z}{L}} = 17 \cdot a \cdot (\Theta - \Theta_1)^{1,3}$$

und daraus

$$(\Theta - \Theta_1)^{1,3} = \frac{29{,}5}{17 \cdot a} \cdot \sqrt{\frac{p_m \cdot V^3 \cdot z}{L}} = \frac{1{,}74}{a} \cdot \sqrt{\frac{p_m \cdot V^3 \cdot z}{L}},$$

$$\Theta - \Theta_1 = \sqrt[1,3]{\frac{1{,}74}{a}} \cdot \sqrt{\frac{p_m \cdot V^3 \cdot z}{L}}$$

oder

$$\Theta = \Theta_1 + \sqrt[2,6]{\frac{3 \cdot p_m \cdot V^3 \cdot z}{L \cdot a^2}} \text{ Grad} \quad \ldots \ldots \quad 129$$

Nach obiger Gleichung kann aus dem Flächendruck, der Gleit-geschwindigkeit, der Ölzähigkeit, der Keilflächenlänge und der Luft-temperatur der Umgebung für einen bestimmten Betriebsfall die Tem-peratur in der Schmierschicht annähernd ermittelt werden. Hierbei ist vorausgesetzt, daß ein solches Öl verwendet wird, dessen Zähigkeit gerade bei der errechneten Temperatur dem in Formel 129 eingesetzten Wert von z entspricht. Löst man die Gleichung nach z auf, so kann um-gekehrt bei gegebenen Abmessungen nach Annahme von $\Theta - \Theta_1$ die entsprechende Ölzähigkeit errechnet werden, bei welcher die Schmier-schichttemperatur Θ erreicht wird. Hierbei wäre jedoch eine Kontrolle der geringsten Schmierschichtstärke nach Gleichung 58 unerläßlich.

Die Zähigkeit z ergibt sich aus Gleichung 129 wie folgt:

$$(\Theta - \Theta_1)^{2,6} = \frac{3 \cdot p_m \cdot V^3 \cdot z}{L \cdot a^2}$$

oder

$$z = \frac{L \cdot a^2 \cdot (\Theta - \Theta_1)^{2,6}}{3 \cdot p_m \cdot V^3} \quad \text{kg} \cdot \text{sek/m}^2 \quad \ldots \ldots 130$$

Bei freier Wahl des Schmiermittels kann die gewünschte Schmier-schichtstärke und Keilsteigung von vornherein berücksichtigt werden, indem in Gleichung 129 der Wert für z nach Gleichung 58b (S. 154) eingesetzt wird. Wir erhalten alsdann

$$\Theta = \Theta_1 + \sqrt[2,6]{\frac{3 \cdot p_m \cdot V^3 \cdot 7,06 \cdot H^{1,2} \cdot p_m \cdot \sqrt[1,25]{\varepsilon}}{L \cdot a^2 \cdot \sqrt[5]{L \cdot V}}}$$

$$\Theta = \Theta_1 + \sqrt[2,6]{\frac{21,2 \cdot P^2 \cdot V^2 \cdot H^{1,2} \cdot \sqrt[1,25]{\varepsilon}}{L^{3,2} \cdot B^2 \cdot a^2}} \quad \text{Grad} \ldots \ldots 131$$

oder

$$B = \sqrt{\frac{21,2 \cdot P^2 \cdot V^2 \cdot H^{1,2} \cdot \sqrt[1,25]{\varepsilon}}{L^{3,2} \cdot a^2 \cdot (\Theta - \Theta_1)^{2,6}}} \quad \text{m} \quad \ldots \ldots 131a$$

Die Zähigkeit des Schmiermittels muß hierbei stets nach Gleichung 58b (S. 154) gewählt werden, und zwar derart, daß die errechnete Zähig-keit z bei der Schmierschichttemperatur Θ vorhanden ist.

Wählt man für H und ε die kleinsten, für L bzw. B und L die größten zulässigen Werte, so erhält man nach Gleichung 131 bzw. 131a die geringste Reibungsleistung bei kleinster Schmierschichttemperatur.

Ist ein bestimmtes Schmiermittel mit dem allgemeinen Zähigkeits-charakter nach Gleichung 108

$$z = \frac{i}{(0,1 \cdot \Theta)^{2,6}} \quad \text{kg} \cdot \text{sek/m}^2$$

gegeben (siehe Abschnitt 17, Normalöle), so ermittelt sich die Schmier-

schichttemperatur durch Einsetzen von Gleichung 108 in Gleichung 129.
— Wir erhalten

$$\Theta = \Theta_1 + \sqrt[2,6]{\frac{3 \cdot p_m \cdot V^3}{L \cdot a^2}} \cdot \sqrt[2,6]{\frac{i}{(0,1 \cdot \Theta)^{2,6}}} = \Theta_1 + \frac{1}{0,1 \cdot \Theta} \cdot \sqrt[2,6]{\frac{3 \cdot p_m \cdot V^3 \cdot i}{L \cdot a^2}} =$$

$$\Theta - \Theta_1 = \frac{10}{\Theta} \cdot \sqrt[2,6]{\frac{3 \cdot p_m \cdot V^3 \cdot i}{L \cdot a^2}}$$

$$\Theta - \Theta_1 = \frac{1}{\Theta} \cdot \sqrt[2,6]{\frac{1200 \cdot p_m \cdot V^3 \cdot i}{L \cdot a^2}}$$

$$\Theta \cdot (\Theta - \Theta_1) = \sqrt[2,6]{\frac{1200 \cdot p_m \cdot V^3 \cdot i}{L \cdot a^2}}$$

$$\Theta^2 - \Theta_1 \cdot \Theta - \sqrt[2,6]{\frac{1200 \cdot p_m \cdot V^3 \cdot i}{L \cdot a^2}} = 0 .$$

Aus dieser quadratischen Gleichung bestimmt sich die gesuchte Schmierschichttemperatur zu

$$\Theta = \frac{\Theta_1}{2} + \sqrt{\left(\frac{\Theta_1}{2}\right)^2 + \sqrt[2,6]{\frac{1200 \cdot p_m \cdot V^3 \cdot i}{L \cdot a^2}}} \quad \text{Grad} \quad . \ . \ 132$$

oder

$$\Theta = \frac{\Theta_1}{2} + \sqrt{\left(\frac{\Theta_1}{2}\right)^2 + \sqrt[2,6]{\frac{1200 \cdot P \cdot V^3 \cdot i}{L^2 \cdot B \cdot a^2}}} \quad \text{Grad} \quad . \ . \ 132\,\text{a}$$

Bei gegebenem Normalöl muß nach Ermittlung der Schmierschichttemperatur nach Gleichung 132 bzw. 132 a stets auch die bei dieser Temperatur und der zugehörigen Zähigkeit zu erwartende geringste Schmierschichtstärke nachgerechnet werden, um festzustellen, ob die Gleitflächen überhaupt im Gebiet der flüssigen Reibung arbeiten. Diese
Feststellung erfolgt nach Gleichung 58, unter Einführung des allgemeinen
Wertes für z nach Gleichung 108. Es ergibt sich dann als geringste
Schmierschichtstärke bei Normalöl und der Schmierschichttemperatur Θ
(nach Gleichung 132 bzw. 132 a)

$$H = \sqrt[1,2]{\frac{\sqrt[5]{L \cdot V \cdot i}}{7,06 \cdot \sqrt[1,25]{\varepsilon} \cdot p_m \cdot (0,1 \cdot \Theta)^{2,6}}} \quad \text{m} \quad . \ . \ . \ . \ 133$$

Als höchste Temperatur, die eine Gleitfläche annehmen dürfte, ohne in
das Gebiet der halbflüssigen Reibung zu gelangen, ist diejenige Schmierschichttemperatur anzusehen, bei der die geringste zulässige Schmierschichtstärke erreicht wird. Setzt man diese $= H''_{\min} = 0,01$ mm $= 0,00001$
Meter und löst Gleichung 133 nach Θ auf, so erhält man

$$H^{1,2} = \frac{\sqrt[5]{L \cdot V \cdot i}}{7,06 \cdot \sqrt[1,25]{\varepsilon} \cdot p_m \cdot (0,1 \cdot \Theta)^{2,6}} = \frac{1}{100\,000^{1,2}} = \frac{1}{1\,000\,000} ,$$

$$0,1 \cdot \Theta = \sqrt[2,6]{\frac{1\,000\,000 \cdot \sqrt[5]{L \cdot V \cdot i}}{7,06 \cdot \sqrt[1,25]{\varepsilon} \cdot p_m}}$$

und daraus

$$\Theta_{max} = 955 \cdot \sqrt[2,6]{\frac{\sqrt[5]{L \cdot V \cdot i}}{\sqrt[1,25]{\varepsilon \cdot p_m}}} \text{ Grad} \quad \ldots \ldots 134$$

Die günstigste Keilflächenbreite bei Anwendung eines beliebigen Normalöles ergibt sich aus Gleichung 122 durch Einsetzen des allgemeinen Ausdruckes (Gleichung 108) für die Zähigkeit. Mit diesem Wert für z wird

$$B = \frac{7,06 \cdot \sqrt[1,25]{\varepsilon \cdot P \cdot H^{1,2}} \cdot (0,1 \cdot \Theta)^{2,6}}{V \cdot L^{1,2} \cdot i} \text{ m} \quad \ldots \ldots 135$$

Die Schmierschichttemperatur Θ ermittelt sich durch Einsetzen dieses Wertes für B in die allgemeine Gleichung 132a zu

$$\Theta = \frac{\Theta_1}{2} + \sqrt{\left(\frac{\Theta_1}{2}\right)^2 + \sqrt[2,6]{\frac{1200 \cdot P \cdot V^3 \cdot i \cdot V \cdot L^{1,2} \cdot i}{L^2 \cdot a^2 \cdot 7,06 \cdot \sqrt[1,25]{\varepsilon \cdot P \cdot H^{1,2}}} \cdot \frac{1}{\sqrt[2,6]{(0,1 \cdot \Theta)^{2,6}}}}} \cdot$$

Das hier auch auf der rechten Seite der Gleichung auftretende Θ muß nun zunächst auf die linke Seite gebracht werden, unter gleichzeitiger Kürzung des Ausdruckes unter der Wurzel. Es ergibt sich alsdann

$$\Theta - \frac{\Theta_1}{2} = \sqrt{\left(\frac{\Theta_1}{2}\right)^2 + \frac{1}{\Theta} \cdot \sqrt[2,6]{\frac{400 \cdot 1200 \cdot V^4 \cdot i^2}{7,06 \cdot L^{0,8} \cdot a^2 \cdot \sqrt[1,25]{\varepsilon \cdot H^{1,2}}}}},$$

$$\left(\Theta - \frac{\Theta_1}{2}\right)^2 = \left(\frac{\Theta_1}{2}\right)^2 + \frac{1}{\Theta} \cdot \sqrt[2,6]{\frac{68\,000 \cdot V^4 \cdot i^2}{a^2 \cdot \sqrt[1,25]{\varepsilon \cdot L \cdot H^{1,2}}}},$$

$$\Theta^2 - \frac{2 \cdot \Theta \cdot \Theta_1}{2} + \left(\frac{\Theta_1}{2}\right)^2 - \left(\frac{\Theta_1}{2}\right)^2 = \frac{1}{\Theta} \cdot \sqrt[2,6]{\frac{68\,000 \cdot V^4 \cdot i^2}{a^2 \cdot \sqrt[1,25]{\varepsilon \cdot L \cdot H^{1,2}}}},$$

$$\Theta \cdot (\Theta^2 - \Theta \cdot \Theta_1) = \sqrt[2,6]{\frac{68\,000 \cdot V^4 \cdot i^2}{a^2 \cdot \sqrt[1,25]{\varepsilon \cdot L \cdot H^{1,2}}}}.$$

Zur Bestimmung der Schmierschichttemperatur erhalten wir endgültig die Formel

$$\Theta^2 \cdot (\Theta - \Theta_1) = \sqrt[2,6]{\frac{68\,000 \cdot V^4 \cdot i^2}{a^2 \cdot \sqrt[1,25]{\varepsilon \cdot L \cdot H^{1,2}}}} \quad \ldots \ldots 136$$

Da die Schmierschichttemperatur in dritter Potenz auftritt, erfolgt die Lösung zweckmäßig mit Hilfe der Zahlentafel 21, indem die rechte Seite der Gleichung 136 ausgerechnet und nach dem sich ergebenden Zahlenwert aus der Tabelle (nach Annahme der Lufttemperatur Θ_1) die Schmierschichttemperatur Θ aufgesucht wird.

Ausdrücklich sei darauf aufmerksam gemacht, daß Gleichung 136 die Bemessung der Keilflächenbreite B nach Formel 135 voraussetzt. Diese Bedingung erklärt auch die eigentümliche Tatsache, daß sich die Belastung P in der Gleichung 136 gänzlich forthebt: P kommt näm-

Zahlentafel 21. Werte des Produktes $\Theta^2 \cdot (\Theta - \Theta_1)$ zur Ermittlung der Schmierschichttemperatur Θ bei verschiedener Temperatur Θ_1 der umgebenden Luft.

	Temperatur Θ der Schmierschicht										
$\Theta =$	20°	30°	40°	50°	60°	70°	80°	90°	100°	110°	120°
$\Theta_1 = 10°$	4000	18 000	48 000	100 000	180 000	294 000	448 000	648 000	900 000	1 210 000	1 584 000
$\Theta_1 = 15°$	2000	13 500	40 000	87 500	162 000	269 500	416 000	608 000	850 000	1 150 000	1 511 000
$\Theta_1 = 20°$		9 000	32 000	75 000	144 000	245 000	384 000	567 000	800 000	1 090 000	1 440 000
$\Theta_1 = 25°$		4 500	24 000	62 500	126 000	221 500	352 000	526 000	750 000	1 030 000	1 370 000
$\Theta_1 = 30°$			16 000	50 000	108 000	196 000	320 000	486 000	700 000	968 000	1 296 000
$\Theta_1 = 35°$			8 000	37 500	90 000	171 500	288 000	445 000	650 000	908 000	1 224 000
$\Theta_1 = 40°$				25 000	72 000	147 000	256 000	405 000	600 000	848 000	1 152 000
$\Theta_1 = 50°$				—	36 000	98 000	192 000	324 000	500 000	726 000	1 008 000
Temperatur Θ_1 der umgebenden Luft											

lich indirekt durch die Breite B zur Geltung. Nur hierdurch ist es auch verständlich, inwiefern z. B. eine Vergrößerung der Keilsteigung die Schmierschichttemperatur herabdrückt: eine Vergrößerung von ε bedingt nämlich nach Gleichung 135 eine Vergrößerung von B, dieses seinerseits eine Verkleinerung von p_m und damit nach der allgemeinen Gleichung 129 eine Verringerung der Schmierschichttemperatur Θ durch Verringerung der spezifischen Wärmeentwicklung nach Gleichung 125.

Aus den gebrachten Ableitungen sehen wir, daß die frühere Annahme, die Erwärmung eines Gleitschuhes sei einfach dem Produkt $p \cdot V$ proportional, für flüssige Reibung nicht zutreffend ist. Nach der Grundgleichung 129 ist die Schmierschicht-Übertemperatur der 0,385ten Potenz der mittleren Flächenpressung und Ölzähigkeit und der 1,15ten Potenz der Gleitgeschwindigkeit direkt, und der 0,385ten Potenz der Keilflächenlänge und der 0,77ten Potenz der „Ausstrahlfähigkeit" umgekehrt proportional.

Hiernach ist bisher der Einfluß der Gleitgeschwindigkeit bedeutend unterschätzt, der Einfluß der Ölzähigkeit, der Wärmeableitverhältnisse und der Form der Gleitschuhfläche hingegen gar nicht berücksichtigt worden.

Der Vollständigkeit halber sei auch noch die Wärmebilanz bei künstlicher Kühlung besprochen, obschon die Ableitung eigentlich die gleiche ist wie bei Traglagern.

Ergibt sich nach den Gleichungen 131, 132 oder 136 und Zahlentafel 21 eine Schmierschichttemperatur, die nicht mehr zugelassen werden kann (entweder wegen zu geringer Schmierschichtstärke oder wegen zu befürchtender Verzerrungen bzw. Zerstörung des Gleitschuhmetalles), so muß zu künstlicher Kühlung gegriffen werden. Am einfachsten ist die Anwendung von gekühltem Preßöl, dessen Wirkung bei Kreuzkopfführungen nötigenfalls noch durch Wasserkühlung der Gleitbahn unterstützt werden kann. Als höchste, mit Rücksicht auf das Gleitschuhmetall zulässige Schmierschichttemperatur können auch hier etwa 70° angesehen werden.

Für künstliche Kühlung gilt

$$\iota_1 = \lambda_1 + \lambda_2 \ \text{WE/st} \cdot \text{m}^2 \ \ldots \ldots \ldots \ 137$$

d. h. es muß die durch natürliche und durch künstliche Kühlung insgesamt abgeführte Wärmemenge je Quadratmeter tragende Keilfläche gleich sein der je Quadratmeter Keilfläche durch Flüssigkeitsreibung erzeugten Wärmemenge.

Durch künstliche Kühlung abzuführen ist somit je Quadratmeter tragende Keilfläche nur der Betrag

$$\lambda_2 = \iota_1 - \lambda_1 \ \text{WE/st} \cdot \text{m}^2 \ \ldots \ldots \ldots \ 137\,\text{a}$$

Die Schmierschichttemperatur bei künstlicher Kühlung kann nach Belieben angenommen werden, z. B. zu $40 \div 60°$. Bei gegebenem Schmiermittel ist damit auch die Zähigkeit bestimmt, und es kann nach Gleichung 125 die spezitische Wärmeentwicklung berechnet werden. Zieht man von dieser Wärmemenge den durch natürliche Kühlung nach Gleichung 127 je Quadratmeter tragende Keilfläche „ausstrahlenden" Wärmebetrag ab, so erhält man die je Quadratmeter tragende Keilfläche durch künstliche Kühlung abzuführende Wärmemenge.

Bei freier Wahl des Schmiermittels ist die Zähigkeit nach Gleichung 58 b (S. 154) gegeben, und es kann, wie oben angedeutet, die spezifische Reibungswärme, die spezifische „Wärmeausstrahlung" durch natürliche Kühlung und damit der spezifische, durch künstliche Kühlung abzuführende Wärmeüberschuß bestimmt werden. — Ein Zahlenbeispiel möge dies erläutern.

Beispiel 20.

Ein Achsialdrucklager einer Schiffsmaschinenwelle soll bei $n = 400$ einen Achsialdruck von $P = 8000$ kg aufnehmen. Der mittlere Durchmesser des Druckringes betrage 300 mm, die Breite der tragenden Keilfläche 70 mm. — Es soll entschieden werden, ob bei günstigster Wahl des Schmiermittels bei einer Raumtemperatur von 30° künstliche Kühlung erforderlich ist und gegebenenfalls in welchem Maße. Jede Seite des Druckringes ist nur für je eine Drehrichtung bestimmt.

Da das Schmiermittel nach Gleichung 58 b (S. 154) gewählt werden soll, hat die Bestimmung der Schmierschichttemperatur bei natürlicher Kühlung nach Gleichung 131 zu erfolgen, und es sind daher zunächst die hierfür in Betracht kommenden Einzelgrößen festzulegen.

Der Gesamtdruck ist mit $P = 8000$ kg gegeben. Die mittlere Gleitgeschwindigkeit ermittelt sich bei dem gegebenen mittleren Druckringdurchmesser von 300 mm und der gegebenen Drehzahl von 400 angenähert zu

$$V = \frac{0{,}3 \cdot \pi \cdot 400}{60} = 6{,}28 \ \text{m/sek.}$$

Die geringste Schmierschichtstärke werde mit 0,01 mm festgesetzt, während für die Keilsteigung der kleinen Gleitgeschwindigkeit wegen $\varepsilon = 0{,}0025$ angenommen werde, d. h. auf 40 mm Länge 0,1 mm Steigung. — Die gesamte mittlere Länge

11*

der Druckringfläche beträgt $300 \cdot \pi = 943$ mm. Da jede Druckringseite nur für eine Drehrichtung bestimmt ist, kommt die Ausführung von etwa 50% tragender Keilfläche in Betracht, d. h. jeder 'Einzelkeilfläche folgt ein gleich langes Stück ebener Tragfläche, das zur Gleitbahn parallel ausgeführt wird und zur Aufnahme des Lagerdruckes beim Anfahren und Abstellen dient.

Die gesamte Länge der tragenden Keilfläche beläuft sich damit auf $0,5 \cdot 943 = 471,5$ mm. Bemißt man jede Einzelkeilfläche mit etwa 35 mm Länge, so ergäben sich insgesamt $471,5 : 35 = 13,5$ Keilflächen. Gewählt seien 12 Keilflächen und 12 ebene, gleich lange Zwischenflächen.

Die Keilflächenlänge bestimmt sich damit zu $L'' = 493 : 24 = 39,25$ mm $=$ rd. 40 mm; die gesamte Keilflächenbreite B'' zu $12 \cdot 70 = 840$ mm.

Mit einer „Ausstrahlfähigkeit" von $a = 2,5$ nach Zahlentafel 20 und der gegebenen Temperatur der Umgebung von $\Theta_1 = 30°$ ergibt sich alsdann nach Gleichung 131

$$\Theta = \Theta_1 + \sqrt[2,6]{\frac{21,2 \cdot P^2 \cdot V^2 \cdot H^{1,2} \cdot \sqrt[1,25]{\varepsilon}}{B^2 \cdot L^{3,2} \cdot a^2}} = 30 + \sqrt[2,6]{\frac{21,2 \cdot 8000^2 \cdot 6,28^2 \cdot 1 \cdot \sqrt[1,25]{2,5}}{0,84^2 \cdot 0,04^{3,2} \cdot 2,5^2 \cdot 100\,000^{1,2} \cdot \sqrt[1,25]{1000}}}$$

$$= 30 + \sqrt[2,6]{\frac{21,2 \cdot 64\,000\,000 \cdot 39,5 \cdot 2,08}{0,705 \cdot 0,000\,0333 \cdot 6,25 \cdot 1\,000\,000 \cdot 250}} = 30 + \sqrt[2,6]{\frac{64\,000\,000 \cdot 1740}{36\,700}},$$

$$\Theta = 30 + \sqrt[2,6]{1740 \cdot 1740}{}^{*)} = 30 + 17,6 \cdot 17,6 = 30 + 310 = 340°.$$

Künstliche Kühlung ist also unerläßlich. — Die zur Aufrechterhaltung der angenommenen Schmierschichtstärke erforderliche Ölzähigkeit ergibt sich nach Gleichung 58 b (S. 154) zu

$$z = \frac{7,06 \cdot H^{1,2} \cdot p_m \cdot \sqrt[1,25]{\varepsilon}}{\sqrt[5]{L} \cdot V} = \frac{7,06 \cdot 8000^{1,25} \cdot \sqrt[1,25]{2,5} \cdot \sqrt[5]{25}}{100\,000^{1,2} \cdot 0,84 \cdot 0,04 \cdot \sqrt[1,25]{1000} \cdot 6,28}$$

$$z = \frac{7,06 \cdot 8000 \cdot 2,08 \cdot 1,905}{1\,000\,000 \cdot 0,0336 \cdot 250 \cdot 6,28} = \frac{225}{52\,600} = 0,0043 \text{ kg} \cdot \text{sek/m}^2.$$

Hiermit bestimmt sich nun die spezifische Reibungswärme nach Gleichung 125 zu

$$\iota_1 = \frac{29,5}{L} \cdot \sqrt{\frac{P \cdot V^3 \cdot z}{B}} = \frac{29,5}{0,04} \cdot \sqrt{\frac{8000 \cdot 247 \cdot 0,0043}{0,84}} = \frac{29,5}{0,04} \cdot \sqrt{10\,100}$$

$$\iota_1 = \frac{29,5 \cdot 100,5}{0,04} = 74\,200 \text{ WE/st} \cdot \text{m}^2.$$

Wählen wir als zulässige Betriebstemperatur $\Theta = 70°$, so ergibt sich die durch natürliche Kühlung „ausgestrahlte" Wärme je Quadratmeter tragende Keilfläche nach Gleichung 127 zu

$$\lambda_1 = 17 \cdot a \cdot (\Theta - \Theta_1)^{1,3} = 17 \cdot 2,5 \cdot (70 - 30)^{1,3} = 17 \cdot 2,5 \cdot 121$$
$$\lambda_1 = 5150 \text{ WE/st} \cdot \text{m}^2.$$

Nach Gleichung 137a ist somit je Quadratmeter tragende Keilfläche durch künstliche Kühlung abzuführen:

$$\lambda_2 = \iota_1 - \lambda_1 = 74\,200 - 5150 = 69\,050 \text{ WE/st} \cdot \text{m}^2.$$

Da die gesamte tragende Keilfläche $0,84 \cdot 0,04 = 0,0336$ m² beträgt, ist stündlich durch künstliche Kühlung eine Wärmemenge von

$$69\,050 \cdot 0,0336 = 2320 \text{ WE}$$

---

*) Die zu radizierenden Zahlen sind für den A. W. Faber'schen Potenzschieber in 2 Faktoren zerlegt.

abzuführen. Die vom Drucklager verzehrte Reibungsarbeit beträgt nach Gleichung 121

$$N_r = 0,0467 \cdot \sqrt{P \cdot V^3 \cdot B \cdot z} = 0,0467 \cdot \sqrt{8000 \cdot 247 \cdot 0,84 \cdot 0,0043}$$

$$N_r = 0,0467 \cdot \sqrt{7150} = 0,0467 \cdot 84,5 = 3,95 \ \text{PS}.$$

Davon müssen $\dfrac{69050 \cdot 100}{74400} = 93\%$ durch künstliche Kühlung abgeführt werden, das sind

$$3,95 \cdot 0,93 = 3,67 \ \text{PS}.$$

Verwandeln wir diesen Betrag (zur Kontrolle) in Wärmeeinheiten, so erhalten wir als durch künstliche Kühlung abzuführende Wärmemenge

$$\frac{3,67 \cdot 75 \cdot 3600}{427} = 2320 \ \text{WE/st},$$

in vollkommener Übereinstimmung mit dem oben gefundenen Ergebnis.

Der Vollständigkeit halber sei auch noch die Reibungszahl bestimmt. — Nach Gleichung 118 ist

$$\mu = 3,5 \cdot \sqrt{\frac{z \cdot V}{p_m \cdot L}} = 3,5 \cdot \sqrt{\frac{0,0043 \cdot 6,28 \cdot 0,0336}{8000 \cdot 0,04}} = 3,5 \cdot \sqrt{\frac{1}{353000}} = \frac{3,5}{594} = 0,0059.$$

Kleinere Werte von μ lassen sich nur erreichen bei kleinerer Keilsteigung und geringerer Schmierschichtstärke, indem dann auch die Ölzähigkeit geringer gewählt werden kann. — Ein Vorteil der Michell-Drucklager (Segment-Drucklager) liegt mit darin, daß durch selbsttätige Einstellung der Druckklötzchen sehr geringe Keilsteigungen erzielt werden können. — Im übrigen ist die hier entwickelte Berechnungsweise mit so großer Sicherheit durchgeführt, daß auch die Reibungswerte dadurch in ihrer zahlenmäßigen Größe reichlich überschätzt sein dürften.

Beachtenswert ist in Beispiel 20 noch die nach Gleichung 131 ermittelte imaginäre Schmierschichttemperatur Θ unter Voraussetzung fehlender künstlicher Kühlung. Die errechnete Temperatur von 340° erscheint auffällig hoch, insbesondere wenn man ihr diejenige des Beispieles 18 mit 250° gegenüberstellt. Da es sich im Beispiel 18 um ein Traglager mit einer Gleitgeschwindigkeit von 45 m/sek handelt (gegenüber 6,28 m/sek beim Drucklager), hätte man beim Drucklager eigentlich eine geringere und nicht eine höhere Schmierschichttemperatur erwartet. — Die Erklärung dieses scheinbaren Widerspruches ergibt sich aus nachstehender Betrachtung:

Zunächst ist zu beachten, daß in beiden Fällen der Flächendruck wesentlich verschieden ist: beim Traglager 8 at, beim Drucklager 23,8 at. Schon hierdurch ist eine größere Temperatursteigerung des Drucklagers gerechtfertigt. Ein wesentlicher Unterschied besteht jedoch zwischen beiden Beispielen dadurch, daß beim Traglager ein gegebenes Schmiermittel vorgesehen war, dessen Zähigkeit sich mit zunehmender Temperatur von selbst verringert und damit bei steigender Temperatur abnehmende Reibung bedingt, während beim Drucklager mit gleichbleibender Zähigkeit und infolgedessen auch mit gleichbleibender Reibung bei allen Temperaturen gerechnet wurde. Dementsprechend muß die Temperatur des Drucklagers sich so lange erhöhen, bis allein durch den vergrößerten Temperaturunterschied zwischen Lager und Außenluft die „Wärmeausstrahlung" sich genügend vergrößert hat, während beim Traglager infolge der Annahme eines gegebenen Schmiermittels die Reibungswärme sich mit zunehmender Temperatur durch Abnahme der Zähigkeit gleichzeitig verringert, so daß die Beharrungstemperatur ganz wesentlich früher erreicht wird.

Obige Betrachtung zeigt den grundsätzlichen Unterschied bei der Ermittlung der Beharrungs-Schmierschichttemperatur für ein gegebenes Schmiermittel und für unveränderliche Zähigkeit. Letztere ergibt unter sonst gleichen Verhältnissen wesentlich höhere (imaginäre) Temperaturen und setzt die Wahl eines solchen Schmiermittels voraus, bei dem die auf Grund der Berechnung verlangte Zähigkeit gerade bei der betreffenden Betriebstemperatur erreicht wird. Diese Zähigkeit ist aus der geometrischen Relativlage der Gleitflächen gegeben und gewährleistet die von vornherein angenommene Schmierschichtstärke bei allen Temperaturen, während bei gegebenem Schmiermittel die Schmierschichtstärke mit wachsender Temperatur abnimmt. — Eine Umrechnung der Zähigkeit auf 50° zeigt auch, daß im Falle obigen Beispieles ein sehr zähes Schmiermittel (Normalöl 16) verwendet werden müßte, um bei der geringen Gleitgeschwindigkeit und dem verhältnismäßig hohen Flächendruck noch reine Flüssigkeitsreibung zu erhalten.

Die Berechnung ebener Gleitflächen hat nach obigen Darlegungen die Verwirklichung folgender Punkte zu umfassen:

1. genügende Sicherheit gegen halbflüssige Reibung,
2. genügende Sicherheit gegen zu hohe Schmierschichttemperatur,
3. Vermeidung unnötig hoher Reibungsverluste.

Dafür, daß die gewählten Keilsteigungen stets innerhalb der Grenzen der Werkstattausführbarkeit bleiben, hat man selbstverständlich von vornherein zu sorgen.

Zusammenfassung.

1. Die mittlere Reibungszahl für ebene Gleitflächen ist nach Gleichung 118 durch die Größe der Ölzähigkeit, der Gleitgeschwindigkeit, des Flächendruckes und der Keilflächenlänge gegeben. Der Zahlenwert der mittleren Reibungszahl ist von der Keilspitzenlänge unabhängig.

2. Bei entsprechender Wahl der Ölzähigkeit (nach Gleichung 58b, S. 154) ist die Reibungszahl nur von der geometrischen Relativlage der Gleitflächen abhängig, nämlich von der Keilsteigung ε, der geringsten Schmierschichtstärke H und der Keilflächenlänge L.

3. Bei gegebener Ölzähigkeit ist die Reibungsleistung durch die Größe der Gesamtbelastung, der Gleitgeschwindigkeit, der gesamten Keilflächenbreite und der Zähigkeit des Schmiermittels bestimmt.

4. Bei Annahme der kleinsten zulässigen Keilsteigung, der kleinsten zulässigen Schmierschichtstärke und der größten zulässigen Keilflächenlänge ergibt sich bei Wahl der Schmiermittelzähigkeit nach Gleichung 58b (S. 154) oder bei gegebener Ölzähigkeit durch Wahl der Keilflächenbreite B nach Gleichung 122 die überhaupt erreichbare geringste Reibungsleistung.

5. Bei gegebenen Abmessungen kann durch geeignete Wahl des Schmiermittels lediglich die gewünschte Schmierschichtstärke erzielt werden. Das Reibungsminimum ist nur durch Abstimmung der einzelnen Bestimmungsgrößen gemäß Punkt 4 zu erreichen.

6. Bei gegebenen Abmessungen und gegebener Ölzähigkeit muß in erster Linie nach Gleichung 58 geprüft werden, ob überhaupt reine Flüssigkeitsreibung gewährleistet ist. Durch Ändern der Keilsteigung nach Gleichung 58c (S. 157) kann wohl die Schmierschichtstärke geändert werden; nicht aber die Reibung.

7. Unter spezifischer Wärme-Entwicklung versteht man die Reibungsleistung, in WE/st umgerechnet und auf den Quadratmeter tragende Keilfläche bezogen; unter spezifischer Wärme-Ableitung die je Quadratmeter tragende Keilfläche durch natürliche Kühlung stündlich an die Luft der Umgebung abführbare Wärmemenge.

8. Spezifische Wärme-Ableitung durch die umgebende Luft muß bei natürlicher Kühlung gleich sein der spezifischen Wärme-Entwicklung; bei künstlicher Kühlung ist der Differenzbetrag zwischen Wärmeentwicklung und durch natürliche Kühlung (bei zulässiger Temperatur) abführbarer Wärme durch künstlichen Wärmeentzug (z. B. Wasserkühlung) zu vernichten.

9. Bei der Wahl der Ölzähigkeit nach Gleichung 58b (S. 154) ist die Schmierschichttemperatur um so geringer, je kleiner die Temperatur der Umgebung, der Flächendruck, die Gleitgeschwindigkeit, die Schmierschichtstärke und die Keilsteigung und je größer die Keilflächenlänge und die „individuelle" Wärmeableitziffer („Ausstrahlfähigkeit").

10. Bei gegebenem Schmiermittel (Normalöl) ist die Schmierschichttemperatur um so geringer, je kleiner die Temperatur der Umgebung, der Flächendruck, die Gleitgeschwindigkeit und die Normalöl-Zähigkeitskennziffer und je größer die Keilflächenlänge und die „Ausstrahlfähigkeit".

11. Bei gegebenem Normalöl und Wahl der Keilflächenbreite nach Gleichung 135 ist die Schmierschichttemperatur um so geringer, je kleiner die Temperatur der Umgebung, die Gleitgeschwindigkeit und die Zähigkeitskennziffer und je größer die Keilsteigung, die Keilflächenlänge, die Schmierschichtstärke und die „Ausstrahlfähigkeit". — Die Ermittlung der Temperatur erfolgt nach Zahlentafel 21.

12. Als Keilflächenbreite B gilt stets die Gesamtbreite sämtlicher tragenden Keilflächen zusammen; als Keilflächenlänge L hingegen stets die wirkliche Länge einer einzelnen Keilfläche ohne Rücksicht auf deren Zahl.

V. Die Schmiermethoden und Schmiermittel.

19. Tropfschmierung, Ringschmierung und Druckschmierung.

Die Ölzufuhr hat sich in jeder Weise den obwaltenden Verhältnissen anzupassen und erfolgt dementsprechend entweder tropfenweise, reichlich oder im Übermaß, ohne Druck, unter geringem Druck oder unter hohem Druck.

Bei der gewöhnlichen Schwerkraftschmierung tropft oder sickert das Öl ohne nennenswerten Überdruck auf oder zwischen die Gleitflächen; man könnte sie daher Niederdruckschmierung nennen. Dementsprechend wäre dann unter Mitteldruckschmierung die Ölzuführung aus Hochbehältern und aus mit geringem Druck arbeitenden Spülpumpen, unter Hochdruckschmierung schließlich die Ölzufuhr unter hohem Druck durch Preßpumpen zu verstehen.

Zweckmäßiger ist jedoch eine rein schmiertechnische Unterscheidung nach dem Schmierungszustande der Gleitflächen. — Wird einem Lager so viel Schmiermittel zugeführt, als es äußerst aufzunehmen vermag, d. h. als zur dauernden Aufrechterhaltung der größten erreichbaren Schmierschichtstärke erforderlich ist, so hat man die volle Schmierwirkung erreicht, und man kann daher solchenfalls von Vollschmierung sprechen. Wird weniger Schmiermittel zugeführt, als das Lager aufzunehmen vermag, so wird sich die Schmierschichtstärke gegenüber der größten erreichbaren vermindern, denn erst bei verminderter Schmierschichtstärke geht der Ölverbrauch erheblich zurück. Dieser Schmierzustand kann dementsprechend nur als spärliche Schmierung bezeichnet werden.

Wieviel Öl die Vollschmierung eines Lagers erfordert, kann bei neu zu entwerfenden Lagern durch die im nächsten Abschnitt gebrachte Berechnung des Schmiermittelbedarfes festgestellt werden; bei vorhandenen Lagern durch den praktischen Versuch. Handelt es sich z. B. um einen Tropföler, so müßte dieser, um Vollschmierung zu ergeben, so eingestellt werden, daß das Lager gerade eben überläuft; denn nur durch Überlaufenlassen der Tropfölstelle wäre Gewähr gegeben, daß der verlangte volle Schmiermittelbedarf wirklich dauernd gedeckt wird.

Der Tropföler in der Praxis ergibt also nur spärliche Schmierung, da man ihn bekanntlich nie überlaufen läßt. — Das gleiche gilt mit derselben Begründung vom Dochtöler, vom Nadelöler, vom Schmierkissen und von der Handölung. Da bei spärlicher Schmierung in der Regel eine zu weitgehende Verringerung der Schmierschichtstärke und damit teilweise metallische Berührung der Gleitflächen eintritt, werden obige Schmiermethoden in der Praxis meistens nur halbflüssige Reibung ergeben.

Jedes Lager erfordert somit zur Aufrechterhaltung seines günstigsten Schmierzustandes eine ganz bestimmte Mindestölmenge, deren Unterschreitung verringerte Betriebssicherheit bzw. erhöhte Reibung und Verschleiß zur Folge hat. Jede willkürliche „Regulierung" des Ölzulaufes bedeutet daher einen unnatürlichen Eingriff, eine Verringerung des Schmiermittelverbrauches zugunsten des Verschleißes und erhöhter Reibungsverluste. — Gelingt es jedoch, den Begriff „Ölverbrauch" von dem Begriff „Ölverlust" zu scheiden, so wird damit jede Begründung willkürlich verringerter Ölzufuhr hinfällig.

Diese Scheidung wird durch die Kreislaufschmierung erreicht. Die Lösung besteht in uneingeschränkter Durchsetzung der Vollschmierung unter dauernder Wiederverwendung des Schmiermittels in stetem Kreislauf. Der Begriff „Ölverbrauch" verliert damit jedwede wirtschaftliche Bedeutung, und „Ölverluste" im eigentlichen Sinne treten überhaupt nicht auf.

Die einfachste Form der Kreislaufschmierung ist die Ringschmierung. Ein auf der Welle fest oder lose sitzender Ring taucht in einen unterhalb der Lagerschale vorgesehenen Ölbehälter und fördert durch Adhäsion des Öles am Ring dauernd Schmiermittel zur oberen Lagerschale, wo durch den Zapfen eine selbsttätige, gleichmäßige Verteilung stattfindet. Die durch einen Schmierring geförderte Ölmenge ist so reichlich, daß sie den eigentlichen Schmiermittelbedarf des Lagers bei Vollschmierung um ein Vielfaches übersteigt. Bei richtiger Konstruktion des Lagers genügt daher ein einziger Schmierring unter allen Umständen; die Anwendung mehrerer oder besonders breiter Schmierringe bedeutet eine überflüssige Verteuerung des Lagers.

Das Ringschmierlager*) ist das einfachste, betriebssicherste und sparsamste Lager für Vollschmierung. Seiner Bauart nach ist es für natürliche Kühlung bestimmt, doch läßt es sich durch Einbau einer Kühlschlange in den Ölbehälter in gewissen Grenzen auch für natürliche und künstliche Kühlung verwenden. Seine Verwendbarkeit mit natürlicher Kühlung allein wird um so weitgehender, je größere Ausmaße der Ölbehälter bzw. das Lagergehäuse erhält; denn mit zunehmender freier Oberfläche des Lagerkörpers nimmt auch seine „individuelle Wärmeausstrahlfähigkeit" zu.

Erst die Schaffung des Kreislaufschmierverfahrens hat die Entwicklung der Schmiertechnik auf eine gesunde und natürliche Grundlage gestellt. Der aussichtslose Versuch, den Schmiermittelverbrauch durch gewaltsames Drosseln der Ölzufuhr herabzudrücken, wurde damit grundsätzlich verlassen und so von der keineswegs billigen spärlichen Schmierung zur Vollschmierung übergegangen. Leider scheint der große wirtschaftliche Wert der Kreislaufschmierung noch nicht in allen Kreisen erkannt zu sein, da noch an vielen Stellen spärliche Schmierung zu finden ist, wo Ringschmierung oder Spülschmierung ohne weiteres und mit größtem Nutzen anwendbar wäre.

Tropfschmierung, Dochtschmierung, Nadelschmierung und Handschmierung sollten nur dort angewandt werden, wo es sich entweder um wirklich geringfügige Schmierstellen für ganz kleine Gleitgeschwindigkeiten oder um solche Schmierstellen handelt, bei denen die Ausführung

---

*) Bewährte Lagerkonstruktionen siehe Abschnitt 23.

einer Kreislaufschmierung wegen räumlicher Schwierigkeiten unmöglich oder wegen zu hoher Kosten unvorteilhaft wäre. Hierbei muß jedoch nicht nur an die Gestehungskosten der Schmiervorrichtung selbst, sondern vor allem auch an den zu erwartenden Schmiermittelverbrauch und Verschleiß im praktischen Betriebe gedacht werden. Zur Verringerung des Verschleißes und der Reibung empfiehlt sich in solchen Fällen die Anwendung von Kolloidalgraphit als Zusatz zum Schmiermittel. — Keinesfalls sollte jedoch spärliche Schmierung bei größeren Gleitgeschwindigkeiten angewandt werden, sofern sich mit Sicherheit vollkommene Schmierung erreichen läßt.

Von möglichen Schwierigkeiten mit Rücksicht auf den Platzbedarf abgesehen, ist die Anwendbarkeit der Ringschmierung eigentlich nur durch die spezifische Wärmeentwicklung der betreffenden Lagerart begrenzt. Soweit unter Berücksichtigung der sonstigen Verhältnisse natürliche Kühlung mit Sicherheit genügt, sollte Ringschmierung jeder anderen Schmierungsart vorgezogen werden, da sie die einfachste, billigste und sparsamste ist. Ihre Betriebssicherheit ist auf Grund jahrzehntelanger praktischer Erfahrungen als unbedingt einwandfrei zu bezeichnen, sofern nicht ausgesprochene Fehler in der Konstruktion oder Ausführung vorliegen. Außer richtiger Gestaltung der Lagerschalen ist besondere Aufmerksamkeit auch dem Schmierring zuzuwenden: bei Lagern mit losem Schmierring ist es von größter Wichtigkeit, daß der Schmierring absolut kreisrund (also stets allseitig sauber gedreht) und nicht zu leicht ist. Starke Ringe, die zudem nicht zu schmal sein sollen, damit sie nicht in seitliches Pendeln geraten, werden erstens beim Einbringen und Zusammensetzen nicht verbogen werden können und zweitens stets genügend Reibung auf der Welle haben, um auch bei kaltem Öl mit Sicherheit mitgenommen zu werden. — Bei festem Schmierring ist bei guter Ausführung ein Versagen überhaupt nicht möglich.

Ist auf Grund der gegebenen Reibungsverhältnisse mit natürlicher Kühlung allein nicht auszukommen, so muß zur Spülschmierung gegriffen werden.

Unter Spülschmierung versteht man eine im Übermaß erfolgende Schmiermittelzuführung durch eine Rohrleitung von einem Hochbehälter aus oder von einer Ölpumpe, derart, daß das überschüssige Öl in das Sammelbecken zurückfließen kann. Das allgemeine Kennzeichen der Vollschmierung ist der stets gefüllte Ölzuführungskanal des Lagers bzw. die Tatsache, daß das Lagerspiel der nicht belasteten Schale stets unter dem Druck einer Ölsäule steht. (Im Gegensatz hierzu ist das Lagerspiel der nicht belasteten Schale bei spärlicher Schmierung teilweise oder ganz mit Luft erfüllt.)

Um Vollschmierung zu erzielen, ist an sich das Vorhandensein eines nennenswerten Überdruckes nicht erforderlich; es würden wenige Millimeter Ölsäule vollkommen genügen. Vom Druck in der Ölzuführungsleitung hängt aber der Schmiermitteldurchgang durch das Lager und damit in gewissem Maße die Wärmeableitung durch das abfließende Schmiermittel ab. (In welcher Weise und in welchem Maße, werden wir im nächsten Abschnitt sehen.)

Durch Steigerung des Ölzuführungsdruckes haben wir es in der Hand, kleinere oder größere Wärmeüberschußmengen zu bewältigen. Ist über die durch reine Luftkühlung abführbare Wärmemenge hinaus nur wenig Überschußwärme durch künstliche Kühlung abzuführen, so genügt ein Hochbehälter mit kleiner Druckhöhe; bei größerem Wärmeüberschuß muß schon geringer Pumpendruck, bei noch größerem Wärmeüberschuß größerer Pumpendruck angewandt werden.

Sind sehr bedeutende Wärmemengen durch künstliche Kühlung abzuführen (wie z. B. bei Dampfturbinenlagern), so reicht hierzu eine Steigerung des Öldurchganges durch den nicht unter Schmierschichtdruck stehenden Teil des Lagerspieles*) allein nicht mehr aus, und es muß eine verstärkte Durchspülung des künstlich zu erweiternden, nicht belasteten Teiles des Lagerspieles vorgesehen werden. Zu diesem Zweck wird die mittlere Zone der nicht belasteten Lagerschale einige Millimeter tief und auf einer Breite von etwa $0,5 \div 0,7$ der Lagerlänge ausgespart, um ständig einen breiten Ölstrom über den der belasteten Lagerschale jeweils abgewandten Teil der Zapfenoberfläche hinweggleiten zu können. An der einen Seite, z. B. der Einlaufseite**) des Lagers, wird das Spülöl zugeführt, durchströmt den Spielraum in der oberen Lagerschale und tritt an der anderen Lagerseite nach erfolgter Kühlung der Welle wieder aus, wobei nur ein geringer Abzweig dieser Ölmenge zum Schmieren benutzt worden war. Das aus dem Lager austretende Preßöl wird alsdann durch einen Kühler geleitet, wo ihm die von der erhitzten Welle und mit dem heißen Schmierschichtöl zugeführte Wärme wieder entzogen wird, so daß es nach erfolgter Kühlung wieder von neuem als Kühlöl und Schmieröl ins Lager gedrückt werden kann. — Ein Berechnungsbeispiel für die Kühlung eines derartigen Lagers findet sich in Abschnitt 20.

Ist man im Zweifel darüber, ob die Anwendung eines Hochbehälters für eine ausreichende Wärmeabfuhr genügen wird, so sieht man vorsorglich von vornherein eine Ölpumpe vor, weil man dann in der Lage ist, erforderlichenfalls durch Steigerung des Öldruckes die Wärmeabfuhr bzw. die Lagertemperatur, wenigstens in gewissen Grenzen, zu beeinflussen. Das Steigern des Pumpendruckes an der fertigen Schmieranlage erfolgt durch Nachspannen der Belastungsfeder des Überlaufventiles, so daß das Ventil dann erst bei höherem Druck „abbläst".

Eine sehr weitgehende Anwendung findet die Umlauf-Spülschmierung bzw. Druckschmierung im neuzeitlichen Kolbenmaschinenbau, und zwar sowohl bei Dampfmaschinen und Verbrennungsmotoren wie auch bei Kompressoren, Gebläsen und Pumpen. Die Druckschmierung dient hier nicht nur als betriebssichere, selbsttätige Getriebeschmierung, sondern gleichzeitig auch als äußerst wirksame Maßnahme zur Bekämpfung der Getriebestöße.

Die als Folge des Druckwechsels und des Lagerspieles auftretenden Stöße im Kurbelzapfen- und Kreuzkopfzapfenlager von Kolbenmaschinen werden bekanntlich um so härter, je größer der sekundliche Druckanstieg im Augenblick des Druckwechsels und je größer das Lagerspiel.

---

*) Siehe Abschnitt 20.
**) Näheres über Einlauf- und Ablaufseite siehe Abschnitt 3.

Früher trachtete man daher, den Druckwechsel durch besondere Beeinflussungen des Indikatordiagrammes und Anwendung geringster Lagerspiele unschädlich zu machen, doch gelang dies nur teilweise und nie mit völliger Sicherheit. Erst die verdienstvollen experimentellen Arbeiten von Dr.-Ing. H. Polster[49]) zeigten, daß alle bisher üblichen Eingriffe entbehrlich werden, wenn statt der dürftigen Schmierung Vollschmierung angewandt wird, und zwar mit einem Öldruck von mindestens 0,5 at. — Stöße im Druckwechsel[13]) treten alsdann weder bei großem Druckanstieg, noch bei größeren Lagerspielen auf.

Dieser überraschende Erfolg der Druckschmierung erklärt sich durch die bedeutende dämpfende Wirkung der unter Druck stehenden, also das Eindringen von Luft mit Bestimmtheit verhindernden Schmierschicht zwischen Zapfen und Lagerschale, deren ausführliche Besprechung bereits in Abschnitt 5 gebracht worden war. Die ölgefüllten Lager wirken als Stoßpuffer, und zwar um so kräftiger, je zäher das verwandte Schmiermittel. — Eine Steigerung des Öldruckes über 1 at läßt nach den Polster'schen Versuchen eine nennenswerte weitere Abnahme der Stoßkräfte nicht mehr erwarten, so daß Schmierdrücke von 0,5 bis 1 at als vollständig ausreichend anzusehen sind.

Da nach Obigem sowohl für genügende Ölmenge als auch für genügenden Öldruck gesorgt werden muß, so hat die Berechnung der Liefermenge der Ölpumpe bzw. des Schmiermitteldurchganges von vornherein unter der Annahme des gewünschten Pumpendruckes zu erfolgen. — Ein reichlicher Zuschlag sorgt für genügende Sicherheit.

Bei Triebwerksteilen, die unter Gas- oder Dampfdruck arbeiten, erfolgt die Schmiermittelzufuhr durch Stempelpumpen, welche das Schmiermittel unter hohem Druck unmittelbar zwischen die Gleitflächen pressen. Da sich bei der Schmierung solcher Teile eine vollkommene Kreislaufschmierung nicht durchführen läßt und ein Überfluß an Schmiermittel meistens auch unzulässig ist, pflegt man unter Gas- oder Dampfdruck stehende Teile (Zylinder bzw. Kolben von Dampfmaschinen, Verbrennungsmotoren, Kompressoren, Luftpumpen; ferner Flachschieber, Kolbenschieber, Spindelführungen, Kolbenstangen usw.) bekanntlich mehr oder weniger spärlich zu schmieren, je nach der Eigenart des Betriebes. — Im besonderen interessiert die Zylinderschmierung bzw. die Schmierung des Kolbens.

Bezüglich Zylinderschmierung und Ölzuführung im allgemeinen ist folgendes zu beachten:

Das Schmieren des Kolbens, einer Dampfmaschine zum Beispiel, hat unter den denkbar ungünstigsten Umständen zu erfolgen. Die zu schmierende Fläche ist zylindrisch, bewegt sich aber in Richtung ihrer Längsachse; die Temperatur ist so hoch, daß jedes Schmiermittel angenähert die Dünnflüssigkeit des Wassers annimmt; die Kolbenringe werden als schmale Streifen unter Druck gegen die Zylinderwand gepreßt, wobei die Kolbenringkanten im allgemeinen scharf sind und das Öl vor sich herschieben.

Diese ungünstigen Verhältnisse werden bei Gegendruckbetrieb noch weiter verschlechtert. Zwischen Kolbenring-Innendurchmesser und

Kolbenring-Nutengrund wird sich im Beharrungszustande ein Dampf-druck einstellen, der offenbar zwischen Eintrittsdruck und Gegendruck liegt, doch niemals kleiner sein kann als der Gegendruck selbst. Man kann mit einiger Wahrscheinlichkeit annehmen, daß der Druck hinter den Ringen im Mittel etwa der halben Differenz zwischen Eintrittsdruck und Gegendruck gleich sein wird; bei 18 at Eintrittsdruck und 4 at Gegendruck z. B. $= 0{,}5 \cdot (18 - 4) = 7$ at. — Mit diesem verhältnis-mäßig hohen Flächendruck wird der Kolbenring somit dauernd gegen die Zylinderwand gepreßt, wobei der eigene Federdruck der Ringe (für gewöhnlich etwa $0{,}3$ kg/cm^2), als dem gegenüber geringfügig, vernach-lässigt werden kann.

Werden diese Verhältnisse nicht in irgendeiner Weise verbessert, so kann zwischen Kolben und Zylinder kaum Günstigeres als halbtrockene Reibung erwartet werden, und man ist bezüglich des Zusammenarbei-tens von Kolben und Zylinder fast einzig und allein auf die geeignete Wahl der Gußeisengattierungen angewiesen. Erheblicher Verschleiß, unter Umständen auch Heißlaufen und Fressen der Kolbenringe infolge übermäßiger Wärmeausdehnung und dadurch bedingter Klemmungen würde die Folge sein, und zwar wird der Betrieb bei halbtrockener Rei-bung (die in Heißdampfzylindern durch einfache „Dampfschmierung" schwerlich aufgehoben wird) um so gefährlicher, je höher die Kolben-geschwindigkeit*).

Die Wahl harten Zylindereisens und nahezu ebenso harter Kolben-ringe und Kolben wird wohl in allen Fällen die Grundlage jedes erfolg-reichen Kolbenbetriebes bleiben. Daneben lassen sich jedoch noch man-cherlei Verbesserungen durchführen, die von den technologischen Eigen-schaften des Kolben- und Zylindergusses unabhängig sind.

Zunächst muß· versucht werden, zumindest die Bedingungen für halbflüssige Reibung zu schaffen, indem die Kolbengeschwindigkeit zur Anstrebung dynamischen Schwimmens herangezogen wird. Dies kann natürlich nur bei gleichzeitiger Vervollkommnung der Bearbeitung und bei zweckentsprechender Schmiermittelzuführung Erfolg versprechen, da ähnliche Wirkungen erzielt werden sollen, wie bei ebenen Tragschuhen.

Zur Anbringung von schlanken Keilflächen, die im Verein mit der Kolbengeschwindigkeit und der Ölzähigkeit dynamisches Schwimmen anstreben sollen, kommen sowohl die Kolbenringe wie auch der Kolben-körper selbst in Betracht. Abb. 42 zeigt die entsprechende Ausbildung eines Hochdruck-Heißdampfkolbens mit schmalen mehrteiligen Ringen. Die Kolbenringe erhalten gemäß der vergrößerten Sonderdarstellung lediglich eine schlanke Abrundung der Kanten, während der Kolben-körper in der Mitte zwischen den Ringen mit doppelseitigen Keiltrag-flächen versehen wird. — Mit Rücksicht auf den zu erwartenden Ver-schleiß ist die Steigung verhältnismäßig sehr groß gewählt.

Ein derartig ausgeführter Kolben wird zweckmäßig nach erfolgtem vollkommenen Einlaufen, d. h. nachdem Zylinder und Kolben einen

---

*) Sehr häufig, wenn nicht vorwiegend, ist auffälliger Verschleiß von Kolben, Kolbenringen und Metallpackungen bei Dampfmaschinen auf „unreinen Dampf", d. h. mitgerissenen Kesselschlamm, zurückzuführen.

tadellosen Spiegel aufweisen, noch einmal ausgebaut, um alle Keilflächen
und Abrundungen an den Übergangsstellen nochmals säuberlich nach-
zuarbeiten. Bei der hiernach erfolgenden endgültigen Inbetriebnahme
ist dann ein weiterer nennenswerter Verschleiß nicht mehr zu erwarten,
da Zylinder und Kolben die vollkommenste Bearbeitung (nämlich durch
Einlaufen) erreicht haben und der Kolben nebst Ringen sorgfältig ange-
arbeitete Keilflächen aufweist, die nun imstande sein sollten, wenigstens
angenähert die ganze Belastung bei flüssiger Reibung zu tragen.

Beim Anbringen der Abrundungen an den Kolbenringen ist mit
Vorsicht zu Werke zu gehen, da zu schlanke Abrundungen leicht ein
Klatschen der Ringe verursachen können, was besonders bei schmalen
Kolbenringen und Kondensationsbetrieb zu befürchten ist.

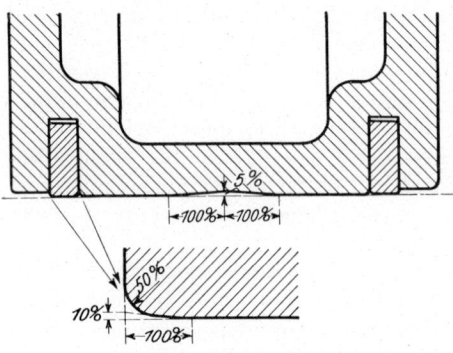

Voraussetzung für erfolg-
reichen Betrieb mit einem derartig ausgestalteten Kolben
ist richtige Zuführung des
Schmiermittels.

Dampfschmierung oder Zu-
führung des Zylinderöles unten
in der Mitte des Zylinders
läßt eine zweckmäßige und
sparsame Schmierung von Kolben und Kolbenringen kaum
erreichen. Um die angestrebte
Wirksamkeit der angebrachten
Keilflächen zu ermöglichen,
muß das Schmiermittel unbedingt zwischen den Kol-

Abb. 42. Keilförmige Tragflächen bei Kolben und Kolbenringen.

benringen zugeführt werden, wodurch auch gleichzeitig jede Ver-
schwendung vermieden wird. Man schließt zu diesem Zweck die Schmierrohrleitungen in der Nähe der Zylinderenden an, und zwar derart, daß
der zwischen Zylinderwand und den Keilflächen des Kolbens verbleibende doppelkeilförmige Hohlraum möglichst lange mit dem Ölzu-
führungsrohr in Verbindung bleibt. Nur während dieser Zeit soll dann
Schmiermittel zugeführt werden, so daß immer nur zwischen die Kolbenringe und niemals planlos in den Zylinder hinein geschmiert wird, z. B.
während der Kolben an dem anderen Zylinderende steht.

Dieser planmäßigen Zuführung des Schmiermittels im Takt des
Kolbenhubes, um deren praktische Einführung sich Verfasser bereits
seit Jahren bemüht, sei die Bezeichnung Hubtakt-Schmierung
gegeben. Wie sich durch Zufall herausstellte, ist der Grundgedanke
dieses Verfahrens schon lange vordem durch Herrn Oberingenieur
O. Haserick, Hamburg[28]), und auch von Herrn Professor W. Ernst,
Wien[12]), verwirklicht worden, abgesehen von anderen, ähnlichen Bestrebungen, z. B. der Zuführung des Schmiermittels durch die hohle
Kolbenstange.

Nähere Untersuchungen zeigen jedoch, daß die Anwendung des
Hubtakt-Antriebes allein die gewünschte Ölverteilung nicht er-

zielen läßt. Die pro Maschinenumdrehung dem Zylinder zuzuführende Schmiermittelmenge ist derart gering (etwa 0,003 bis 0,02 cm³), daß der dadurch bedingte Vorschub der Ölsäule in der Schmierrohrleitung nur nach Zehnteln eines Millimeters mißt. Die Elastizität der Rohrleitung, in Verbindung mit der Kompressibilität des Öles (bekanntlich sind auch Flüssigkeiten nicht völlig unelastisch) läßt bei so geringen Fördermengen eine effektive Ölförderung zur gewünschten Zeit überhaupt nicht eintreten. Es wird durch den Pumpendruckhub vielmehr nur eine gewisse Vorspannung der Ölsäule erreicht, ohne noch Schmiermittelaustritt zu bewirken. Erst nachdem der Kolben den Ölzuführungskanal im Zylinder überlaufen und damit freigegeben hat, wird ein expansionsartiges Hervorquellen der Fördermenge in den Zylinder erfolgen, genau wie bei der bisher üblichen, durch willkürlich gesteuerte Pumpen bewirkten unzweckmäßigen Ölzuführung*).

Eine wirkliche Ölförderung genau zu den Zeiten, da der Kolben am Ölzuführungskanal vorbeistreicht, ist nur durch Anwendung der Hubtakt-Aussetzer-Schmierung erreichbar, einer Schmiereinrichtung, bei der die Ölförderung nur alle 20 bis 50 Maschinenhübe und dementsprechend reichlicher erfolgt. Die pro wirksamen Pumpenhub geförderte Ölmenge ist hierbei 20- bis 50 mal größer als bei normaler Schmierung, wodurch die durch Elastizität der Schmierrohrleitung und Kompressibilität des Öles bedingten Förderungenauigkeiten vermieden werden. Erst hierdurch wird die Hubtaktschmierung praktisch wirksam.

Schmiertaktverschleppungen werden außerdem begünstigt durch Anwendung großer Pumpenkolbendurchmesser, wie sie z. B. den Mollerup-Schmierpressen eigen sind, ferner durch ungeeignete Rückschlagventile, zu weite, zu lange und zu häufig und scharf gekrümmte Schmierrohrleitungen und durch zu weite Entfernungen zwischen Rückschlagventil und Zylinderlauf. Für Hubtakt-Zylinderschmierung sind also enge, kurze und wenig gekrümmte Schmierrohrleitungen mit nahe am Zylinderlauf angeordneten Rückschlagventilen stets vorzuziehen.

Im allgemeinen ist die Ölzuführung oben am Zylinder vorzusehen, damit auch die obere Hälfte der Kolbenringe geschmiert wird, doch läßt sich bei Hubtakt-Aussetzerschmierung auch die Ölzuführung von unten rechtfertigen, da einerseits die Heranrückung des Rückschlagventiles bis unmittelbar an den Zylinderlauf Schwierigkeiten bereitet, andererseits die intermittierende reichliche Schmiermittelzufuhr eine unmittelbare Schmierung des Kolbenkörpers und der unteren Ringhälfte und eine mittelbare Schmierung der oberen Ringhälfte durch den zwischen den Kolbenringen eingeschlossenen Öldunst sicherstellen dürfte.

---

*) Eingehende praktische Versuche von Herrn Dipl.-Ing. H. Etzelt, Düsseldorf, haben gezeigt, daß die oben begründeten Verschleppungen des Schmiertaktes tatsächlich auch bei äußerst präzise arbeitenden, neuzeitlichen Schmierpumpen auftreten und somit nur in der Schmierzuleitung und den Rückschlagventilen ihre Ursache haben können.

Abb. 43 zeigt das Prinzip der Hubtaktschmierung in schematischer Darstellung, und zwar für die Deckelseite einer Kolbenmaschine, für den Beginn der Ölförderung gezeichnet.

Bei Hubtaktschmierung muß jede Zylinderseite eine besonders gesteuerte Pumpe erhalten, da die Antriebsbewegungen für Deckel- bzw. Kurbelseite um 180° gegeneinander versetzt sein müssen.

Die in der Praxis beobachtete Tatsache, daß Zylinder, Kolben und Kolbenringe mancher Maschinen selbst nach zehnjähriger Betriebszeit ohne Ersatz nur 1 bis 2 mm Abnutzung aufweisen, dürfte sich nur durch glückliches Zusammentreffen mehrerer günstiger Momente er-

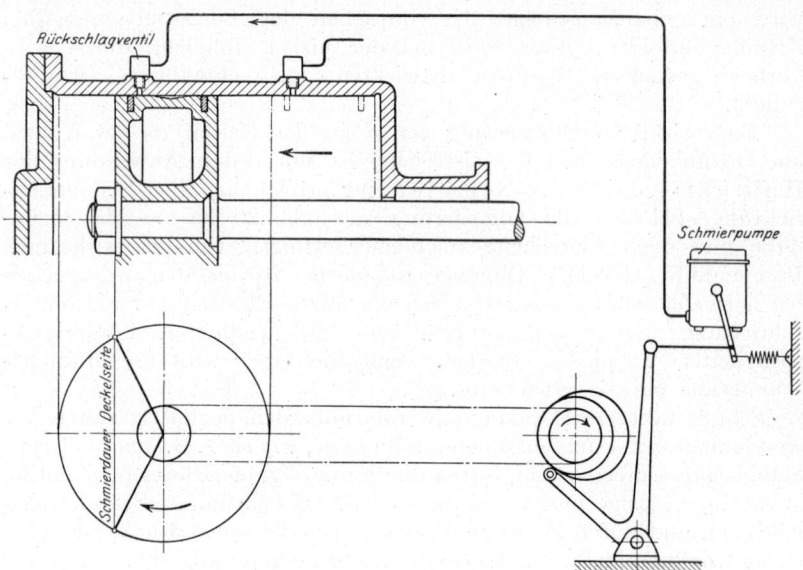

Abb. 43. Schematische Darstellung des Prinzips der Hubtakt-Kolbenschmierung.
(Gezeichnet für Beginn der Ölförderung auf der Deckelseite.)

klären lassen: bestgeeigneter Baustoffe für Zylinder, Kolben und Kolbenringe, hochwertiger Schmiermittel, guter Abrundungen der Kolben- und Ringkanten, geeigneter Kolbenringkonstruktion, genügender Kolbentragfläche und reinen Dampfes.

Zusammenfassung.

1. Nach dem Schmierungszustande der Gleitflächen kann man spärliche und Vollschmierung unterscheiden. — Vollschmierung ist erreicht, wenn einem Lager dauernd so viel Öl zugeführt wird, als es aufzunehmen vermag; nur solchenfalls ist der günstigste Schmierzustand erreichbar. Bei geringerer Ölzufuhr ist nur spärliche Schmierung zu erzielen, d. h. entweder verringerte Schmierschichtstärke auf Kosten der Betriebssicherheit oder unmittelbar halbflüssige Reibung.

2. Tropfschmierung, Dochtschmierung, Nadelöler, Schmierkissen und Handölung ergeben nur spärliche Schmierung, da die betreffenden Schmierstellen stets weniger Öl zugeführt erhalten, als sie aufzunehmen vermöchten. Diese Schmiermethoden sind daher nur an ganz untergeordneten Stellen anzuwenden und auch dann möglichst nur unter gleichzeitigem Zusatz von Kolloidalgraphit zum Schmiermittel.

3. Um auf wirtschaftliche Art Vollschmierung zu erzielen, muß Kreislaufschmierung angewandt werden: Vollschmierung unter ständiger Wiederverwendung des Schmiermittels in stetem Kreislauf. — Einfachste, billigste und betriebssicherste Form: die Ringschmierung mit losem oder festem Schmierring. Wo künstliche Kühlung mit hinzutreten muß, ist Spülschmierung oder Druckschmierung vorzusehen.

4. Die Spülschmierung bzw. Druckschmierung, wie die Vollschmierung im allgemeinen, kennzeichnet sich dadurch, daß der Ölzuführungskanal zum Lager stets gefüllt ist, so daß die Schmierschicht im nicht belasteten Teil des Lagerspieles immer unter gewissem Druck steht. Dieser Druck bewirkt ein verstärktes Abströmen von Schmiermittel an beiden Enden des Lagers; das ablaufende Öl kühlt sich beim Durchfließen der Auffangevorrichtung bzw. der Ablaufrohre und der Druckleitung nach Passieren der Pumpe mehr oder weniger stark ab, so daß die Temperatur des dem Lager zugeführten Öles stets niedriger ist als die Ablauftemperatur. — Hierauf beruht die Zusatzkühlwirkung jeder Umlaufspülschmierung.

5. Sind sehr bedeutende Überschußwärmemengen abzuführen (wie z. B. bei Dampfturbinenlagern), so muß die nicht belastete Lagerschale mit größeren Ölmengen durchspült werden, wozu Druckschmierung erforderlich ist. Das Lager erhält dann meistens eine Ölzuführung und eine Ölabführung, während nur ein kleiner Abzweig des Spülöles zum Schmieren dient. Das aus dem Lager austretende Öl wird vor der Wiederverwendung in einem besonderen Ölkühler gekühlt.

6. Bei Kolbenmaschinen gewährleistet Druckschmierung mit 0,5 bis 1 at Öldruck nicht nur Vollschmierung mit reichlicher Wärmeableitung, sondern auch eine vorzügliche Dämpfung der Getriebestöße. Selbst harte Druckwechsel können dadurch unschädlich gemacht werden, ohne die Form des Indikatordiagrammes ändern zu müssen. — Eine Kühlung des ablaufenden Öles in Ölkühlern ist in der Regel nicht erforderlich.

7. Rein schmiertechnisch bietet die Druckschmierung der Spülschmierung oder Volltropfschmierung gegenüber keine Vorteile; sie ergibt jedoch eine kräftigere Kühlung und vorzügliche Stoßdämpfung. — Unnötiges Spritzen und Planschen ist unbedingt zu vermeiden, da jede Zerstäubung und Schaumbildung den Oxydationsprozeß und damit das Altern des Öles begünstigt bzw. beschleunigt.

8. Zum Fördern geringer Schmiermittelmengen gegen hohen Druck (Zylinderschmierung) verwende man nur Schmierpumpen mit mehreren unabhängig voneinander arbeitenden Pumpenelementen.

9. Grundbedingung für eine gute Zylinderschmierung (möglichst verschleißloser Betrieb bei Vermeidung von Ölvergeudung) ist die Anwendung von keilförmigen Tragflächen und schlanken Abrundungen bei Kolben und Kolbenringen und die Zuführung des Schmiermittels im Hubtakt.

10. Durch Hubtakt-Aussetzer-Schmierung wird das gesamte zur Verwendung kommende Schmiermittel nur dem Kolben, und zwar zwischen den Ringen zugeführt, so daß die Schmierung sich lediglich auf die reibenden Teile erstreckt und jede Ölverschwendung vermieden wird.

11. Die Schmiermittelzuführung erfolgt bei Hubtaktschmierung in der Nähe der Zylinderenden und, falls das Rückschlagventil unmittelbar an den Zylinderlauf herangerückt werden kann, am besten von oben.

12. Bei Hubtaktschmierung muß jedes Zylinderende durch eine besonders angetriebene Schmierpumpe versorgt werden, deren Antriebe um 180° gegeneinander versetzt sind. Zur Vermeidung von Schmiertaktverschleppungen werden die Schmierpumpen nach dem Aussetzerverfahren betätigt, damit in größeren Zeitintervallen, dafür aber kräftig, geschmiert wird; die Ölleitungen seien eng und nicht unnötig lang oder zu oft gekrümmt.

20. Die Berechnung des Schmiermittelbedarfes.

In Abschnitt 3 hatten wir festgestellt, daß das Schmiermittel vom Zapfen dauernd im Kreise herum mitgenommen wird, indem der Zapfen das aus der tragenden Zone der Lagerschale austretende Öl sofort wieder der Eintrittsseite zuführt, wo es in den sich verjüngenden Spalt zwischen Lagerschale und Zapfen hineingezogen wird. Ein Lager von unendlicher Länge wäre daher durch einmaliges Anfüllen des Lagerspielraumes mit Schmiermittel für alle Zeit versorgt, da Ölverluste nicht zu erwarten wären.

Da wir es in der Praxis jedoch stets mit Lagern von verhältnismäßig geringer Länge zu tun haben, wird ein gewisser Ersatz des Schmiermittels unerläßlich sein, und zwar in dem Maße, als durch den in der Schmierschicht herrschenden Druck an den Lagerenden Schmiermittel herausgepreßt wird. Das Austreten des Schmiermittels an den Lagerenden stellt einen zusätzlichen Strömungsvorgang in der Schmierschicht dar, der in achsialer Richtung (also senkrecht zu dem peripherialen) verläuft. — Gelingt es festzustellen, wieviel Öl in der Zeiteinheit durch den Schmierschichtdruck an den Lagerenden herausgepreßt wird, so hat man damit die in der Zeiteinheit zu ersetzende Schmiermittelmenge oder den Schmiermittelbedarf des Lagers gefunden.

Zur Feststellung dieser Ölmenge, deren Ermittlung nur mit grober Annäherung möglich ist, sind wir gezwungen, eine Reihe von Annahmen zu machen, deren Richtigkeit vorläufig noch dahingestellt bleiben muß. — Wir wollen unsere Betrachtungen an einem Lager mit Vollschmierung, jedoch (praktisch) ohne Druck im nicht belasteten Teil des Lager-

spieles, beginnen. Es mag z. B. als Schmiersystem ein unmittelbar auf
dem Lager angebrachter Tropföler angenommen werden, der so eingestellt ist, daß das Lager eben etwas überläuft, d. h. so viel Öl zugeführt
erhält, als es aufzunehmen vermag.

Denken wir uns den Zapfen des Lagers um 0,5 des radialen Lagerspieles, also um die normale Exzentrizität $\chi = 0,5$ aus der Lagermitte
verlagert, und zwar der Einfach-
heit halber, senkrecht nach unten.
Nehmen wir nun an, daß der
tragende Teil des Lagers, d. h.
der Schalenteil mit positivem
Schmierschichtdruck, nur ein
Viertel der Lagerschale umfaßt,
während die übrigen drei Viertel
keinen positiven Druck in der
Schmierschicht aufweisen. Nehmen wir ferner an, daß in der
mittleren Zone des belasteten
Viertels der der doppelten mittleren Lagerbelastung entsprechende Schmierschichtdruck p_0
herrscht*), welcher bestrebt sein
wird, das Schmiermittel durch
den engen Spalt des belasteten
Teiles des Lagerspieles nach
beiden Lagerenden zu treiben.

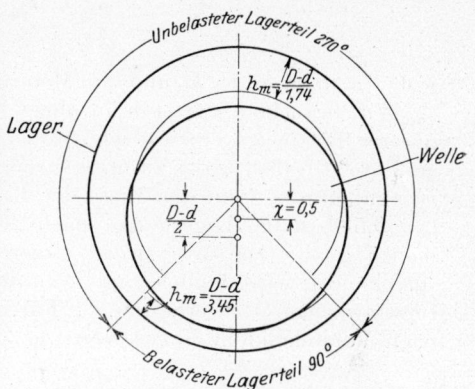

Abb. 44. Mittlere Schmierschichtstärke
h_m des belasteten und unbelasteten Lagerteiles bei einer Verlagerung der Welle um
$\chi = 0,5$, in vergröberter schematischer
Darstellung.

Die Länge des Weges in Richtung der Strömung ist also von Lagermitte nach jedem Lagerende hin gleich der Hälfte der Lagerschalen-
länge l; der treibende Flüssigkeitsdruck ist die doppelte mittlere Lager-

belastung $p_0 = 2 \cdot p_m = \dfrac{2 \cdot P}{d \cdot l}$; der Querschnitt, durch den die Flüssig-

keit hinausgepreßt wird, hat eine Breite b gleich dem vierten Teil des
Lagerumfanges $d \cdot \pi$ und eine mittlere Höhe h_m gleich dem 3,45ten Teil
des gesamten Lagerspieles $D - d$. Letzterer Wert ergibt sich als mitt-
lere Höhe der Schmierschichtstärke h im belasteten Viertel des
Lagers bei der angenommenen Exzentrizität der Wellenlage, $\chi = 0,5$
(Abb. 44).

Das Abströmen des Schmiermittels wird damit auf folgenden anschaulichen Vorgang zurückgeführt:

Gegeben ist eine Röhre von der Länge l_1 mit überall gleichbleibendem
rechteckigen Querschnitt von der verhältnismäßig sehr großen Breite b
und der sehr geringen Höhe h_m. Das eine Ende dieser rechteckigen
(wagerecht gedachten) Röhre sei an einen Behälter angeschlossen, in

---

*) Der Schmierschichtdruck sei der Einfachheit halber von der Lagermitte
nach beiden Lagerenden hin als linear bis auf Null abnehmend angenommen.
Soll der mittlere Schmierschichtdruck die Größe p_m aufweisen, so muß bei obiger
Annahme der in Lagermitte herrschende höchste Schmierschichtdruck $= 2 \cdot p_m$
gesetzt werden.

dem sich Flüssigkeit von der Zähigkeit z und dem Druck p_0 befindet. Gesucht ist die Flüssigkeitsmenge q, welche in der Zeiteinheit am freien Ende der Röhre austritt.

Nach einer Fundamentalgleichung der hydrodynamischen Theorie, auf deren Ableitung hier nicht eingegangen werden kann, ist für enge Spalte von verhältnismäßig sehr großer Breite b

$$q = \frac{p_0 \cdot b \cdot h_m^3}{12 \cdot l_1 \cdot z} \ \text{m}^3/\text{sek} \ \dots \dots \dots 138$$

wobei p_0 in kg/m^2; b, h_m und l_1 in Metern; z in $\text{kg} \cdot \text{sek}/\text{m}^2$ einzuführen ist.

Wir brauchen jetzt nur in obige Fundamentalgleichung die Werte unseres Beispieles einzusetzen, wobei jedoch zu beachten ist, daß der gesamte Ölbedarf Q des zu untersuchenden Lagers sich aus zwei Hälften zusammensetzt; von der Mitte der Lagerschale strömt über die Länge $l_1 = 0,5 \cdot l$ (halbe Lagerlänge) nach j e d e m Lagerende die gleiche Öl-menge q ab. Die an e i n e m Lagerende austretende Ölmenge (ent-sprechend q) wird demnach mit 2 zu multiplizieren sein, um die gesuchte Gesamtmenge Q zu erhalten. — Für die Einzelwerte von q haben wir nach Vorstehendem einzusetzen:

$$b = 0,25 \cdot d \cdot \pi \ ; \qquad h_m = \frac{D - d}{3,45} \ ; \qquad l_1 = 0,5 \cdot l \ ; \qquad p_0 = p_m \cdot 2 \ .$$

Wir erhalten alsdann aus Gleichung 138 mit obigen Werten

$$Q_{\chi = 0,5} = 2 \cdot \frac{p_m \cdot 2 \cdot 0,25 \cdot d \cdot \pi \cdot (D-d)^3}{12 \cdot 0,5 \cdot l \cdot z \cdot 3,45^3} = \frac{4 \cdot 0,25 \cdot \pi \cdot p_m \cdot d \cdot (D-d)^3}{12 \cdot 0,5 \cdot 41 \cdot l \cdot z} \ \text{m}^3/\text{sek} \ ,$$

$$Q_{\chi = 0,5} = \frac{0,0128 \cdot p_m \cdot d \cdot (D - d)^3}{l \cdot z} \ \text{m}^3/\text{sek} \ \dots \dots 139$$

wenn man in Metern, Kilogrammen und Sekunden rechnet. Zum be-quemeren Gebrauch wollen wir jedoch setzen: den mittleren Lager-druck $= p$ in Atmosphären; den Lagerdurchmesser $= D'$ in Zenti-metern; den Zapfendurchmesser $= d'$ in Zentimetern; die Lagerlänge $= l'$ in Zentimetern; die Ölmenge $= Q'$ in lit/min. — Damit erhalten wir

$$Q'_{\chi = 0,5} = \frac{0,0128 \cdot p \cdot 10\,000 \cdot d' \cdot 100 \cdot (D' - d')^3 \cdot 60 \cdot 1000}{100 \cdot l' \cdot 100^3 \cdot z} \ \text{lit/min} \ ,$$

$$Q'_{\chi = 0,5} = \frac{7,7 \cdot p \cdot (D' - d')^3}{(l : d) \cdot z} \ \text{lit/min} \ \dots \dots (140)$$

Q' bedeutet in Formel (140) also den Ölbedarf in lit/min eines mit Tropfschmierung versehenen, jedoch mit Vollschmierung arbeitenden Lagers von der Länge l' cm, dem Durchmesser d' cm, dem Lagerspiel $(D' - d')$ cm, mit dem Flächendruck p kg/cm^2 bei einer Ölzähigkeit in der Schmierschicht von z $\text{kg} \cdot \text{sek}/\text{m}^2$ und einer Exzentrizität des Zapfens von $\chi = 0,5$.

Wie ersichtlich, ist der Ölverlust (oder Ölbedarf) eines Lagers in sehr hohem Maße von der Exzentrizität χ abhängig. — Wählt man statt

$\chi = 0,5$ z. B. $\chi = 0,8$, so wird nach Abb. 45 die mittlere Schmierschicht-stärke im unteren Lagerviertel $h_m = \dfrac{D - d}{6,2}$ und damit der Betrag für $Q_{\chi = 0,8}$ im Verhältnis von $6,2^3 : 3,45^3 = 240 : 41 = 5,85$ mal kleiner. Also

$$Q_{\chi = 0,8} = \frac{0,0022 \cdot p_m \cdot d \cdot (D - d)^3}{l \cdot z} \quad \text{m}^3/\text{sek} \quad \ldots \ldots 141$$

Oder, mit p in Atmosphären, D', d' und l' in Zentimetern,

$$Q'_{\chi = 0,8} = \frac{1,3 \cdot p \cdot (D' - d')^3}{(l : d) \cdot z} \quad \text{lit/min} \quad \ldots \ldots (142)$$

Bedenkt man, daß bei einem gegebenen Lager die wirkliche Größe des Lagerspieles $D - d$ bzw. die mittlere Zähigkeit des Öles in der Schmierschicht nur annähernd gemessen bzw. nur roh geschätzt werden kann und hieraus sich auch nur eine sehr rohe Annäherung für die Ex-zentrizität χ ermitteln läßt, so erkennt man, daß bei der Bestimmung des Ölbedarfes Q von irgendeiner Genauigkeit gar keine Rede sein kann.

Will man nach obigen Ableitungen eine Formel für den Ölverbrauch bei normaler Tropfschmierung festlegen, so muß spärliche Schmierung vorausgesetzt werden, und es könnte, unter Annahme einer Exzentrizität zwischen 0,8 und 0,9, etwa gesetzt werden

$$Q'_{\text{Tropf-}} = \frac{0,3 \cdot p \cdot (D' - d')^3}{(l : d) \cdot z} \quad \text{lit/min} \quad \ldots \ldots (143)$$

Der größte in Betracht kommende Wert für Q' (bei reiner Flüssig-keitsreibung) wäre der für $\chi = 0,5$ nach Gleichung (140); der kleinste (bei stärkster halbflüssiger Rei-bung) dürfte etwa 200 mal klei-ner sein.

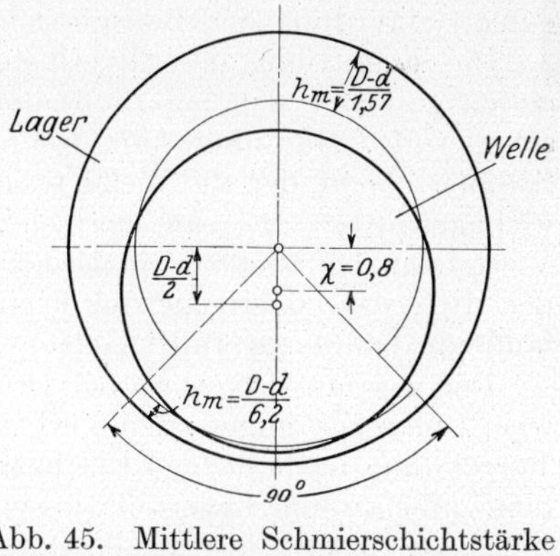

Bei obigen Berechnungen ist die Drehbewegung des Zapfens im Lager ganz außer acht ge-lassen worden, da man wohl an-nehmen darf, daß die Ölförde-rung des Zapfens im Sinne der Umfangsgeschwindigkeit auf die austretende Ölmenge an den La-gerenden ohne wesentlichen Ein-fluß sein wird. Das Abströmen aus der Lagermitte nach den Enden zu dürfte dadurch etwa nach Art einer Schraubenbewe-gung vor sich gehen.

Wie roh die oben gegebenen Formeln für den Ölverbrauch

Abb. 45. Mittlere Schmierschichtstärke h_m des belasteten und unbelasteten Lager-teiles bei einer Verlagerung der Welle um $\chi = 0,8$, in vergröberter schematischer Darstellung.

auch immer sein mögen, sie werden in Fällen, wo jeder Anhalt für die zu erwartende Größenordnung fehlt, dennoch von gewissem Nutzen sein.

Insbesondere lassen obige Betrachtungen auch deutlich erkennen, daß das Anbringen von umlaufenden Ringnuten in einem Lager für dessen Tragfähigkeit ausgesprochen schädlich ist.

Wichtiger als bei Tropfschmierung ist die Bestimmung des Ölbedarfes bei Druckschmierung; denn der zu erwartende gesamte Ölbedarf einer Maschine ist hier maßgebend für die Wahl der Ölpumpengröße. Ist die Ölpumpe zu klein gewählt, so erreicht der Öldruck nicht die gewünschte Höhe, und es können sich ernstliche Schwierigkeiten ergeben:

Entweder genügt der Öldruck nicht, um in der Zeiteinheit die zur Abführung der entstehenden Reibungswärme erforderliche Spülölmenge durch den nicht belasteten Teil des Lagers zu treiben, und das Lager nimmt infolgedessen eine solche Betriebstemperatur an, daß die Schmiermittelzähigkeit sich weit unter das ursprünglich angenommene Maß hinab verringert, wodurch halbflüssige Reibung und möglicherweise Heißlaufen entstehen kann; oder es reicht, falls es sich um Lager mit scharfem Druckwechsel handelt, der zur Verfügung stehende Öldruck nicht aus, um mit Sicherheit das Auftreten von Stößen zu verhindern; oder aber der Öldruck reicht zur Verhütung von Lagerstößen wohl zu Anfang des Betriebes aus, solange alle Lager noch genau das vorgeschriebene Spiel haben, erweist sich aber mit eintretendem Verschleiß als unzureichend, da die aus dem Lager an den Enden abströmende Ölmenge, wie wir wissen, mit der dritten Potenz des Lagerspieles zunimmt und der Druck entsprechend abnimmt.

Während also bei Tropfschmierung der Fehler unrichtig angenommenen Ölverbrauches durch entsprechend häufigeres Auffüllen der Schmiergefäße leicht zu kompensieren ist, muß eine Unterschätzung des Ölbedarfes bei Druckschmierung, d. h. zu knappe Bemessung der Ölpumpe, unter allen Umständen vermieden werden, widrigenfalls mit einer Gefährdung der Betriebssicherheit zu rechnen ist.

Die Ermittlung des Ölverlustes durch Abströmen an den Lagerenden gestaltet sich bei Preßschmierung ganz ähnlich wie bei Tropfschmierung. Man nimmt an, daß im tragenden Viertel des Lagers in der Schmierschicht der die Welle tragende Öldruck (von im Mittel $= p$ at, in Lagermitte $= 2 \cdot p$ at) herrscht, während die nicht tragenden drei Viertel für das Preßöl vom Druck p_1' at frei sind. Letzteres werde in der Mitte der Lagerlänge durch eine im nicht tragenden Lagerteil umlaufende Ölnut zugeführt gedacht.

Der gesamte Ölverlust bei Druckschmierung setzt sich danach aus zwei Teilen zusammen: dem Verlust aus dem belasteten Lagerteil, dessen Berechnung nach Formel 139 bzw. (140) erfolgt, und dem Verlust aus dem unbelasteten Lagerteil, dessen Ermittlung sich in ähnlicher Weise vollzieht. — Auch hier sei die Rechnung zunächst für eine Exzentrizität des Zapfens von $\chi = 0{,}5$ durchgeführt.

Die Grundgleichung für den Ölverlust des unbelasteten Lagerteiles ist dieselbe wie für den belasteten, nämlich Formel 138:

$$q = \frac{p_0 \cdot b \cdot h_m^3}{12 \cdot l_1 \cdot z} \quad \text{m}^3/\text{sek}.$$

Für die Einzelwerte ist hier zu setzen:

$$p_0 = p_1; \quad b = 0{,}75 \cdot \pi \cdot d; \quad h_m = \frac{D - d}{1{,}74}; \quad l_1 = 0{,}5 \cdot l.$$

Der Wert für h_m bei $\chi = 0{,}5$ geht aus dem oberen Teil der Abb. 44 hervor. Damit erhalten wir als sekundlich abströmende Preßölmenge

$$\underset{\chi = 0{,}5}{Q_1} = 2 \cdot \frac{p_1 \cdot 0{,}75 \cdot d \cdot \pi \cdot (D - d)^3}{12 \cdot 0{,}5 \cdot l \cdot z \cdot 1{,}74^3} = \frac{2 \cdot 0{,}75 \cdot \pi \cdot p_1 \cdot d \cdot (D - d)^3}{12 \cdot 0{,}5 \cdot 5{,}25 \cdot l \cdot z} \quad \text{m}^3/\text{sek},$$

$$\underset{\chi = 0{,}5}{Q_1} = \frac{0{,}15 \cdot p_1 \cdot d \cdot (D - d)^3}{l \cdot z} \quad \text{m}^3/\text{sek} \quad \ldots \ldots 144$$

Umgerechnet auf Q_1' in lit/min; D', d' und l' in Zentimetern und p_1' in Atmosphären, ergibt sich durch Multiplikation mit 600

$$\underset{\chi = 0{,}5}{Q_1'} = \frac{90 \cdot p_1' \cdot (D' - d')^3}{(l : d) \cdot z} \quad \text{lit/min} \quad \ldots \ldots (145)$$

Für $\chi = 0{,}8$ wird gemäß dem oberen Teil der Abb. 45 $h_m = \frac{D - d}{1{,}54}$; Q_1' demnach $1{,}74^3 : 1{,}54^3 = 5{,}25 : 3{,}65 = 1{,}44$ mal größer,

$$\underset{\chi = 0{,}8}{Q_1'} = \frac{130 \cdot p_1' \cdot (D' - d')^3}{(l : d) \cdot z} \quad \text{lit/min} \quad \ldots \ldots (146)$$

Damit wird der gesamte Ölverbrauch bei Preßschmierung

$$Q_{\Sigma}' = Q' + Q_1' \quad \text{lit/min} \quad \ldots \ldots \ldots \ldots (147)$$

$$\underset{\chi = 0{,}5}{Q_{\Sigma}'} = (7{,}7 \cdot p + 90 \cdot p_1') \cdot \frac{(D' - d')^3}{(l : d) \cdot z} \quad \text{lit/min} \quad \ldots (148)$$

$$\underset{\chi = 0{,}8}{Q_{\Sigma}'} = (0{,}3 \cdot p + 130 \cdot p_1') \cdot \frac{(D' - d')^3}{(l : d) \cdot z} \quad \text{lit/min} \quad \ldots (149)$$

Abgerundet kann als reichlicher Wert des Ölbedarfes bei Druckschmierung angenommen werden

$$Q_{\Sigma}' = Q_{\text{Druck-}}' = (7 \cdot p + 100 \cdot p_1') \cdot \frac{(D' - d')^3}{(l : d) \cdot z} \quad \text{lit/min} \quad \ldots (150)$$

Hierin ist

p — der mittlere Lagerdruck $= \dfrac{P}{d' \cdot l'}$ in Atmosphären,

p_1' — der Druck des Preßöles in der Zuführungsleitung, in Atmosphären,

D' — der ideelle Lagerdurchmesser, in Zentimetern,

d' — der Zapfendurchmesser, in Zentimetern,

l' — die Lagerlänge, in Zentimetern,

z — die mittlere abs. Zähigkeit des Öles in der Schmierschicht, in kg $\cdot$ sek/m².

Zu beachten ist bei Anwendung von Druckschmierung, daß die Leistung der Ölpumpe nicht nach dem normalen Lagerspiel, sondern nach einem Vielfachen desselben zu bemessen ist, um erstens den unvermeidlichen Undichtigkeiten an den Lagerstoßstellen, ferner auch der Möglichkeit eines gewissen Verschleißes Rechnung zu tragen. — Man rechnet zunächst den Ölbedarf Q'_Σ nach Formel (150) und bestimmt danach die Leistung $Ö$ der Ölpumpe durch Multiplikation des Wertes Q'_Σ mit der dritten Potenz des anzunehmenden Sicherheits- oder Verschleißfaktors m. Nimmt man z. B. an, daß die von der Ölpumpe zu liefernde Ölmenge auch bei einem Lagerspiel, das 2mal so groß als das normale ist, noch ausreichend sein soll, so beträgt der Verschleißfaktor $m = 2$ und $m^3 = 2^3 = 8$; bei Annahme dreifacher Vergrößerung des Lagerspieles $m^3 = 3^3 = 27$ usw. — Die Leistung der Ölpumpe muß danach betragen

$$Ö = Q'_\Sigma \cdot m^3 \ \text{lit/min} \ . \ . \ . \ . \ . \ . \ . \ . \ . \ (151)$$

Die Wahl des Verschleißfaktors m richtet sich ganz nach den Schmier- und Betriebsverhältnissen. Bei einem Dynamo- oder Turbinenlager mit hoher Drehzahl wird im Betriebe überhaupt kein Verschleiß auftreten; nur durch das Anfahren und Abstellen wird sich mit der Zeit eine verschwindende Abnutzung der Lagerflächen ergeben, die jedoch praktisch gleich Null gesetzt werden kann. Trotzdem tut man gut, auch hier mit einem Sicherheitsfaktor von $m = 1,2 \div 1,5$ zu rechnen, einesteils, um den etwaigen Spaltverlusten in der Lagertrennfuge, andererseits dem Nachlassen der Pumpenleistung durch im Laufe der Zeit eintretende Abnutzung der Pumpenteile Rechnung zu tragen.

Bei Dampfmaschinen-Triebwerkslagern wird, je nach der Unterteilung der Lagerschalen und den Belastungsverhältnissen, mit einem Verschleißfaktor von $m = 3 \div 5$ zu rechnen sein. Hierbei ist in erster Linie auf die recht bedeutenden Verluste an den Lagerstoßstellen, z. B. infolge nicht genau passender Beilagebleche, Rücksicht genommen, sowie auf die wichtige Forderung, daß der Preßöldruck unter keinen Umständen das zur sicheren Vermeidung von harten Stößen in den Lagern erforderliche Erfahrungsminimum von rd. 0,5 at unterschreitet.

Wählt man den Verschleißfaktor, der ja auch gleichzeitig Sicherheitsfaktor ist, nicht zu niedrig, so kann die nach Formel (151) errechnete Ölpumpenliefermenge $Ö$ der theoretischen Liefermenge $Ö_0$ gleichgesetzt werden, d. h. man vernachlässigt der Bequemlichkeit und Einfachheit wegen den volumetrischen Wirkungsgrad der Ölpumpe, indem man ihn gleich 1 setzt.

Die oben gemachten Angaben beziehen sich sämtlich auf die Berechnung der erforderlichen Ölmenge bei Preßschmierung mit (erweiterter) natürlicher Lagerkühlung. Bei künstlicher Lagerkühlung bestimmt sich der Ölbedarf lediglich nach der aus dem Lager mit dem Öl abzuführenden Wärmemenge.

Da die Öleintrittstemperatur und die Ölaustrittstemperatur in nicht all zu weiten Grenzen schwanken, ist die Wärmeabfuhr in der Hauptsache nur mit der Ölmenge zu regeln. Je mehr Reibungswärme ein Lager entwickelt, um so größere Ölmengen müssen in der Zeiteinheit zwischen Zapfen und unbelasteter Lagerschale hindurchgepumpt werden.

Nach Abschnitt 16, Gleichung 95a, ist die durch das Preßöl je Quadratmeter Zapfenlauffläche abzuführende Wärmemenge

$$\alpha_2 = \varrho_1 - \alpha_1 \text{ WE/st} \cdot \text{m}^2 \quad \text{und insgesamt} \quad \alpha_2 \cdot d \cdot \pi \cdot l \text{ WE/st.}$$

Diese Gesamtwärmemenge muß aufgenommen werden durch eine minutliche Ölmenge von Q_2' lit oder eine stündliche Ölmenge von $60 \cdot Q_2'$ lit oder $0{,}9 \cdot 60 \cdot Q_2'$ kg mit der spezifischen Wärme von w WE/kg durch Erwärmung des Öles im Lager von der Eintrittstemperatur Θ_2 auf die Austrittstemperatur Θ (rd. = der Lagertemperatur angenommen). Es wird damit

$$\alpha_2 \cdot d \cdot \pi \cdot l = (\Theta - \Theta_2) \cdot w \cdot 0{,}9 \cdot 60 \cdot Q_2'$$

oder, mit $w = $ rd. $0{,}4$ WE/kg,

$$Q_2' = \frac{\alpha_2 \cdot d \cdot l}{6{,}9 \cdot (\Theta - \Theta_2)} \text{ lit/min} \quad \ldots \ldots 152$$

Hierbei ist nach Gleichung 85b, 89 und 95a

$$\alpha_2 = 0{,}174 \cdot \sqrt{\frac{P \cdot n^3 \cdot z}{(l : d)}} - 17 \cdot A \cdot (\Theta - \Theta_1)^{1,3} \text{ WE/st} \cdot \text{m}^2 \quad \ldots 153$$

und zwar bedeutet in obigen Formeln

Q_2' — die minutlich durch das Lager zu pumpende Ölmenge in lit/min,

α_2 — die je Quadratmeter Zapfenlauffläche $d \cdot \pi \cdot l$ stündlich durch künstliche Kühlung abzuführende Wärmemenge in WE/st $\cdot$ m²,

d und l — Durchmesser und Länge des Lagers in Metern,

Θ — die Ölaustrittstemperatur (Lagertemperatur) in Grad Celsius,

Θ_1 — die Temperatur der umgebenden Luft in Grad Celsius,

Θ_2 — die Öleintrittstemperatur in Grad Celsius,

P — die Lagergesamtbelastung in Kilogrammen,

n — die minutliche Drehzahl des Zapfens,

z — die abs. mittlere Zähigkeit des Schmiermittels in der Schmierschicht (entsprechend etwa Θ) in kg $\cdot$ sek/m²,

$l : d$ — das Lagerlängenverhältnis,

A — den Koeffizienten der „individuellen Ausstrahlfähigkeit" nach Zahlentafel 16.

Die Größe der Zähigkeit z in Formel 153 bestimmt sich hierbei wie folgt:

Sind die Zapfenabmessungen gegeben und wird Laufsitz vorgesehen, so kann die zur Aufrechterhaltung der anzustrebenden normalen Exzentrizität $\chi = 0{,}5$ erforderliche Zähigkeit z nach Gleichung 101 ermittelt werden; bei anderem Lagerspiel und beliebiger Exzentrizität nach der allgemeinen Gleichung 82. Hierbei kann die Lagertemperatur Θ nach freiem Ermessen angenommen werden.

Ist die Verwendung eines bestimmten Schmiermittels mit bekanntem Zähigkeitscharakter vorgeschrieben, so ist zwecks Erzielung geringster

Reibung der Zapfendurchmesser nach Gleichung 79 zu wählen. Der Wert z in Gleichung 79 hat dabei der Zähigkeit des zu verwendenden Schmiermittels bei der gewählten Lagertemperatur Θ zu entsprechen. Da Gleichung 79 normale Exzentrizität ($\chi = 0,5$) zur Voraussetzung hat, muß das ideelle Lagerspiel mit $D - d = 4 \cdot h$ ausgeführt werden, wobei natürlich auch die Anwendung von Laufsitzpassung möglich ist, indem wir entsprechend $\psi_{0,5}$ und Gleichung 98

$$h_L = \frac{d^{0,303}}{22\,200} \text{ m}$$

setzen und diesen Wert in Gleichung 79 einführen. Wir erhalten alsdann

$$d^4_{N_{r_{\min}}} = \frac{146 \cdot P \cdot d^{0,606}}{n \cdot z \cdot (l : d) \cdot 22\,200^2}$$

oder

$$d^{6,6}_{N_{r_{\min}}} = \frac{P}{152 \cdot 22\,200 \cdot n \cdot z \cdot (l : d)}$$

und daraus angenähert

$$\text{(Laufsitz) } d_{N_{r_{\min}}} = 0,1 \cdot \sqrt[6,6]{\frac{P}{n \cdot z \cdot (l : d)}} \text{ m} \quad \ldots \; 154$$

Um Beanspruchung und Durchbiegung klein zu halten, wähle man $(l : d)$ nicht über 1,5.

Die größte Strömungsgeschwindigkeit im Ölkreislauf ergibt sich angenähert (ohne Berücksichtigung der Strömungs- und Rohrreibungswiderstände) nach der bekannten Grundgleichung der Hydraulik

$$V_{\ddot{O}} = \sqrt{2 \cdot g \cdot H_{\ddot{O}} \cdot \gamma},$$

wobei $V_{\ddot{O}}$ die Strömungsgeschwindigkeit im engsten Querschnitt des Drucköl stromkreises in m/sek, g die Erdbeschleunigung $= 9,81$ m/sek², γ das spez. Gewicht des Öles in kg/lit und $H_{\ddot{O}}$ die hydrostatische Druckhöhe in Metern bedeutet.

Da für Öl im Mittel ein spez. Gewicht von rd. 0,9 in Frage kommt, entspricht einem Öldruck von 1 at $= 1$ kg/cm² eine Ölsäule von $10,33 : 0,9 = 11,5$ m Höhe. Bei einem Öldruck (Pumpendruck) von $p_{\ddot{O}}$ at ist demnach ohne Berücksichtigung von Widerständen eine höchste Geschwindigkeit zu erreichen von

$$V_{\ddot{O}} = \sqrt{2 \cdot g \cdot 11,5 \cdot p_{\ddot{O}}} = \sqrt{2 \cdot 9,81 \cdot 11,5 \cdot p_{\ddot{O}}} = \sqrt{225 \cdot p_{\ddot{O}}}$$

$$V_{\ddot{O}} = 15 \cdot \sqrt{p_{\ddot{O}}} \text{ m/sek} \quad \ldots \ldots \ldots (155)$$

Die Durchströmung des Spülquerschnittes der oberen Lagerschale dürfte daher z. B. bei einem Öldruck von 1 at (am Öleintrittsstutzen des Lagers gemessen) höchstens mit einer Geschwindigkeit von 15 m/sek erfolgen. — Die Widerstände der Ölzuleitung sind in bekannter Weise besonders zu berücksichtigen.

Die theoretische Leistung $\ddot{O}_1$ der Ölpumpe bei künstlicher Kühlung wählt man zweckmäßig mit etwa

$$\ddot{O}_1 = 1{,}2 \cdot Q_2' \; \text{lit/min} \; \ldots \ldots \ldots \; (156)$$

Der Kraftverbrauch der Ölförderung beträgt bei einem Öldruck von p_0 at ohne Reibungswiderstände

$$N_O = \frac{\ddot{O}_1 \cdot 0{,}9 \cdot p_O \cdot 11{,}5}{60 \cdot 75} = \frac{1{,}2 \cdot 0{,}9 \cdot 11{,}5 \cdot Q_2' \cdot p_O}{60 \cdot 75} \; \text{PS}$$

$$N_O = \frac{Q_2' \cdot p_O}{363} \; \text{PS} \; \ldots \ldots \ldots \; (157)$$

In ähnlicher Weise ermittelt sich auch der Schmiermittelverbrauch bei ebenen Gleitflächen.

In der Grundgleichung 138

$$q = \frac{p_0 \cdot b \cdot h_m^3}{12 \cdot l_1 \cdot z} \; \text{m}^3/\text{sek}$$

ist für eine einzelne, seitlich durchgehende Keilfläche zu setzen:

$$b = L; \quad h_m = H_m = H + 0{,}5 \cdot \varepsilon \cdot L; \quad l_1 = 0{,}5 \cdot B_1; \quad p_0 = 2 \cdot p_m.$$

Der gesamte Ölverlust einer einzelnen Keilfläche beträgt $2 \cdot q$, da die gleiche Menge nach beiden Seiten abströmt; somit

$$2 \cdot q = 2 \cdot \frac{2 \cdot p_m \cdot L \cdot (H + 0{,}5 \cdot \varepsilon \cdot L)^3}{12 \cdot 0{,}5 \cdot B_1 \cdot z} \; \text{m}^3/\text{sek}.$$

Der gesamte Ölverbrauch eines Tragschuhes mit j tragenden Keilflächen beläuft sich danach allgemein auf

$$Q_{\text{Gleitschuh}} = \frac{p_m \cdot L \cdot (H + 0{,}5 \cdot \varepsilon \cdot L)^3 \cdot j}{1{,}5 \cdot B_1 \cdot z} \; \text{m}^3/\text{sek} \; . \; . \; 158$$

Hierin bedeutet p_m den mittleren Schmierschichtdruck in kg/m²; L die Länge einer einzelnen Keilfläche in Metern; H die geringste Schmierschichtstärke in Metern; ε die Keilsteigung in Metern auf 1 m Länge; j die Anzahl der in gleicher Richtung tragenden Keilflächen; B_1 die Breite einer einzelnen Keilfläche in Metern; z die mittlere absolute Zähigkeit des Schmiermittels in der Schmierschicht in kg · sek/m².

Eine Umformung der Gleichung auf technische Maße möge unterbleiben, da der Schmiermittelbedarf ebener Gleitflächen verhältnismäßig seltener in Frage kommt. — Auch hier ist die Gleitgeschwindigkeit, als senkrecht zur Abströmgeschwindigkeit des Öles aus der Schmierschicht verlaufend, außer Betracht gelassen.

Beispiel 21.

Ein Lager von 10 cm Durchmesser und 15 cm Länge arbeite mit Laufsitzpassung bei einem mittleren Flächendruck von $p = 20$ kg/cm² mit einem Schmiermittel, dessen Zähigkeit bei der Betriebstemperatur des Lagers 0,008 kg·sek/m² beträgt. Welcher Ölverbrauch ist bei spärlicher Tropfschmierung zu erwarten? Nach Gleichung (143) beträgt

$$Q'_{\text{Tropf.}} = \frac{0{,}3 \cdot p \cdot (D' - d')^3}{(l : d) \cdot z} \; \text{lit/min}.$$

Das mittlere ideelle Lagerspiel bei Laufsitzpassung beträgt nach Abb. 39 für einen Zapfendurchmesser von 100 mm $D'' - d'' = 0,09$ mm bzw. $D' - d' = 0,009$ cm. — Das Lagerlängenverhältnis beträgt $l' : d' = 15 : 10 = 1,5$. Damit ergibt sich der Schmiermittelverbrauch bei spärlicher Tropfschmierung zu

$$Q'_{\text{Tropf.}} = \frac{0,3 \cdot 20 \cdot 9^3}{1,5 \cdot 1000^3 \cdot 0,008} = \frac{0,3 \cdot 20}{1,5 \cdot 111^3 \cdot 0,008} = \frac{6}{1,5 \cdot 1370\,000 \cdot 0,008} =$$

$$= 0,000365 \text{ lit/min} \quad \text{oder} \quad 0,33 \text{ g/min}.$$

Durch Steigerung der Ölzufuhr auf rd. 8,5 g/min ließe sich Vollschmierung erreichen.

Beispiel 22.

Das Lager in Beispiel 21 möge mit Druckschmierung arbeiten, und zwar mit einem Öldruck von 1 at. Wie groß ist der Schmiermittelbedarf dieses Lagers, wenn die Zähigkeit in der Schmierschicht wiederum mit $z = 0,008$ angenommen wird?

Mit den Zahlengrößen des Beispieles 21 wird nach Gleichung (150)

$$Q'_{\text{Druck.}} = (7 \cdot p + 100 \cdot p'_1) \frac{(D' - d')^3}{(l : d) \cdot z} = \frac{(7 \cdot 20 + 100 \cdot 1)}{1,5 \cdot 111^3 \cdot 0,008} = \frac{140 + 100}{1,5 \cdot 1\,370\,000 \cdot 0,008}$$

$$Q'_{\text{Druck.}} = \frac{240}{16\,400} = 0,0146 \text{ lit/min} \quad \text{oder} \quad \text{rd. 13 g/min}.$$

Beispiel 23.

Ein Lager von $d'' = 350$ mm Durchmesser und $l'' = 520$ mm Länge soll bei einem ideellen Lagerspiel von $D'' - d'' = 0,4$ mm und $n = 3200$ eine Belastung von $36\,500$ kg aufnehmen. Die Maschinenhaustemperatur betrage $\Theta_1 = 25°$. Dabei soll das Lager bei einer „Ausstrahlfähigkeit" von $A = 1,0$ nicht heißer als $70°$ werden. — Wie groß ist der Druckölbedarf und wie hoch muß mindestens der Öldruck sein, wenn das Drucköl aus dem Kühler mit einer Temperatur von $\Theta_2 = 35°$ in das Lager eintritt?

Nach Gleichung 80 beträgt die (bei $70°$) erforderliche Ölzähigkeit für eine Exzentrizität von $\chi = 0,5$

$$z = \frac{9,5 \cdot P \cdot (D - d)^2}{d^4 \cdot n \cdot (l : d)} = \frac{9,5 \cdot 36\,500 \cdot 67}{2500 \cdot 2500 \cdot 3200 \cdot 1,5} = \frac{232}{300\,000} = 0,000775 \text{ kg} \cdot \text{sek/m}^2,$$

entsprechend einer Ölzähigkeit bei $50°$ von

$$z_{50} = z_{70} \cdot \left(\frac{7}{5}\right)^{2,6} = 0,000775 \cdot 2,4 = 0,00186 \text{ kg} \cdot \text{sek/m}^2$$

oder, nach Gleichung 10,

$$E° = (970 \cdot z)^{1,2} + 1 = (970 \cdot 0,00186)^{1,2} + 1 = 1,8^{1,2} + 1 = 2,02 + 1,$$

$$E° \approx 3 \text{ Engler-Grade bei } 50° \text{ C}.$$

Die je Quadratmeter Zapfenlauffläche $d \cdot \pi \cdot l$ stündlich durch künstliche Kühlung abzuführende Wärmemenge beträgt nach Gleichung 153

$$\alpha_2 = 0,174 \cdot \sqrt{\frac{P \cdot n^3 \cdot z}{(l : d)}} - 17 \cdot A \cdot (\Theta - \Theta_1)^{1,3} \text{ WE/st} \cdot \text{m}^2$$

und mit den Werten des Beispieles

$$\alpha_2 = 0,174 \cdot \sqrt{\frac{36\,500 \cdot 3200^3 \cdot 0,000775}{1,5}} - 17 \cdot 1 \cdot (70 - 25)^{1,3}$$

$$= 0,174 \cdot 785\,000 - 17 \cdot 140 = 136\,500 - 2380$$

$$\alpha_2 = 134\,120 \text{ WE/st} \cdot \text{m}^2.$$

Die erforderliche Kühlölmenge ist damit nach Gleichung (152)

$$Q'_2 = \frac{\alpha_2 \cdot d \cdot l}{6,9 \cdot (\Theta - \Theta_2)} = \frac{134\,120 \cdot 0,35 \cdot 0,52}{6,9 \cdot (70 - 35)} = \frac{24\,400}{242} = 101 \text{ lit/min}.$$

Zum Durchspülen der oberen Lagerschale sei das Weißmetall auf einer Breite von rd. $^3/_4$ Lagerlänge = 400 mm etwa 1 mm tief ausgespart, um dem Spülöl Durchgang zu gewähren. Der Spülkanalquerschnitt beträgt damit $0,4 \cdot 0,001$ = 0,0004 m², die sekundliche Ölmenge

$$\frac{101}{1000 \cdot 60} = 0,00168 \ \text{m}^3/\text{sek}$$

und die Spülgeschwindigkeit

$$V_ö = \frac{0,00168}{0,0004} = 4,2 \ \text{m/sek}.$$

Nach Gleichung (155) müßte zum Durchtreiben der Ölmenge von 101 lit/min durch den gegebenen Spülquerschnitt ein Überdruck vorhanden sein von mindestens

$$p_ö = \frac{V_ö^2}{15^2} = \frac{V_ö^2}{225},$$

$$p_ö = \frac{4,2^2}{225} = \frac{17,6}{225} = 0,078 \ \text{at} = \text{rd.} \ 0,1 \ \text{at}.$$

Um mit Sicherheit die Strömungs- und Reibungswiderstände zu überwinden, sei ein Pumpendruck von rd. 0,5 at angenommen. Der Ölkühler ist für eine Ölmenge von 6100 lit/st und eine Kühlleistung von $134\,120 \cdot 0,35 \cdot \pi \cdot 0,52$ = 76 600 WE/st bei 70° Öleintritts- und 35° Ölaustrittstemperatur zu bemessen.

Beispiel 24.

Welche Druckölmenge von 0,5 at benötigt ein Kreuzkopfschuh mit 3 Keilflächen von 40 mm Länge und 180 mm Breite für jede Bewegungsrichtung, bei einem mittleren Flächendruck von 5 kg/cm², einer Keilsteigung von $\varepsilon = 0,005$ und einer geringsten Schmierschichtstärke von $H = 0,00001$ m, wenn das Schmiermittel eine Zähigkeit von $z = 0,003$ kg $\cdot$ sek/m² besitzt?

Nach Gleichung 158 erhalten wir für die tragenden Keilflächen mit einem Schmierschichtdruck von 5,0 at, entsprechend $p_m = 50\,000$ kg/m²

$$Q_{\text{Gleitschuh}} = \frac{p_m \cdot L \cdot (H + 0,5 \cdot \varepsilon \cdot L)^3 \cdot j}{1,5 \cdot B_1 \cdot z} = \frac{50\,000 \cdot 0,04 \cdot (0,00001 + 0,5 \cdot 0,005 \cdot 0,04)^3 \cdot 3}{1,5 \cdot 0,18 \cdot 0,003}$$

$$= \frac{2000 \cdot 3}{0,00081 \cdot 9100^3} = \frac{6}{612\,000} \approx 0,00001 \ \text{m}^3/\text{sek},$$

$Q'_{\text{Gleitschuh}} = 0,00001 \cdot 1000 \cdot 60 = 0,6$ lit/min.

Der gleichzeitige Ölverlust der jeweils nicht wirksamen 3 Keilflächen ist in gleicher Weise entweder nach Gl. 138 mit p_0 = Preßöldruck oder nach Gl. 158 mit $p_m = 0,5 \cdot$ Preßöldruck, gesondert zu rechnen. Er beträgt im obigen Falle nur 5% des Ölverbrauches der tragenden Keilflächen, entsprechend dem Verhältnis der Öldrücke $0,5 : 2 \cdot 5$ at = Preßöldruck : doppeltem Schmierschichtdruck.

Zusammenfassung.

1. Schmiermittel ist in einem Lager nur in dem Maße zu ersetzen, als an den Lagerenden herausgepreßt wird; ein Lager von unendlicher Länge bedürfte demnach keines Schmiermittelersatzes.

2. Die Berechnung des Schmiermittelbedarfes wird auf einen einfachen Kapillarausströmvorgang zurückgeführt: der betrachtete Teil des Lagerspieles bildet den Kapillarquerschnitt, der Schmiermitteldruck die treibende Kraft.

3. Bei der Berechnung des Ölbedarfes für Tropfschmierung wird vorausgesetzt, daß ein Viertel des Lagerspieles in Mitte Lager unter dem

Drucke der verdoppelten mittleren Schmierschichtpressung steht, während die übrigen drei Viertel als drucklos angenommen werden.

4. Bei Druckschmierung rechnet man ein Viertel des Lagerumfanges als in Lagermitte unter der verdoppelten mittleren Flächenpressung stehend, die übrigen drei Viertel als vom Drucköl ausgefüllt. Die Durchtrittsmengen dieser beiden Ausströmvorgänge werden getrennt ermittelt und sodann addiert.

5. In stärkstem Maße ist der Ölverlust (Ölverbrauch) von der Größe des Lagerspieles und der Exzentrizität des Zapfens im Lager abhängig. Der Ölverbrauch vergrößert sich in dritter Potenz mit dem Lagerspiel und ist bei einer Exzentrizität von $\chi = 0,5$ etwa 200 mal größer als bei der größten möglichen Exzentrizität (stärkster halbflüssiger Reibung).

6. Die Leistung der Ölpumpe ist, insbesondere bei Kolbenmaschinen, für ein Vielfaches des Lagerspieles zu bemessen, um etwaigem späteren Verschleiß und Ölverlusten Rechnung zu tragen.

7. Der Ölbedarf bei künstlicher Kühlung bestimmt sich nach der in der Zeiteinheit abzuführenden Reibungswärme und der Temperatur des austretenden Öles (roh = Lagertemperatur), des zuströmenden gekühlten Öles und der Lufttemperatur der Umgebung. Der Ölverlust durch Austritt an den Lagerenden wird hierbei nicht in Betracht gezogen.

8. Der Ölverlust bei ebenen Gleitflächen wird in ähnlicher Weise bestimmt wie bei Traglagern. Berücksichtigt wird bei gewöhnlicher Schmierung nur der Ölverlust der gleichzeitig tragenden Keilflächen*), wobei der Einfachheit wegen angenommen wird, daß die Keilflächen seitlich durchgehen. — Die Gleitgeschwindigkeit wird sowohl bei ebenen Tragflächen wie auch bei Traglagern außer acht gelassen.

9. Reichliche Werte für den Ölbedarf von Traglagern gibt für Tropfschmierung Gleichung (143), für Druckschmierung Gleichung (150), für künstliche Traglagerkühlung Gleichung (152) und für ebene Tragflächen Gleichung 158.

21. Die Schmierpumpen, Filter und Kühler.

Unter den Schmierpumpen unterscheidet man solche für niedere und solche für hohe Drücke. Niedere Drücke kommen hauptsächlich für Lagerschmierung, hohe Drücke fast ausschließlich für Zylinderschmierung in Betracht. Bei der letzteren ist der tatsächliche Förderdruck in den seltensten Fällen genau bekannt, da seine Höhe von ständig wechselnden Betriebsverhältnissen abhängt, während der Förderdruck bei niederen Drücken von vornherein festliegt und in den meisten Fällen dauernd kontrolliert wird.

Die für Spülschmierung und Druckschmierung verbreitetste Schmierpumpenart ist die Zahnradpumpe. Sie ist äußerst einfach in ihrem

---

*) Bei Preßschmierung wird noch der Ölverlust der nicht belasteten Keilflächen gesondert ermittelt und hinzugezählt.

Aufbau und dennoch sehr zuverlässig, da sie keinerlei empfindliche Teile, wie Kolben, Ventile, Spindeln, Gelenke oder dgl. besitzt, die durch Zufälligkeiten irgendwelcher Art versagen und damit die Betriebssicherheit in Frage stellen könnten. Zudem ist ihr Preis so günstig, daß ihre Benutzung auch bei den billigsten Maschinen möglich ist.

Die Zahnradpumpe besteht im wesentlichen aus einem gußeisernen Gehäuse mit Saug- und Druckanschluß und zwei ineinandergreifenden Zahnrädern, von denen das eine von außen angetrieben wird; ein bzw. zwei Deckel schließen das Gehäuseinnere hermetisch gegen die Außenluft ab.

Abb. 46 zeigt eine Zahnradpumpe und ihre Wirkungsweise in schematischer Darstellung. Die Förderung erfolgt durch Mitnahme von Flüssigkeit in den Zahnlücken von der Saugseite an der Gehäusewand entlang zum Druckraum. Die Berührung der Zahnräder an der Eingriffstelle bildet lediglich eine Abdichtung zwischen Saug- und Druckraum, denn eine Förderung findet hier nicht

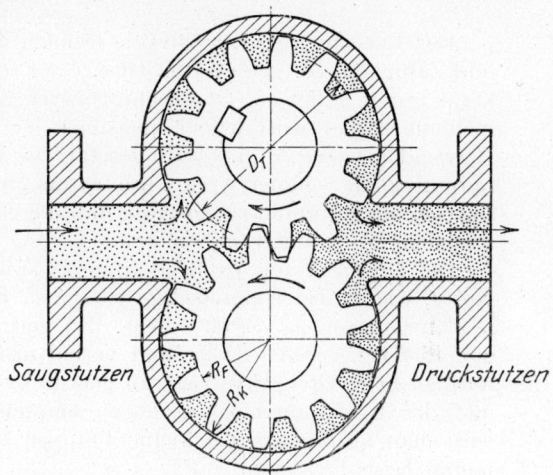

Abb. 46. Zahnradpumpe, in schematischer Darstellung.

statt. — Durch die verschiedenartige Dichte der Punktierung in Abb. 46 soll der von der Saugseite zur Druckseite zunehmende Pumpendruck angedeutet sein*).

Die Berechnung der Hauptgrößen einer Zahnradpumpe erfolgt in nachstehender Weise:

Es bedeute

D_T — den Teilkreisdurchmesser der Zahnräder in Zentimetern,

$n_\ddot{o}$ — die minutliche Drehzahl der Zahnradpumpe,

$\ddot{O}_0$ — die theoretische Liefermenge der Ölpumpe in lit/min,

$B_\ddot{o}$ — die achsiale Breite bzw. Länge der Zahnräder in Zentimetern,

R_K — den Kopfkreishalbmesser der Zahnräder in Zentimetern,

R_F — den Fußkreishalbmesser der Zahnräder in Zentimetern,

Z — die Zähnezahl eines Zahnrades,

M_Z — den Modul der Verzahnung,

$d_\ddot{o}$ — den lichten Durchmesser des Saug- bzw. Druckstutzens in Millimetern.

---

*) Ein genaueres Studium der wirklichen Druckverhältnisse in Zahnradpumpen hat gezeigt, daß die Annahme eines linearen Druckanstieges vom Saug- zum Druckraum, insbesondere bei schnelllaufenden Pumpen, nur mit roher Annäherung zutrifft.

Dann ist die theoretische Fördermenge der Zahnradpumpe allgemein, angenähert

$$\ddot{O}_0 = \frac{3,5 \cdot B_O \cdot n_O \cdot (R_K^2 - R_F^2)}{1000} \text{ lit/min} \quad \ldots \ldots (159)$$

Die wirkliche Liefermenge, unter Berücksichtigung des volumetrischen Wirkungsgrades oder Lieferungsgrades η, beträgt

$$\ddot{O} = \ddot{O}_0 \cdot \eta \text{ lit/min} \ldots \ldots \ldots (160)$$

Der Lieferungsgrad η beträgt, je nach der Pumpengröße, Drehzahl und Zähigkeit des geförderten Öles, etwa 0,95 bis 0,8. Im allgemeinen kann mit $\eta = 0,9$ als Durchschnittswert gerechnet werden. Der Einfachheit halber wird jedoch meistens der Lieferungsgrad ganz außer Betracht gelassen, d. h. $\eta = 1$ gesetzt, da die Liefermenge jeder Zahnradpumpe für Schmierzwecke, wie bereits im vorigen Abschnitt erwähnt, so reichlich gewählt werden muß, daß die geringfügige Korrektur durch $\eta = 0,95 \div 0,8$ unterbleiben kann.

Die Drehzahl von Zahnradölpumpen wählt man bei Antrieb durch Kette, wie sie bei Umlaufschmierung von Kolbenmaschinen üblich ist, in den Grenzen $n_O = 200 \div 500$. Zu geringe Drehzahl verschlechtert den Lieferungsgrad und bedingt verhältnismäßig große Pumpen, während zu hohe Drehzahl wegen zu geräuschvollen Ganges der Zahnräder und des Kettenantriebes nicht zu empfehlen ist. Selbstverständlich wird man im allgemeinen kleine Pumpen schneller, größere langsamer laufen lassen.

Für freie Neuentwürfe wähle man etwa:

Zahnradbreite $\quad B_O = D_T$ cm $\ldots \ldots \ldots \ldots (161)$

Zähnezahl $\quad Z = \dfrac{10 \cdot D_T}{M_Z} \quad \ldots \ldots \ldots \ldots (162)$

Modul der Verzahnung $\quad M_Z = 0,6 \cdot D_T \div 0,8 \cdot D_T \quad \ldots \ldots (163)$

wobei der größere Wert für kleinere, der kleinere Wert für größere Pumpen gilt. — Selbstverständlich muß der nach Gleichung (163) errechnete Wert für den Modul auf eine ganze Zahl abgerundet werden. Mit diesen Werten, $M_Z = 0,7 \cdot D_T$ und $R_K = 0,5 \cdot D_T + 0,07 \cdot D_T$ bzw. $R_F = 0,5 \cdot D_T - 0,082 \cdot D_T$ cm, ergibt sich bei verlangter Förderleistung $\ddot{O}_0$ und angenommener Drehzahl n_O der Teilkreisdurchmesser und damit die Zahnradlänge zu

$$D_T = 12,3 \cdot \sqrt[3]{\frac{\ddot{O}_0}{n_O}} \text{ cm} \quad \ldots \ldots \ldots (164)$$

Mit diesem ungefähren Wert für D_T kann die Rechnung dann mit abgerundetem Modul endgültig durchgeführt werden.

Für die Wahl der Pumpenanschlüsse können sehr einfache, leicht im Kopf zu behaltende Formeln aufgestellt werden, wenn die Durchflußgeschwindigkeiten so gewählt werden, daß man in den Formeln für den Anschlußdurchmesser runde Zahlen erhält.

Bei sehr kurzen Leitungen und sehr geringer Saughöhe (weniger als 1 m) kann der Saugleitungsdurchmesser angenommen werden zu

$$d_0 = 2 \cdot \sqrt{\overline{O}_0} \text{ mm} \quad \ldots \ldots \ldots \text{(165)}$$

hierbei beträgt die Ölgeschwindigkeit 5,3 m/sek.

Für normale Saughöhe und Leitungslänge kann gesetzt werden

$$d_0 = 3 \cdot \sqrt{\overline{O}_0} \text{ mm} \quad \ldots \ldots \ldots \text{(166)}$$

wobei die Ölgeschwindigkeit 2,35 m/sek beträgt.

Für größere Saughöhen und längere Leitungen schließlich empfiehlt sich

$$d_0 = 4 \cdot \sqrt{\overline{O}_0} \text{ mm} \quad \ldots \ldots \ldots \text{(167)}$$

wobei die Ölgeschwindigkeit nur 1,325 m/sek beträgt.

Um Saug- und Druckstutzen beliebig vertauschen zu können, führt man den Druckstutzen ebenso groß wie den Saugstutzen aus.

Jede Zahnradpumpe soll ein sogenanntes Umlauforgan (Ventil oder Hahn) erhalten, durch welches Saug- und Druckraum miteinander verbunden werden können. Durch mehr oder weniger starkes Drosseln des Umlauforganes ist man nämlich in der Lage, geringere oder größere Ölmengen aus dem Druckraum in den Saugraum übertreten zu lassen und damit die Liefermenge der Pumpe in beliebigen Grenzen zu regeln. — Bei ganz geöffnetem Umlaufventil wird die Fördermenge nahezu gleich Null, während sie bei ganz geschlossenem Umlauforgan ihr Maximum erreicht, für welches die Pumpe bemessen ist.

Diese Einrichtung erfüllt einen zweifachen Zweck: erstens vermeidet man bei geringerem Ölbedarf (z. B. bei neuen Maschinen mit engem Lagerspiel) eine unnötige Anstrengung des Überlaufventiles (Sicherheitsventiles), das solchenfalls dauernd „abblasen" würde, und zweitens erspart man damit gleichzeitig den nutzlosen Kraftverbrauch bei verringertem Ölbedarf. Bei gänzlich geöffnetem Umlaufventil würde die Pumpe z. B. völlig leer laufen und dementsprechend wenig Antriebsenergie verzehren, während eine Pumpe ohne Umlaufventil stets die gleichbleibende volle Antriebsleistung verlangt, auch wenn nur der geringste Teil des Öles verwertet wird; es findet dann eben eine nutzlose Vernichtung der Förderleistung durch Drosselung im Überlaufventil statt.

Außer dem Umlaufventil und dem federbelasteten Überlaufventil, deren Ableitung in das Saugbecken zu führen ist, sollte jede Drucköl-anlage am Ende der Saugleitung ein Rückschlagventil (Fußventil) mit Saugkorb erhalten, um ein Ablaufen während des Stillstandes zu verhüten. — Die übrige Ausrüstung der Druckleitung wird noch weiter unten besprochen.

Die für die Berechnung der Zapfenlager der Zahnradpumpe maßgebende Gesamtbelastung jeder der Zahnräder beträgt*) angenähert

$$P_0 = 0,75 \cdot p_0 \cdot D_K \cdot B_0 \text{ kg} \quad \ldots \ldots \ldots \text{(168)}$$

---

*) Unter Annahme linearen Druckverlaufes vom Saug- zum Druckraum bei vollkommener Zahnlückenentlastung.

wobei

$p_Ö$ — den Öldruck der Pumpe in Atmosphären,
D_K — den Kopfkreisdurchmesser der Zahnräder in Zentimetern,
$B_Ö$ — die Breite der Zahnräder in Zentimetern

bedeutet. — Die Kraftrichtung verläuft*) nahezu parallel zur Verbindungslinie zwischen Saug- und Druckstutzenmitte — von der Druckseite quer durch die Zahnradlängsachse zur Saugseite.

Beispiel 25.

Wie groß müssen die Abmessungen einer Zahnradölpumpe für eine theoretische Leistung von $Ö_0 = 25$ lit/min werden, wenn die Drehzahl mit $n_Ö = 300$ angenommen wird? Der Pumpendruck betrage $p_Ö = 1,5$ at.

Nach Gleichung (164) wird der Teilkreisdurchmesser angenähert

$$D_T = 12,3 \cdot \sqrt[3]{\frac{Ö_0}{n_Ö}} = 12,3 \cdot \sqrt[3]{\frac{25}{300}} = 12,3 \cdot \frac{1}{2,29} = 5,4 \text{ cm.}$$

Wählen wir, da es sich um eine kleine Pumpe handelt, den Modul nach Gleichung (163) angenähert zu $0,8 \cdot D_T$! Wir erhalten alsdann

$$M_Z = 0,8 \cdot D_T = 0,8 \cdot 5,4 = 4,32 \; .$$

Gewählt werde der Modul mit $M_Z = 4$. — Damit ergibt sich die Zähnezahl zu
$$Z = \frac{10 \cdot D_T}{M_Z} = \frac{10 \cdot 5,4}{4} = 13,5 \; . \text{ Gewählt seien 12 Zähne.}$$

Mit $M_Z = 4$ und $Z = 12$ wird der Teilkreisdurchmesser $= 4 \cdot 12 = 48$ mm $= 4,8$ cm und der Kopfkreisradius

$$R_K = 0,5 \cdot D_T + 0,1 \cdot M_Z = 0,5 \cdot 4,8 + 0,1 \cdot 4 = 2,4 + 0,4 = 2,8 \text{ cm;}$$

der Fußkreisradius

$$R_F = 0,5 \cdot D_T - 0,1 \cdot 1,17 \cdot M_Z = 2,4 - 0,117 \cdot 4 = 2,4 - 0,468 = 1,932 \text{ cm;}$$

Nach Gleichung (159) wird dann die Ölpumpenleistung

$$Ö_0 = \frac{3,5 \cdot B_Ö \cdot n_Ö \cdot (R_K^2 - R_F^2)}{1000} = \frac{3,5 \cdot 4,8 \cdot 300 \cdot (2,8^2 - 1,932^2)}{1000}$$

$$= \frac{3,5 \cdot 4,8 \cdot 300 \cdot (7,82 - 3,74)}{1000} = \frac{3,5 \cdot 4,8 \cdot 300 \cdot 4,08}{1000} ,$$

$$Ö_0 = \frac{20\,600}{1000} = 20,6 \text{ lit/min.}$$

Will man die verlangte Liefermenge genau einhalten, so wählt man die Zahnradbreite $B_Ö$ dem Verhältnis der Leistungen entsprechend länger. Wir erhalten dann als Zahnradbreite

$$B_Ö = \frac{4,8 \cdot 25}{20,6} = 5,8 \text{ cm.}$$

Selbstverständlich hätte man auch statt 12 Zähne 14 oder 16 Zähne wählen und die Zahnradbreite dementsprechend kleiner halten können**).

Der Saug- und Druckanschluß ergibt sich für normale Verhältnisse nach Gleichung (166) zu

$$d_Ö = 3 \cdot \sqrt{Ö_0} = 3 \cdot \sqrt{25} = 3 \cdot 5 = 15 \text{ mm.}$$

---

*) Siehe Fußnote auf S. 193.
**) Falls man den einen Zahnrade um einen Zahn mehr gibt als dem anderen, erhält man eine sehr gleichmäßige Zahnabnutzung, da sich die Zähne immer nur alle $n_Ö$ Umdrehungen an den gleichen Stellen berühren. Der billigeren Herstellung wegen führt man die Zahnräder jedoch meistens mit gleicher Zähnezahl aus.

Will man bezüglich der Saugleitung sehr sicher gehen, so wählt man nach Gleichung (167)

$$d_{\sigma} = 4 \cdot \sqrt{\dot{O}_0} = 4 \cdot 5 = 20 \text{ mm}.$$

Die sich auf 2 Zapfenlager verteilende Gesamt-Zahnradbelastung ergibt sich nach Gleichung (168) zu

$$P_{\sigma} = 0,75 \cdot p_{\sigma} \cdot D_K \cdot B_{\sigma} = 0,75 \cdot 1,5 \cdot 5,6 \cdot 5,8 = 36,5 \text{ kg}.$$

Bei hohem Pumpendruck (der für die hier behandelten Schmierzwecke allerdings nicht in Betracht kommt) wähle man stets kurze Zahnräder und möglichst dicke und nicht zu lange Zapfenlager bei sehr geringem Lagerspiel und allerhöchster Ausführungsgenauigkeit. Läßt man diese Vorsicht außer acht, so kann man durch heißlaufende Zapfenlager erhebliche Schwierigkeiten haben.

Ein äußerst wichtiger Punkt bei Druckschmieranlagen ist die Anwendung von Filtern. In die Druckleitung hinter der Zahnradpumpe soll stets ein Tuchfilter (Stoffilter) eingeschaltet sein, durch den das ganze zu den Verbrauchsstellen gelangende Öl hindurchtreten muß. Diese Vorsicht ist unerläßlich, will man nicht den unübersehbaren Folgen des Zapfenverschleißes preisgegeben sein. Die praktische Erfahrung hat nämlich gelehrt, daß ungefiltertes Öl nie ganz frei von Fremdkörpern ist, da insbesondere aus den gußeisernen Gehäusen von Kapselmaschinen stets Unreinigkeiten mit in den Ölstrom gelangen, seien es aus den verstecktesten Gußecken losgespülte Formsandkörner, sei es Schmutz oder Erde (von den Stiefelsohlen), Schabe- oder Feilspäne, die bei der letzten Überholung der Maschine ins Kurbelgehäuse gekommen sind. Eine dauernde Filterung des Öles ist daher unter allen Umständen erforderlich; denn es braucht z. B. nur ein einziges Metallspänchen in ein Lager zu gelangen, um Schleifen oder Fressen zu verursachen und damit — vielfach anfänglich unmerklich — eine mehr und mehr um sich greifende Zerstörungsarbeit einzuleiten, deren Folgen mit teuren Erneuerungsarbeiten und langen Betriebsstillständen gebüßt werden müssen.

Aus diesem Grunde genügt ein Siebfilter nicht, und es muß daher stets ein Stoffilter vorgesehen werden, der hinter der Pumpe in die Druckleitung einzubauen ist und so eingerichtet sein soll, daß er während des Betriebes aus- bzw. umgeschaltet und gereinigt werden kann. Diesbezüglich sind die kombinierten Sieb-Tuch-Doppelfilter sehr zweckmäßig, die man am besten von erfahrenen Spezialfabriken bezieht.

Handelt es sich um eine Anlage, bei der künstliche Kühlung erforderlich wird, so ist in die Druckleitung auch ein Ölkühler einzuschalten. Der Kühler muß stets hinter den Filter gesetzt werden; denn das Öl soll in möglichst warmem (dünnflüssigem) Zustande durch den Filter gedrückt werden, da die Filterung solchenfalls am grundlichsten vor sich geht und den geringsten Widerstand verursacht.

Das Überlaufventil wird auf den höchsten erwünschten Betriebsdruck eingestellt und bläst ab, wenn dieser Öldruck überschritten wird. Das überlaufende Öl muß durch eine weite Leitung frei in den Sammelbehälter zurückfließen. Zweckmäßig für gelegentliches Ausbauen der Ölpumpe ist die Einschaltung eines Rückschlagventiles in die Druck-

leitung unmittelbar hinter der Pumpe; man vermeidet damit das Leer-
laufen des Druckrohrleitungsstranges.

Dort, wo das Drucköl zu den einzelnen Verbrauchsstellen abzweigt,
ist ein Öldruckmanometer von genügender Größe vorzusehen. Handelt
es sich dabei um Betriebe, in denen dauernde stärkere Verunreinigungen
des Öles unvermeidlich sind, so ist die Anordnung eines genau gleichen
Manometers auch vor dem Filter zweckmäßig. Zu großer Druckunter-
schied beider Manometer läßt dann auf verlegten Filterquerschnitt
schließen und gemahnt zum Umschalten des Doppelfilters und Reinigen
der versetzten Filterseite.

Abb. 47 zeigt schematisch die zweckmäßige Anordnung einer Druckölschmieranlage für gekapselte Kolbenmaschinen.

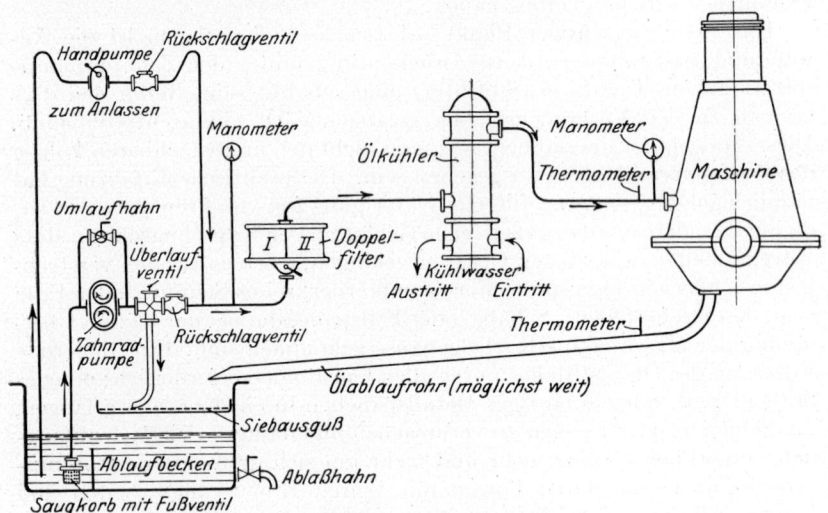

Abb. 47. Schematische Darstellung einer Druckölschmieranlage mit Ölrück-
kühlung für Kapselmaschinen.

Ist künstliche Ölkühlung nicht erforderlich, so fällt lediglich der Ölkühler fort, während die anderen Ausrüstungsteile zweckmäßig voll-
zählig bestehen bleiben; nur bei ganz kleinen Maschinen läßt man außer
dem Kühler und der Handpumpe auch noch das Fußventil, die Thermometer, das Rückschlagventil in der Druckleitung, den Umlaufhahn,
das Manometer vor dem Filter und leider vielfach auch den Filter
selbst fort, doch ist letzteres nicht zu empfehlen. — Absperrorgane
dürfen bei Druckschmierung weder in der Druckleitung noch in der
Ablaufleitung vorgesehen werden; denn ein Absperren der Ablaufleitung
würde eine Überschwemmung der Maschine mit Öl, ein Absperren der
Druckleitung möglicherweise eine Gefährdung der Schmierstellen oder
auch der Druckleitung zur Folge haben, wenn das Überlaufventil nicht
für die gesamte Fördermenge der Pumpe bemessen ist.

Die in dem Schema Abb. 47 mit dargestellte Handpumpe, die meistens auch als Zahnradpumpe ausgebildet wird, hat den Zweck, sämtliche

Druckleitungen und Schmierstellen vor dem Anlassen der Maschine unter Öldruck zu setzen, um etwaiges Fressen der Gleitstellen beim Anfahren zu verhüten. Diese Maßnahme ist natürlich nur in denjenigen Fällen erforderlich, wo die Zahnradpumpe von der zu schmierenden Maschine selbst angetrieben wird, wie dies bei Kolbenmaschinen meistens der Fall sein wird. Bei unabhängig angetriebener Ölpumpe wird letztere einfach etwas vor dem Anlassen der Maschine in Betrieb gesetzt, so daß der Öldruck schon seine normale Höhe erreicht hat, wenn die Hauptmaschine angelassen wird.

Als Beispiele ausgeführter Zahnradpumpen, Filter und Kühler seien nachstehend einige Erzeugnisse der Maschinenfabrik, Eisen- und Metallgießerei Fr. August Neidig in Mannheim besprochen, die die Herstellung solcher Apparate seit vielen Jahren als Spezialität betreibt.

Abb. 48 zeigt den Längsschnitt und Querschnitt durch eine Hochleistungs-Zahnradpumpe, welche sich für höchste Drehzahlen (auch zum direkten Kuppeln mit Elektromotoren) eignet und bis zu Leistungen von 8000 lit/min bzw. rd. 500 cbm/st hergestellt wird. Durch Anwendung von Pfeilrädern als Zahnräder wird nahezu geräuschloser Gang und gleichzeitig eine ausreichende Entlastung der Zahnlücken erzielt.

Bekanntlich wird das Fördermittel (Öl) bei gewöhnlichen Zahnradpumpen bei beginnendem Zahneingriff durch Vordringen der Zähne in die Zahnlücken des Gegenrades unter hohen Druck gesetzt, da es in dieser Stellung der Räder nach keiner Seite entweichen kann. Um den hierdurch entstehenden zusätzlichen Zahnräder-Achsdruck zu vermeiden, findet nach Patent Neidig durch selbsttätig gesteuerte Bohrungen und Kanäle (siehe Abb. 50) eine Entlastung der jeweilig betroffenen Zahnlücken statt, indem die Quetschflüssigkeit nach dem Druckraum der Pumpe geführt wird. Bei der in Abb. 48 dargestellten schnell laufenden Pumpe mit Pfeilrädern wird die Entlastung in einfacherer Weise durch selbsttätiges Herauswälzen der Quetschflüssigkeit erzielt.

Die ebenfalls patentierte Lagerung der Zahnräder in auswechselbaren Einsätzen hat einerseits den Zweck, genau konzentrischen Sitz von Lagergehäuse, Zahnrad- und Zahnrad-Zapfenlager zu erzielen, andererseits den Einfluß der zu verwendenden Dichtungsstärke zwischen Gehäuse und Deckel völlig auszuschalten. Diese Konstruktion macht den genauen Lauf der Pumpe und das richtige Spiel zwischen den Stirnflächen der Zahnräder und des Gehäuses von einem genauen Aufsetzen des Deckels völlig unabhängig, da die gesamte Zentrierung im Gehäuse selbst liegt und die Packung zwischen Deckel und Gehäuse beliebig stark gewählt werden kann. — Abb. 49 zeigt die Pumpe in äußerer Ansicht.

Für Maschinen, die abwechselnd in beiden Drehrichtungen arbeiten müssen, wie z. B. Schiffsmaschinen, Umkehrwalzenzugmaschinen usw., kommen solche Zahnradpumpen in Betracht, die bei jeder Drehrichtung in gleichem Sinne fördern. Erreicht wird dies durch Anwendung von 4 Rückschlagventilen, von denen bei jedem Drehsinn jeweils 2 in Tätigkeit sind, so daß die Förderflüssigkeit stets in gleichem Sinne aus der Pumpe tritt.

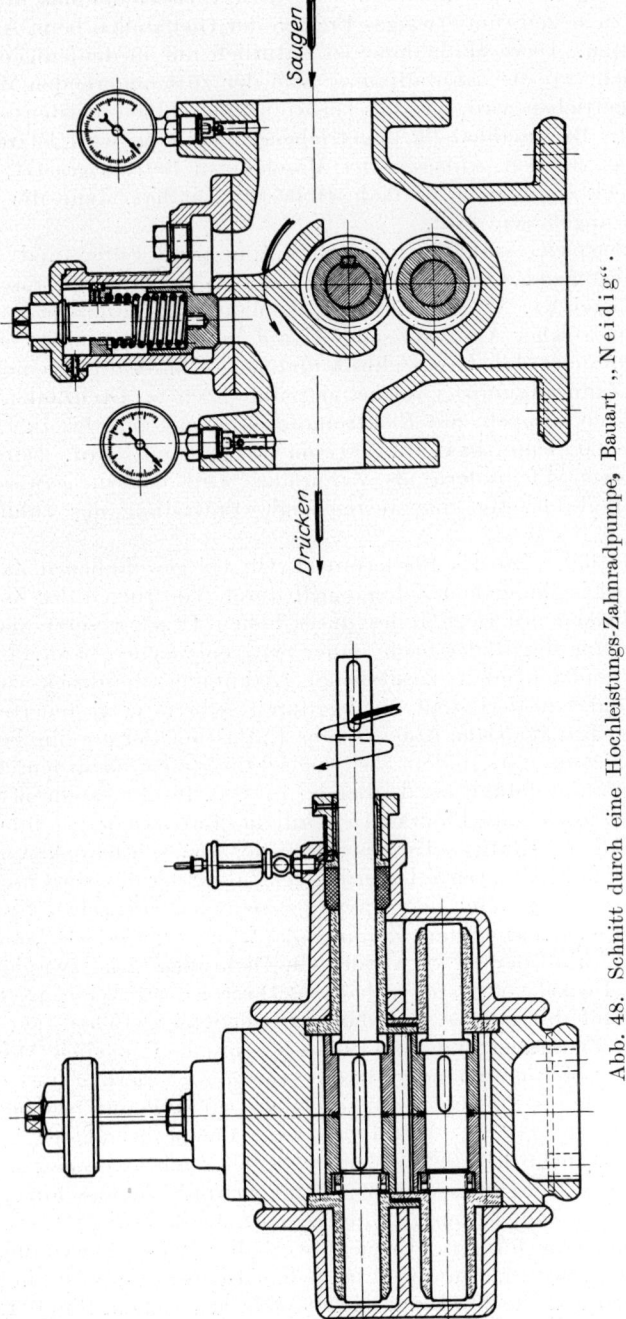

Abb. 48. Schnitt durch eine Hochleistungs-Zahnradpumpe, Bauart „Neidig".

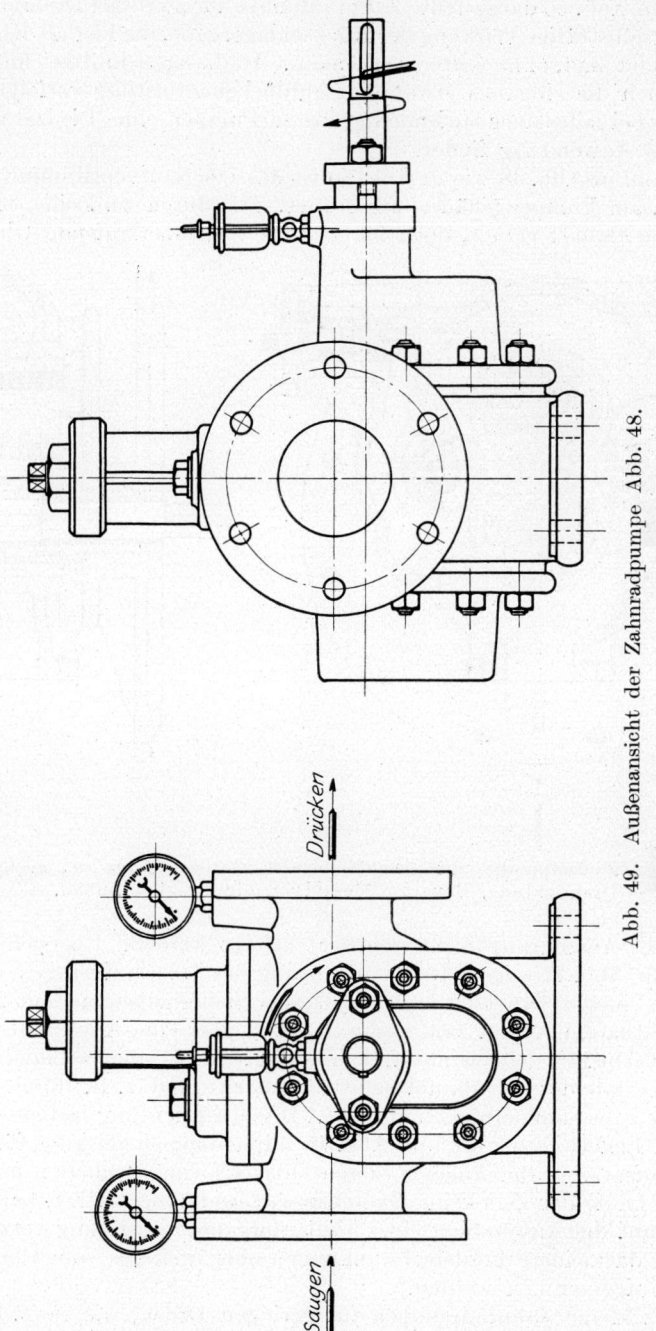

Abb. 49. Außenansicht der Zahnradpumpe Abb. 48.

Die in Abb. 50 dargestellte Zahnradpumpe für zweierlei Drehrichtung läßt die selbsttätige Wirkung der Rückschlagorgane, die hier als Klappen ausgebildet sind, ohne weiteres erkennen. An diesen Schnittzeichnungen kann auch die eingangs erwähnte Zahnlückenentlastung verfolgt werden, die bei langsamer laufenden größeren Pumpen ohne Pfeilzahnräder meistens Anwendung findet.

Sowohl in Abb. 48 wie in Abb. 50 ist das Überlaufventil unmittelbar im bzw. am Pumpengehäuse angeordnet. Hierdurch wird eine sehr gedrungene Bauart erzielt, doch kann die jeweils überlaufende Ölmenge

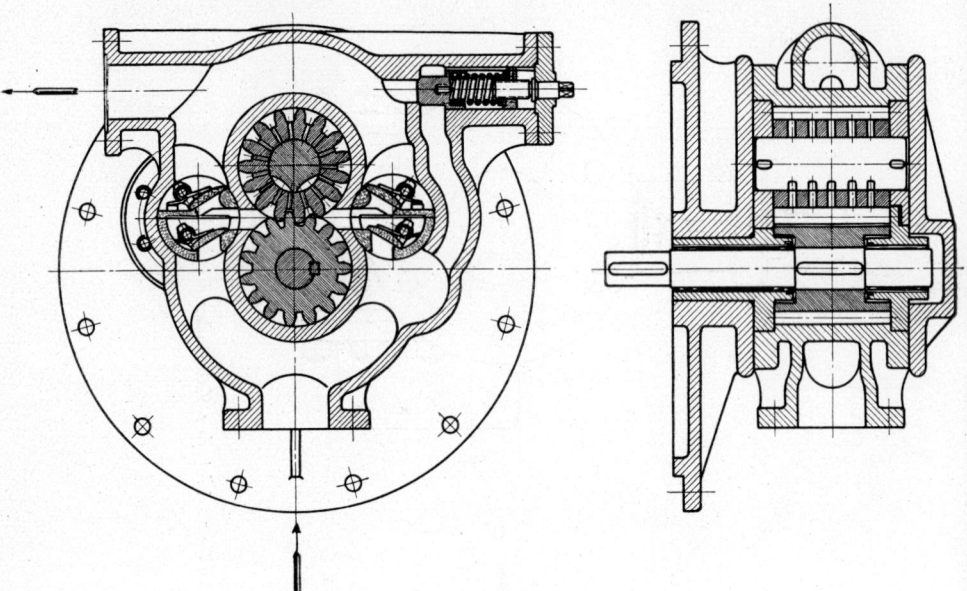

Abb. 50. Zahnradpumpe mit gleichbleibender Förderrichtung bei wechselnder Drehrichtung, Bauart „Neidig", für direkten Anbau.

bei dieser Ausführung nicht sichtbar verfolgt werden. Übersichtlicher ist die in Abb. 47 angedeutete Ausführung des Überlaufventiles als besonderes in der Druckleitung eingebautes Sicherheitsorgan mit freiem und sichtbarem Ablauf zum Sammelbecken oder eine Anordnung nach Art der Abb. 48, jedoch mit freiem Ablauf durch eine besondere Leitung, so daß das Überlauföl sichtbar austritt und z. B. durch einen Trichter zum Sammelbecken abfließt. Diese Einrichtung bedingt lediglich die Lieferung der Pumpe Abb. 48 mit entsprechend ausgeführtem Ventilaufsatz. — Bei Anlagen, deren Ölbedarf von vornherein festliegt und im Laufe der Zeit keine nennenswerte Änderung erfährt, kann natürlich auf die Anwendung eines Umlauforganes vollständig verzichtet werden, da kleinere Förderschwankungen ohne weiteres vom Überlaufventil aufgenommen werden.

Ganz kleine Zahnradpumpen für geringen Druck, wie sie z. B. für Kolbenmaschinen in Betracht kommen, bedürfen einer besonderen

Zahnlückenentlastung nicht, da der Kraftbedarf nicht ins Gewicht fällt und die Lagerbelastungen der Zahnräder von vornherein nur gering sind. Wertvoll und notwendig werden die oben besprochenen vollkommeneren Pumpenkonstruktionen jedoch bei größeren Förderleistungen und namentlich bei hohem Förderdruck.

Abb. 51 zeigt schließlich eine Hand-Zahnradölpumpe, wie sie beim Anlassen größerer Maschinen mit Druckschmierung Verwendung findet.

Die Ausführung eines Doppelölfilters der Firma Neidig zum Einbau in die Öldruckleitung einer Preßschmieranlage veranschaulicht Abb. 52 in Außenansicht, Abb. 53 im Längsschnitt. Der Doppelfilter ist durch einen Handgriff umschaltbar, und zwar können beide Filterelemente gleichzeitig oder das eine bzw. das andere eingeschaltet werden,

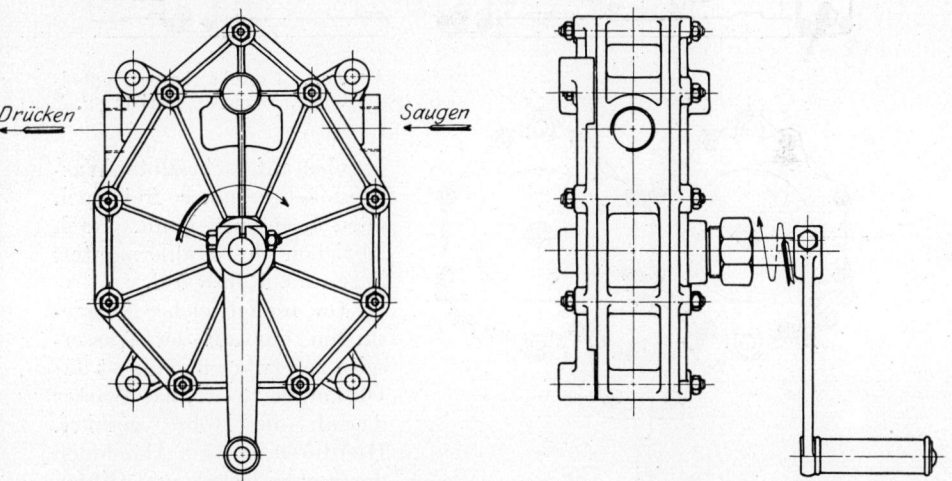

Abb. 51. Hand-Zahnradölpumpe, Bauart „Neidig".

so daß jederzeit während des Betriebes eines der Filterelemente aufgenommen und gereinigt werden kann, ohne den Betrieb zu unterbrechen.

Jedes Filterelement besteht, wie Abb. 53 zeigt, aus einer größeren Anzahl einzelner Filterplatten, die von unten nach oben im Parallelstrom passiert werden. Die Filterplatten sind mit feinem Stahlhaargewebe und außerdem noch mit je einer Filtertucheinlage versehen, um selbst die feinsten Unreinigkeiten aus dem Öl ausscheiden zu können. Infolge der großen zur Verfügung stehenden Durchgangsfläche ist die Filtergeschwindigkeit nur gering, so daß gute Abscheidung bei geringstem Widerstand gewährleistet ist.

Abb. 54 veranschaulicht einen Ölkühler der Firma Neidig im Längsschnitt, und zwar in allereinfachster Bauart, wie sie für Neuanlagen verwendet wird, wo auf besondere örtliche Verhältnisse, vorhandene Rohrleitungen usw. keine Rücksicht genommen zu werden braucht. Die

Konstruktion ist derart übersichtlich, daß eine besondere Erklärung sich nahezu erübrigt.

Beachtenswert ist, daß das Röhrenbündel (Kupferrohr, in eiserne Böden eingewalzt) expansiv gelagert ist, so daß es sich zusammen mit

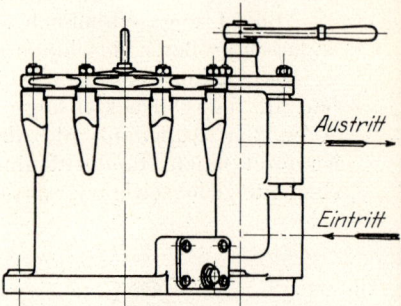

Abb. 52. Umschaltbarer Doppel-Ölfilter, Bauart „Neidig".

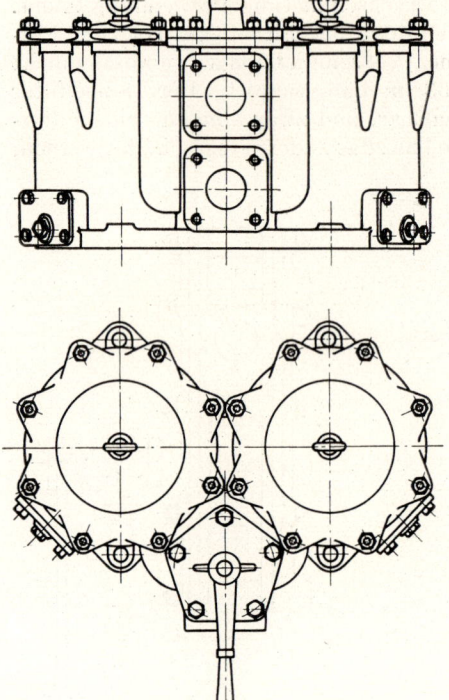

der oben aufgeschraubten Wasserumkehrkammer frei nach oben ausdehnen kann. Nach Abziehen des Kühlermantels liegen die Rohre frei.

Da irgendwelche Ablagerungen nur auf der Wasserseite zu erwarten sind, ist das Öl um die Rohre, das Wasser durch die Rohre geführt. Hierdurch ist nach Abnehmen des Kühlerdeckels und Öffnen der Wasserumkehrkammern ein bequemes Durchfahren der Rohre ermöglicht. Die Führung der Kühlflüssigkeiten, deren Temperatur durch eingesetzte Thermometer ständig überwacht werden kann, erfolgt zweckmäßig im Gegenstrom, wie in Abb. 54 durch die eingezeichneten Pfeile angedeutet.

Die Wahl der Abmessungen und Umlaufzahl der Zahnrad-Ölpumpen, die Größe der Filter und die Abmessungen der Ölkühler überläßt man beim Bezug dieser Apparate von einem Spezialfabrikanten zweckmäßig diesem. Erforderlich ist natürlich bei Zahnradpumpen die Angabe der benötigten Minutenleistung, des gewünschten Druckes an der Verbrauchsstelle, der Art des Antriebes (ob durch Kette, Riemen, Zahnräder oder direkte Kupplung) und etwaiger besonderer Verhältnisse, wie z. B. Saughöhe, Rücksichten auf etwaige örtliche Verhältnisse u. a. m.; bei Filtern die Angabe der zu filtrierenden Ölsorte und schätzungsweise auch deren Temperatur, vor allem die minutliche Leistung und etwaige Sonderangaben über die Verunreinigungsmöglichkeiten des Öles; bei

Kühlern schließlich außer der Minuten- oder Stundenleistung in Litern und in Wärmeeinheiten*) die zu erwartende Temperatur des (heißen)

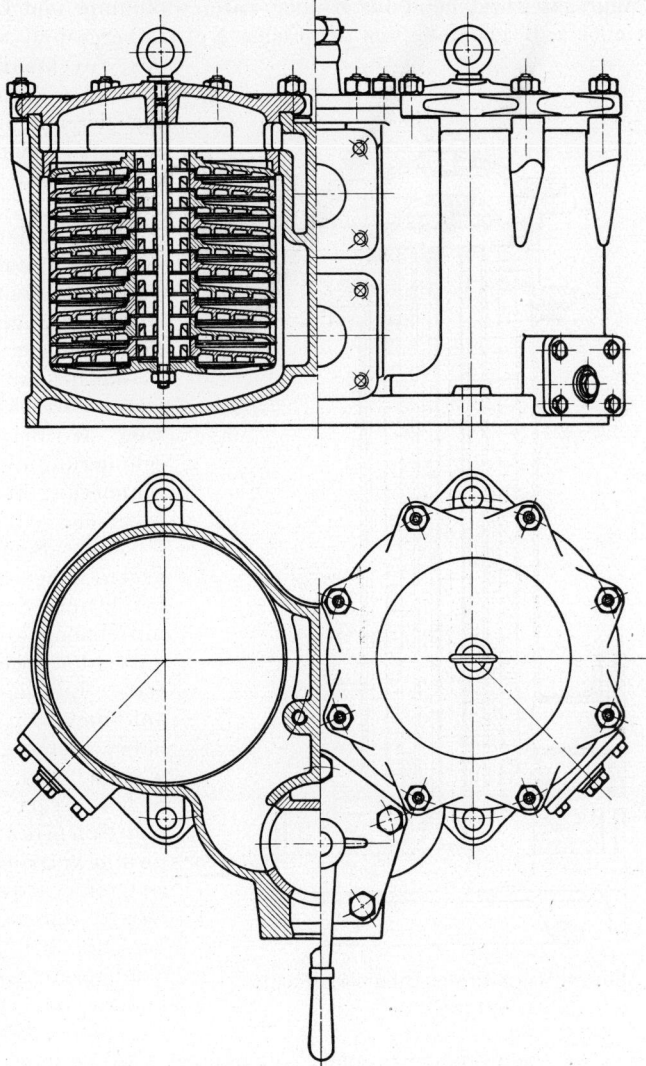

Abb. 53. Schnitt durch den Doppel-Ölfilter Abb. 52.

eintretenden Öles, die gewünschte Temperatur des (gekühlten) austretenden Öles, bzw. die Temperatur des zur Verfügung stehenden Kühl-

---

*) Zu bestimmen nach der ermittelten Lagerreibungswärme oder dem mechanischen Wirkungsgrad der betreffenden Maschine; siehe insbesondere die Ausführungen Abschnitt 20, Beispiel 23.

wassers und, bei beschränkten Kühlwasserverhältnissen, gegebenenfalls auch die Kühlwassermenge.

In gewissen Fällen kann sich auch die Verwendung zusammenhängender Aggregate, bestehend aus Kühler, Zahnradölpumpe und Doppelfilter, wie sie z. B. ebenfalls von der Firma Neidig hergestellt werden, als zweckmäßig erweisen, doch hat sich deren Benutzung ganz nach dem Verwendungszweck zu richten.

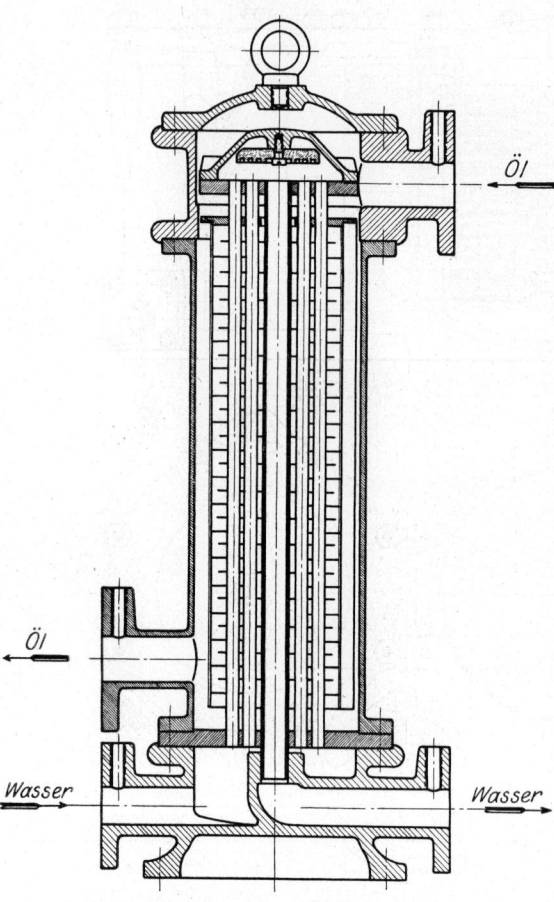

Abb. 54. Gegenstrom-Ölkühler, Bauart „Neidig".

Die bisher betrachteten Zahradölpumpen dienten zur Förderung größerer Spülölmengen auf verhältnismäßig geringe Druckhöhen, wie sie bei Spülschmierung und Preßschmierung in Frage kommen.

Zum Schmieren gegen hohen Druck bei kleiner Schmiermittelmenge kommen außer den sogenannten Lubrikatoren, auf die hier nicht näher eingegangen werden soll, nur Schmierpressen und Schmierpumpen in Betracht. Die ersteren wie die letzteren finden fast ausschließlich zur Schmierung von Zylindern bei Dampfmaschinen, Verbrennungsmotoren, Kompressoren und Luftpumpen Anwendung; verhältnismäßig seltener zur Schmierung von Getriebeteilen.

Die Schmierpresse, die allgemein unter dem Namen Mollerup-Presse bekannt ist, versorgt aus einem verhältnismäßig großen Preßölzylinder, in dem sich langsam ein Druckkolben niedersenkt, immer nur eine einzige Schmierstelle, da das Parallelschalten mehrerer Schmierstellen, selbst solcher gleichen Gegendruckes, sich praktisch nicht bewährt hat. Man ist daher genötigt, so viel Schmierpressen aufzustellen, als Schmierstellen mit Öl versorgt werden sollen, was zu einer sperrigen, schwerfälligen und unbequem zu bedienenden Schmierpressenbatterie führt. Auch ist die zwischen dem Preßkolben und der Ölaustrittsstelle eingeschlossene Schmiermittelmenge viel zu groß, um eine zeitlich genaue Ölförderung von genügend geringer Menge zu ermöglichen.

Abb. 55. Schmierpumpe der Maschinenfabrik De Limon, Fluhme & Co., Type NS, Bauart Friedmann, mit Doppelkolben und sichtbarer Ölverbrauchskontrolle.

Diese Übelstände führten zur Konstruktion der heute gebräuchlichen Schmierpumpen mit zahlreichen einzelnen, unabhängig voneinander arbeitenden Pumpenelementen, von denen jedes als selbständige kleine Kolbenpumpe ausgebildet ist und selbst die geringsten Schmiermittelmengen mit großer Sicherheit gegen höchsten Druck zu fördern vermag.

Als Beispiel verhältnismäßig einfacher, bewährter Konstruktionen seien hier die Schmierpumpen der Maschinenfabrik De Limon, Fluhme & Co. in Düsseldorf erwähnt. Von den zahlreichen Schmierpumpentypen dieser Firma, unter denen sich auch solche Bauart Friedmann befinden, sollen hier nur zwei der wichtigsten kurz besprochen werden.

Abb. 55 und 56 zeigen eine schwere Sockelschmierpumpe mit Dampf-
heizung und sichtbarer Ölverbrauchskontrolle in Außenansicht und im
Querschnitt. Die Pumpe arbeitet nach dem Doppelkolbensystem, d. h.

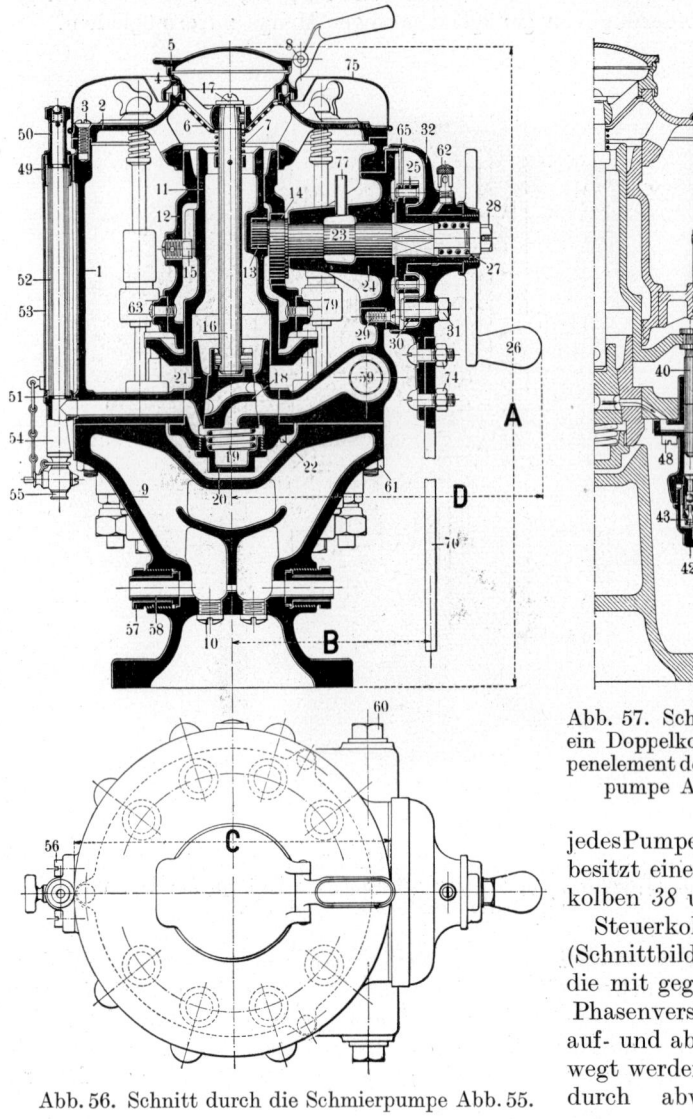

Abb. 57. Schnitt durch
ein Doppelkolben-Pum-
penelement der Schmier-
pumpe Abb. 55.

jedes Pumpenelement
besitzt einen Förder-
kolben *38* und einen
Steuerkolben *40*
(Schnittbild Abb. 57),
die mit gegenseitiger
Phasenverschiebung
auf- und abwärts be-
wegt werden und da-

Abb. 56. Schnitt durch die Schmierpumpe Abb. 55.   durch   abwechselnd
genau geregelte Saug-

und Förderhübe hervorbringen. Die Bewegung der Kolben erfolgt
durch zwei ineinander gleitende zylindrische Kulissen (in Abb. 56
mit *11* bzw. *12* bezeichnet), die durch zwei gegeneinander versetzte
Exzenter vom Schaltwerk der Schmierpumpe angetrieben werden.

Diese Pumpe, deren Förderkolbenhub durch die Regulierschnecke *37* und den Anschlag *39* (Abb. 57) von Null bis Vollhub verstellbar ist, eignet sich infolge der reichlichen Überdeckungen des Steuerkolbens für die höchsten vorkommenden Gegendrücke und verfügt infolge ihrer äußerst kräftigen Konstruktion und soliden Ausführung über nahezu unbeschränkte Lebensdauer. Ihre Anwendung dürfte daher nur bei besonders hohen Anforderungen erforderlich sein.

In den weitaus meisten Fällen genügt die billigere, einfachere und leichtere Schmierpumpe, Klasse DS I, mit Drehkolben, Abb. 58, 59 und 60. Bei dieser Pumpe dient der Förderkolben gleichzeitig als Steuerkolben, indem er außer der auf und ab gehenden Bewegung auch noch eine drehende Bewegung ausführt, so daß der Pumpenzylinder wechselweise, während des Aufwärtshubes mit dem Saugraum, während des Abwärtshubes mit dem Druckraum in Verbindung gebracht wird.

Abb. 58. Schmierpumpe der Maschinenfabrik De Limon, Fluhme & Co., Type DSI, Bauart Friedmann, mit Drehkolben und sichtbarer Tropfenkontrolle.

Der Antrieb erfolgt von der Exzenterwelle *26* (Abb. 60) aus, indem das Kugelzäpfchen des Kreuzgelenkes *25* im Kreise herum mitgenommen wird. Um dieser Bewegung folgen zu können, muß das Kreuzgelenk *25* auf seiner Achse eine schwingende und gleichzeitig eine achsial hin und her gehende Bewegung ausführen. Hierdurch wird auch die die einzelnen Pumpenstempel antreibende Längswelle in eine schwingende und hin und her gehende Bewegung versetzt, wodurch ein Drehen der Pumpenkolben *14* (Abb. 59) und damit die erforderliche Steuerbewegung erzielt wird. Bei der Aufwärtsbewegung des Kugelzäpfchens in Abb. 59 folgt der Kolben, unter dem Druck der Feder *13*, dem Zäpfchen nach oben und bewirkt das Ansaugen. Der Abwärtsgang des Pumpenstempels erfolgt zwangläufig, unter dem unmittelbaren Druck des Kugelzäpfchens auf den Pumpenkolben.

Zur Steuerung des Saug- bzw. Druckhubes dient ein seitlich in den Pumpenkolben eingearbeiteter Schlitz, der durch eine achsiale Bohrung im Kolben den Zylinderraum abwechselnd mit der Saug- bzw. Druckleitung verbindet. — Die Stellschraube *18* (Abb. 59) begrenzt den Pumpenhub, je nach Wunsch, von Null bis Vollhub und ermöglicht dadurch eine Regelung der Liefermenge in den weitesten Grenzen.

Als besonderer Vorteil dieser Pumpenbauart ist die von außen sichtbare Stempelbewegung bei *16* bzw. *17* (Abb. 59) und die bei jeder

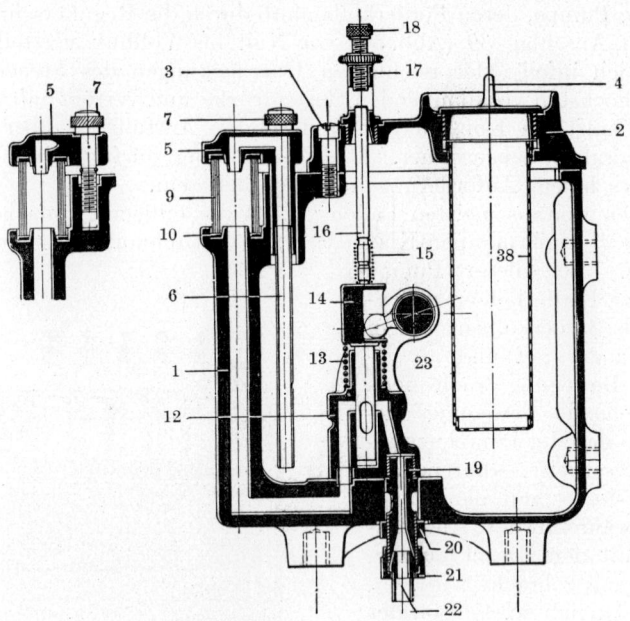

Abb. 59. Querschnitt durch die Schmierpumpe Abb. 58.

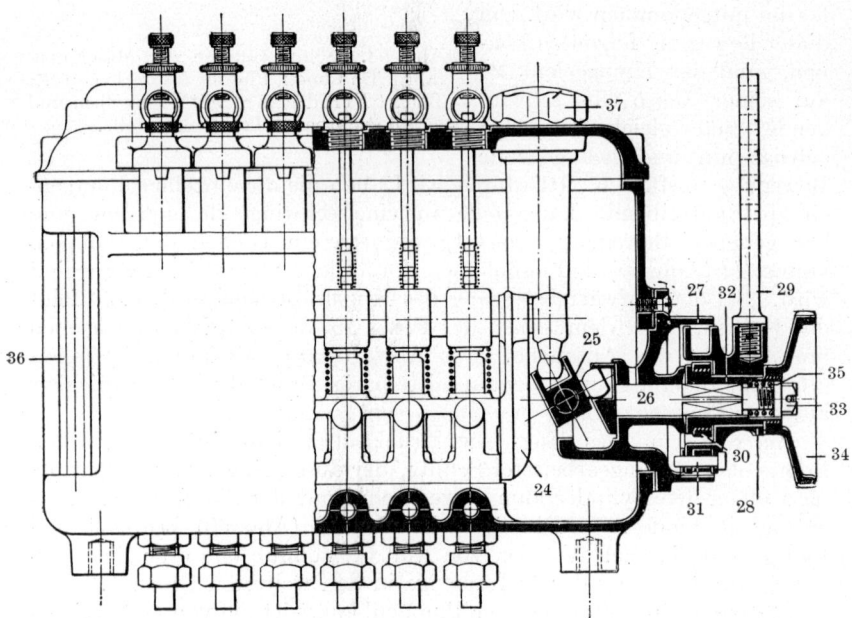

Abb. 60. Längsschnitt durch die Schmierpumpe Abb. 58.

Schmierstelle durch ein weites Schauglas *9* sichtbar gemachte Ölförderung (Ansaug-Zulaufmenge) zu bezeichnen. Man kann also nicht nur jederzeit erkennen, ob alle Pumpenstempel arbeiten, sondern kann auch gleichzeitig die für jede Schmierstelle bestimmte Fördermenge unmittelbar sehen. — Zwei Ölstandsgläser (Abb. 58) gestatten außerdem eine bequeme Kontrolle des jeweiligen Ölstandes im Pumpengehäuse.

Zusammenfassung.

1. Die einfachste und zweckmäßigste Pumpe zur Förderung größerer Schmiermittelmengen auf geringe Druckhöhen ist die Zahnradpumpe.

2. Jede Zahnradpumpe sollte mit einem Umlauforgan und einem federbelasteten Überlaufventil ausgerüstet sein, um den Kraftverbrauch stets der nutzbaren Ölmenge anpassen und den Öldruck selbsttätig auf gleichbleibender Höhe erhalten zu können.

3. Bei jeder Preßölanlage muß das gesamte, zu den Verbrauchsstellen fließende Öl durch einen Tuchfilter gedrückt werden, um Zapfenverschleiß durch Unreinigkeiten zu verhüten.

4. Ölkühler zur künstlichen Kühlung des Schmieröles sind stets in die Druckleitung, und zwar hinter dem Filter einzubauen, da das Öl den Filter noch in möglichst warmem (dünnflüssigem) Zustande passieren soll.

5. Größere Preßölanlagen sollten zur Sicherheit außer der Hauptzahnradpumpe noch eine Handpumpe erhalten, um sämtliche Lager und Gleitstellen noch vor dem Anlassen der Maschine unter Druck setzen zu können und dadurch etwaiges Fressen im Augenblick des Anfahrens zu verhüten.

6. Absperrorgane sollen bei Preßschmierung weder in der Saugleitung noch in der Druckleitung vorhanden sein; hingegen ist die Anordnung je eines Rückschlagventiles in der Druckleitung hinter der Zahnradpumpe und am Ende der Saugleitung, als Fußventil, zweckmäßig.

7. Als Filter verwende man nur während des Betriebes umschaltbare Doppelfilter, die als Tuchfilter ausgebildet sind.

22. Die Wahl der Schmiermittel und Lagermetalle.

Die an ein Schmiermittel zu stellenden Anforderungen sind verschiedener Natur: zunächst muß das Schmiermittel (vor allem bei reiner Flüssigkeitsreibung) die richtige Konsistenz, d. h. die für den betreffenden Fall geeignete Zähigkeit besitzen, da rein dynamisch nur die Zähigkeit für die schmiertechnische Eignung maßgebend ist[*]. Gleichzeitig muß das Schmiermittel aber auch eine bestens benetzende Flüssigkeit sein, d. h. eine Flüssigkeit mit möglichst großer Adhäsion, da zu geringe Adhäsionsfähigkeit eine Beeinträchtigung der dynamischen Schmiervorgänge und dadurch scheinbar unerklär-

---

[*] Praktische Beweisführung von Prof. Dr. Ubbelohde[66]).

liche Differenzen zwischen Rechnung und Versuch zur Folge haben kann *). — Daß und warum nicht benetzende Flüssigkeiten zum Schmieren ungeeignet sind, wurde bereits in Abschnitt 7 erwähnt.

Der Einfluß der Adhäsionsfähigkeit der Schmiermittel scheint auf den Schmiervorgang, insbesondere auf die Reibungszahl, bei sehr kleinen Lagerspielen auch in der Weise zum Ausdruck zu kommen, daß die stark adhärierenden Schmiermittel, z. B. die an kolloider Masse reichen Öle, ähnlich dem Kolloidalgraphit, eine bleibende Auffüllung der Gleitflächenunebenheiten bewirken, wodurch das ideelle Lagerspiel verringert, die Exzentrizität verkleinert und damit die Reibungszahl herabgemindert wird, wie dies an Hand des rechten Teiles der $\varkappa$-Kurve in Abb. 35 verfolgt werden kann.

Von größter und für die Schmierwirkung maßgebender Bedeutung ist die Adhäsionsfähigkeit bei halbflüssiger Reibung. Hier treten die dynamischen Wirkungen der Ölzähigkeit, je nach dem Grade der Anteilnahme halbtrockener Reibung, mehr und mehr zurück, so daß eine rechnerische Erfassung der Schmiervorgänge schließlich gänzlich unmöglich wird. Für halbflüssige Reibung besteht daher die Wahl eines zweckmäßigen Schmiermittels hauptsächlich in der Wahl eines Schmiermittels von größter Adhäsionsfähigkeit, weil nur solche Schmiermittel verhältnismäßig tragfähig und in ihrer Schmierwirkung ergiebig sein können.

In allen Fällen vollkommener Schmierung, also reiner Flüssigkeitsreibung, wird die Wahl eines zweckmäßigen Schmiermittels, wie schon erwähnt, unter Beachtung der Betriebstemperatur, in erster Linie von der Festlegung der zweckmäßigen Zähigkeit oder Viskosität auszugehen haben. Nach welchen Gesichtspunkten dies zu geschehen hat, ist in Abschnitt 17, Abschnitt 18 (Beispiel 20), Abschnitt 20 (Beispiel 23) und besonders in Abschnitt 24 und 25 ausführlich dargelegt **).

Außer den Anforderungen bezüglich Zähigkeit und Adhäsionsfähigkeit muß ein gutes Schmiermittel aber auch noch weiterhin in physikalischer und chemischer Beziehung dem Verwendungszweck entsprechen.

Zur Lagerschmierung und Zylinderschmierung kommen heute ausschließlich Mineralöle in Betracht, da pflanzliche und tierische Öle, auf die man früher in Ermangelung geeigneterer Schmiermittel angewiesen war, den Ansprüchen in bezug auf chem. Beständigkeit und Neutralität

---

*) Auf größere Abweichungen von der durchschnittlichen Adhäsionsfähigkeit handelsüblicher Mineralöle, sowohl nach unten wie nach oben, muß z. B. auch das schmiertechnisch abweichende Verhalten von Wasser, Compoundölen und Voltolölen zurückgeführt werden, deren Versuchsergebnisse bisher zum Teil unerklärt geblieben sind. — Um größeren Abweichungen in der Adhäsionsfähigkeit verschiedener Schmiermittel auch bei der mathematischen Behandlung des Schmierproblemes, wenigstens mit roher Annäherung, Rechnung zu tragen, könnte die Einführung eines „Adhäsionsfaktors", als Korrekturziffer der absoluten Zähigkeit, versucht werden, da die Wirkung größerer oder kleinerer Adhäsion sich wohl am einfachsten durch die Wirkung vergrößerter bzw. verkleinerter Zähigkeit wiedergeben lassen dürfte.

**) Siehe insbesondere Seite 253 und 258.

nicht genügen. Aber auch unter den Mineralölen gibt es viele, die entweder überhaupt nicht als einwandfrei oder aber für gewisse Verwendungszwecke als ungeeignet bezeichnet werden müssen.

Von einem guten Mineralschmieröl ist, je nach dem Verwendungszweck, zu verlangen:

1. Praktische Säurefreiheit (mindestens nach den bestehenden Vorschriften der verschiedenen Fachverbände), da die Maschinenteile keinesfalls durch Säure angegriffen werden dürfen. Man unterscheidet: im Öl vorhandene freie organische Säuren; freie Fettsäuren, von etwaigen Zusätzen tierischer oder pflanzlicher Öle herrührend, und Mineralsäure, welche etwa von der Säureraffination zurückgeblieben ist. (Bei Ölen, deren Raffination ohne Säurewäsche vorgenommen werden kann, scheidet die letztgenannte Möglichkeit natürlich aus.)

2. Praktische Unveränderlichkeit. Ein gutes Öl für Umlaufschmierung darf sich selbst nach längerer Verwendungszeit nicht chemisch verändern; es darf weder oxydieren noch eindicken oder harzige Rückstände hinterlassen. Auch soll es mit Wasser keine Emulsion eingehen, falls die Berührung mit Wasser in Frage kommt.

3. Reinheit. Die beste Gewähr für praktische Unveränderlichkeit bietet die Reinheit eines Öles, sowohl in bezug auf Säure-, Alkali- und Asche- wie auch Asphalt-, Harz- und Paraffingehalt. Einen Anhalt für die Reinheit eines Öles gibt das geringe spezifische Gewicht, das bei guten Ölsorten meistens wesentlich niedriger ist als 0,9. — Reine Mineralöle dürfen Zusätze von tierischen oder pflanzlichen Ölen nicht enthalten.

4. Genügender Flammpunkt, insbesondere für solche Zwecke, wo das Öl dauernd hohen Temperaturen ausgesetzt ist. Höherer Flammpunkt läßt im allgemeinen erwarten, daß das betreffende Öl bei hohen Temperaturen weniger schnell verdampft. Mischöle beginnen meistens, entsprechend ihren leichteren Bestandteilen, verhältnismäßig früher zu verdunsten als Öle, die einer Fraktion mit engen Siedegrenzen entstammen. Im letzteren Falle werden Flammpunkt und Brennpunkt näher beieinander liegen. Das Mischen reiner Öle verschiedener Zähigkeit bei niedrigeren Gebrauchstemperaturen ist hingegen unbedenklich und kann in manchen Fällen, z. B. zur Erzielung eines bestimmten Zähigkeits-Temperaturcharakters, von Vorteil sein.

Die angeführten 4 Punkte können für die Beurteilung eines Schmieröles nur einen rohen Anhalt bieten, da erschöpfende Angaben in allgemeiner Form nicht gut möglich sind. Bezüglich Schmierölprüfung und -lieferungsgrenznormen kann hier nur auf die einschlägige Literatur verwiesen werden[1, 18, 32] insbesondere auf das sehr klare und übersichtliche Buch von Dr. R. Ascher. — Mit Nachdruck muß darauf hingewiesen werden, daß das spez. Gewicht und der Flammpunkt nur im Zusammenhang mit der Viskosität und letztere wiederum nur im Zusammenhang mit der Temperatur eine Vorstellung von den Eigenschaften und der Eignung eines Öles abgeben können. Aus diesem Grunde ist

z. B. bei der Beurteilung der zweckmäßigen Zähigkeit aus dem Stegreif stets Vorsicht geboten, da ohne Kenntnis der Lagertemperatur keine richtigen Schlüsse gezogen werden können. Lager mit größerer Belastung und ungünstigen Kühlverhältnissen (etwa infolge angrenzender wärmeabgebender Maschinenteile) können z. B. Öle erfordern, die, ohne Kenntnis des Verwendungszweckes, als viel zu dickflüssig bezeichnet werden würden.

Wie bereits e wähnt, scheint außer der schon genannten Adhäsion, d. h. dem Haftvermögen an den Gleitflächen, insbesondere bei halbflüssiger Reibung, noch der Reichtum eines Öles an kolloiden Stoffen auf den Schmiererfolg von Einfluß zu sein, und zwar kann es sich dabei um natürliche, aus dem Rohöl stammende kolloide Stoffe handeln, die bei bestgeeigneten Rohstoffen durch sorgfältige Behandlung (lange Lagerung des Rohöles, Vermeidung von unnötig hohen Temperaturen und Umgehung der Säureraffination) im fertigen Schmieröl erhalten bleiben, wie z. B. bei den aus pennsylvanischem Rohöl mit Paraffinbasis nach dem Verfahren der Valvoline Oel - Gesellschaft hergestellten Ölen, oder aber auch um künstlich hervorgebrachte Eindickungen, wie wir sie z. B. bei den Emulsionsölen oder auch bei den Voltolölen kennen, die durch elektrische Glimmentladungen künstlich eingedickt sind. Auch mit tierischen oder pflanzlichen Ölen versetzte, sogenannte compoundierte Mineralöle, zeigen bei halbflüssiger Reibung günstige Schmierungseigenschaften.

Diese Tatsachen dürfen jedoch den Maschinenbauer nicht dazu verleiten, sich mit halbflüssiger Reibung zufriedenzugeben (selbst wenn letztere sehr günstige Reibungszahlen ergibt), da der anzustrebende Fortschritt in der Schmiertechnik nicht in geringster Reibung, sondern in verschleißlosem Betrieb und erhöhter Betriebssicherheit zu suchen ist. Beide letztgenannten Fortschrittsmomente sind jedoch durch halbflüssige Reibung nicht zu erreichen, wohingegen durch zweckmäßige Lagerausbildung, richtige Wahl des Lagerspieles und hochvollkommene Bearbeitung der Gleitflächen (wie in den vorausgegangenen Abschnitten gezeigt) bei richtiger Wahl der Ölzähigkeit, in den meisten Fällen, ohne von der Benutzung reiner Mineralöle abzuweichen, sehr wohl reine Flüssigkeitsreibung erzielbar sein wird.

Hiermit im Einklang steht auch die Tatsache, daß der größte bisherige Fortschritt auf dem Gebiete der Schmiertechnik weder durch ein neues Schmiermittel noch durch ein neues Lagermetall erzielt worden ist, sondern einzig und allein durch die Erkenntnis des Wesens der flüssigen Reibung und der Bedingungen für ihre Verwirklichung, deren praktische Auswirkung am deutlichsten in den einzig dastehenden Erfolgen des Einscheibendrucklagers*) zur Geltung kommt: durch Änderung des Prinzipes, der grundlegenden Konstruktion, ward die Tragfähigkeit des Drucklagers mit einem Schlage auf rund das Hundertfache gesteigert.

---

*) Siehe Abschnitt 23.

Die Bestrebungen zur allgemeinen Besserung der Schmierungsver-
hältnisse haben daher nicht vom Schmiermittelfachmann, sondern vom
Ingenieur auszugehen. — Aufgabe des Ölfabrikanten ist dagegen die
Lieferung gleichmäßiger, reiner Schmiermittel von immer gleichbleibender Beschaffenheit: säurefreier, oxydationsbeständiger, reiner Mineralöle, die weder eindicken noch verharzen, noch emulgieren oder Rückstände bilden. Bei Öleinkäufen soll es aber auch niemals so sehr auf
den Preis als vielmehr auf Qualität und dauernde Gleichartigkeit
der Erzeugnisse ankommen; denn diese Eigenschaften machen in
der Regel die teuersten Öle zu den wirtschaftlichsten; die Gewährleistung
dieser Eigenschaften kann allerdings nur von Selbstherstellern erwartet werden, die über geeignete Rohölquellen verfügen.

Bei der Bestimmung der zweckmäßigsten Ölzähigkeit auf experimentellem Wege, d. h. durch Messen der Lagerreibung bei Verwendung
dickflüssigerer und dünnflüssigerer Öle, ist stets zu beachten, daß der
geringste Kraftverbrauch bei halbflüssiger Reibung erreicht wird.
Die Betriebssicherheit, d. h. die Unempfindlichkeit gegen Druck- und
Geschwindigkeitsänderungen, ist dabei jedoch gering und der Betrieb
kein verschleißloser. Aus diesem Grunde ist dasjenige Öl, mit welchem
die geringste Reibung erzielt wird, betriebstechnich nicht das zweckmäßigste, sondern ein Öl, das bei der Betriebstemperatur eine etwas
größere Zähigkeit besitzt, so daß noch auf reine Flüssigkeitsreibung,
verschleißlosen Betrieb und größere Betriebssicherheit gerechnet werden kann. Der etwas größere Reibungsverlust ist hierbei praktisch belanglos, denn Betriebssicherheit muß stets durch vergrößerte Flüssigkeitsreibung erkauft werden.

Die Nachprüfung ausgeführter Lagerungen zeigt im allgemeinen,
daß schwach belastete, schnell laufende Wellen mit zu dickflüssigem Öl,
schwer belastete, langsam laufende Zapfen mit verhältnismäßig zu dünnflüssigem Öl geschmiert zu werden pflegen. Ersteres bedeutet nur
Kraftverlust, wobei jedoch gegen Drucksteigerungen eine große Betriebssicherheit besteht; im zweiten Falle ist die Betriebssicherheit
gering bis verschwindend, während der Reibungsverlust bei nicht zu
hoher Flächenpressung noch verhältnismäßig günstig, bei sehr hohem
Flächendruck hingegen sehr ungünstig ausfallen wird. Bei sehr hohen
Flächendrücken und ungenügend zähem Schmiermittel handelt es sich
um ein sehr unzuverlässiges Stadium der halbflüssigen Reibung, die sich,
unter erheblichem Verschleiß, schon mehr und mehr der halbtrockenen
Reibung nähert.

Vom Standpunkte der Betriebssicherheit ist die Wahl zu dickflüssiger
Öle jedenfalls unbedenklicher als die Wahl zu dünner Schmiermittel, da
Heißlaufen nur bei zu kleiner Zähigkeit — niemals bei zu großer
Zähigkeit — erfolgen kann. Bei hoher Ölzähigkeit wird das Lager wohl
bis zu einem gewissen Grade warm werden, erhält aber stets seine Selbstregulierung, während bei halbflüssiger Reibung infolge zu geringer Zähigkeit ein Labilzustand eintreten kann, indem jede Selbstregulierung auf-
hört und die Temperatur bis zur Zerstörung des Lagers steigt. — Für
große Zapfen, die bei höchster Drehzahl mit gleichbleibender geringer

Flächenpressung laufen, ist oftmals das dünnste erhältliche Spindelöl noch zu dickflüssig.

Je ungünstiger die Betriebsverhältnisse oder je mangelhafter die Lagerkonstruktion, um so wichtiger ist die Wahl von Schmiermitteln mit großer Adhäsionsfähigkeit; je günstiger die Betriebsverhältnisse und je vollkommener die Lagerkonstruktion, um so weniger kommt es auf diese besonderen Eigenschaften an.

Bei Preßschmierung ist ganz besonderer Wert auf höchste Oxydationsfestigkeit des Öles zu legen, da der ständige Ölkreislauf nie ohne Spritzen und Schäumen verläuft, so daß das Öl dauernd, in feinster Verteilung, mit dem Sauerstoff der Luft in Berührung kommt*). Bei Ölen für gekapselte Dampfmaschinen ist auch möglichst hoher Flammpunkt anzustreben, damit namentlich in der vom Zylinderende stark geheizten Geradführung kein zu starkes Verdampfen des Öles eintritt, da dies zu lästiger Ölschwadenbildung führt; insbesondere durch auf die heiße Kolbenstange gelangendes Schmieröl, das hier bei mäßigem Flammpunkt sehr schnell verdampft.

Die praktische Prüfung des Lagerreibungszustandes ist, wenigstens in groben Zügen, nicht schwierig: soll bei einem Lager festgestellt werden, ob flüssige oder halbflüssige Reibung vorliegt, so notiert man die möglichst zuverlässig zu messende Lagertemperatur im Beharrungszustande, läßt das gesamte Öl ab und füllt ein zäheres Öl ein. Nach Erreichen des Beharrungszustandes, was meistens 2 bis 3 Stunden dauert, liest man an derselben Stelle wieder die Lagertemperatur ab: ist die Temperatur höher als die erstgemessene, so liegt flüssige Reibung vor, im umgekehrten Falle aufsteigende halbflüssige Reibung. Ist kein merklicher Temperaturunterschied festzustellen, so arbeitet das Lager im Grenzgebiet, d. h. in der Nähe des Reibungsminimums, — also ebenfalls bei halbflüssiger Reibung.

Ein genaueres Bild der verschiedenen Reibungszustände läßt sich natürlich nur durch Wiederholung des Versuches mit 4 bis 5 Ölen verschiedener Zähigkeit, doch möglichst gleicher Herkunft bzw. gleichen Viskositätscharakters gewinnen. Man wählt als Abszissen die Zähigkeiten (da es sich nur um Vergleichswerte handelt, können direkt die Engler-Grade der verwendeten Öle, z. B. sämtlich bei 50°, aufgetragen werden), als Ordinaten die ermittelten Lagertemperaturen oder besser die Temperaturdifferenz zwischen Lager- und Lufttemperatur und erhält so aus den abgelesenen Temperaturen, bei richtiger Ausführung der Versuche, eine Kurve mit einem mehr oder weniger ausgesprochenen Minimum.

Die Öle links vom Minimum scheiden, weil halbflüssige Reibung anzeigend, für den praktischen Betrieb aus, während die Öle rechts vom Minimum auf flüssige Reibung und damit auf den angestrebten verschleißlosen Betrieb deuten. Bleibt man auf dem rechten aufsteigenden Ast in der Nähe des Minimums, so kann man auf flüssige Reibung bei kleinster Reibungsziffer rechnen; wählt man einen höheren Punkt des

---

*) Siehe insbesondere Prof. Dr. Fr. Frank[14]).

rechten Kurventeiles, so erhält man flüssige Reibung bei größerer Betriebssicherheit und größerem Reibungsverlust. — Wieweit eine Erhöhung der Betriebssicherheit zugunsten vergrößerter Reibung geboten erscheint, kann nur auf Grund der Betriebsverhältnisse entschieden werden. Sind öfters größere Belastungssteigerungen zu erwarten, so muß jedenfalls vom Reibungsminimum weiter abgeblieben werden.

Das auf Grund des Versuches als zweckmäßig ermittelte Öl ist nun nicht etwa „besser" als die anderen Öle, sondern es ist lediglich erwiesen, daß das ausgewählte Öl für den vorliegenden Fall die geeignete Zähigkeit besitzt.

Selbstverständlich können solche Versuche nur bei gleichbleibender Belastung und Drehzahl durchgeführt werden, da man sonst zu sehr verzerrte Werte erhalten würde. — Kleinere Schwankungen werden dabei kaum von Nachteil sein, da Temperaturänderungen sich nur sehr träge bemerkbar machen.

Obige Feststellungen galten für Lager, bei denen das Lagerspiel nicht bekannt ist. — Liegt die Größe des Lagerspieles fest, so kann die zweckmäßigste Ölzähigkeit nach Abschnitt 17 und an Hand der Beispiele in Abschnitt 24 rechnerisch bestimmt werden.

Nach der Viskosität bei 50° kann man die Mineralöle ungefähr folgendermaßen einteilen:

etwa 1,2 ÷ 2,0 Engler-Grade bei 50° — Spindelöle,
„ 2,0 ÷ 3,5 „ „ 50° — leichte Maschinenöle,
„ 3,5 ÷ 5,5 „ „ 50° — mittlere Maschinenöle,
„ 5,5 ÷ 20 „ „ 50° — schwere Maschinenöle,
„ 20 ÷ 60 „ „ 50° — Zylinderöle.

Basierend auf den für die Beurteilung von Maschinenölen maßgebenden Hauptgesichtspunkten sollen auch die Zylinderöle kurz mit besprochen werden.

Bei Zylinderölen zum Schmieren von Heißdampfkolben ist die Viskositätsziffer praktisch ziemlich belanglos, denn die Viskosität aller Öle ist bei der Temperatur des Heißdampfes nahezu gleich, und zwar kaum größer als die des Wassers. In der Vorschrift hoher Viskosität liegt indes eine Gefahr, indem dadurch unbewußt Öle mit hohem Asphaltgehalt gefordert werden, da asphaltfreie Heißdampf-Zylinderöle niemals übermäßig hohe Viskositätsziffern aufweisen. Asphaltgehalt führt aber bekanntlich zu sehr unliebsamen Sinterungen und Verkrustungen im Dampfzylinder, die gerade nach Möglichkeit vermieden werden müssen.

Ähnlich steht es mit dem Flammpunkt. Nach einer alten Gewohnheit, die offenbar aus der Sattdampfzeit stammt, verlangt man auch heute noch meistens, daß der Flammpunkt eines Zylinderöles um 10 bis 20° höher liegen soll als die Dampftemperatur. Über die Durchführbarkeit dieser Vorschrift macht man sich offenbar keinerlei Gedanken; denn daß man bei Flammpunkten über 350° nur noch Asphalt oder Teer statt Zylinderöl geliefert erhalten kann, ist vielfach nicht bekannt. Heißdampf-Höchstdruckmaschinen mit 450° Dampftemperatur könnten nach dieser Vorschrift z. B. überhaupt keinen Zylinderöllieferanten finden.

Aus diesem Grunde sollte man überspannte Vorschriften für Viskosität und Flammpunkt vermeiden, und im Gegenteil danach trachten, tunlichst reine Öle ohne Asphalt- und Aschegehalt zu erhalten, um Verkrustungen im Zylinder möglichst ganz zu vermeiden. Derartige Öle werden, als reine Heißdampf-Zylinderöle mit einem Flammpunkt von etwa 325°, den höchsten vorkommenden Überhitzungen genügen und dabei die höchste Viskosität aufweisen, die bei reinen Ölen eben noch erreichbar ist. Die Reinheit der Öle ist auch hier in erster Linie am geringen spez. Gewicht erkennbar. Das spez. Gewicht eines reinen Heißdampf-Zylinderöles soll möglichst geringer als 0,9 sein oder doch nur ganz unwesentlich über 0,9 hinausgehen. Für geringere Überhitzungen werden leichtere Öle genügen.

Von besonderer Wichtigkeit im jetzigen Zeitalter der Abdampfverwertung ist auch eine möglichst vollkommene Ausscheidung des Zylinderöles aus dem Abdampf: einerseits, um eine Verschmutzung und Beeinträchtigung des Wärmeüberganges der Heizflächen und Heizrohre zu vermeiden und bei Rückspeisung in den Kessel der Gefahr des Erglühens und Eindrückens der Flammrohre aus dem Wege zu gehen, andererseits, um wenigstens einen gewissen Teilbetrag des Zylinderöles zurückzugewinnen. Letzteres wird um so vollkommener möglich sein, je weniger das Öl mit dem Dampf Emulsionsbildungen eingeht, da verseiftes Öl sich weder aus dem Dampfstrom noch aus dem Kondensat mit gewöhnlichen Mitteln ausscheiden läßt. — Die aus pennsylvanischen Rohölen mit Paraffinbasis hergestellten asphalt- und aschefreien Zylinderöle emulgieren z. B. fast gar nicht und bilden auch keine koksartigen oder verkrustenden Rückstände.

Emulgierende Zylinderöle, z. B. die sogenannten Compoundöle (Mineralöle mit Zusätzen pflanzlicher oder tierischer Öle), werden sich daher nur für freien Auspuffbetrieb eignen, wo also Ölabscheidung oder Rückspeisung des Kondensates nicht in Frage kommt. Die Adhäsionsfähigkeit, auf die es bei Zylinderölen hauptsächlich ankommt, ist bei Compoundölen wohl etwas größer als bei den oben genannten asphaltfreien Mineralölen, doch sind letztere, insbesondere ihrer Säurefreiheit wegen, den emulgierenden Zylinderölen trotz ihres höheren Preises vorzuziehen.

Sparsame Zylinderschmierung ist nicht durch Verwendung billiger Zylinderöle, sondern nur durch zweckmäßige und dadurch verringerte Zuführung bester und reinster Mineralöle erreichbar, wie zum Schluß des Abschnittes 19 ausführlich dargelegt. Bei richtiger Anwendung des Hubtakt-Schmierverfahrens wird die Schmierung mit hochwertigen teuren Zylinderölen wirtschaftlicher und vor allem betriebssicherer sein als bei gewöhnlicher Zylinderschmierung mit billigen Ölen bei Rückstandbildung und unzweckmäßiger Ölzufuhr direkt in den Zylinder, ohne Rücksicht auf die Stellung des Kolbens.

Als gutes Hilfsmittel bei schwierigen Schmierverhältnissen im allgemeinen (hoher Druck und geringe Gleitgeschwindigkeit oder zu geringe Zähigkeit infolge sehr hoher Betriebstemperaturen), bei denen flüssige Reibung nicht zu erwarten ist, ebenso zum Einlaufen beliebiger Gleitstellen, dient der schon wiederholt erwähnte Kolloidalgraphit.

Die älteste Form des Kolloidalgraphites ist der künstlich dargestellte amorphe Graphit von Dr. Acheson, nach dessen Patenten die Handelsprodukte Oildag, Gredag und Aquadag hergestellt werden.

Oildag ist kolloidaler Acheson-Kunstgraphit*), mit gutem Mineralöl zu einer konzentrierten Lösung angesetzt, die als Zusatz zu Maschinenölen wie auch zu Zylinderölen dient. Gredag ist Kunstgraphit, in Verbindung mit Starrschmiere, zum Gebrauch an Stelle des gewöhnlichen Staufferfettes für schwerbelastete Lager und Gleitstellen, während Aquadag eine mit Wasser angesetzte Graphitpaste darstellt, die zum Bohren und Drehen sowie für gewisse Sonderzwecke Verwendung findet, die hier nicht weiter interessieren. — Für den Maschinenbau kommt in erster Linie Oildag in Betracht.

Der an den Niagarafällen produzierte Acheson-Graphit wird im elektrischen Ofen aus Anthrazit und Sand gewonnen und stellt praktisch chemisch reinen Kohlenstoff ohne Aschegehalt dar. Irgendwelche schleifende Bestandteile, wie sie z. B. der Naturgraphit in hohem Maße enthält, sind in diesem Kunstgraphit somit nicht enthalten, so daß seine Verwendung zu Schmierzwecken als einwandfrei bezeichnet werden kann.

Durch eine besondere Behandlung des in den Molekularzustand übergeführten Acheson-Graphites mit Wasser, Tannin und Ammoniak entsteht nach einem eigenen Verfahren das bereits genannte Aquadag, und durch weitere Verarbeitung mit neutralem Mineralöl das konzentrierte Oildag. Diese Präparate stellen eine Suspension von Kunstgraphit in Wasser bzw. Mineralöl dar, wobei die feinen Graphitpartikelchen infolge der erwähnten Behandlung sich in der Flüssigkeit in der Schwebe halten. Der Graphit befindet sich also in so feiner Zerteilung, daß die Suspension kolloidalen Charakter annimmt. — Oildag enthält 12,5% reinen Graphit und wird in geringen Mengen als Zusatz zu Schmierölen verwendet.

Ein jüngeres, und zwar ein deutsches Erzeugnis, das von der E. de Haën A. G., Seelze bei Hannover, hergestellt und auf den Markt gebracht wird, ist das Kollag. Es stellt das einzige Kolloidalgraphitpräparat dar, das aus Naturgraphit gewonnen wird.

Nach dem Verfahren des österreichischen Chemikers Dr. Karplus wird der Naturgraphit nach erfolgtem Vermahlen und chemischen Reinigen mit konzentrierten Säuren „angeätzt", um die einzelnen mechanisch nicht mehr weiter zerteilbaren Graphitpartikelchen durch Anfressung und teilweises Verbrennen chemisch noch weiter zu zerkleinern, bis die Teilchen sich wie Kolloide verhalten, d. h. in der sie tragenden Flüssigkeit schweben, ohne sich abzusetzen. Das erwähnte „chemische Reinigen" bewirkt ein vollständiges Ausbrennen aller fremden Stoffe aus dem Graphit, so daß der zur Herstellung von Kollag verwandte Kolloidalgraphit als praktisch aschefrei bezeichnet werden kann.

---

*) Generalvertrieb der Acheson-Graphitpräparate für Deutschland: Firma Willy Schumacher, Berlin C 2, Burgstr. 30.

Die Aschefreiheit des Graphites ist schmiertechnisch von allergrößter Wichtigkeit, da nur solchenfalls Gewähr dafür besteht, daß das Graphitpräparat eine glättende und nicht etwa eine schleifende Wirkung ausübt, wie dies bei allen noch so fein vermahlenen Naturgraphiten der Fall ist. Die gefürchteten Bestandteile sind namentlich Quarz, Glimmer und Mika, deren schleifende Wirkung durch die schlechten Erfahrungen mit rohem Naturgraphit so allgemein bekannt geworden ist, daß in technischen Fachkreisen vielfach eine ausgesprochene Angst vor allem besteht, was irgendwie mit Graphit zusammenhängt. Gegen aschefreien Kolloidalgraphit in Form von Oildag oder Kollag ist dieses Mißtrauen jedoch nicht gerechtfertigt.

Kolloidalgraphit wird nur in ganz geringen Mengen dem Schmiermittel zugesetzt und darf sich in diesem nicht absetzen. Um letzteres mit Sicherheit zu verhindern, muß das betreffende Mineralöl (nur solches kommt zum Mischen in Betracht) vollständig säurefrei sein. Am besten eignen sich daher Raffinate, deren Herstellung ohne Säurewäsche erfolgte. Sind nur Spuren von Säure im Öl, so ballt der Kolloidalgraphit sich zu kleineren oder größeren Aggregaten zusammen und sinkt zu Boden, was aus betriebstechnischen Gründen vermieden werden muß, um ein etwaiges Verstopfen der Rohrleitungen, Rückschlagventile und Ölpumpen zu verhüten.

Kolloidalgraphit wird Zylinderölen in Mengen von 0,5 bis 1%, Maschinenölen in Mengen von 0,5 bis 2% zugesetzt. Auf die jeweiligen Prozentsätze sowie auf gutes Mischen beim Zusetzen wird in den Anwendungsvorschriften der Fabrikanten ausführlicher eingegangen.

Auf das Zustandekommen vergrößerter Tragfähigkeit von Gleitlagern durch Zusatz von Kolloidalgraphit wurde bereits in Abschnitt 12 hingewiesen; desgleichen auf die betriebstechnisch sehr schätzenswerte Eigenschaft mit Kolloidalgraphit eingelaufener Gleitflächen, bei längerem Ausbleiben der Schmierung nicht heißzulaufen. Hier sei nur nochmals hervorgehoben, daß die Anwendung von Kolloidalgraphit, insbesondere bei hohen Temperaturen, wo die Schmiermittelzähigkeit verschwindend gering ist, wie z. B. in Heißdampfzylindern, wertvolle Dienste leistet. Es bildet sich nach längerer Zeit ein schwarzer, sehr fester Graphitspiegel, der weiteren Verschleiß hintanhält und den Schmiermittelbedarf auf ein Minimum herabsetzt. — Vor Beginn des Einlaufens sind die Gleitflächen mit angewärmtem konzentrierten Oildag oder Kollag gründlich einzustreichen. Die Graphitschmiermittelzufuhr (Öl mit $0,5 \div 1\%$ Graphitzusatz) darf nur ganz allmählich verringert werden, da die Bildung des Graphitspiegels eine längere Zeit in Anspruch nimmt.

Aus den bisherigen Darlegungen lassen sich auch wichtige Schlüsse bezüglich der Lagermetalle ziehen. Offenbar spielt die Art des Lagermetalles im Betriebe, bei reiner Flüssigkeitsreibung, eine untergeordnete Rolle, da eine Berührung durch den Zapfen nicht stattfindet. Diese Tatsache ist auch bereits durch zahlreiche Versuche bestätigt worden, insbesondere durch die bekannten Reibungsversuche von O. Lasche. Von Wichtigkeit sind die Eigenschaften des Lagermetalles jedoch bei

verminderter Drehzahl und ganz besonders beim Anfahren und Stillsetzen, da hierbei halbflüssige und auch halbtrockene Reibung auftritt.
Mit Rücksicht auf diesen Umstand muß das Lagermetall solche Eigenschaften besitzen, daß im Augenblick des Anfahrens, also bei halbtrockener Reibung, kein Fressen stattfindet.

Das Verhalten gegen Fressen bei halbtrockener Reibung ist sowohl
vom Flächendruck wie auch von der Art der sich berührenden
Metalle und deren Oberflächenbearbeitung abhängig. Gußeisen
kommt nur bei niederem Flächendruck, Bronze und Weißmetall bei
hohen und höchsten Flächenpressungen zur Anwendung.
Wie hoch man rech-
nerisch mit dem
Flächendruck bei
Gußeisen gehen
darf, kann allge-
mein nicht gesagt
werden. Bei selbst-
einstellenden Lager-
schalen dürften Be-
lastungen bis zu
15 kg/cm² zulässig
sein; bei sehr feiner
Bearbeitung auch
bis zu 30 und mehr,
falls das Wellen-
material nicht zu
weich ist. Für La-
ger mit hohem Flä-
chendruck oder
kleineren Drehzah-
len, bei denen reine

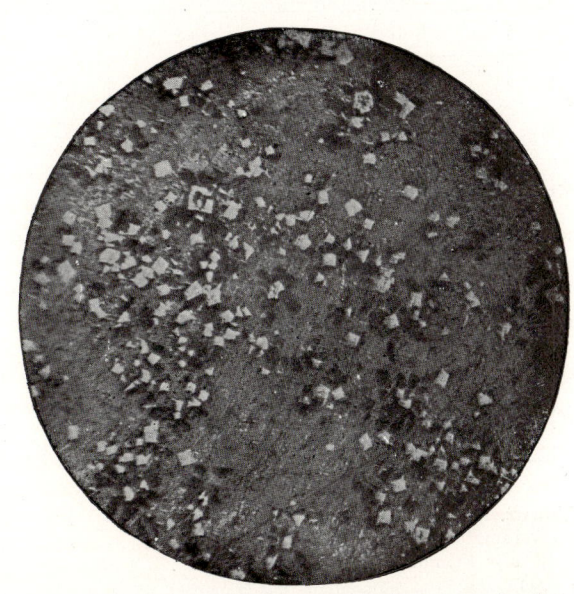

Abb. 61. Graphitiertes „Gittermetall" des Braunschweiger
Hüttenwerk. — Schliffbild in 100 facher Vergrößerung.

Flüssigkeitsreibung nicht zu erwarten ist, kann Gußeisen als Lagermetall nicht empfohlen werden.

Im allgemeinen sollte man auf Grund der heutigen Kenntnis der
Reibungsvorgänge danach trachten, bei kleineren Drücken und höheren
Drehzahlen bestgearbeitete Gußeisenlager zu verwenden, sofern nicht allzu häufiges Anfahren und Stillsetzen in Frage kommt. Weißmetallager
sind hingegen überall dort erforderlich, wo hohe Flächendrücke bei geringerer Drehzahl auftreten und wo die Verhältnisse höchste Betriebssicherheit voraussetzen. Unerläßlich ist gutes Weißmetall ferner bei
allen starren Lagern.

Von Wichtigkeit ist, daß das Lagermetall keinen Zinkzusatz enthält,
da harte Zinkkristalle unter Umständen Zapfenverschleiß verursachen.
Gegen Bleizusatz ist im allgemeinen nichts einzuwenden, sofern dadurch
die Festigkeit und das günstige Verhalten bei halbtrockener Reibung
nicht beeinträchtigt wird.

Eine eigenartige Kombination von Weißmetall und Graphit bildet das vom Braunschweiger Hüttenwerk G. m. b. H., Braunschweig-Melverode, hergestellte sogenannte „Gittermetall". Es ist dies ein besonderes Weißmetall mit in feinster Verteilung eingelagertem Graphit, das sich nach den vorliegenden Zeugnissen, namentlich für schwer belastete Lager, gut bewährt hat. Die gleichmäßige Verteilung des Graphites und seine Bindung mit dem Metall zu „graphitiertem" Lagermetall setzt ein besonderes, von dem Hüttenwerk durch längere Versuche durchgebildetes Herstellungsverfahren voraus, da Metalle und Nichtmetalle sich bisher bekanntlich nicht zu einem brauchbaren Lagermetall vereinigen ließen. Daß diese Verbindung im „Gittermetall" wohlgelungen ist, zeigt das in 100facher Vergrößerung wiedergegebene Schliffbild, Abb. 61. Man erkennt deutlich die in gleichmäßiger Verteilung in die Weißmetallegierung eingelagerten Graphitteilchen.

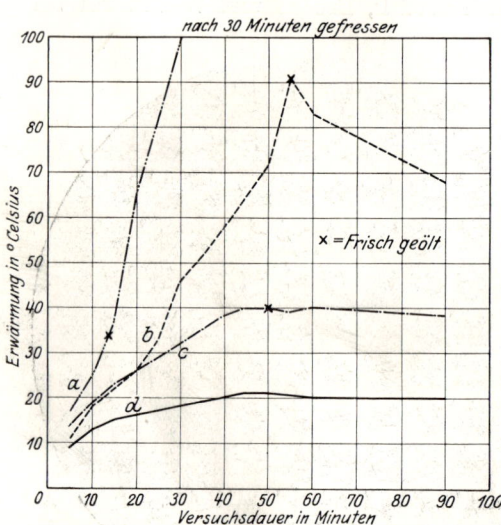

Abb. 62. Die Gleitfähigkeit verschiedener Lagerweißmetalle bei spärlicher Schmierung, $v = 4,6$ m/sek und $p = 25$ kg/cm².

a – Bekanntes Ersatzlagermaterial mit der Brinell-Härte 29,8.
b – Lagerweißmetall mit 60% Zinn (übliche Handelsware).
c – Lagerweißmetall der Preußischen Eisenbahn mit 83,33% Zinn, 11,11% Animon und 5,56% Kupfer.
d – Graphitiertes Lagermetall Marke „N" des Braunschweiger Hüttenwerk.

Infolge der festen Einlagerung übt der Graphit nur eine polierende Wirkung auf den Zapfen aus, ohne eine merkliche Abnutzung hervorzurufen, wie dies z. B. bei Anwendung von gewöhnlichem Schuppengraphit als Zusatz zum Schmiermittel zu erwarten wäre.

Abb. 62 zeigt einen vergleichenden Versuch mit einem Ersatzlagermetall, dem üblichen Weißmetall mit 60% Zinngehalt, dem Lagerweißmetall der Preußischen Staatsbahn und dem „Gittermetall", Marke „N" des Braunschweiger Hüttenwerk. Wie aus der Darstellung ersichtlich und wie von vornherein zu erwarten, ist das „Gittermetall" gegen Ölmangel außerordentlich unempfindlich, da der Koeffizient der halbtrockenen Reibung sehr niedrig liegt. Beachtenswert ist auch die große Saugfähigkeit des Metalles, durch welche ein tiefes Eindringen des Schmieröles in das Metallgefüge erreicht und damit für Zeiten des vollständigen Ölmangels eine wertvolle Reserve geschaffen wird.

Der eigentliche Anwendungsbereich des Gittermetalles ist nach seiner Zusammensetzung von vornherein auf dem Gebiet der halbflüssigen und halbtrockenen Reibung zu suchen, wo gewöhnliche Lagermetalle versagen; namentlich bei Zapfen, die dauernd unter hoher Betriebstemperatur arbeiten müssen, wird dieses Metall am Platze sein und insbesondere dadurch gute Dienste leisten, daß es selbst bei schweren Überbeanspruchungen, wie z. B. in Walzwerkbetrieben, den Zapfen nicht angreift, da Fressen unmöglich ist. Versuche haben gezeigt, daß Lager mit Gittermetall noch bei Temperaturen standhalten, bei denen bereits ein Verdampfen des Schmieröles eintritt. Selbst eine künstliche weitere Erhitzung der Welle bis zum teilweisen Schmelzen und Abtropfen des Lagermetalles hat ein Aufrauhen der Gleitflächen nicht hervorrufen können.

Gewisse Betriebe, bei denen das Anlaufen und Langsamfahren einen wesentlichen Anteil der gesamten Betriebszeit ausmacht, der absolute Verschleiß in den Lagern jedoch unbedingt niedrig gehalten werden muß, lassen die Anwendung eines neuartigen Lagerfutters zweckmäßig erscheinen, das zum Tragen des Zapfens Steine benutzt.

Abb. 63.   Lagerschale mit Stein-Lagerfutter, System B e u s c h.

Die von der Maschinen- und Wellenlager - Gesellschaft m. b. H., Hamburg, verbreiteten Beusch - Steinlager bestehen aus gewöhnlichen, mit minderwertigem Lagermetall ausgegossenen Lagerschalen, in denen Muschelkalksteine besonderer Beschaffenheit und Härte eingebettet sind. Die Schalen werden nach dem Ausgießen und Erkalten mit einem naturharten Schnelldrehstahl ausgedreht, mit dem Drehdiamanten auf genaues Maß nachgedreht und sind damit betriebsfertig (Abb. 63). Durch Einlaufen erfolgt eine Glättung des Zapfens und der vom Bearbeitungsvorgang her um ein Geringes aus der weicheren Metallmasse hervortretenden Steine bis zur Hochglanzpolitur. Auch hier spielt die Saugfähigkeit des Lagerfutters (nämlich der Steine) eine hervorragende Rolle, indem beim Betriebe mit halbflüssiger und halbtrockener Reibung das eingesaugte Schmieröl langsam an den Zapfen abgegeben wird, so daß selbst nach längerem Trockenlaufen immer noch ein Ölhauch auf dem Zapfen verbleibt.

Von Interesse sind die von Herrn Geh.-Rat Prof. L. K l e i n [35] im Laboratorium der Technischen Hochschule Hannover durchgeführten Vergleichsversuche zwischen normalen Weißmetallagern und solchen mit Steinlagerfutter System Beusch. Zunächst bestätigen diese Versuche, die für beide Lagerarten unter genau den gleichen Bedingungen ausgeführt wurden, daß der im Betriebe auftretende Reibungskoeffizient innerhalb des Gebietes der flüssigen Reibung vom Material der Lagerschalen praktisch unabhängig ist. Die nach den K l e i n 'schen Versuchswerten verzeichneten Reibungskurven Abb. 64 lassen dies deutlich erkennen. Die geringen Abweichungen könnten, falls nicht andere Ursachen vorgelegen haben, z. B. von etwas verschiedenem Lagerspiel der beiden Lagerschalen herrühren, möglicherweise auch in Verbindung mit kleinen Unterschieden in der Raumtemperatur bei beiden Versuchen. In welcher Weise dadurch Reibungsunterschiede zustande kommen können, zeigt die $\varkappa$-Kurve Abb. 35.

Ein Vorzug der Beusch-Lager gegenüber gewöhnlichen Weißmetallagern tritt nur im Gebiete der halbflüssigen Reibung zutage. Während bei den genannten Versuchen das Weißmetallager nur 20 Minuten ohne Ölzufuhr in Betrieb gehalten werden konnte, ohne Welle und Lager zu gefährden, hielt das Beusch-Lagerfutter anstandslos 90 Minuten aus; selbst nach weiteren 4 bis 5 Stunden waren Welle und Schalen nur unbedeutend angegriffen.

Das betriebstechnisch Wertvolle liegt beim Beusch-Lager darin, daß selbst beim Warmgehen des Lagers die Welle ihre ursprüngliche Lage bewahrt, da die Steine sie unmittelbar stützen. Diese Eigenschaft, in Verbindung mit dem günstigen Verhalten bei halbflüssiger Reibung im allgemeinen, macht das Beusch-Lagerfutter besonders für Straßenbahnbetriebe geeignet, da Ankerschäden weitgehendst vermieden werden.

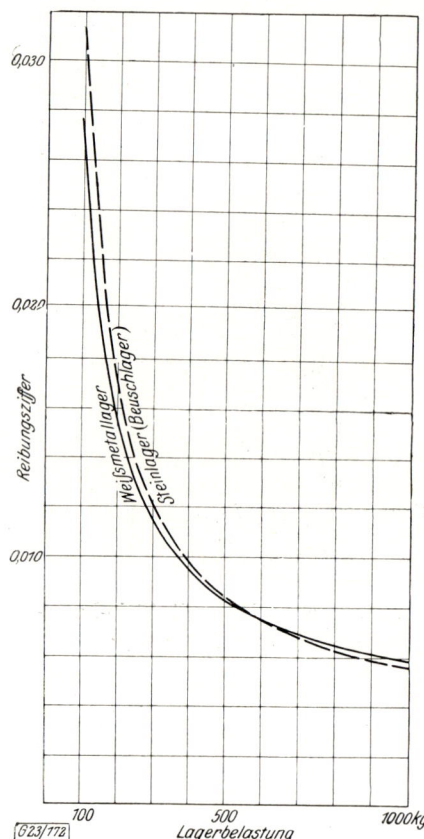

Abb. 64. Reibungsziffer bei Weißmetall- und Stein-Lagerfuttern nach Versuchen von Prof. L. Klein.

Zusammenfassung.

1. Rein schmiertechnisch ist für die Eignung eines Schmiermittels bei reiner Flüssigkeitsreibung in erster Linie die Zähigkeit bei der betreffenden Betriebstemperatur bestimmend; in gewissem Maße auch die Adhäsionsfähigkeit des Schmiermittels an den Gleitflächen.

2. Betriebstechnisch hat ein brauchbares Maschinenschmiermittel neben der geforderten Zähigkeit noch folgende Eigenschaften aufzuweisen, die nur von geeigneten Mineralölen zu erwarten sind: Das Öl muß praktisch frei sein von Säuren, Alkali, Asche, Harzen und Asphalt, Seife, Paraffin und Wasser. Bei höheren Betriebstemperaturen muß die

Verdampfung gering, der Flammpunkt also genügend hoch sein. Reine Mineralöle haben bei verhältnismäßig hohem Flammpunkt ein geringes spez. Gewicht, oxydieren nicht, weisen keine Beimengungen von tierischen oder pflanzlichen Ölen auf und gehen mit Wasser keine Emulsionsbildung ein.

3. Die näheren Eignungsbedingungen für Maschinenöle richten sich ganz nach dem Verwendungszweck und sind dementsprechend von Fachverbänden und wirtschaftlichen Körperschaften durch Grenznormen festgesetzt.

4. Für flüssige Reibung kann die erforderliche Zähigkeit bei bekanntem Lagerspiel durch Rechnung, bei unbekanntem Lagerspiel durch den praktischen Versuch bestimmt werden.

5. Bei halbflüssiger Reibung tritt in erster Linie die Forderung größter Adhäsionsfähigkeit des Schmiermittels in den Vordergrund. Diese schmiertechnisch noch wenig erforschte Eigenschaft macht sich durch mehr oder weniger schwere Verdrängbarkeit des Schmieröles zwischen den Gleitflächen bemerkbar.

6. Der Zustand geringster Reibung wird im Grenzgebiet erreicht und soll in der Praxis nicht angestrebt werden, da verschleißloser Betrieb und positive Betriebssicherheit dabei nicht erzielbar sind.

7. Im praktischen Betriebe kommt es viel weniger auf den absoluten Geringstwert der Lagerreibung, als vielmehr auf verschleißloses Arbeiten und genügende Betriebssicherheit an, und diese Forderungen werden nur bei reiner Flüssigkeitsreibung erfüllt. — Betriebssicherheit muß stets durch vergrößerte Flüssigkeitsreibung erkauft werden, wobei der geringe Kraftverlust praktisch belanglos ist.

8. Nach der Viskosität bei 50° können Mineralöle*) etwa wie folgt eingeteilt werden:

$$
\begin{aligned}
E^° &= 1{,}2 \div 2{,}0 \quad \text{bzw.} \quad z = 0{,}00032 \div 0{,}00104 \quad — \text{Spindelöle,} \\
E^° &= 2{,}0 \div 3{,}5 \quad\quad\quad\; z = 0{,}00104 \div 0{,}00218 \quad — \text{leichte Maschinenöle,} \\
E^° &= 3{,}5 \div 5{,}5 \quad\quad\quad\; z = 0{,}00218 \div 0{,}00358 \quad — \text{mittlere Maschinenöle,} \\
E^° &= 5{,}5 \div 20 \quad\quad\quad\; z = 0{,}00358 \div 0{,}0134 \quad\; — \text{schwere Maschinenöle,} \\
E^° &= 20 \;\,\div 60 \quad\quad\quad\; z = 0{,}0134 \div 0{,}0402 \quad\;\; — \text{Zylinderöle.}
\end{aligned}
$$

9. Bei Dampfmaschinen-Zylinderölen sollten überspannte Vorschriften bezüglich Viskosität und Flammpunkt vermieden werden, da sie den Lieferanten dazu treiben, stark asphalthaltige Öle zu liefern, die betriebstechnisch höchst unerwünschte Sinterungen, Verkrustungen und Verkokungen verursachen.

10. Als Heißdampf-Zylinderöle für Gegendruckmaschinen eignen sich am besten reine Mineralöle, ohne Asphalt- und Aschegehalt, die keine Verkrustungen ergeben und so gut wie gar nicht emulgieren.

---

*) Den Zahlenwerten der absoluten Zähigkeit ist ein mittleres spezifisches Gewicht von 0,9 zugrunde gelegt.

11. Sparsame Zylinderschmierung soll nicht durch Verwendung möglichst billiger Zylinderöle, sondern durch zweckmäßige Zufuhr hochwertigster Schmiermittel und dadurch bedingte quantitative Ersparnisse erzielt werden.

12. Für Kolben, manche Lager und sonstige Gleitstellen, die im Gebiete der halbflüssigen Reibung arbeiten, ist Zusatz von Kolloidalgraphit zum Schmieröl in Form von Oildag oder Kollag zweckmäßig. — Roher Flockengraphit ist wegen schleifender Bestandteile (Quarz, Glimmer, Mika) als Zusatz zu Schmiermitteln ungeeignet.

13. Kolloidalgraphit darf nur mit vollständig säurefreien Mineralölen (im Verhältnis von etwa $0,5 \div 2\%$) gemischt werden, da der Graphit sich sonst zu größeren Aggregaten zusammenballt und im Öl absetzt.

14. Die Art des Lagermetalles ist im Betriebe bei flüssiger Reibung auf die Größe der Reibungszahl praktisch ohne Einfluß.

15. Die Zulässigkeit eines Lagermetalles für einen bestimmten Zweck ist abhängig von dem Verhalten des betreffenden Metalles bei halbtrockener Reibung (während des Anfahrens) unter dem Einfluß des in Frage kommenden Flächendruckes.

16. Für kleine Flächendrücke eignet sich Gußeisen in sauberster Verarbeitung, für höhere und höchste Drücke Bronze und namentlich Weißmetall und ähnliche Lagermetalle. — Zinkzusatz ist nicht zu empfehlen.

17. Für schwerbelastete, unter sehr hohen Temperaturen arbeitende Lager, in denen nur halbflüssige Reibung zu erzielen ist, haben sich Lagerfutter aus graphitiertem Weißmetall, sogenanntem „Gittermetall", bewährt; für Lager, die sehr häufig anfahren und keinen merklichen Verschleiß gestatten, die Steinlagerfutter, System Beusch. Beide besitzen, ähnlich den mit Kolloidalgraphitzusatz geschmierten Lagern, die betriebstechnisch wertvolle Eigenschaft, längere Zeit auch ganz ohne Schmiermittelzufuhr auszuhalten.

VI. Praktische Ausführungen und Richtlinien.

23. Bewährte Lagerkonstruktionen.

Die im vorstehenden entwickelten Grundsätze der wissenschaftlichen Schmiertechnik finden in der Praxis bereits weitgehende Anwendung und bestätigen durch vorzügliche Betriebsergebnisse die Richtigkeit der heutigen Theorie. Von den zahlreichen bewährten Lagerkonstruktionen im Sinne vorliegender Schrift seien nachstehend nur einige wenige als Beispiele gebracht:

Das Transmissionsstehlager des Eisenwerk Wülfel, Hannover-Wülfel, zeigt die grundlegende Bauart von Ringschmierlagern mit festem Schmierring. Abb. 65 gibt den Längsschnitt durch ein normales Stehlager mit gußeiserner Lagerschale wieder, wobei der praktisch fest auf der Welle sitzende Schmierring mit eingezeichnet, und zwar in Ansicht dargestellt ist.

Diese Lagerkonstruktion entspricht schmiertechnisch allen Anforderungen, die an ein zweckmäßig ausgeführtes Traglager gestellt werden müssen: der mit der Welle umlaufende Ölring, der bei dem „führenden" Lager als fester Stellring ausgebildet wird, taucht mit seinem unteren Teil in das Ölbad und fördert das Schmiermittel durch Adhäsion nach oben, wo es an einer entsprechend ausgesparten Längsrippe abgestreift wird und sich zu beiden Seiten auf die obere Lagerschale ergießt. Von hier gelangt es durch eine größere Anzahl von Löchern in der oberen (unbelasteten) Schale auf den Zapfen, um von diesem der unteren (tragenden) Schale zugeführt zu werden. Hierdurch ist, selbst bei kleinen Drehzahlen, unter allen Umständen Vollschmierung gewährleistet, da der Ölring, auch unter ungünstigen Verhältnissen, ein Vielfaches der zur Aufrechterhaltung der größten erreichbaren Schmierschichtstärke erforderlichen Ölmenge fördert. Als besonderer Vorteil des festen Ölringes ist die absolute Sicherheit der Schmiermittelförderung zu bezeichnen, da ein Versagen auch bei größter Ölzähigkeit nicht möglich ist.

Beweglichkeit der Lagerschale in Kugelpfannen, oben und unten, gestattet jeweils selbsttätige Einstellung der Lagerschale parallel zur Zapfenachse, so daß der Zapfendruck auch praktisch gleichmäßig auf die ganze Lagerlänge verteilt wird. — Die verhältnismäßig große Länge der Lagerschalen ist einerseits in der Längsteilung der Lauffläche durch den Ölring, andererseits in den angewandten geringen Flächendrücken begründet; die auf Grund neuerer Erfahrungen berechtigte höhere Belastung gut gearbeiteter gußeiserner Lagerschalen wird sinngemäß eine entsprechende Verkürzung der Lagerlänge nach sich ziehen.

Wie Abb. 65 zeigt, sind Unter- und Oberschale ohne sogenannte Schmiernuten ausgeführt, wodurch die Erhaltung der höchsten, durch Lagerspiel, Flächendruck, Ölzähigkeit und Gleitgeschwindigkeit gegebenen Tragfähigkeit erzielt wird. Diese ist jedoch ohne Einlaufen gewährleistet, da die Lagerschalen nur sauber mit der Reibahle durch-

gerieben werden und damit für die Inbetriebnahme fertig sind. —
Halbflüssige Reibung ist bei ordnungsmäßigem Betriebe ausgeschlossen.

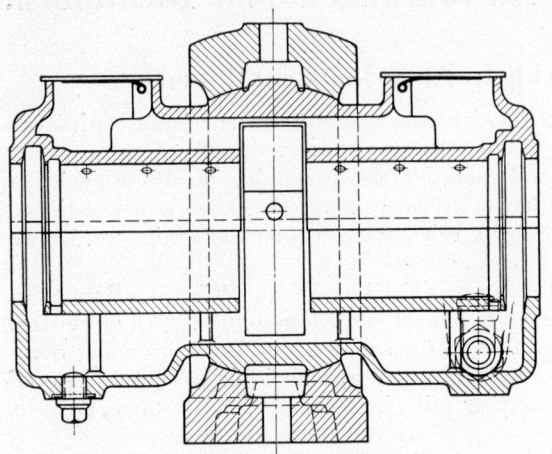

Daß der prak-
tische Betrieb sich
in der Tat völlig im
Gebiete der flüssigen
Reibung bewegt, zei-
gen ausgebaute Wül-
fel-Lager noch nach
langjährigem Betrie-
be. Dieser Erfolg ist
mit zum größten Teil
durch die hervor-
ragend saubere und
genaue Bearbeitung
bedingt.

Die konstruktive
Ausgestaltung des
Lagergehäuses, der
Öleinfüllöffnungen
und Schaudeckel, die

Abb. 65. Transmissions-Stehlager des Eisenwerk Wülfel,
Hannover-Wülfel. (Längsschnitt.)

Anordnung des Ölstandrohres und der Ablaßschraube gehen aus der
Schnittzeichnung (Abb. 65) hervor. Abb. 66 zeigt oben links das Bild

Abb. 66. Wülfel-Stehlager und Einzelteile desselben.

eines fertig zusammengesetzten Wülfel-Stehlagers in Außenansicht, daneben und darunter die einzelnen Teile desselben in auseinandergenommenem Zustande.

Ein Beispiel eines neuzeitlichen Dampfturbinen-Traglagers veranschaulicht die in Abb. 67 wiedergegebene Konstruktion der Allgemeinen Elektrizitäts-Gesellschaft, Berlin (AEG, Turbinenfabrik). Auch hier sind in erster Linie die drei Hauptforderungen erfüllt: bewegliche,
und zwar kugelig
beweglich Lager-
schale, angemesse-
nes Lagerspiel, also
nicht eintuschierte
Welle, und Ver-
zicht auf jedwede
Schmiernuten, so-
wohl in der tragen-
den wie auch in
der nicht tragen-
den Lagerschale. —
Die betriebssichere
und überreichliche
Schmierung ist
durch Preßölzufuhr
gegeben.

Das Preßöl tritt
zu beiden Seiten der
Welle (im Lager-
stoß) durch die un-
tere Lagerschale
ein, erfüllt die Ver-
teilungstaschen und
das gesamte Lager-
spiel und sucht

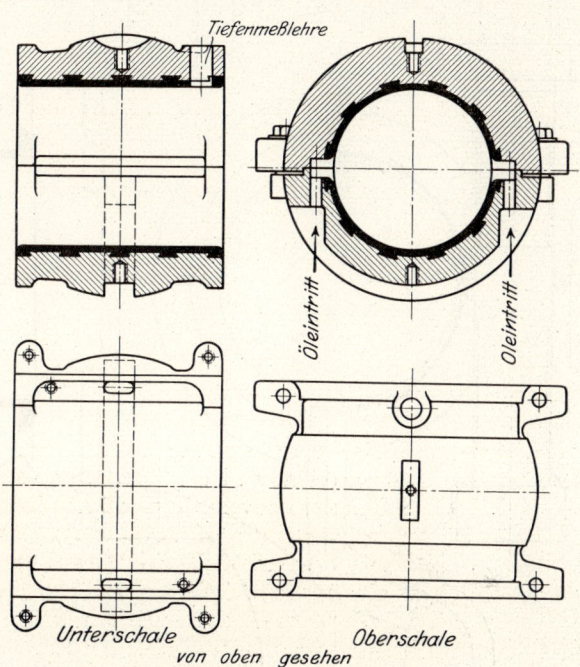

Abb. 67. Dampfturbinen-Traglager der Allgemeinen
Elektricitäts-Gesellschaft, Berlin (AEG, Turbinenfabrik).

durch den nicht belasteten Teil des Lagerspieles in achsialer Richtung
an beiden Lagerenden zu entweichen. Diese einfache Ölabführung hat
sich bei den durch die hohen Drehzahlen der Dampfturbinenwellen
bedingten großen Lagerspielen als völlig ausreichend erwiesen, so daß
die AEG von dem bisher üblichen Durchspülen der oberen Lagerschale, von der einen Lagerseite zur anderen, abgegangen ist.

Die mit Weißmetall gefütterte, durch 4 kräftige Schrauben zusam-
mengehaltene Lagerschale ist aus baulichen Gründen verhältnismäßig
kurz bemessen, wodurch das schnelle achsiale Abströmen aus den nicht
belasteten Teilen des Lagerspieles noch begünstigt wird. — Auch hier
spielt das Material der Lagerlauffläche nur beim Anfahren und Stillsetzen eine Rolle, da im Betriebe halbflüssige Reibung und Verschleiß
nicht auftreten.

Auch starre Lager, wie sie z. B. bei Kolbenmaschinen üblich sind, werden bereits im Sinne der neueren Erkenntnis durchgebildet. Abb. 68 bis 72 zeigen Dampfmaschinen-Triebwerkslager für Preßschmierung, wie sie von der Hannoverschen Maschinenbau-Actien-Gesellschaft vormals Georg Egestorff (Hanomag), Hannover-Lin-

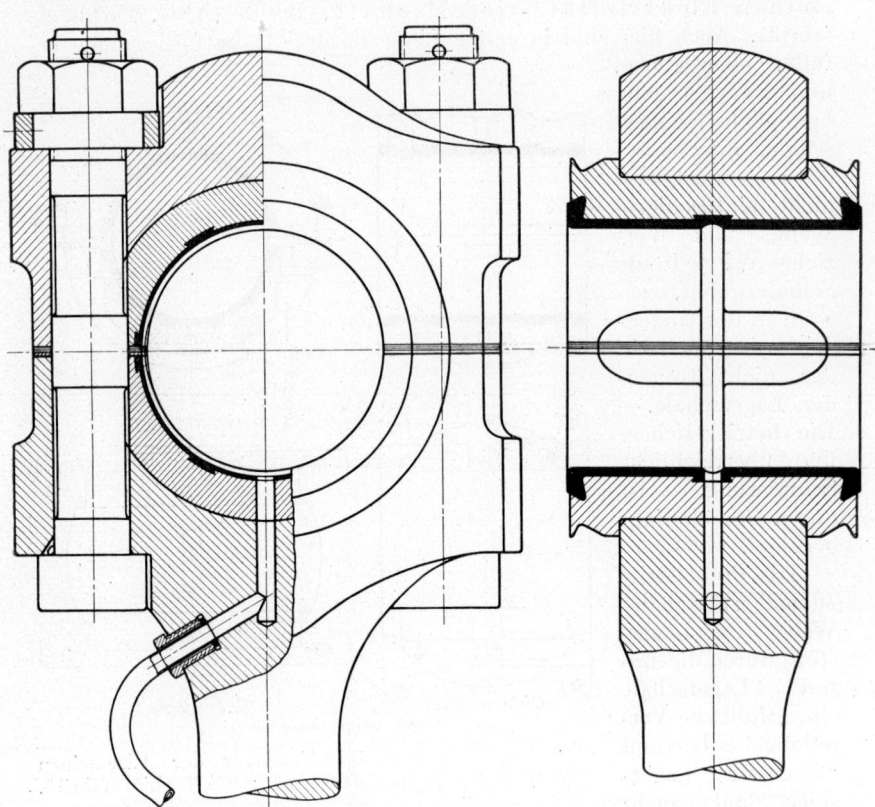

Abb. 68. Hanomag-Stirnkurbelzapfenlager für Preß-Schmierung. (Lager-Querschnitt.)   Abb. 69. Hanomag-Stirnkurbelzapfenlager für Preß-Schmierung.   (Lager-Längsschnitt.)

den, zur Ausführung gebracht werden. Die besonderen Maßnahmen beschränken sich hier auf die Anwendung wirklicher Lagerspiele (als Durchmesserdifferenz), möglichst kurzer Lagerlängen mit Rücksicht auf die im Betriebe auftretenden elastischen Wellen- und Zapfen-deformationen und zweckmäßige Ölzuführung. Letztere kennzeichnet sich bei umlaufenden Zapfen hauptsächlich durch das Fortlassen der früher üblichen Schmiernuten, bei schwingenden Zapfen durch die Zuführung des Schmiermittels in der Mitte der Lagerschale und rasche Verteilung desselben durch eine schmale Längsnut.

Das Kurbelzapfenlager, Abb. 68 und 69, erhält das Schmiermittel durch Bohrungen des Kurbelzapfens, der Stirnkurbel und des Kurbelwellenzapfens aus dem Hauptlager, dem es durch die untere Schale zugeführt wird. Aus der im Kurbellager umlaufenden Ringnut gelangt das Preßöl durch ein an der Schubstange befestigtes Rohr nach dem Kreuzkopfzapfenlager (Abb. 70 und 71) und von da durch Bohrungen des Kreuzkopfzapfens zum unteren und oberen Gleitschuh. Die Öl-

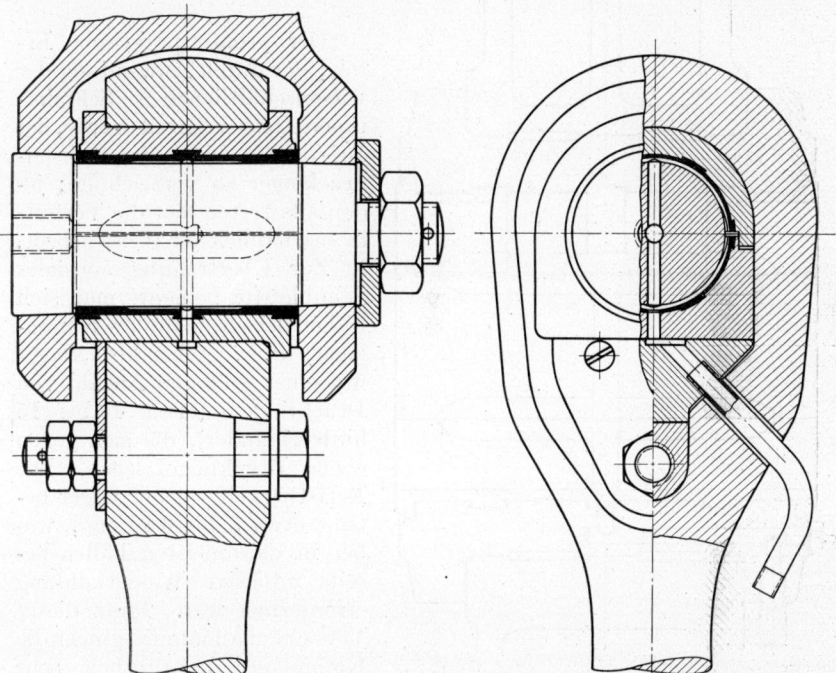

Abb. 70. Hanomag-Kreuzkopfzapfenlager für Preß-Schmierung. (Lager-Längsschnitt.)

Abb. 71. Hanomag-Kreuzkopfzapfenlager für Preß-Schmierung. (Lager-Querschnitt.)

zufuhr zum oberen Gleitschuh wird bei vorwärtslaufenden Maschinen fast ganz abgedrosselt, da zur Dämpfung des im Augenblick des Druckwechsels umspringenden Gleitbahndruckes nur kleine Ölmengen erforderlich sind. — Die breiten Öltaschen an den Lagerteilstellen dienen teils zur achsialen Verteilung des Schmiermittels in der betreffenden Lagerschale, teils zur Verhütung des sogenannten „Zwickens" oder Klemmens der Lagerschale infolge von Schalendeformationen bei etwaigem Warmlaufen.

Am ungünstigsten liegen die Verhältnisse beim vierteiligen Hauptlager, dessen Konstruktion es mit sich bringt, daß die tragende Lagerfläche in drei einzelne Teile zerlegt wird. Die Oberschale nimmt an der Kräfteübertragung in der Regel nicht teil und kann daher, wie in

Abb. 72, in ihrem mittleren Teil ohne Weißmetall ausgeführt werden. —
Die Anwendung von Druckschmierung, in Verbindung mit der dargestellten Ölführung, zeitigt jedenfalls die besten Betriebsergebnisse,
die unter den gegebenen Verhältnissen überhaupt erreichbar sind. Insbesondere gewährleistet eine derart ausgebildete Getriebedruckschmie-
rung völlig stoßfreien Gang und
erhöhte Betriebssicherheit durch
vergrößerte Wärmeabfuhr.

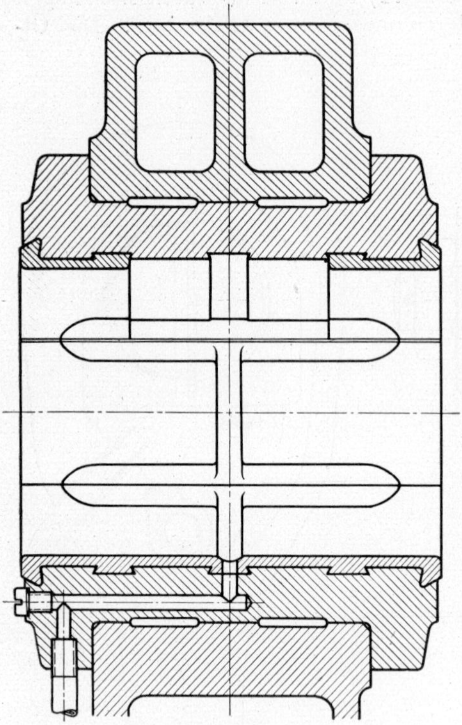

Der größte praktische Er-
folg, der durch Anwendung der
wissenschaftlichen Schmier-
theorie bisher erzielt wurde, ist
auf dem Gebiete der Achsialdrucklager zu verzeichnen; jedenfalls treten hier die Vorteile
in anschaulichster Weise hervor.

Zur Übertragung achsialer
Schubkräfte bediente man sich
bisher der sogenannten Kammlager, d. h. Achsialdrucklager
mit einer größeren Anzahl von
Druckringen (etwa 4 bis 15
hintereinander), die sich gegen
ebene Druckbügel legen. Die
Belastbarkeit solcher Lager betrug etwa 3 bis 6 kg/cm², wobei in den meisten Fällen bereits intensive Wasserkühlung
erforderlich war. Trotz dieser
Vorsichtsmaßnahmen gingen die
Kammlager bekanntlich sehr
leicht heiß und verschlissen erheblich.

Abb. 72. Hanomag-Stirnkurbelwellenlager
für Preß-Schmierung.

Die nach den Grundsätzen der hydrodynamischen Theorie konstruier-
ten neuzeitlichen Drucklager werden demgegenüber durchweg mit nur
einem Druckring, als sogenannte Einscheibendrucklager, ausgeführt, wobei die Wasserkühlung meistens ganz entbehrlich ist und
Verschleiß überhaupt nicht auftritt. Dieser Fortschritt ist lediglich dadurch ermöglicht, daß im Betriebe reine Flüssigkeitsreibung erzielt wird,
während das gewöhnliche Kammlager kaum halbflüssige Reibung ergab.

Das Konstruktionsprinzip dieser neuzeitlichen Drucklager sei an
dem Einringdrucklager der Allgemeinen Elektrizitäts-Gesellschaft erläutert:

Nach dem Vorschlage von Michell[44, 6, 15, 31]) wird eine der Druck-
flächen in einzelne Drucksegmente oder Druckklötze aufgelöst, wobei
die Druckklötze so gelagert sind, daß sie in Richtung der Gleitbewegung
eine ganz geringe Kippbewegung ausführen können. Hierdurch läßt sich,

wie in Abb. 73 schematisch dargestellt, zwischen Druckring und Druck-
klotz eine keilförmige Schmierschicht erzielen, die zur Aufnahme sehr
hoher Drücke geeignet ist.

Von den bisher betrachteten Gleitschuhen mit keilförmigen Tragflächen weicht diese Ausführung lediglich dadurch ab, daß die Keilfläche hier nicht mit gegebener Keilsteigung in die eine der Gleitflächen
eingearbeitet ist, sondern sich erst unter der Zusammenwirkung des
Druckes, der Gleitgeschwindigkeit und der Ölzähigkeit, bei zweckmäßig
gewähltem Stützpunkt, durch Kippen während des Gleitvorganges einstellt. Die auf diese Weise zustande kommende Keilsteigung ist somit
eine Funktion obiger Bestimmungsgrößen. Nimmt z. B. die Gleit-

geschwindigkeit ab, so verringert sich die Keilsteigung, und
zwar kann sie bei ganz kleinen
Geschwindigkeiten so verschwindend klein werden, wie sie durch
werkstattechnisches Einarbeiten
niemals zu erzielen wäre.

Aus der Berechnung ebener
Gleitflächen wissen wir nun, daß
die Tragfähigkeit um so größer
wird, je mehr die Keilsteigung
abnimmt. Hieraus und aus der
Tatsache, daß die Keilsteigung
sich bei Abnahme der Gleitgeschwindigkeit selbsttätig verringert, ergibt sich, daß das

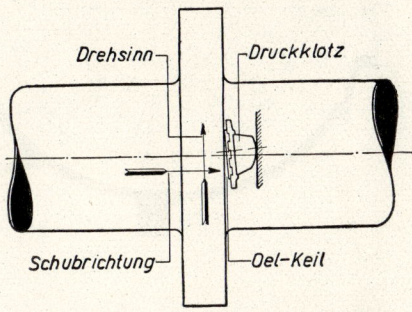

Abb. 73. Schematische Darstellung der
Wirkungsweise eines Einring-Drucklagers
mit einzelnen Druckklötzen. (Prinzip der
Keilkraftschmierung nach Michell.)

Michell-Segmentdrucklager in hohem Maße die Eigenschaft der Selbstregulierung besitzt, wodurch auch bei sehr geringen Gleitgeschwindigkeiten noch verhältnismäßig große Tragfähigkeiten erzielbar sind.

Diese Eigenschaft erschließt dem Einscheibendrucklager ein praktisch fast unbegrenztes Verwendungsgebiet; denn es ist bei kleinsten
und größten Gleitgeschwindigkeiten, bei großen und größten Flächenpressungen gleich gut verwendbar. Die normale Belastung wird mit
etwa 25 bis 35 kg/cm² gewählt, doch kann die Flächenpressung auch
ohne Gefahr verdoppelt werden. Versuchsweise hat man derartige Lager
mit Flächenpressungen von 500 kg/cm² und mehr laufen lassen, ohne
damit die Grenze der Tragfähigkeit zu erreichen oder auch nur die geringste Beschädigung der Gleitflächen zu bewirken. Drucklager dieser
Art vermögen daher mit einem einzigen Druckring Gesamtbelastungen
von über 200 000 kg aufzunehmen — Leistungen, die bei normalen
Kammlagern gar nicht denkbar, geschweige denn praktisch ausführbar
wären.

Abb. 74 zeigt ein AEG - Schiffshauptdrucklager für Druckschmierung, Abb. 75 ein ähnliches Drucklager für Umlaufschmierung —
beide für Vor- und Rückwärtslauf. Das erstgenannte Lager dient
zur Aufnahme des Schraubenschubes einer 2800 pferdigen Schiffsöl-
maschine.

Von besonderem Interesse ist das letztgenannte Lager mit Umlaufschmierung. Der mit der Welle in einem Stück gearbeitete
Druckring wirkt hier
ähnlich wie der feste
Ölring eines Wülfel-
Lagers: er hebt das
Öl aus dem unteren
Teil des Lagergehäu-
ses und streift es
oben an einem beson-
deren Ölabstreifer ab.
Wie die Pfeile in
Abb. 75 andeuten,
fließt das Öl aus den
Abstreiferrinnen ei-
nem abgeschlossenen
Raum unter den
Traglagern zu, von wo
es, am Wellenhals ent-
lang, zum innersten
Rande des Druck-
ringes gelangt. Hier
wird das Schmier-
mittel an den Druck-
ringstirnflächen ent-
lang durch die Flieh-
kraft radial nach
außen geschleudert,
wobei es auf seinem
Wege zum Teil von
den Druckklötzen er-
faßt und zwischen
die Gleitflächen ge-
rissen wird. Die
Schmierung ist also
eine absolut sichere
und überreich-
liche.

Nur in besonde-
ren Fällen wird der
Ölvorrat des Lagers
durch Wasser ge-
kühlt, und zwar mit
Hilfe einer im unte-

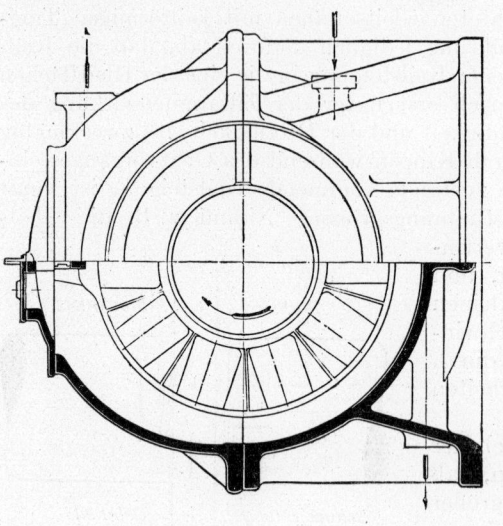

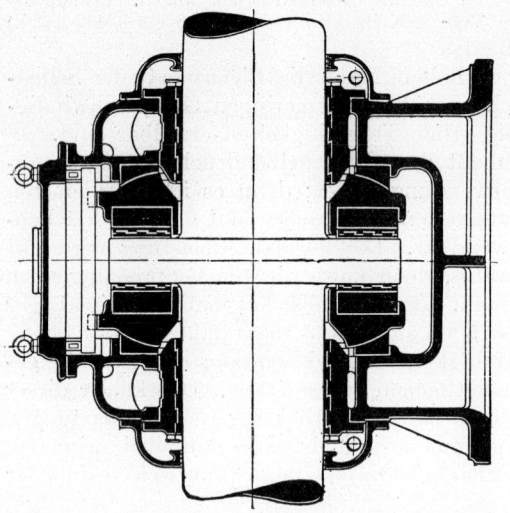

Abb. 74. AEG-Schiffs-Hauptdrucklager für Preß-Schmierung.

ren Teil des Lagergehäuses angeordneten und in der Gehäusewand
sorgfältig abgedichteten Rohrschlange. Kühlwassereintritt und -aus-
tritt sind in Abb. 75 rechts durch Pfeile angedeutet. — Besonders
der Vergleich dieser einfachen Einrichtung mit der verwickelten

Anlage eines wassergekühlten Kammlagers läßt den gewaltigen Fortschritt des neuen Lagersystems erkennen.

Die Baulänge eines AEG-Einringdrucklagers beträgt etwa $^1/_2$ bis $^1/_3$ der Baulänge eines Kammlagers; durch nachträglichen Ersatz eines Kammlagers durch ein Einringlager kann daher bei größeren Anlagen beträchtlich an Platz gewonnen werden. Mitunter ist auch ein Umbau zweckmäßig, wobei dann einer der vorhandenen Druckringe mit Druckklötzen ausgerüstet wird. Neben der Platzersparnis wird aber vor allem eine dauernde Ersparnis an Kraftverbrauch erzielt, die, je nach den Verhältnissen, etwa 1000 bis 2000% (!) betragen kann. — Abb. 76 zeigt AEG-Einring - Drucklager für 10000 bis 50000 kg Belastung in zusammengesetztem und auseinandergenommenem Zustande. — Eine andere konstruktive Lösung zeigen die Segment-Drucklager der Firma Brown, Boveri & Cie., A.-G., Mannheim. Bei diesen Lagern sind die Drucksegmente an beiden Enden des Lagerkörpers angeordnet. Abb. 77 veranschaulicht links einen Längsschnitt durch ein BBC-Drucklager, rechts eine Ansicht auf die Drucksegmente und in der Mitte eine Teilansicht der be-

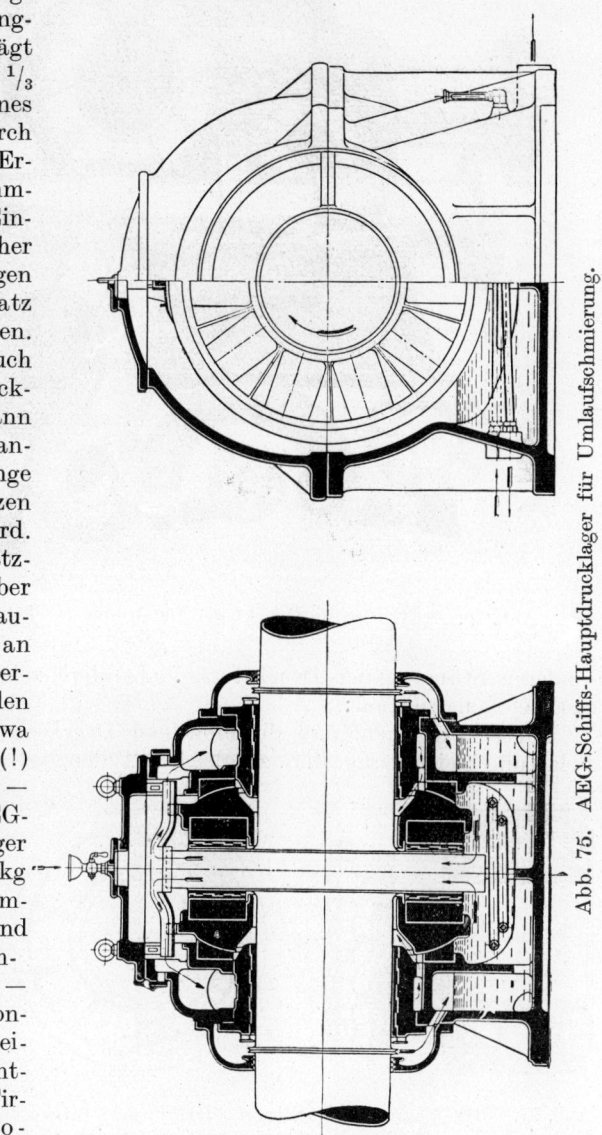

Abb. 75. AEG-Schiffs-Hauptdrucklager für Umlaufschmierung.

Abb. 76. AEG-Einring-Drucklager für 10 bis 50 Tonnen Belastung.

sonderen Stützung der Druckstücke. Letztere zeigt eine sehr interessante Konstruktion:

Um zu erreichen, daß die einzelnen Drucksegmente die gesamte
Belastung gleichmäßig, d. h. zu gleichen Teilen, aufnehmen, werden die
Druckstücke auf
eine Doppelkugel-
reihe gesetzt, die
ein   Sperrsystem
bildet. Die Wir-
kung eines solchen
Sperrsystems be-
steht darin, daß
jedes Druckstück
von den übrigen
bezüglich   seiner
Lage abhängig ist.
Setzt man z. B.
auf   ein   solches
System den Wel-

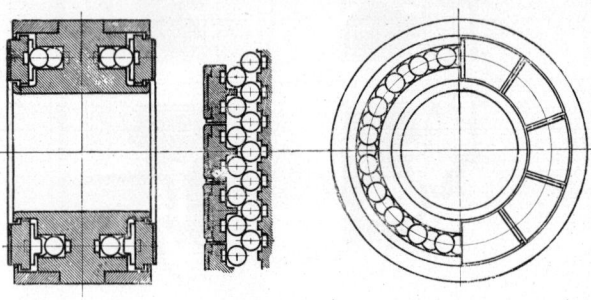

Abb. 77. BBC-Segment-Drucklager der Firma Brown,
Boveri & Cie., A.-G., Mannheim. (Längsschnitt und
Segmentstützung.)

lendruckring etwas schief auf, so würde das zunächst berührte Segment
der Wirkung des Druckes nachgeben, jedoch unter gleichzeitiger Verdrängung der anderen Kugeln derart, daß die übrigen Segmente ent-

sprechend gehoben werden. Der Endzustand wäre ein vollständiges Anliegen sämtlicher Druckkörper unter gleicher Pressung; ein Nichttragen eines einzelnen Druckklotzes wird hierdurch sowohl theoretisch wie praktisch unmöglich.

Die Anwendung dieses Ausgleichprinzipes hat den Zweck, selbst die geringsten Ungenauigkeiten der Montage und Herstellung auszugleichen und damit Überlastungen einzelner Drucksegmente und deren etwaige Zerstörung mit Sicherheit zu verhüten. An den Berührungsstellen der Stahlkugeln mit dem Lagerkörper und den Drucksegmenten sind gehärtete Stahlscheiben eingesetzt.

Die Wirkungsweise dieser Drucklager ist die gleiche wie bei anderen Ausführungen dieses Systems: durch die kräftigen Abrundungen der Tragsegmentkanten wird beim Anfahren das Kippen der Gleitstücke eingeleitet, bis sich bei voller Drehzahl der endgültige Gleichgewichtszustand einstellt; beim Nachlassen der Drehzahl verringert sich auch der Neigungswinkel zur Druckringfläche.

Abb. 78 zeigt ein BBC-Drucklager für 5000 kg Belastung bei einer minutlichen Drehzahl von 3000. Ein Teil der Drucksegmente ist entfernt, so daß die Stahlkugeln des Sperrsystems sichtbar sind. — Um Irrtümern bei etwaiger oberflächlicher Betrachtung vorzubeugen, sei an dieser Stelle ausdrücklich bemerkt, daß die Stahlkugeln lediglich zur Stützung der Drucksegmente dienen, also nicht etwa als Kugellager an der Drehbewegung teilnehmen.

Ein kombiniertes BBC-Trag- und -Drucklager stellt Abb. 79 dar. An jedem Ende des Traglagers ist ein Gürtel aus Drucksegmenten vorgesehen, so daß die mit zwei Druckringen versehene Welle Achsialschübe in beiden Längsrichtungen aufzunehmen vermag. — Ein ähnliches Lager ohne Kugelausgleichsystem, für kleinere Kräfte, zeigt Abb. 80. Hier ruhen die Drucksegmente, die am äußeren Rande durch ein elastisches Stahlband verbunden sind, unmittelbar auf gehärteten Stahleinsätzen. Das Stahlband besitzt in Richtung seiner Ebene große Steifigkeit, während es senkrecht dazu elastisch ist und der Schiefstellung der Drucksegmente nachgibt.

Abb. 81 veranschaulicht rechts ein Kammlager alter Bauart für 3000 kg Belastung, links ein BBC-Segmentdrucklager für 25 000 kg; beide für eine Drehzahl von 3000 in der Minute. — Zu bemerken ist zu diesem bildlichen Vergleich, daß die Überlegenheit des Segmentdrucklagers in bezug auf Platzbedarf bei Schiffsdrucklagern noch deutlicher hervortritt als in obigem Beispiel: ein Schiffsdrucklager alten Systems mit den üblichen wassergekühlten Druckbügeln beansprucht z. B. 10 mal mehr Platz als ein Drucklager oben beschriebener Konstruktion bei gleicher Schubkraft und Drehzahl. —

Eines der wichtigsten Anwendungsgebiete des Achsialdrucklagers ist der Großwasserturbinenbau. Spurlager bei Wasserturbinen mit senkrechter Welle bildeten bisher immer einen heiklen Punkt, obschon durch Anwendung von Drucköl eigentlich eine im Prinzip einwandfreie Lösung des Spurlagerproblems gefunden war. Hierbei hing jedoch die Betriebssicherheit und Gebrauchsfähigkeit der ganzen Anlage vollständig von der Zuverlässigkeit der Drucköllpumpen ab, deren Unterhaltung überdies nicht unerhebliche Kosten verursachte.

Nach den heute vorliegenden Erfahrungen mit Segmentdrucklagern bei senkrechten Wasserturbinen kann diese Schwierigkeit als endgültig

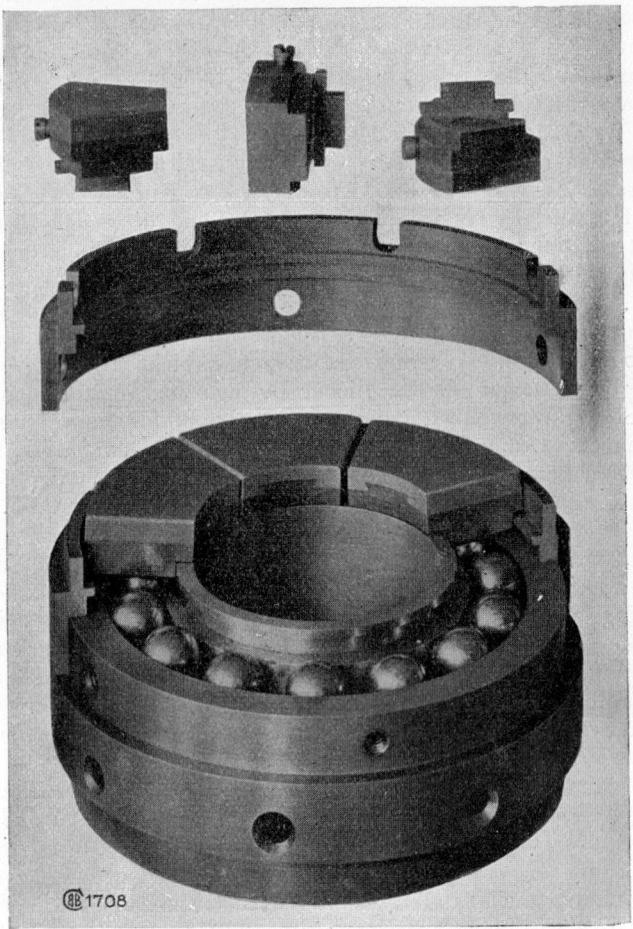

Abb. 78.   BBC-Drucklager.   (Ansicht auf die Drucksegmente und das Stütz-Kugelsperrsystem.)

überwunden bezeichnet werden. Die Anwendung von Drucköllpumpen wird ganz erübrigt, da das Segmentdrucklager den zum Tragen der Wellenbelastung erforderlichen Schmierschichtdruck durch entsprechende Einstellung der Tragstücke selbst erzeugt. Zum Schmieren genügt im allgemeinen ein Ölbad, und nur bei sehr hohen Gleitgeschwindigkeiten und Belastungen sieht man Umlaufschmierung und Ölkühlung vor.

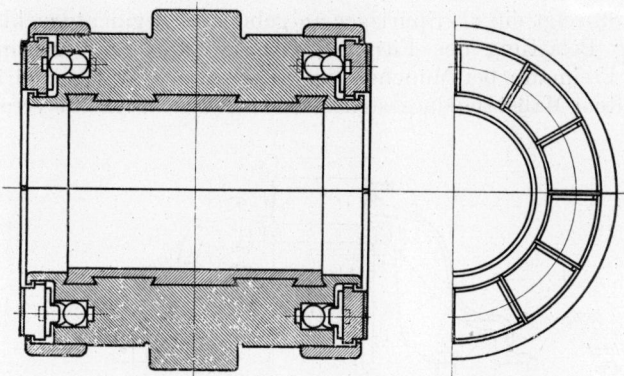

Abb. 79. BBC-Drucklager, kombiniert mit Traglager.

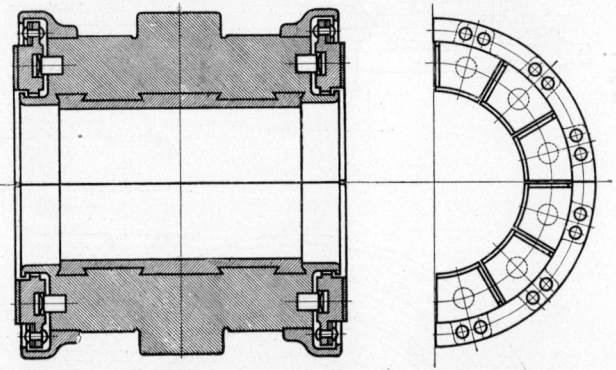

Abb. 80. Kombiniertes BBC-Trag- und Drucklager
für kleinere Kräfte.

Abb. 81. BBC-Drucklager für 25 Tonnen (links) und Kammlager für 3 Tonnen Belastung (rechts) bei $n = 3000$.

Abb. 82 zeigt ein als Spurlager ausgebildetes Segmentdrucklager für 90 000 kg Belastung der Firma **Fritz Neumeyer Aktiengesellschaft, Freimann bei München,** im Längsschnitt und Grundriß. Das in doppeltem Maßstabe dargestellte einzelne Drucksegment veranschau-

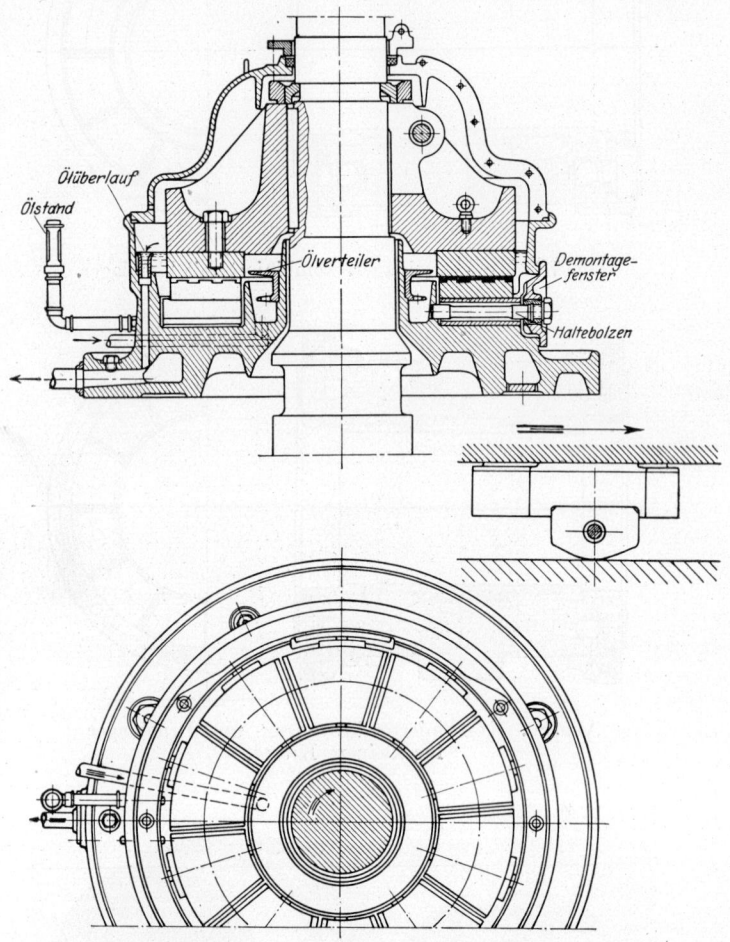

Abb. 82. Segment-Drucklager für 90 Tonnen Belastung der Firma Fritz Neumeyer, A.-G., Freimann bei München. (Längsschnitt, Grundriß u. Einzel-Drucksegment.)

licht die Zusammensetzung des Druckelementes aus zwei Teilen: dem Stahlkipper, der unten im gußeisernen Spurtopf aufruht und durch einen Bolzen mit Spiel gesichert ist, und der gußeisernen eigentlichen Segmentdruckplatte, deren Tragfläche mit einem starken Weißmetallbelag versehen ist. Des weiteren zeigt die Sonderdarstellung, unter Beachtung der Bewegungsrichtung, daß der Stützpunkt des Drucksegmentes hinter die Mitte verlegt ist. Diese Anordnung, die nur bei gleichbleibender Drehrichtung anwendbar ist, wie z. B. im vorliegenden Falle einer Wasserturbine, bezweckt ein leichteres Kippen und gute Selbstregulierung bei wechselnder Gleitgeschwindigkeit. — Gleichmäßiges Tragen der Druckklötze wird hier durch genaueste Werkstattarbeit erreicht.

Die Schmierung des Spurlagers Abb. 82 ist als Umlaufschmierung mit Ölkühlung ausgebildet, da größere Wärmemengen abzuführen sind. Das Öl wird durch eine Pumpe den Drucksegmenten von innen zugeführt und läuft an deren äußerem Rande durch Überlaufrohre wieder ab; ein Ölstandglas läßt die Höhe des Ölstandes im Lagergehäuse jederzeit von außen erkennen.

Abb. 83 gibt ein Bild des fertigen Spurlagers wieder; die vordere Hälfte der oberen Haube ist abgehoben, so daß man die geschlitzte Tragnabe mit dem Querbolzen deutlich erkennt. Im Vordergrunde ist ein sogenanntes Montagefenster sichtbar, durch welches ein Ausbauen und Einbauen von

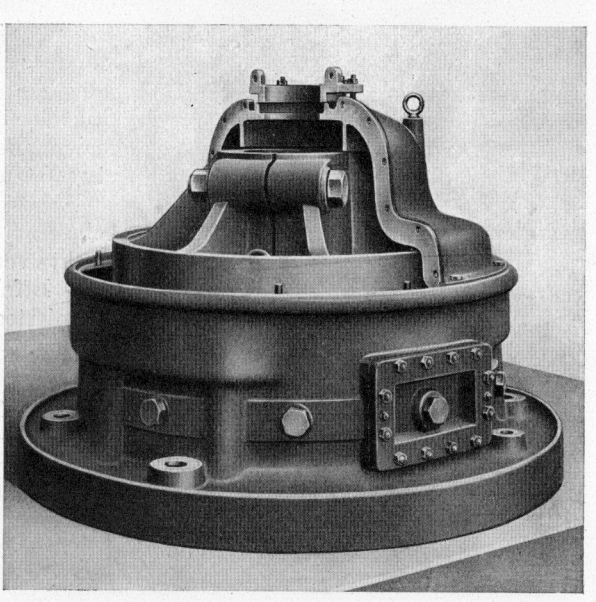

Abb. 83. Außenansicht des Spurlagers Abb. 82.

Drucksegmenten möglich ist, ohne die Tragnabe von der Welle zu ziehen. Diese Einrichtung ist besonders in jenen Fällen von Bedeutung, wo das Spurlager nicht am freien Ende der Welle sitzt und daher ein Abnehmen der Tragnabe nicht ohne weiteres möglich ist.

Das Ausbauen eines Tragsegmentes durch das Montagefenster veranschaulicht Abb. 84. — Der Deckel des Fensters ist abgenommen, der Haltebolzen entfernt und das Tragsegment etwa zur Hälfte herausgezogen. Um die Tragflächen der Segmente im Bilde sichtbar zu machen, ist die Haube vollständig abgenommen und die Tragnabe herausgehoben.

Nach Versuchen der Neumeyer A. G. eignen sich Spurlager dieser Bauart nicht nur für höchste, sondern auch für geringste Geschwindigkeiten: Umfangsgeschwindigkeiten bis hinab zu 0,1 m/sek ergaben selbst bei hohem Flächendruck noch hinlängliche Betriebssicherheit.

Von ganz besonderem Interesse ist die Frage der absoluten Tragfähigkeit von Segmentdrucklagern im allgemeinen. Praktische Versuche nach dieser Richtung haben das Ergebnis geliefert, daß die Belastungsgrenze unter normalen Verhältnissen gar nicht erreicht werden kann; denn bei einem Flächendruck von 750 kg/cm² war bereits die Fließgrenze des Weißmetalles erreicht, ohne daß der Betrieb des Lagers irgendwelche Anstände zeigte. — Die Reibungszahl eines Segmentdrucklagers beträgt unter normalen Betriebsverhältnissen etwa 0,002 bis 0,005.

Abb. 84. Neumeyer-Segment-Spurlager beim Ausbau eines Drucksegmentes durch das Montagefenster.

Angesichts dieser Ergebnisse darf wohl mit Recht von einem glänzenden Erfolg der modernen Schmiertechnik gesprochen werden.

24. Traglager-Berechnungsbeispiele.

In Ergänzung der in Abschnitt 17 gegebenen zusammenfassenden Berechnung von Traglagern seien nachstehend noch einige praktische Zahlenbeispiele gebracht.

Vom Standpunkte der Berechnung hat man zwei Möglichkeiten zu unterscheiden:

I. das erforderliche Schmiermittel soll ermittelt werden,
II. ein Schmiermittel mit bekannter Zähigkeit ist gegeben.

Im ersteren Falle handelt es sich im allgemeinen darum, bei gegebenen Lagerabmessungen das Schmiermittel und das Lagerspiel so zu wählen, daß bei der zu erwartenden Betriebstemperatur bei genügender Betriebssicherheit die geringste Reibungsleistung erzielt wird. Der zweite Fall behandelt die zweckmäßige Wahl der Lagerabmessungen und Lagerspiele bei gegebenem Schmiermittel, derart, daß wiederum bei genügender Betriebssicherheit die geringste Reibungsleistung erzielt wird. — Der Endeffekt ist in beiden Fällen der gleiche.

Zunächst seien die wichtigsten vorkommenden Aufgaben des Falles I besprochen, wobei die erforderliche Ölzähigkeit ermittelt werden soll.

Aufgabe Ia. Gegeben: P, n, Θ_1.

Beispiel 26.

Ein Stirnzapfen sei bei $n = 300$ Umdr./min mit $P = 10\,000$ kg belastet. Das zu verwendende Lager erhalte selbsteinstellende Lagerschalen und natürliche Luftkühlung, wobei trotz genügender Betriebssicherheit geringste Reibung und niedriger Preis angestrebt werden soll. Die Maschinenhaustemperatur betrage $\Theta_1 = 20°$. — Wie sind der Zapfendurchmesser d'' und die Zapfenlänge l'', ferner die Ölzähigkeit z, die Schmierschichttemperatur Θ und das wirkliche Lagerspiel $D''_w - d''$ zu wählen, und wie groß fallen dabei die Lagerreibungszahl μ, der Flächendruck p, die Gleitgeschwindigkeit v, die Reibungsleistung N_r, die geringste Schmierschichtstärke h'' und die Biegungsbeanspruchung σ_b des Zapfens aus?

Als Lagerpassung kann nach obigem Laufsitzpassung, als Koeffizient der „Ausstrahlfähigkeit" $A = 1$, als Lagertemperatur der obere Grenzwert $\Theta = 70°$ angenommen werden.

Mit $\Theta = 70$, $A = 1$ und $l : d = 1,0$ erhalten wir nach Formel (104a)

$$d'' = 0,04 \cdot \sqrt[1,7]{P \cdot n} = 0,04 \cdot \sqrt[1,7]{10\,000 \cdot 300} = 0,04 \cdot 226 \cdot 28,6 = 260 \text{ mm.}$$

Der Flächendruck beträgt hierbei nach Gl. (105)

$$p = \frac{100 \cdot P}{d''^2 \cdot (l : d)} = \frac{100 \cdot 10\,000}{260^2 \cdot 1} = 14,8 \text{ kg/cm}^2.$$

Nach Zahlentafel 18 ist diese Flächenpressung gering, und es kann unbedenklich ein Längenverhältnis von $l : d = 1,5$ angenommen werden.

Führen wir den Wert $l : d = 1,5$ in die allgemeine Gleichung 103 ein, so erhalten wir für $\chi = 0,5$ und Laufsitz

$$d_L = \sqrt[1,7]{\frac{P \cdot n}{180\,000 \cdot (\Theta - \Theta_1)^{1,3} \cdot (l : d) \cdot A}} = \sqrt[1,7]{\frac{10\,000 \cdot 300}{180\,000 \cdot (70 - 20)^{1,3} \cdot 1,5 \cdot 1}}$$

$$= \sqrt[1,7]{\frac{10\,000 \cdot 300}{180\,000 \cdot 160 \cdot 1,5}} = \sqrt[1,7]{\frac{3}{1,8 \cdot 16 \cdot 1,5}} = \sqrt[1,7]{\frac{1}{14,4}};$$

$$d = \frac{1}{4,81} = 0,208 \text{ m} = 208 \text{ mm.}$$

Da geringer Preis angestrebt werden sollte, runden wir den ermittelten Zapfendurchmesser nach unten ab und erhalten endgültig

$$d'' = 200 \text{ mm;} \qquad l'' = 300 \text{ mm.}$$

Eine erneute Kontrolle auf Flächendruck bzw. Biegungsbeanspruchung ist nach der in Abschnitt 17 durchgeführten Untersuchung nicht erforderlich.

Eine geringere Lagertemperatur wäre angenehmer gewesen, doch hätten sich dadurch die Lagerabmessungen und damit die Anschaffungskosten des Lagers vergrößert, was nicht erwünscht war.

Die Ölzähigkeit in der Schmierschicht bestimmt sich nach Gleichung 101 zu

$$z = \frac{P}{3\,380\,000 \cdot d^{3,4} \cdot (l : d) \cdot n} = \frac{10\,000}{3\,380\,000 \cdot 0,2^{3,4} \cdot 1,5 \cdot 300} = \frac{1}{338 \cdot 0,42 \cdot 4,5};$$

$$z = \frac{1}{640} = 0,00156 \text{ kg} \cdot \text{sek/m}^2.$$

Das Schmiermittel muß also bei $\Theta = 70°$ (die geringfügige Korrektur wegen Abrundung des Durchmessers von 208 auf 200 mm soll unterbleiben) eine abs. Zähigkeit von $z = 0,00156$ kg · sek/m² besitzen. Da bei der Beschaffung des Öles dessen Viskosität zweckmäßig für eine Temperatur von 50° angegeben wird, rechnen wir die Zähigkeit auf $\Theta = 50°$ um, indem wir annehmen, daß die Zähigkeit sich ähnlich dem Maschinenöl nach Formel 13 im umgekehrten Verhältnis von $(0,1 \cdot \Theta)^{2,6}$ ändern wird.

Wir erhalten damit

$$z_{50} = z_{70} \cdot \left(\frac{7}{5}\right)^{2,6} = 0,00156 \cdot 2,4 = 0,00375 \text{ kg} \cdot \text{sek/m}^2$$

als abs. Zähigkeit bei 50°. Nach Formel 10 entspricht dies einer Viskosität von

$$E° = (970 \cdot z)^{1,2} + 1 = (970 \cdot 0,00375)^{1,2} + 1 = 4,7 + 1,$$

$$E° = 5,7 \text{ Engler-Graden bei } 50°.$$

Nach dieser Angabe kann das Öl mit der gewünschten Zähigkeit geliefert werden.

Das ideelle Lagerspiel $D'' - d''$ hatten wir nach Formel (98a) angenommen. Es entspricht dem Mittelwert der Laufsitzpassung und beläuft sich auf

$$D'' - d'' = \frac{\sqrt[3,3]{d''}}{45} = \frac{\sqrt[3,3]{200}}{45} = \frac{5}{45} = 0,111 \text{ mm}.$$

Das wirkliche, werkstattechnisch meßbare Lagerspiel soll bei normaler sauberer Bearbeitung rd. 0,02 mm weniger, also

$$D''_w - d'' = 0,111 - 0,02 \approx 0,09 \text{ mm}$$

betragen, wenn der Mittelwert der Toleranzpassung eingehalten wird.

Nach den entwickelten Formeln muß eine geringste Schmierschichtstärke von $h'' = 0,25 \cdot (D'' - d'') = 0,25 \cdot 0,111 = 0,0278$ mm erzielt werden. Dieser Betrag wird, wie nachstehende Kontrolle nach Gleichung 30 zeigt, auch in der Tat erreicht:

$$h = \frac{0,2 \cdot 0,00156 \cdot 300 \cdot 0,2 \cdot 0,3 \cdot 200}{3,84 \cdot 10000 \cdot 0,111 \cdot 9,5} = 0,0000278 \text{ m} = 0,0278 \text{ mm}.$$

Eine geringste Schmierschichtstärke von rd. 0,028 mm kann bei dem gegebenen Zapfendurchmesser von 200 mm als reichlich bezeichnet werden. Ein Einlaufen sollte bei sachgemäßer Herstellung nicht erforderlich sein.

Der Flächendruck p ermittelt sich nach Gleichung (105) zu

$$p = \frac{100 \cdot P}{d''^2 \cdot (l:d)} = \frac{100 \cdot 10000}{200 \cdot 200 \cdot 1,5} = 16,7 \text{ kg/cm}^2,$$

die Gleitgeschwindigkeit zu

$$v = \frac{d \cdot \pi \cdot n}{60} = \frac{0,2 \cdot \pi \cdot 300}{60} = 3,14 \text{ m/sek},$$

die Reibungszahl nach Gleichung 73 zu

$$\mu = 3,8 \cdot \sqrt{\frac{z \cdot \omega}{p_m}} = 3,8 \cdot \sqrt{\frac{0,00156 \cdot 300}{167000 \cdot 9,5}} = 3,8 \cdot \sqrt{\frac{1}{3380000}} = \frac{3,8}{1840}; \quad \mu = 0,00207,$$

die Reibungsleistung nach Gleichung 78 zu

$$N_r = \frac{\mu \cdot P \cdot d \cdot n}{1430} = \frac{0,00207 \cdot 10000 \cdot 0,2 \cdot 300}{1430} = 0,87 \text{ PS}$$

und die Biegungsbeanspruchung nach Gleichung (39a) (S. 141) zu

$$\sigma_b = 5 \cdot p \cdot (l:d) = 5 \cdot 16,7 \cdot 1,5 = 125 \text{ kg/cm}^2. -$$

Damit ist die Aufgabe in allen Teilen gelöst.

Aufgabe I b. Gegeben: P, n, Θ_1, d, l.

|Beispiel 27.

Ein vorhandenes Weißmetallstehlager mit Kugelbewegung von 150 mm Bohrung und 225 mm Schalenlänge soll bei $n = 300$ eine Belastung von $P = 10\,000$ kg tragen. Die Maschinenhaustemperatur betrage $\Theta_1 = 20°$. — Wie groß muß das Lagerspiel der neu auszugießenden Lagerschale sein, wenn günstigste Reibungsverhältnisse erzielt werden sollen, wie hoch ist die Schmierschichttemperatur und wie groß sind Reibungszahl, Reibungsleistung, Flächendruck, Gleitgeschwindigkeit, geringste Schmierschichtstärke, Biegungsbeanspruchung und Ölzähigkeit?

Um günstige Reibungsverhältnisse bei genügender Betriebssicherheit zu erhalten, sei wieder Laufsitz gewählt. Dann beträgt das ideelle Lagerspiel nach Gleichung (98a)

$$D'' - d'' = \frac{\sqrt[3,3]{d''}}{45} = \frac{\sqrt[3,3]{150}}{45} = \frac{4,56}{45} \approx 0,101 \text{ mm} ,$$

das wirkliche, auszuführende Lagerspiel

$$D''_w - d'' = 0,101 - 0,02 = 0,081 \approx 0,08 \text{ mm}$$

und die geringste Schmierschichtstärke bei der anzustrebenden Exzentrizität von $\chi = 0,5$

$$h''_{0,5} = 0,25 \cdot (D'' - d'') = 0,25 \cdot 0,101 = 0,0253 \text{ mm} .$$

Die Schmierschichttemperatur ermittelt sich nach Gleichung 97 mit $A = 1$ zu

$$\Theta = \Theta_1 + \sqrt[2,6]{\frac{P^2 \cdot n^2 \cdot (D - d) \cdot h}{263 \cdot d^4 \cdot (l : d)^2 \cdot A^2}} = 20 + \sqrt[2,6]{\frac{10\,000^2 \cdot 300^2 \cdot 0,000102 \cdot 0,0000253}{363 \cdot 0,15^4 \cdot 1,5^2 \cdot 1}} ;$$

$$\Theta = 20 + \sqrt[2,6]{56\,500} = 20 + 67 = 87° \text{ C} .$$

Wie zu erwarten war, liegt die Schmierschichttemperatur (infolge des verkleinerten Durchmessers bzw. vergrößerten Flächendruckes) höher als im Beispiel 26 und, da bei der ersten Aufgabe bereits mit der oberen Temperaturgrenze gerechnet worden war, auch höher als die normal zulässige höchste Betriebstemperatur. Gezwungenermaßen kann die Temperatur von 87° natürlich zugelassen werden, denn es kommen in der Praxis nicht selten Temperaturen von 100° und darüber vor. Der nie klar zu durchschauenden Wirkungen der Wärmedehnungen in den Lagerschalen wegen sollte man jedoch ohne zwingenden Grund über 70° Schmierschichttemperatur nicht hinausgehen.

Die erforderliche Ölzähigkeit hat nach Gleichung 101 zu betragen

$$z = \frac{P}{3\,380\,000 \cdot d^{3,4} \cdot (l : d) \cdot n} = \frac{10\,000}{3\,380\,000 \cdot 0,15^{3,4} \cdot 1,5 \cdot 300}$$

$$= \frac{10\,000}{3\,380\,000 \cdot 0,00159 \cdot 450} = \frac{10\,000}{2\,420\,000} ;$$

$$z = 0,00413 \text{ kg} \cdot \text{sek/m}^2 \text{ bei } 87° .$$

Auf 50° C umgerechnet, hat die Zähigkeit zu betragen

$$z_{50} = z_{87} \cdot \left(\frac{8,7}{5}\right)^{2,6} = 0,00413 \cdot 1,74^{2,6} = 0,00413 \cdot 4,2 = 0,0174 \text{ kg} \cdot \text{sek/m}^2$$

oder nach Formel 12, da mehr als 6 Engler-Grade zu erwarten sind,

$$E° = 1490 \cdot z = 1490 \cdot 0,0174 = 25,9 ;$$

$$E° \approx 26 \text{ Engler-Grade bei } 50° .$$

Nach diesen Viskositätsangaben ist das Öl zu bestellen.

Der Flächendruck beträgt nach Gleichung (105)

$$p = \frac{100 \cdot P}{d''^2 \cdot (l : d)} = \frac{100 \cdot 10\,000}{150^2 \cdot 1,5} = 29,6 \text{ kg/cm}^2 .$$

Diese Flächenpressung ist nach Zahlentafel 17 noch ohne weiteres zulässig, denn die Biegungsbeanspruchung beträgt nach Gleichung (39a) (S. 141) nur

$$\sigma_b = 5 \cdot p \cdot (l : d)^2 = 5 \cdot 29,6 \cdot 1,5^2 = 334 \text{ kg/cm}^2 .$$

Die Gleitgeschwindigkeit ermittelt sich zu

$$v = \frac{d \cdot \pi \cdot n}{60} = \frac{0,15 \cdot \pi \cdot 300}{60} = 2,35 \text{ m/sek},$$

die Reibungszahl nach Gleichung 73 zu

$$\mu = 3,8 \cdot \sqrt{\frac{z \cdot \omega}{p_m}} = 3,8 \cdot \sqrt{\frac{0,00413 \cdot 300}{296\,000 \cdot 9,5}} = 3,8 \cdot \sqrt{\frac{1}{2\,260\,000}},$$

$$\mu = \frac{3,8}{1500} = 0,00253$$

und die Reibungsleistung nach Gleichung 78 zu

$$N_r = \frac{\mu \cdot P \cdot d \cdot n}{1430} = \frac{0,00253 \cdot 10\,000 \cdot 0,15 \cdot 300}{1430} = 0,8 \text{ PS}.$$

Nach Formel 81 würde die Reibungsleistung mit der aus Beispiel 26 genau übereinstimmen, wenn in beiden Fällen Lagerspiel und geringste Schmierschichtstärke genau gleich groß wären.

Dieses Beispiel, dessen Zahlendaten P, n und Θ_1 absichtlich mit denen des Beispieles 26 übereinstimmend gewählt worden waren, zeigt die interessante Tatsache, daß bei gleicher Belastung und Drehzahl ein kleineres, also spezifisch höher belastetes Lager eine nur unbedeutend geringere Reibungsleistung ergibt als ein größeres, spezifisch schwächer belastetes Lager bei gleicher Passung, wenn die Ölzähigkeit in beiden Fällen so gewählt wird, daß die günstigste Schmierschichtstärke $h_{0,5}$ erreicht wird. Das kleinere, spezifisch höher belastete Lager benötigt zum Tragen der Welle jedoch ein dickflüssigeres Öl und nimmt daher eine höhere Betriebstemperatur an. Die geringste Schmierschichtstärke ist nur unbedeutend kleiner als beim größeren Lager.

Besonders zu beachten ist, daß, wie vorliegendes Beispiel zeigt, bei höher belasteten Lagern mit sehr hoher Betriebstemperatur sehr zähe Öle verwendet werden müssen; im obigen Falle z. B. ein Öl, dessen Konsistenz bereits einem Heißdampf-Zylinderöl entspricht. Der Nichtfachkundige hätte unbedingt den Eindruck, daß Zylinderöl zum Schmieren einer ziemlich rasch laufenden Welle größeren Durchmessers nicht geeignet sein könne, da er nicht bedenkt, daß das Öl in der Schmierschicht bei der hohen Temperatur verhältnismäßig dünn ist, und daß diese Zähigkeit zum Tragen des Zapfens eben erforderlich ist.

Aufgabe Ic. Gegeben: P, n, Θ_1, d, l, f.

Beispiel 28.

Der Halszapfen einer Stirnkurbelwelle, dessen Durchmesser und Länge in dem zu untersuchenden Hauptlager nach konstruktiven Gesichtspunkten mit $d'' = 300$ und $l'' = 480$ mm angenommen seien, habe bei $n = 150$ eine größte Belastung von $P = 25\,000$ kg aufzunehmen. Das Hauptlager mit geschlossenem Kurbelschutz sei starr, und die errechnete größte Schiefstellung der Welle infolge Durchbiegung betrage, auf die ganze Lagerlänge gerechnet, $f'' = 0,2$ mm. Die Maschinenhaustemperatur sei wiederum $\Theta_1 = 20°$. — Wie groß muß das Lagerspiel sein, und welches Öl müßte verwendet werden, wenn halbflüssige Reibung eben noch vermieden werden soll? Wie groß sind ferner p, v, μ und N_r?

Hier liegt der Fall offenbar derart, daß mit Laufsitzpassung nichts anzufangen ist, da die Schiefstellung der Welle im Lager allein schon ein Mehrfaches des normalen Laufsitz-Lagerspieles ausmacht. Infolgedessen muß das Lagerspiel hier frei, d. h. nach den gegebenen Verhältnissen, gewählt werden.

Die geringste Schmierschichtstärke, in Mitte Lager gemessen, muß etwa betragen

$$h'' = 0,5 \cdot f'' + 0,01 \text{ mm} = 0,5 \cdot 0,2 + 0,01 = 0,11 \text{ mm};$$

das ideelle Lagerspiel bei günstigster Schmierschichtstärke demnach

$$D'' - d'' = 4 \cdot h'' = 4 \cdot 0,11 = 0,44 \text{ mm}.$$

Da bei einem Hauptlager mit geschlossenem Kurbelschutz nur auf einer Seite mit verstärkter Ventilation durch das Schwungrad zu rechnen ist, darf der Koeffizient der „individuellen Ausstrahlfähigkeit" nach Zahlentafel 16, Punkt 6, höchstens zu $A = 2,5$ angenommen werden. Mit diesem Wert und $l : d = 480 : 300 = 1,6$ erhalten wir nach der allgemeinen Formel 97 für die zu erwartende Schmierschichttemperatur

$$\Theta = \Theta_1 + \sqrt[2,6]{\frac{P^2 \cdot n^2 \cdot (D-d) \cdot h}{263 \cdot d^4 \cdot (l:d)^2 \cdot A^2}} = 20 + \sqrt[2,6]{\frac{25\,000^2 \cdot 150^2 \cdot 0,00044 \cdot 0,00011}{263 \cdot 0,3^4 \cdot 1,6^2 \cdot 2,5^2}}$$

$$\Theta = 20 + \sqrt[2,6]{20\,000} = 20 + 45 = 65°.$$

Man sieht also, daß bei größeren Durchbiegungen trotz der geringen Drehzahl und der guten Wärmeableitung doch recht beträchtliche Lagertemperaturen entstehen. Der Grund liegt in dem durch die Schiefstellung des Zapfens bedingten großen Lagerspiel und der dementsprechend erforderlichen verhältnismäßig großen Ölzähigkeit, die ihrerseits wieder verstärkte Flüssigkeitsreibung ergibt.

Die bei 65° erforderliche Ölzähigkeit hat nach Gleichung 101 zu betragen

$$z_{65} = \frac{P}{3\,380\,000 \cdot d^{3,4} \cdot (l:d) \cdot n} = \frac{25\,000}{3\,380\,000 \cdot 0,3^{3,4} \cdot 1,6 \cdot 150} = \frac{1}{540} = 0,00185 \text{ kg} \cdot \text{sek/m}^2.$$

Auf 50° umgerechnet, ist

$$z_{50} = z_{65} \cdot \left(\frac{6,5}{5}\right)^{2,6} = 0,00185 \cdot 1,3^{2,6} = 0,00185 \cdot 1,98 = 0,00366 \text{ kg} \cdot \text{sek/m}^2.$$

Dem entspricht nach Formel 10 ein Öl von

$$E° = (970 \cdot z)^{1,2} + 1 = (970 \cdot 0,00366)^{1,2} + 1 = 4,57 + 1 \approx 5,6 \text{ Engler-Graden bei } 50°.$$

Das praktisch auszuführende Lagerspiel ergibt sich zu

$$D''_w - d'' = (D'' - d'') - 0,02 \text{ mm} = 0,44 - 0,02 = 0,42 \text{ mm},$$

der Flächendruck nach Formel (105)

$$p = \frac{100 \cdot P}{d''^2 \cdot (l:d)} = \frac{100 \cdot 25\,000}{300^2 \cdot 1,6} = 17,3 \text{ kg/cm}^2,$$

die Gleitgeschwindigkeit

$$v = \frac{d \cdot \pi \cdot n}{60} = \frac{0,3 \cdot \pi \cdot 150}{60} = 2,36 \text{ m/sek},$$

die Reibungszahl nach Formel 73

$$\mu = 3,8 \cdot \sqrt{\frac{z \cdot \omega}{p_m}} = 3,8 \cdot \sqrt{\frac{0,00185 \cdot 150}{173\,000 \cdot 9,5}} = 3,8 \cdot \sqrt{\frac{1}{5\,900\,000}} = \frac{3,8}{2425} = 0,00157$$

und die Reibungsleistung nach Gleichung 78

$$N_r = \frac{\mu \cdot P \cdot d \cdot n}{1430} = \frac{0,00157 \cdot 25\,000 \cdot 0,3 \cdot 150}{1430} = 1,24 \text{ PS}.$$

Aus diesem Beispiel ist die Unzweckmäßigkeit starrer Lager und verhältnismäßig schwacher Wellen deutlich zu erkennen. Unter Beibehaltung der starren Lagerkonstruktion lassen sich die auftretenden Mißstände (große Reibungsverluste, hohe Lagertemperaturen und geringe Betriebssicherheit) nur durch Anwendung sehr dicker Halszapfen und kurzer Lager mildern.

Zu beachten ist bei obigem Beispiel noch, daß die Betriebssicherheit trotz der großen mittleren Schmierschichtstärke nur gering ist, da eine positive Sicherheit insofern gar nicht vorhanden ist, als der Zuschlag von 0,01 mm lediglich die Bearbeitungsunebenheiten berücksichtigt. In Wirklichkeit würde die Lagertemperatur und die Gefahr der halbflüssigen Reibung allerdings geringer sein, da für die Reibungsarbeit und damit für die Lagererwärmung nicht der Kolbenhöchstdruck, sondern der Zeitmitteldruck in Frage kommt. Ersterer, der jedoch für die größte Durchbiegung und damit auch für die geringste Schmierschichtstärke maßgebend bleibt, beträgt in der Regel ein Vielfaches des auf die Zeit bezogenen mittleren Hauptlagerdruckes. Infolge der geringeren Lagererwärmung wird das Öl in der Schmierschicht zäher bleiben und dadurch der Welle eine mehr zentrische Lage verleihen, wodurch die geringste Schmierschichtstärke vergrößert wird.

Etwas anders liegen die Verhältnisse, wenn, entsprechend Fall II, ein Schmiermittel von bestimmtem Zähigkeitsverlauf gegeben ist und danach die Lagerabmessungen bestimmt werden sollen. — Wir wählen wegen der Möglichkeit bequemer rechnerischer Behandlung auch hier nur Schmiermittel, deren Zähigkeit der allgemeinen Beziehung, Formel 108,

$$z = \frac{i}{(0,1 \cdot \Theta)^{2,6}} \ \text{kg} \cdot \text{sek/m}^2$$

folgt. Durch Angabe der Normalöl-Kennziffer i gilt dann die Schmiermittelzähigkeit als bei allen Temperaturen bekannt.

Aufgabe IIa. Gegeben P, n, Θ_1, i.

Beispiel 29.

Für einen Stirnzapfen, der mit $n = 300$ Umdr./min umläuft und eine Belastung von 10 000 kg zu tragen hat, soll ein Lager mit selbsteinstellenden Lagerschalen konstruiert werden. Zu verwenden ist ein Öl mit $i = $ rd. 0,12, also nach Zahlentafel 19 das Normalöl N. Ö. 3. Die Maschinenhaustemperatur betrage $\Theta_1 = 20°$. — Wie groß sind: der Zapfendurchmesser d'', die Zapfenlänge l'', das Lagerspiel $D_w'' - d''$, die Reibungszahl μ, der Flächendruck p, die Gleitgeschwindigkeit v, die Reibungsleistung N_r, die geringste Schmierschichtstärke h'', die Schmierschichtentemperatur Θ und die Biegungsbeanspruchung σ_b, wenn die günstigsten Verhältnisse angestrebt werden sollen?

Als „günstigste Verhältnisse" können zweierlei Bedingungen angesprochen werden: einerseits größte Betriebssicherheit, andererseits geringste Reibungsverluste und niedrigste Herstellungskosten, d. h. kleinste Abmessungen. Diese beiden Forderungen sind Gegensätze, und man wird, je nach den Betriebsverhältnissen oder der sonstigen Sachlage, dem einen oder dem anderen Extrem nahezukommen suchen, also meistens zwischen beiden Forderungen einen Kompromiß schließen.

Zunächst sei eine solche Ausgleichslösung gewählt, bei der die Betriebssicherheit eine genügende ist, ohne daß die Reibung zu weit von dem erreichbaren Geringstwert entfernt läge. — Diese Verhältnisse sind gegeben durch Anwendung des Mittelwertes der Laufsitzpassung.

Bevor der Zapfendurchmesser festgelegt werden kann, muß die Lagertemperatur Θ ermittelt werden, die nach den Formeln 100 und 109 von der Größe des Zapfendurchmessers unabhängig ist.

Nach Gleichung 109 wird mit $A = 1$ und einem angenommenen Lagerlängenverhältnis von $l : d = 1,5$ die Temperatur in der Schmierschicht allgemein

$$\Theta = \frac{\Theta_1}{2} + \sqrt{\left(\frac{\Theta_1}{2}\right)^2 + \sqrt[2,6]{\frac{P \cdot n^3 \cdot i}{24 \cdot A^2 \cdot (l : d)}}}$$

$$= \frac{20}{2} + \sqrt{\left(\frac{20}{2}\right)^2 + \sqrt[2,6]{\frac{10\,000 \cdot 300^3 \cdot 0,12}{24 \cdot 1^2 \cdot 1,5}}}$$

$$= 10 + \sqrt{100 + \sqrt[2,6]{10\,000 \cdot 90\,000}}$$

$$= 10 + \sqrt{100 + 34,5 \cdot 8,1} = 10 + \sqrt{2900},$$

$$\Theta = 10 + 54 = 64°.$$

Damit wird die Zähigkeit in der Schmierschicht nach Gleichung 108

$$z = \frac{i}{(0,1 \cdot \Theta)^{2,6}} = \frac{0,12}{(0,1 \cdot 64)^{2,6}} = \frac{0,12}{6,4^{2,6}} = \frac{0,12}{125} = 0,00096 \text{ kg} \cdot \text{sek/m}^2.$$

Als günstigsten Zapfendurchmesser bei Laufsitzpassung erhalten wir nach Gleichung 113

$$d_L = \sqrt[3,4]{\frac{P \cdot (0,1 \cdot \Theta)^{2,6}}{3\,380\,000 \cdot n \cdot i \cdot (l : d)}} = \sqrt[3,4]{\frac{10\,000}{3\,380\,000 \cdot 300 \cdot 0,00096 \cdot 1,5}}$$

$$= \sqrt[3,4]{\frac{1}{146}} = \frac{1}{4,32},$$

$$d_L = \frac{1}{4,32} \approx 0,23 \text{ m}; \qquad d'' = 230 \text{ mm}.$$

Mit $l : d = 1,5$ wird die Zapfenlänge $l'' = 1,5 \cdot d'' = 1,5 \cdot 230 = 345$ mm.

Nach Gleichung (105) ergibt sich die Flächenpressung zu

$$p = \frac{100 \cdot P}{d''^2 \cdot (l : d)} = \frac{100 \cdot 10\,000}{230 \cdot 230 \cdot 1,5} = \frac{1\,000\,000}{79\,400};$$

$$p = 12,6 \text{ kg/cm}^2.$$

Die gewählte Lagerlänge $= 1,5 \cdot d$ ist also (nach Zahlentafel 18) ohne weiteres zulässig.

Das ideelle Lagerspiel für $d'' = 230$ mm beträgt bei Laufsitzpassung nach Gleichung (98a) im Mittel

$$D'' - d'' = \frac{\sqrt[3,3]{d''}}{45} = \frac{\sqrt[3,3]{230}}{45} = \frac{5,2}{45},$$

$$D'' - d'' = 0,115 \text{ mm}$$

und das auszuführende wirkliche Lagerspiel

$$D''_w - d'' = 0,115 - 0,02 = 0,095 \text{ mm}.$$

Da den benutzten Formeln die günstigste Exzentrizität von $\chi = 0,5$ zugrunde liegt, ermittelt sich die geringste Schmierschichtstärke nach Zahlentafel 7 zu

$$h'' = 0,25 \cdot (D'' - d'') = 0,25 \cdot 0,115 \approx 0,029 \text{ mm}.$$

Die Reibungszahl beträgt hierbei nach Gleichung 77

$$\mu = \frac{7,5}{d} \cdot \sqrt{(D - d) \cdot h} = \frac{7,5}{0,24} \cdot \sqrt{\frac{1,15 \cdot 2,9}{10\,000 \cdot 100\,000}}$$

$$= \frac{7,5}{0,24} \cdot \sqrt{\frac{3,34}{10\,000 \cdot 100\,000}} = \frac{7,5}{0,24} \cdot \sqrt{\frac{1}{10\,000 \cdot 30\,000}} ,$$

$$\mu = \frac{7,5 \cdot 1}{0,24 \cdot 100 \cdot 173} = \frac{7,5}{4160} = 0,0018 ,$$

während die Gleitgeschwindigkeit am Zapfenumfange sich ermittelt zu

$$v = \frac{d \cdot \pi \cdot n}{60} = \frac{0,23 \cdot \pi \cdot 300}{60} = 3,62 \text{ m/sek.}$$

Die Reibungsleistung schließlich ergibt sich nach der allgemeinen Gleichung 78 zu

$$N_r = \frac{\mu \cdot P \cdot d \cdot n}{1430} = \frac{0,0018 \cdot 10\,000 \cdot 0,23 \cdot 300}{1430} = \frac{1240}{1430} ,$$

$$N_r = 0,87 \text{ PS.}$$

Bei diesen Dimensionen und obiger Reibungsleistung besteht nach der ermittelten geringsten Schmierschichtstärke von $h'' = 0,029$ mm eine rd. 3fache Sicherheit gegen halbflüssige Reibung. Will man den Sicherheitsgrad zwecks Verringerung der Reibungsleistung auf 1 herabsetzen, so daß $h'' = 0,01$ mm wird, so müßte das ideelle Lagerspiel $D'' - d'' = 0,04$ mm betragen; das wirkliche Lagerspiel somit 0,02 mm. Obschon dieses geringe Spiel bei dem zu erwartenden Zapfendurchmesser kaum einzuhalten sein wird, soll das Beispiel mit $D'' - d'' = 0,04$ mm als Grenzfall des geringsten möglichen Zapfendurchmessers dennoch durchgerechnet werden.

Für $\chi = 0,5$ ergibt sich als kleinster und damit in bezug auf Reibungsverlust günstigster Zapfendurchmesser nach Gleichung 112

$$d_{N_r \min} = \sqrt[4]{\frac{146 \cdot P \cdot h^2 \cdot (0,1 \cdot \Theta)^{2,6}}{n \cdot i \cdot (l : d)}} = \sqrt[4]{\frac{146 \cdot 10\,000 \cdot 1}{300 \cdot 0,00096 \cdot 1,5 \cdot 100\,000^2}}$$

$$= \sqrt[4]{\frac{1,46}{4320}} = \sqrt[4]{\frac{1}{2950}} = \frac{1}{7,4} ;$$

$$d_{N_r \min} = \frac{1}{7,4} = 0,135 \text{ m}; \qquad d'' = 135 \text{ mm.}$$

Die Flächenpressung beträgt dann nach Gleichung (105)

$$p = \frac{100 \cdot P}{d''^2 \cdot (l : d)} = \frac{100 \cdot 10\,000}{135 \cdot 135 \cdot 1,5} = \frac{1\,000\,000}{27\,300} ;$$

$$p = 36,5 \text{ kg/cm}^2.$$

Dieser Flächendruck ist nach Zahlentafel 17 vom Standpunkte der Materialbeanspruchung noch zulässig, da die Biegungsbeanspruchung noch unter 450 kg/cm² bleibt; die Zapfenkrümmung beträgt indes, als Stirnzapfen gerechnet, angenähert 4,5 Tausendstel mm, so daß zur Aufnahme der vollen Belastung durch die Schmierschicht sorgfältiges Einlaufen erforderlich wäre.

Die Reibungszahl ermittelt sich nach Gleichung 73 (das Rechnen ist hierbei etwas einfacher als nach Gleichung 77) zu

$$\mu = 3.8 \cdot \sqrt{\frac{z \cdot \omega}{p_m}} = 3.8 \cdot \sqrt{\frac{0.00096 \cdot 300}{365\,000 \cdot 9.5}}$$

$$= 3.8 \cdot \sqrt{\frac{2.88}{34\,700\,000}} = 3.8 \cdot \sqrt{\frac{1}{12\,000\,000}} = \frac{3.8}{\sqrt{1200 \cdot 10\,000}},$$

$$\mu = \frac{3.8}{34.6 \cdot 100} = \frac{3.8}{3460} = 0.0011,$$

die Reibungsleistung nach Gl. 78 zu

$$N_r = \frac{\mu \cdot P \cdot d \cdot n}{1430} = \frac{0.0011 \cdot 10\,000 \cdot 0.135 \cdot 300}{1430} = \frac{446}{1430} = 0.312 \text{ PS.}$$

Die Reibung beträgt also nur rd. den dritten Teil gegenüber Laufsitzpassung und 230 mm Zapfendurchmesser.

Trotzdem der Zapfen und das Lager hierdurch sehr viel billiger würden, da eine volle Ausnutzung des Materials stattfände, können so hohe Beanspruchungen doch nicht empfohlen werden, weil eine Gewähr für störungsfreies Einlaufen nicht mehr gegeben ist und die Betriebssicherheit auch im günstigsten Falle nur sehr gering wäre. Ohne Kolloidalgraphit sollte ein derartiger Zapfen nicht in Betrieb genommen werden.

Dieses Beispiel zeigt jedenfalls in anschaulicher Weise, welche Folgen bei zu weitgehender Verkleinerung der Laufflächen zu gewärtigen sind.

Demgegenüber darf das mit Laufsitzpassung ausgeführte Lager ganz erheblichen Überlastungen ausgesetzt werden. So kann z. B. durch unvorhergesehene Wärmeabgabe benachbarter Maschinenteile eine Erhöhung der Lagertemperatur eintreten, die nach Gleichung 111 bis zu Θ_{max} ansteigen darf, ohne eine unmittelbare Gefahr des Heißlaufens nach sich zu ziehen. Mit den Zahlenwerten des Beispieles beträgt diese Grenztemperatur

$$\Theta_{max} = \sqrt[2,6]{\frac{1\,100\,000 \cdot d^4 \cdot n \cdot i \cdot (l:d)}{P \cdot (D-d)}}$$

$$= \sqrt[2,6]{\frac{1\,100\,000 \cdot 0.24^4 \cdot 300 \cdot 0.12 \cdot 1.5}{10\,000 \cdot 0.000116}} = \sqrt[2,6]{172\,000};$$

$$\Theta_{max} = 102°.$$

Aufgabe IIb. Gegeben: P, n, Θ_1, i, d, l.

Beispiel 30.

Ein Stirnzapfenlager von 200 mm Zapfendurchmesser und 300 mm Länge mit selbsttätiger Schaleneinstellung habe bei $n = 300$ und $\Theta_1 = 20°$ eine Belastung von $P = 10\,000$ kg zu tragen, wobei zum Schmieren Normalöl N. Ö. 2 verwandt werden soll. — Wie groß ist die Reibungsleistung und wie groß muß das Lagerspiel gewählt werden, um größte Betriebssicherheit zu erreichen?

Mit $A = 1$ und $i \approx 0.07$, entsprechend Normalöl 2, wird die Schmierschichttemperatur nach Gleichung 109

$$\Theta = \frac{\Theta_1}{2} + \sqrt{\left(\frac{\Theta_1}{2}\right)^2 + \sqrt[2,6]{\frac{P \cdot n^3 \cdot i}{24 \cdot A^2 \cdot (l:d)}}} = \frac{20}{2} + \sqrt{\left(\frac{20}{2}\right)^2 + \sqrt[2,6]{\frac{10\,000 \cdot 300^3 \cdot 0.07}{24 \cdot 1 \cdot 1.5}}}$$

$$= 10 + \sqrt{100 + \sqrt[2,6]{10\,000 \cdot 52\,500}} = 10 + \sqrt{100 + 34.5 \cdot 64} = 10 + \sqrt{2310};$$

$$\Theta = 10 + 48 = 58°.$$

Die Ölzähigkeit in der Schmierschicht ergibt sich nach Gleichung 108 zu

$$z = \frac{i}{(0{,}1 \cdot \Theta)^{2{,}6}} = \frac{0{,}07}{(0{,}1 \cdot 58)^{2{,}6}} = \frac{0{,}07}{5{,}8^{2{,}6}} = \frac{0{,}07}{97} = 0{,}00072 \text{ kg} \cdot \text{sek/m}^2.$$

Die Reibungsleistung beträgt nach Gleichung 78a

$$N_r = \frac{d^2}{1160} \cdot \sqrt{P \cdot n^3 \cdot z \cdot (l:d)} = \frac{0{,}2^2}{1160} \cdot \sqrt{10\,000 \cdot 300^3 \cdot 0{,}00072 \cdot 1{,}5}$$

$$= \frac{0{,}04}{1160} \cdot \sqrt{10\,000 \cdot 29\,100} = \frac{0{,}04 \cdot 100 \cdot 170}{1160} = \frac{680}{1160} = 0{,}586 \text{ PS,}$$

das erforderliche ideelle Lagerspiel nach Gleichung 32

$$(D - d)_{0{,}5} = d \cdot \sqrt{\frac{z \cdot \omega}{p_m}} = 0{,}2 \cdot \sqrt{\frac{0{,}00072 \cdot 300 \cdot 0{,}2 \cdot 0{,}3}{9{,}5 \cdot 10\,000}} = 0{,}2 \cdot \sqrt{\frac{1}{7\,300\,000}}$$

$$= \frac{0{,}2}{\sqrt{730 \cdot 10000}} = \frac{0{,}2}{27 \cdot 100} = (D - d)_{0{,}5} = \frac{1}{13\,500} = 0{,}000074 \text{ m,}$$

$$D'' - d'' = 0{,}074 \text{ mm,}$$

die geringste Schmierschichtstärke bei $\chi = 0{,}5$

$$h'' = 0{,}25 \cdot (D'' - d''),$$

$$h'' = 0{,}25 \cdot 0{,}074 = 0{,}0185 \text{ mm.}$$

Das auszuführende wirkliche Lagerspiel hätte zu betragen

$$D''_w - d'' = 0{,}074 - 0{,}02 = 0{,}054 \text{ mm.}$$

Die zu erwartende Betriebssicherheit ist bei einer geringsten Schmierschichtstärke von 0,0185 mm noch genügend, die praktische Ausführung des Lagerspieles noch werkstattechnisch möglich.

Aufgabe IIc. Gegeben: P, n, Θ_1, i, d, l, $D_w - d$.

Beispiel 31.

Ein Stirnzapfenlager von 200 mm Durchmesser und 300 mm Länge soll bei einer Maschinenhaustemperatur von 20° eine Gesamtbelastung von 10 000 kg bei 300 Umdr./min übertragen. Das Lager ist mit Laufsitzpassung ausgeführt. — Es soll untersucht werden, ob die Betriebssicherheit bei Verwendung von Normalöl N. Ö. 2 noch genügt und wie groß dieselbe bei Benutzung von N. Ö. 3 ausfallen würde.

Mit $A = 1$ und Normalöl 2, entsprechend $i \approx 0{,}07$, wird die Schmierschichttemperatur bei reiner Flüssigkeitsreibung nach Gleichung 109

$$\Theta = \frac{\Theta_1}{2} + \sqrt{\left(\frac{\Theta_1}{2}\right)^2 + \sqrt[2{,}6]{\frac{P \cdot n^3 \cdot i}{24 \cdot A^2 \cdot (l:d)}}}$$

$$= \frac{20}{2} + \sqrt{\left(\frac{20}{2}\right)^2 + \sqrt[2{,}6]{\frac{10\,000 \cdot 300^3 \cdot 0{,}07}{24 \cdot 1 \cdot 1{,}5}}}$$

$$= 10 + \sqrt{100 + \sqrt[2{,}6]{10\,000 \cdot 52\,500}}$$

$$= 10 + \sqrt{100 + 34{,}5 \cdot 64} = 10 + \sqrt{2310};$$

$$\Theta = 10 + 48 = 58°,$$

bei Normalöl 3, entsprechend $i \approx 0,12$

$$\Theta = 10 + \sqrt{100 + \sqrt[2,6]{\frac{10\,000 \cdot 300^3 \cdot 0,12}{24 \cdot 1,5}}} = 10 + \sqrt{100 + \sqrt[2,6]{10\,000 \cdot 90\,000}}$$

$$= 10 + \sqrt{100 + 34,5 \cdot 81} = 10 + \sqrt{2900}\,,$$

$$\Theta = 10 + 54 = 64°.$$

Das ideelle Lagerspiel bei Laufsitzpassung beträgt nach Gleichung (98a) im Mittel

$$D'' - d'' = \frac{\sqrt[3,3]{d''}}{45} = \frac{\sqrt[3,3]{200}}{45} = \frac{4,98}{45} = 0,11 \text{ mm}.$$

Damit ergibt sich die geringste Schmierschichtstärke nach Gleichung 110 für Normalöl 2, mit $i \approx 0,07$, zu

$$h = \frac{d^4 \cdot (l : d) \cdot n \cdot i}{36,4 \cdot P \cdot (D - d) \cdot (0,1 \cdot \Theta)^{2,6}} = \frac{0,2^4 \cdot 1,5 \cdot 300 \cdot 0,07}{36,4 \cdot 10\,000 \cdot 0,00011 \cdot 5,8^{2,6}}\,;$$

$$h = \frac{1}{77\,500} = 0,0000129 \text{ m},$$

$$h'' = 0,0129 \approx 0,013 \text{ mm},$$

für Normalöl 3, mit $i \approx 0,12$ zu

$$h = \frac{0,2^4 \cdot 1,5 \cdot 300 \cdot 0,12}{36,4 \cdot 10\,000 \cdot 0,00011 \cdot 6,4^{2,6}} = 0,0000172 \text{ m},$$

$$h'' = 0,0172 \approx 0,017 \text{ mm}.$$

Die sich bei Normalöl 2 ergebende geringste Schmierschichtstärke von 0,013 mm ist schon etwas knapp, doch kann durch Einlaufen mit Sicherheit flüssige Reibung erreicht werden. — Bei Verwendung von Normalöl 3 kann bei sauberster Herstellung auch ohne Einlaufen auf reine Flüssigkeitsreibung gerechnet werden.

Zu beachten ist, daß gleiche Schmierschichtstärke bei größerem Lagerspiel größere Ölzähigkeit und damit größere Reibung erfordert als bei kleinerem Lagerspiel. —

Mit diesen Beispielen ist die Zahl der wichtigsten Aufgabeformen erschöpft; weitere Aufgaben dürften sich stets auf eine der angeführten Formen zurückführen lassen.

25. Zusammenfassende Richtlinien und Formeln.

Die in den voraufgegangenen Abschnitten dargelegten Gesichtspunkte über die Berechnung, Gestaltung und Ausführung vollkommen geschmierter Traglager und ebener Gleitflächen lassen sich kurz in folgende allgemeine Richtlinien zusammenfassen:

A. Berechnung.

Die Berechnung vollkommen geschmierter Traglager besteht in der Hauptsache in einer geeigneten Abstimmung zwischen Zapfen- und Lagerabmessungen einerseits und der Belastung, Drehzahl und Schmiermittelzähigkeit andererseits, so daß eine ausreichende Schmierschichtstärke und damit genügende Sicherheit gegen halbflüssige Reibung erreicht wird.

Die früher übliche Annahme bestimmter Höchstwerte für p als allgemein zulässigen Flächendruck und das Produkt $p \cdot v$ als Maßstab der Reibungsleistung wird damit verlassen. An ihre Stelle tritt das zusammenfassende Berechnen gegen „Heißlaufen" oder das dem gleichbedeutende Ermitteln der Sicherheit gegen halbflüssige Reibung. Eine getrennte Abgrenzung des Flächendruckes oder der Gleitgeschwindigkeit erfolgt dabei aus schmiertechnischen Gründen nicht, da diese Faktoren bei der Ermittlung der geringsten Schmierschichtstärke im Zusammenhange mit den anderen maßgebenden Größen (Zapfen- und Lagerdurchmesser, Lagerlänge, Schmiermittel und Schmierschichttemperatur) entsprechende Berücksichtigung finden.

Bei den sich darbietenden Berechnungsaufgaben unterscheidet man zwei Fälle: entweder ist die Ölzähigkeit den gegebenen Verhältnissen anzupassen oder es sind die Abmessungen einem gegebenen Schmiermittel anzupassen.

Für gegebene Lagergesamtbelastung P, Drehzahl n, „Ausstrahlfähigkeit" A, Lufttemperatur Θ_1 und verhältnismäßige Lagerlänge $(l : d)$ gelten folgende Sätze:

1. Bei entsprechender Anpassung des Schmiermittels an den angenommenen Zapfen- und Lagerdurchmesser ist die Reibungsleistung bei gleichem Lagerspiel und gleicher Schmierschichtstärke bei allen Zapfendurchmessern gleich, die Lagertemperatur hingegen um so niedriger, je größer der Zapfendurchmesser. Großes Lagerspiel und große Schmierschichtstärke erhöhen sowohl die Reibungsleistung wie auch die Lagertemperatur.

2. Bei gegebenem Schmiermittel ist die Lagertemperatur bei allen Zapfendurchmessern gleich, die Reibungsleistung hingegen um so geringer, je kleiner der Zapfendurchmesser. Große Ölzähigkeit erhöht sowohl die Reibungsleistung wie auch die Lagertemperatur, gestattet jedoch Verringerung des Zapfendurchmessers bzw. Vergrößerung der Tragfähigkeit. — Das Lagerspiel ist innerhalb des Gebietes der flüssigen Reibung auf die Reibungsleistung und die Lagertemperatur ohne Einfluß.

3. In jedem Falle bedingt große Schmierschichtstärke vergrößerte Reibung, gleichzeitig aber auch entsprechend erhöhte Betriebssicherheit.

4. Einen Maßstab für die Sicherheit gegen Heißlaufen (Betriebssicherheit) bildet nur die Größe der geringsten Schmierschichtstärke, nicht aber die Höhe der Lagertemperatur. (Ein heißes Lager bei flüssiger Reibung kann z. B. wesentlich betriebssicherer sein als ein kühles Lager, das im Grenzgebiet arbeitet.)

5. Hohe Lagertemperatur (in betriebstechnisch zulässigen Grenzen) bedeutet weder allgemeinhin eine Gefährdung der Betriebssicherheit, noch läßt sie ohne weiteres auf unnötig hohe Reibungsverluste schließen.

6. Allgemein ist für die Berechnung der Reibungsverhältnisse der mittlere Druck, für die geringste Schmierschichtstärke hingegen der Höchstdruck maßgebend.

Für die Berechnung selbst*) können nachstehende Angaben dienen:

Traglager, Fall I. Die Ölzähigkeit ist nicht vorgeschrieben. Es sei gegeben die Lagergesamtbelastung P und die Drehzahl n. Zu wählen sind nach den obwaltenden Verhältnissen: die Lufttemperatur Θ_1, die „Ausstrahlfähigkeit" A, das Lagerlängenverhältnis $(l:d)$, ferner, je nach der Aufgabenstellung, auch die geringste Schmierschichtstärke, das Lagerspiel und die Lagertemperatur.

Als Überschlagswert für den kleinsten zulässigen Zapfendurchmesser bei Laufsitzpassung und $\chi = 0{,}5$ gilt für eine Schmierschichttemperatur von $\Theta = 70°$ (oberster Grenzwert) für hoch beanspruchte Zapfen $(l : d = 1{,}0)$ und $A = 1$

$$d_L'' = 0{,}04 \cdot \sqrt[1,7]{P \cdot n} \ \text{mm} \ \ldots \ldots \ldots \text{(104 a)}$$

Die Flächenpressung ermittelt sich zu

$$p = \frac{100 \cdot P}{d''^2 \cdot (l:d)} \ \text{kg/cm}^2 \ldots \ldots \ldots \text{(105)}$$

und der erforderliche Zapfendurchmesser, allgemein zu

$$d = \sqrt[4]{\frac{P^2 \cdot n^2 \cdot (D-d) \cdot h}{263 \cdot (\Theta - \Theta_1)^{2,6} \cdot (l:d)^2 \cdot A^2}} \ \text{m} \ \ldots \ldots \text{97 a}$$

oder für Laufsitzpassung im Mittel zu

$$d_L = \sqrt[1,7]{\frac{P \cdot n}{180\,000 \cdot (\Theta - \Theta_1)^{1,3} \cdot (l:d) \cdot A}} \ \text{m} \ \ldots \ldots \text{103}$$

(Über die Zulässigkeit des Lagerlängenverhältnisses nach Ermittlung des Flächendruckes aus Gleichung (105) mit dem vorläufigen Zapfendurchmesser nach Gleichung (104 a) entscheidet bei Stirnzapfen Zahlentafel 18, Seite 143.)

Die Ölzähigkeit in der Schmierschicht hat allgemein zu betragen

$$z = \frac{36{,}5 \cdot P \cdot (D-d) \cdot h}{d^4 \cdot (l:d) \cdot n} \ \text{kg} \cdot \text{sek/m}^2 \ \ldots \ldots \text{82}$$

bzw. für $\chi = 0{,}5$ und Laufsitzpassung

$$z = \frac{P}{3\,380\,000 \cdot d^{3,4} \cdot (l:d) \cdot n} \ \text{kg} \cdot \text{sek/m}^2 \ \ldots \ldots \text{101}$$

Die Umrechnung der Zähigkeit von der angenommenen Schmierschichttemperatur Θ auf eine andere Temperatur (z. B. $50°$) erfolgt in umgekehrtem Verhältnis der 2,6ten Potenz der Temperaturen.

Für die Umrechnung absoluter Zähigkeiten in Engler-Grade gilt für geringe Viskositäten (bis zu 6 Engler-Graden) angenähert:

$$E° = (970 \cdot z)^{1,2} + 1 \ \text{Engler-Grade} \ \ldots \ldots \text{10}$$

für hohe Viskositäten (über 6 Engler-Grade) mit genügender Annäherung

$$E° = 1490 \cdot z \ \text{Engler-Grade} \ \ldots \ldots \text{12}$$

*) Bedeutung der Buchstabengrößen siehe Seite 278.

Das ideelle Lagerspiel bei Laufsitzpassung beträgt im Mittel

$$D'' - d'' = \frac{\sqrt[3,3]{d''}}{45} \text{ mm} \dots \dots \dots (98\,\text{a})$$

Das wirkliche (meßbare) Lagerspiel $D''_w - d''$ kann im allgemeinen um 0,02 mm kleiner angenommen werden.

Die geringste Schmierschichtstärke kann im Bedarfsfalle kontrolliert werden nach der Fundamentalgleichung

$$h = \frac{d \cdot z \cdot \omega}{3{,}84 \cdot p_m \cdot \psi} \text{ m} \dots \dots \dots \dots 30$$

Die Lagerreibungszahl beträgt im Mittel

$$\mu = 3{,}8 \cdot \sqrt{\frac{z \cdot \omega}{p_m}} \dots \dots \dots \dots 73$$

und die Reibungsleistung

$$N_r = \frac{\mu \cdot P \cdot d \cdot n}{1430} \text{ PS} \dots \dots \dots \dots 78$$

oder

$$N_r = \frac{d^2}{1160} \cdot \sqrt{P \cdot n^3 \cdot z \cdot (l:d)} \text{ PS} \dots \dots 78\,\text{a}$$

oder

$$N_r = \frac{P \cdot n \cdot \sqrt{(D-d) \cdot h}}{191} \text{ PS} \dots \dots \dots 81$$

Die Biegungsbeanspruchung bei Stirnzapfen ermittelt sich zu

$$\sigma_b = 5 \cdot p \cdot (l:d)^2 \text{ kg/cm}^2 \dots \dots \dots (39\,\text{a})$$

und die Zapfendurchbiegung (Krümmung allein) zu

$$f''_k = \frac{p \cdot d'' \cdot (l:d)^4}{5\,500\,000} \text{ mm} \dots \dots \dots (47\,\text{a})$$

Sind die Zapfenabmessungen gegeben, so findet man nach Annahme der gewünschten Schmierschichtstärke und des Lagerspieles (z. B. Laufsitzpassung mit $\chi = 0{,}5$) die Schmierschichttemperatur nach der allgemeinen Gleichung

$$\Theta = \Theta_1 + \sqrt[2,6]{\frac{P^2 \cdot n^2 \cdot (D-d) \cdot h}{263 \cdot d^4 \cdot (l:d)^2 \cdot A^2}} \text{ Grad} \dots \dots 97$$

Die Ölzähigkeit bei der betreffenden Schmierschichttemperatur ist bei „Fall I" (Schmiermittel nicht vorgeschrieben) stets nach der allgemeinen Gleichung 82 oder, bei Laufsitzpassung und $\chi = 0{,}5$, nach Gleichung 101 zu ermitteln.

Sind die Zapfenabmessungen und das Lagerspiel gegeben, so braucht, nach erfolgter Annahme der gewünschten Schmierschichtstärke bzw. Zapfenexzentrizität [normal nimmt man $h = 0{,}25 \cdot (D-d)$, d. h. $\chi = 0{,}5$], nur die zur Verwirklichung dieser Wellenlage erforderliche

Ölzähigkeit (nach Gleichung 82) und die zu erwartende Schmierschicht-temperatur Θ nach Gleichung 97 ermittelt zu werden. —

Statt das Schmiermittel dem Zapfendurchmesser anzupassen, kann auch der Zapfendurchmesser einem gegebenen Schmiermittel angepaßt werden. — Der Erfolg ist in beiden Fällen der gleiche.

Traglager, Fall II. Ein bestimmtes Schmiermittel*) mit der Kenn-ziffer i ist gegeben; ferner die Lagergesamtbelastung P und die Dreh-zahl n. Zu wählen sind nach den obwaltenden Verhältnissen: die Luft-temperatur Θ_1, die „Ausstrahlfähigkeit" A und das Lagerlängenverhält-nis $(l:d)$, ferner, je nach der Aufgabenstellung, auch die geringste Schmierschichtstärke und das Lagerspiel.

Die Schmierschichttemperatur (roh angenähert = der Lagertem-peratur) beträgt für alle Zapfendurchmesser und alle zulässigen Lager-spiele

$$\Theta = \frac{\Theta_1}{2} + \sqrt{\left(\frac{\Theta_1}{2}\right)^2 + \sqrt[2,6]{\frac{P \cdot n^3 \cdot i}{24 \cdot A^2 \cdot (l:d)}}} \quad \text{Grad} \ . \ . \ . \ 109$$

Bei Laufsitzpassung (Mittelwert) muß zur Erzielung einer exzentri-schen Verlagerung der Welle von $\chi = 0,5$, also für $D - d = 4 \cdot h$, der Zapfendurchmesser betragen

$$d_L = \sqrt[3,4]{\frac{P \cdot (0,1 \cdot \Theta)^{2,6}}{3\,380\,000 \cdot n \cdot i \cdot (l:d)}} \quad \text{m} \ . \ . \ . \ . \ . \ 113$$

oder allgemein, für $\chi = 0,5$ und ein beliebiges Lagerspiel $D - d$ bei einer geringsten Schmierschichtstärke von $h = 0,25 \cdot (D - d)$

$$d = \sqrt[4]{\frac{146 \cdot P \cdot h^2 \cdot (0,1 \cdot \Theta)^{2,6}}{n \cdot i \cdot (l:d)}} \quad \text{m} \ . \ . \ . \ . \ . \ 112$$

Bei Laufsitzpassung beträgt der Mittelwert des ideellen Lagerspieles

$$D'' - d'' = \frac{\sqrt[3,3]{d''}}{45} \quad \text{mm} \ . \ . \ . \ . \ . \ . \ . \ (98\,\text{a})$$

Das wirkliche (auszuführende) Lagerspiel ist allgemein um 0,02 mm kleiner anzunehmen.

Ferner ist allgemein:
die Flächenpressung

$$p = \frac{100 \cdot P}{d''^2 \cdot (l:d)} \quad \text{kg/cm}^2 \ . \ . \ . \ . \ . \ . \ (105)$$

die Lagerreibungszahl (im Mittel)

$$\mu = \frac{7,5}{d} \cdot \sqrt{(D - d) \cdot h} \ . \ . \ . \ . \ . \ . \ . \ . \ 77$$

oder

$$\mu = 3,8 \cdot \sqrt{\frac{z \cdot \omega}{p_m}} \ . \ . \ . \ . \ . \ . \ . \ 73$$

_____

*) Siehe Zahlentafel 19, Seite 145.

mit
$$z = \frac{i}{(0,1 \cdot \Theta)^{2,6}} \;\; \text{kg} \cdot \text{sek/m}^2 \; \ldots \ldots \ldots \; 108$$

und die Reibungsleistung
$$N_r = \frac{\mu \cdot P \cdot d \cdot n}{1430} \;\; \text{PS} \; \ldots \ldots \ldots \; 78$$

oder
$$N_r = \frac{d^2}{1160} \cdot \sqrt{P \cdot n^3 \cdot z \cdot (l:d)} \;\; \text{PS} \; \ldots \ldots \; 78\,\text{a}$$

oder
$$N_r = \frac{P \cdot n \cdot \sqrt{(D-d) \cdot h}}{191} \;\; \text{PS} \ldots \ldots \ldots \; 81$$

Bei stählernen Stirnzapfen beträgt dabei die Zapfenbiegungsbeanspruchung
$$\sigma_b = 5 \cdot p \cdot (l:d)^2 \;\; \text{kg/cm}^2 \; \ldots \ldots \ldots \; (39\,\text{a})$$

und die Zapfendurchbiegung (Krümmung allein)
$$f_k'' = \frac{p \cdot d'' \cdot (l:d)^4}{5\,500\,000} \;\; \text{mm} \; \ldots \ldots \ldots \; (47\,\text{a})$$

Ist der Zapfendurchmesser gegeben, so hat das ideelle Lagerspiel bei $\chi = 0,5$, also bei $D - d = 4 \cdot h$, allgemein zu betragen
$$(D - d)_{0,5} = \sqrt{\frac{d^4 \cdot i \cdot n \cdot (l:d)}{9,5 \cdot P \cdot (0,1 \cdot \Theta)^{2,6}}} \;\; \text{m} \; \ldots \ldots \; 114$$

Ist auch das Lagerspiel $D_w - d$ gegeben und damit das ideelle Lagerspiel $D'' - d'' = (D_w'' - d'') + 0,02$ mm, so beträgt die geringste Schmierschichtstärke allgemein
$$h = \frac{d^4 \cdot (l:d) \cdot n \cdot i}{36,4 \cdot P \cdot (D-d) \cdot (0,1 \cdot \Theta)^{2,6}} \;\; \text{m} \; \ldots \ldots \; 110$$

oder bei Laufsitzpassung (im Mittel)
$$h_L = \frac{152 \cdot d^{3,7} \cdot (l:d) \cdot n \cdot i}{P \cdot (0,1 \cdot \Theta)^{2,6}} \;\; \text{m} \; \ldots \ldots \; 115$$

wobei Θ stets nach Gleichung 109 zu ermitteln ist.

Flüssige Reibung, deren Vorhandensein bei sämtlichen Formeln vorausgesetzt wird, ist praktisch nur so lange zu erwarten, als die geringste Schmierschichtstärke die Größe von 0,01 mm nicht unterschreitet. Geringe Unterschreitungen erfordern Einlaufen, während größere Unterschreitungen halbflüssige Reibung bedingen. — Bei selbsteinstellenden Lagerschalen und den üblichen Schmierschichtstärken der Laufsitzpassung darf die Zapfenkrümmung bei mittleren Zapfendurchmessern bis zu 0,01 mm betragen. Ergibt sie sich als größer, so ist das Lagerlängenverhältnis zu verkleinern (siehe Zahlentafel 17 und 18, Seite 142 u. 143).

Ähnliche Grundsätze gelten für die Berechnung ebener Gleit-flächen. — Für gegebene Gesamtbelastung P, Gleitgeschwindigkeit V, „Ausstrahlfähigkeit" a, Lufttemperatur Θ_1 und Keilflächenlänge L gelten folgende Sätze:

1. Bei entsprechender Anpassung des Schmiermittels an die Keil-flächenabmessungen und die Keilsteigung ist die Reibungsleistung bei gleichbleibender Keilsteigung, Keilflächenlänge und Schmierschicht-stärke bei allen Keilflächenbreiten gleich, die Schmierschichttemperatur hingegen um so niedriger, je größer die Keilflächenbreite. Große Keil-steigung und große Schmierschichtstärken erhöhen sowohl die Rei-bungsleistung wie auch die Schmierschichttemperatur.

2. Bei gegebenem Schmiermittel ist die Reibungsleistung um so geringer, je kleiner die Keilflächenbreite, und die Schmierschichttem-peratur um so niedriger, je größer die Keilflächenbreite. Große Öl-zähigkeit erhöht sowohl die Reibungsleistung wie auch die Schmier-schichttemperatur, gestattet jedoch Verringerung der Keilflächenbreite bzw. Vergrößerung der Tragfähigkeit. Die Keilsteigung ist innerhalb des Gebietes der flüssigen Reibung auf die Reibungsleistung und die Schmierschichttemperatur ohne Einfluß.

3. In jedem Falle bedingt große Schmierschichtstärke vergrößerte Reibung, gleichzeitig aber auch erhöhte Betriebssicherheit.

4. Einen Maßstab für die Sicherheit gegen Heißlaufen bildet nur die Größe der geringsten Schmierschichtstärke, nicht aber die Höhe der Schmierschichttemperatur an sich. (Eine heiße Tragfläche bei flüssiger Reibung kann z. B. wesentlich größere Betriebssicherheit bieten als eine kühle Tragfläche, die im Grenzgebiet arbeitet.)

5. Hohe Betriebstemperatur (in betriebstechnisch zulässigen Gren-zen) bedeutet weder allgemeinhin eine Gefährdung der Betriebssicherheit, noch läßt sie ohne weiteres auf unnötig hohe Reibungsverluste schließen.

6. Allgemein ist für die Berechnung der Reibungsverhältnisse der mittlere Druck, für die Bestimmung der geringsten Schmierschicht-stärke jedoch der Höchstdruck maßgebend.

Für die Berechnung, die entweder auf der Anpassung des Schmier-mittels an die Tragflächenabmessungen (Fall I) oder aber der Abmessun-gen an ein gegebenes Schmiermittel beruht (Fall II), können nach-stehende Angaben dienen:

Ebene Gleitflächen, Fall I. Die Ölzähigkeit ist nicht vorgeschrieben. Es sei gegeben die Gesamtbelastung P und die Gleitgeschwindigkeit V. — Zu wählen sind nach den obwaltenden Verhältnissen: die Lufttempera-tur Θ_1, die „Ausstrahlfähigkeit" a und die Keilflächenlänge L, ferner, je nach der Aufgabenstellung, auch die Betriebstemperatur Θ (Schmier-schichttemperatur), die geringste Schmierschichtstärke und die Keil-steigung.

Die erforderliche Keilflächenbreite (gesamte Breite quer zur Bewegungsrichtung, die je nach Bedarf in j einzelne hintereinander angeordnete Einzelkeilflächen unterteilt werden kann) ermittelt sich für die gewünschte Betriebssicherheit (Schmierschichtstärke) nach Annahme der Keilflächenlänge (Länge der einzelnen Keilfläche in Richtung der Bewegung), der „Ausstrahlfähigkeit", der Keilsteigung und der zulässigen Reibungstemperatur $\Theta - \Theta_1$ zu

$$B = \sqrt{\frac{21,2 \cdot P^2 \cdot V^2 \cdot \sqrt[1,25]{\varepsilon \cdot H^{1,2}}}{L^{3,2} \cdot a^2 \cdot (\Theta - \Theta_1)^{2,6}}} \text{ m} \quad \ldots \ldots \text{131 a}$$

Hierbei muß das Schmiermittel bei der angenommenen Schmierschichttemperatur Θ eine Zähigkeit besitzen von

$$z = \frac{7,06 \cdot H^{1,2} \cdot p_m \cdot \sqrt[1,25]{\varepsilon}}{V \cdot \sqrt[5]{L}} \text{ kg} \cdot \text{sek/m}^2 \quad \ldots \ldots \text{58 b}$$

Der mittlere Flächendruck beträgt dabei

$$p_m = \frac{P}{L \cdot B} \text{ kg/m}^2.$$

Die Umrechnung der ermittelten abs. Zähigkeit z auf eine andere Temperatur (z. B. 50°) erfolgt in umgekehrtem Verhältnis der 2,6ten Potenz der Temperaturen.

Die Engler-Viskosität ermittelt sich für geringe Viskositäten (bis zu 6 Engler-Graden) angenähert zu

$$E° = (970 \cdot z)^{1,2} + 1 \text{ Engler-Grade} \quad \ldots \ldots \text{10}$$

für hohe Viskositäten (über 6 Engler-Grade) mit genügender Annäherung zu

$$E° = 1490 \cdot z \text{ Engler-Grade} \quad \ldots \ldots \text{12}$$

Die geringste Schmierschichtstärke kann im Bedarfsfalle kontrolliert werden nach der Fundamentalgleichung

$$H = \sqrt[1,2]{\frac{\sqrt[5]{L} \cdot z \cdot V}{7,06 \cdot \sqrt[1,25]{\varepsilon} \cdot p_m}} \text{ m} \quad \ldots \ldots \text{58}$$

Die Reibungszahl beträgt allgemein, im Mittel

$$\mu = 3,5 \cdot \sqrt{\frac{z \cdot V}{p_m \cdot L}} \quad \ldots \ldots \text{118}$$

oder

$$\mu = \sqrt{\frac{86 \cdot \sqrt[1,25]{\varepsilon \cdot H^{1,2}}}{L^{1,2}}} \quad \ldots \ldots \text{119}$$

die Reibungsleistung

$$N_r = \frac{P \cdot \mu \cdot V}{75} = 0,0467 \cdot \sqrt{P \cdot V^3 \cdot B \cdot z} \text{ PS} \quad \ldots \ldots \text{121}$$

bzw.

$$N_r = 0{,}124 \cdot P \cdot V \cdot \sqrt[1{,}25]{\frac{\sqrt{\varepsilon \cdot H^{1{,}2}}}{L^{1{,}2}}} \quad \text{PS} \quad \dots \dots \quad 123$$

Auch im letztgenannten Falle muß die Ölzähigkeit nach Gleichung 58b gewählt werden.

Sind die Tragflächenabmessungen gegeben, so findet man nach Annahme der gewünschten Schmierschichtstärke und Keilsteigung (z. B. $H = 0{,}00002$ und $\varepsilon = 0{,}005$ oder weniger) die Schmierschichttemperatur nach der allgemeinen Gleichung

$$\Theta = \Theta_1 + \sqrt[2{,}6]{\frac{21{,}2 \cdot P^2 \cdot V^2 \cdot H^{1{,}2} \cdot \sqrt[1{,}25]{\varepsilon}}{L^{3{,}2} \cdot B^2 \cdot a^2}} \quad \text{Grad} \quad \dots \quad 131$$

wobei wiederum z nach Gleichung 58b zu wählen ist.

Sind die Tragflächenabmessungen und die Keilsteigung gegeben, so braucht nur, nach Annahme der gewünschten Schmierschichtstärke, nach Formel 58b die erforderliche Ölzähigkeit und nach Formel 131 die zu erwartende Betriebstemperatur ermittelt zu werden.

Statt das Schmiermittel der Tragflächenbreite anzupassen, kann auch die Tragflächenbreite einem gegebenen Schmiermittel angepaßt werden. — Der Erfolg ist in beiden Fällen der gleiche.

Ebene Gleitflächen, Fall II. Gegeben ist ein bestimmtes Schmiermittel[*]) mit der Kennziffer i, die Gesamtbelastung P und die Gleitgeschwindigkeit V. — Zu wählen sind nach den obwaltenden Verhältnissen: die Lufttemperatur Θ_1, die „Ausstrahlfähigkeit" a und die Keilflächenlänge L, ferner, je nach der Aufgabenstellung, auch die geringste Schmierschichtstärke und die Keilsteigung.

Für den Fall, daß die Keilflächenabmessungen erst festgelegt werden müssen, bestimmt man zur Ermittlung der günstigsten Keilflächenbreite B zunächst die angenäherte Schmierschichttemperatur Θ aus der Beziehung

$$\Theta^2 \cdot (\Theta - \Theta_1) = \sqrt[2{,}6]{\frac{68\,000 \cdot V^4 \cdot i^2}{a^2 \cdot \sqrt[1{,}25]{\varepsilon \cdot L \cdot H^{1{,}2}}}} \quad \dots \dots \quad 136$$

Zu diesem Zwecke ist lediglich der Zahlenbetrag der rechten Seite dieser Gleichung in der Rubrik der gewählten Lufttemperatur Θ_1 in Zahlentafel 21 (S. 162) aufzusuchen und die zugehörige Schmierschichttemperatur Θ abzulesen. Zwischenwerte sind zu schätzen.

Mit dem so gefundenen Wert für Θ bestimmt man die günstigste Keilflächenbreite nach der Gleichung

$$B = \frac{7{,}06 \cdot \sqrt[1{,}25]{\varepsilon} \cdot P \cdot H^{1{,}2} \cdot (0{,}1 \cdot \Theta)^{2{,}6}}{V \cdot L^{1{,}2} \cdot i} \quad \text{m} \quad \dots \dots \quad 135$$

Diese Breite B kann, je nach Bedarf, durch eine größere oder kleinere Zahl hintereinandergeschalteter Einzelkeilflächen (siehe z. B. Abb. 2) verwirklicht werden, so daß die Summe der Breiten B_1 der in gleichem

---

[*]) Siehe Zahlentafel 19, Seite 145.

Sinne geneigten Einzelkeilflächen gleich der errechneten Gesamtbreite B wird.

Der mittlere Flächendruck beträgt

$$p_m = \frac{P}{B \cdot L} \text{ kg/m}^2,$$

die mittlere Reibungszahl

$$\mu = 3,5 \cdot \sqrt{\frac{z \cdot V}{p_m \cdot L}} \quad \dots \dots \dots \; 118$$

mit

$$z = \frac{i}{(0,1 \cdot \Theta)^{2,6}} \text{ kg} \cdot \text{sek/m}^2 \quad \dots \dots \; 108$$

Die Reibungsleistung ermittelt sich zu

$$N_r = \frac{P \cdot \mu \cdot V}{75} = 0,0467 \cdot \sqrt{P \cdot V^3 \cdot B \cdot z} \text{ PS} \quad \dots \; 121$$

mit z nach Gleichung 108.

Sind die Keilflächenabmessungen von vornherein gegeben, so beträgt die Schmierschichttemperatur

$$\Theta = \frac{\Theta_1}{2} + \sqrt{\left(\frac{\Theta_1}{2}\right)^2 + \sqrt[2,6]{\frac{1200 \cdot P \cdot V^3 \cdot i}{L^2 \cdot B \cdot a^2}}} \text{ Grad} \quad \dots \; 132\text{a}$$

(Nach dieser Formel kann auch die Schmierschichttemperatur im ersten Falle nachgeprüft werden, nachdem die Keilflächenbreite B nach Gleichung 135 ermittelt worden war.)

Nach Annahme der geringsten Schmierschichtstärke ergibt sich alsdann die erforderliche Keilsteigung zu

$$\varepsilon = \left(\frac{\sqrt[5]{L \cdot z \cdot V}}{7,06 \cdot p_m \cdot H^{1,2}}\right)^{1,25} \text{ m} \quad \dots \dots \dots \; 58\text{c}$$

oder, nach Annahme der Keilsteigung, die geringste Schmierschichtstärke nach Gleichung 58, wobei z wiederum nach Gleichung 108 eingesetzt werden muß.

Ist außer den Keilflächenabmessungen auch noch die Keilsteigung gegeben, kurzum ein fertiger Gleitschuh, so kann nach Ermittlung der Schmierschichttemperatur nach Gleichung 132a nur geprüft werden, ob überhaupt flüssige Reibung zu erwarten ist. Dies erfolgt durch Nachrechnung der sich ergebenden geringsten Schmierschichtstärke

$$H = \sqrt[1,2]{\frac{\sqrt[5]{L \cdot V \cdot i}}{7,06 \cdot \sqrt[1,25]{\varepsilon} \cdot p_m \cdot (0,1 \cdot \Theta)^{2,6}}} \text{ m} \quad \dots \dots \; 133$$

Ergibt sich dabei H kleiner als $H_{min} = 0,00001 \text{ m} = 0,01 \text{ mm}$, so ist halbflüssige Reibung zu erwarten. — Bei nur geringer Unterschreitung von H_{min} kann durch Einlaufen unter günstigen Umständen auch wohl noch flüssige Reibung erreicht werden.

Die einzige Korrekturmöglichkeit bei zu geringer Schmierschichtstärke besteht im letztgenannten Falle (vollständig fertiger Gleitschuh) in der Wahl eines zäheren Schmiermittels oder, falls dies aus besonderen Gründen nicht angängig sein sollte, in der Anwendung von Kolloidalgraphit als Zusatz zum Schmieröl. Letzteres kann hier jedoch nur als Notbehelf gelten.

Zu beachten ist besonders, daß die vorstehenden Angaben die Anwendung von beweglich gelagerten Tragschuhen bedingen, so daß auf eine praktisch vollkommen parallele Selbsteinstellung der nicht keilförmig gestalteten Zwischenflächen zur Gleitbahn zu rechnen ist. Bei kurzen Tragschuhen mit nur einer Keilfläche wird im praktischen Betriebe aller Wahrscheinlichkeit nach wohl ein Kippen nach Art der Druckklötze beim Michell-Lager eintreten, doch ist hierauf bei den gebrachten Berechnungen keine Rücksicht genommen worden.

B. Konstruktion, Werkstattausführung und Betrieb.

Die für die Konstruktion, Werkstattausführung und den Betrieb geschmierter Maschinenteile maßgebenden wichtigsten Gesichtspunkte können in folgende Sätze zusammengefaßt werden:

Traglager für Drehbewegung.

1. Um die im praktischen Betriebe unvermeidlichen Wellendurchbiegungen und Montageungenauigkeiten auszugleichen, sollen die Lagerschalen stets derart beweglich ausgeführt werden, daß eine Einstellung derselben zur jeweiligen Wellenlage selbsttätig erfolgen kann.

2. Unmittelbares Auftuschieren der Lagerschalen auf den Zapfen ergibt keine vollkommene Schmierung. Der Lagerdurchmesser muß stets, und wenn noch so wenig, größer sein als der Zapfendurchmesser. — Auftuschierte Lager sollten jedenfalls seitlich verlaufend frei geschabt werden, um wenigstens eine rohe Annäherung richtigen Lagerspieles zu erhalten.

3. Das allgemein übliche Eintuschieren einer infolge Gewichtsbelastung (Schwungrad, Turbinenlaufräder, Dynamorotor) durchhängenden Welle erfüllt seinen Zweck nicht, da die im praktischen Betriebe auftretenden Wellendeformationen von der Durchbiegung der Ruhe verschieden sind und meistens nach Größe und Richtung periodisch wechseln. — Der angestrebte Zweck kann nur durch in bezug auf genaues Fluchten sorgfältig ausgerichtete, sauberst bearbeitete und richtig tolerierte bewegliche Lager erreicht werden, die sich den im praktischen Betriebe auftretenden Deformationen jeweils selbsttätig anpassen können.

4. Schmiernuten (gleichgültig welcher Form) in der belasteten Lagerschale sind unzweckmäßig und daher fortzulassen*). Sie vermindern

---

*) Eine Ausnahme bilden nur Lager mit sehr geringer Gleitgeschwindigkeit bei hoher Flächenpressung, deren Arbeitsbedingungen nur halbflüssige Reibung erreichen lassen.

durch Störung des angestrebten Schmierschichtdruckes die Tragfähigkeit des Lagers und wirken um so schädlicher, je unmittelbarer sie die Lagermitte mit der Ein- bzw. Auslaufseite oder den Lagerenden verbinden.

5. Schmiernuten in der Tragfläche umlaufender Zapfen wirken in ähnlicher Weise schädlich wie in der belasteten Lagerschale. Umlaufende Zapfen führe man daher stets glatt aus.

6. Die Bearbeitungsvollkommenheit von Zapfen und Lagerschalen soll, insbesondere für hohe Belastungen und geringere Drehzahl, so weit getrieben werden, als dies ohne unverhältnismäßige Preissteigerung durchführbar ist, und zwar sowohl in bezug auf genau zylindrische Form wie auch bezüglich der Ebenheit und Glätte der Gleitflächen. — Je vollkommener die Bearbeitung, um so größer die erzielbare Tragfähigkeit bzw. die Betriebssicherheit. Diese Vorteile werden, unter Berücksichtigung dessen, daß die Kosten für das sonst übliche Eintuschieren erspart werden, den Mehrpreis der vollkommeneren Bearbeitung reichlich aufwiegen.

7. Größte Genauigkeit beim Einpassen mehrerer in einer Flucht liegender (beweglicher) Lager von gleichem Durchmesser kann erzielt werden durch Eintuschieren der Lager mit Hilfe eines durch sämtliche Lager geführten dünnwandigen, genau geschliffenen Kaliberrohres, dessen Durchmesser um das erforderliche Lagerspiel größer ist als der Wellendurchmesser. Nach Einlegen der Welle in die so hergerichtete Lagerflucht ist eine weitere Nacharbeit weder erforderlich noch zulässig.

8. „Einlaufen" ist nur bei hochbelasteten, stark durchbiegenden Wellen (infolge der Wellenkrümmung) oder bei starren Lagern bzw. mangelhafter Bearbeitungsvollkommenheit erforderlich. Das Einlaufen erfolgt zweckmäßig bei der verlangten Betriebsdrehzahl, jedoch unter langsamer Steigerung der Belastung bis über die vorgeschriebene Betriebsbelastung hinaus. Hat das Lager bei dieser Belastung die geringste Reibungszahl erreicht, so kann mit der normalen Belastung in Dauerbetrieb gegangen werden.

9. Die höchste erzielbare Tragfähigkeit und gleichzeitig eine gewisse Sicherheit gegen Heißlaufen bei eintretendem Ölmangel ist durch Zusatz von Kolloidalgraphit zum Schmiermittel erreichbar.

10. Der günstigste Schmierzustand (Vollschmierung), bei welchem die höchste Betriebssicherheit erreicht wird, erfordert so viel Schmiermittel, als das Lager dauernd aufzunehmen vermag. Steht weniger Schmiermittel zur Verfügung (spärliche Schmierung), so verringert sich die Schmierschichtstärke auf Kosten der Betriebssicherheit.

11. Tropfschmierung, Dochtschmierung, Nadelöler, Schmierkissen und Handölung ergeben in der Praxis nur spärliche Schmierung. Vollschmierung ist für die Dauer nur durch Ringschmierung, Spülschmierung oder Druckschmierung zu erreichen.

12. Druckschmierung hat rein schmiertechnisch der Ringschmierung oder der Spülschmierung gegenüber nichts voraus, bis auf in gewissem Umfange vergrößerte Wärmeabfuhr und die Annehmlichkeit, durch Erhöhung des Öldruckes die Wärmeabfuhr weiterhin steigern zu können. Große Vorteile bietet die Druckschmierung indes bei Kolbenmaschinen, indem sie bei noch so hartem Druckwechsel stoßfreien Gang des Triebwerkes erreichen läßt. — Unnötiges Spritzen und Planschen muß vermieden werden, da sonst die Tragfähigkeit verringert und die Oxydation des Öles begünstigt wird.

13. Bei jeder Drucköanlage muß das gesamte den Verbrauchsstellen zugeführte Öl durch einen Tuchfilter gedrückt werden, um Zapfenverschleiß durch Unreinigkeiten zu verhüten. Als Filter verwende man am besten Doppelfilter, die im Betriebe umgeschaltet und abwechselnd gereinigt werden können.

14. Ölkühler zur künstlichen Kühlung des Schmiermittels sind stets in die Druckleitung, und zwar hinter dem Filter, einzubauen, da das Öl den Filter noch in möglichst warmem (dünnflüssigem) Zustande passieren soll. — Das Übertreten von Kühlwasser ins Öl muß sorgsam verhütet werden.

15. Rein schmiertechnisch ist für die Eignung eines Lagerschmiermittels bei reiner Flüssigkeitsreibung in erster Linie die Zähigkeit bei der betreffenden Betriebstemperatur bestimmend; in gewissem Maße auch die Adhäsionsfähigkeit des Öles. Betriebstechnisch hat ein hochwertiges Schmiermittel außerdem noch folgenden Bedingungen zu entsprechen: Das Öl muß praktisch frei sein von Säuren, Alkali, Asche, Harzen und Asphalt, Seife, Paraffin und Wasser. Bei höheren Betriebstemperaturen soll im Interesse geringer Verdampfung der Flammpunkt nicht zu niedrig sein. Diesen Anforderungen entsprechen nur reine Mineralöle geeigneter Herkunft. Sie kennzeichnen sich durch verhältnismäßig hohen Flammpunkt und geringes spezifisches Gewicht, oxydieren nicht, weisen keine Beimengungen von tierischen oder pflanzlichen Ölen auf und gehen mit Wasser keine Emulsionsbildung ein. — Als Eignungsbedingungen können im übrigen die Vorschriften der Fachverbände gelten.

16. Der Zustand geringster Reibung wird im Grenzgebiet erreicht und soll in der Praxis nicht angestrebt werden, da verschleißloser Betrieb und positive Betriebssicherheit dabei nicht erzielbar sind. Im praktischen Betriebe kommt es viel weniger auf den absoluten Geringstwert der Lagerreibung als vielmehr auf verschleißloses Arbeiten und genügende Betriebssicherheit an. Letztere muß stets durch vergrößerte Flüssigkeitsreibung erkauft werden.

17. Nach der Viskosität bei 50° können Mineralöle etwa wie folgt eingeteilt werden:

1,2 bis 2,0	Engler-Grade	. . . .	Spindelöle
2,0 „ 3,5	„	. . . .	leichte Maschinenöle
3,5 „ 5,5	„	. . . .	mittlere Maschinenöle
5,5 „ 20	„	. . . .	schwere Maschinenöle
20 „ 60	„	. . . .	Zylinderöle

18. Kolloidalgraphit („Oildag" und „Kollag") darf nur mit vollständig säurefreien Mineralölen (im Verhältnis von etwa 0,5 bis 2%) gemischt werden, da der Graphit sich sonst zu größeren Aggregaten zusammenballt und im Öl absetzt.

19. Die Art des Lagermetalles ist im Betriebe bei flüssiger Reibung auf die Größe der Reibungszahl praktisch ohne Einfluß. Die Zulässigkeit eines Lagermetalles für einen bestimmten Zweck ist abhängig von dem Verhalten des Metalles bei halbtrockener Reibung (während des Anfahrens) unter dem Einfluß des in Frage kommenden Flächendruckes. Für kleinere Flächendrücke eignet sich Gußeisen in sauberster Verarbeitung, für höhere und höchste Drücke Bronze und namentlich Weißmetall und ähnliche Lagermetalle. Zinkzusatz ist nicht zu empfehlen.

20. Für sehr schwer belastete, unter sehr hohen Temperaturen arbeitende Lager, in denen nur halbflüssige Reibung zu erzielen ist, kommen Lagerfutter aus graphitiertem Weißmetall, sogenanntem „Gittermetall", für Lager, die sehr häufig anfahren und keinen merklichen Verschleiß gestatten, die Steinlagerfutter, System Beusch, in Betracht. Beide besitzen, ähnlich den mit Kolloidalgraphitzusatz geschmierten Lagern, die betriebstechnisch wertvolle Eigenschaft, längere Zeit auch ganz ohne Schmiermittelzufuhr auszuhalten.

Traglager für Schwingbewegung.

1. Schwinglager mit Druckwechsel sind nach ihrer Wirkungsweise hauptsächlich als Flüssigkeitsbremsen zu betrachten. Die Schmiermittelzuführung erfolgt daher zweckmäßig in der Mitte der Lagerschalen, weil da die ansaugende Kraft des Zapfens beim Druckwechsel am größten ist. Außer einer mittleren Ringnute und einer kurzen Längsnute in der Mitte der Lagerschalen sind weitere Schmiernuten nicht vorzusehen.

2. Schwinglager ohne Druckwechsel arbeiten höchstens mit halbflüssiger Reibung. Um letztere sicherzustellen, sollten in der belasteten Schale, von einer umlaufenden mittleren Ringnute nach beiden Seiten ausgehend, mehrere schmale Längsnuten eingearbeitet sein, deren Zahl so festzulegen ist, daß die Entfernung von Nute zu Nute, auf dem Umfange gemessen, etwa dem ganzen Zapfenausschlag entspricht.

3. Bei Schwinglagern sind die Schalen stets auf den Zapfen selbst aufzutuschieren; das Lagerspiel soll also praktisch gleich Null sein. Die Zapfen sollen glasharte Oberfläche erhalten, auf das genaueste und sauberste geschliffen und sachgemäß poliert sein (Bearbeitung wie Kaliberdorne).

4. Schmiernuten (siehe unter 1 und 2) sind stets winkelrecht zur Gleitbewegung anzuordnen und müssen mit ganz schlank verlaufenden Kanten ausgeführt werden; sie dürfen nie bis zum Ende der Lagerschale durchgehen, sondern müssen um einen angemessenen Betrag vom Lagerende entfernt verlaufen.

5. Um das bekannte „Kneifen" bei etwaigem Heißgehen zu verhüten, sind die Lagerschalen an den Stoßstellen „frei zu schaben".

Ebene Gleitflächen.

1. Dynamisches Schwimmen von Tragschuhen ist nur durch Anwendung schlanker Keilflächen erzielbar, die gleichsam auf die Schmierschicht auflaufen. Bei Gleitschuhen mit scharfkantigen, zur Gleitbahn parallelen Tragflächen ist vollkommene Schmierung unmöglich.

2. Schmiernuten der bisher üblichen Art dürfen im allgemeinen weder in den Tragflächen der Gleitschuhe noch in der Gleitbahn selbst vorgesehen werden; sie würden unbedingt die Tragfähigkeit und Betriebssicherheit herabsetzen.

3. Jeder Gleitschuh muß, um sich der Ebene der Gleitbahn anpassen zu können, möglichst allseitig frei beweglich, zum mindesten in einem Bolzengelenk drehbar sein.

4. Die Gleitbahn sowie die zur Gleitbahn parallelen Teile des Tragschuhes müssen genauestens eben und sauber tuschiert sein. Das vielfach übliche Einschleifen (Einkutschieren) der Tragschuhe mit Schmirgel- oder Karborundumpulver nach voraufgegangenem Auftuschieren ist unter allen Umständen zu unterlassen, da dadurch die Tragfähigkeit erheblich vermindert wird.

5. Das Einarbeiten der keilförmigen Tragflächen kann auf beliebige Weise (durch Schleifen, Feilen oder Schaben) vorgenommen werden. Die endgültige Fertigbearbeitung sollte durch Abziehen mit der Schlichtfeile, jedoch stets quer zur Gleitrichtung und möglichst durch nachfolgendes Schaben (wiederum vorwiegend quer zur Gleitrichtung) erfolgen. Die Keilsteigung ist wiederholt durch geeignete Lehren zu prüfen.

Kolbenschmierung.

1. Grundbedingung für eine gute Kolbenschmierung (möglichst verschleißloser Betrieb bei Vermeidung von Ölvergeudung) ist die Anwendung von keilförmigen Tragflächen und schlanken Abrundungen bei Kolben und Kolbenringen und Zuführung des Schmiermittels im Hubtakt. Durch Hubtakt-Aussetzer-Schmierung wird das gesamte zur Verwendung gelangende Schmiermittel nur dem Kolben, und zwar zwischen den Ringen zugeführt, so daß die Ölzufuhr sich nur auf die reibenden Teile und nicht auch auf den freien Zylinderlauf erstreckt.

2. Die Schmiermittelzufuhr erfolgt bei Hubtaktschmierung zweckmäßig in der Nähe der Zylinderenden, und zwar am besten von oben, falls das Rückschlagventil unmittelbar an den Zylinderlauf herangerückt werden kann.

3. Bei Hubtaktschmierung muß jedes Zylinderende durch eine besonders betätigte Schmierpumpe (nicht Schmierpresse) versorgt werden, deren Antriebe um 180° gegeneinander versetzt sind. Zur Vermeidung von Schmiertaktverschleppungen erfolgt der Antrieb der Schmierpumpen durch Aussetzergetriebe, damit nur in größeren Zeitintervallen, dafür aber kräftig geschmiert wird; die Ölleitungen seien nicht zu weit und nicht unnötig lang oder zu oft gekrümmt.

4. Bei Dampfmaschinen-Zylinderölen sollten überspannte Vorschriften bezüglich Viskosität und Flammpunkt vermieden werden, da sie den Lieferanten dazu treiben, stark asphalthaltige Öle zu liefern, die betriebstechnisch höchst unerwünschte Sinterungen, Verkrustungen und Verkokungen verursachen. Die zu erwartende „Schmierfähigkeit" eines Zylinderöles kann aus dessen Viskositätsziffer allein nicht gefolgert werden, da die Kolbenschmierung bestenfalls unter halbflüssiger Reibung vor sich geht und bei letzterer vor allem die Adhäsionsfähigkeit eine wichtige Rolle spielt.

5. Als Heißdampf-Zylinderöle eignen sich am besten reine Mineralöle ohne Asphalt- und Aschegehalt, die keine Verkrustungen ergeben und nicht emulgieren; letzteres, um weitgehendste Abdampfentölung zu ermöglichen. Bei sehr hohen Temperaturen empfiehlt sich auch Zusatz von Kolloidalgraphit zum Zylinderöl, insbesondere zum Einlaufen.

6. Sparsame Zylinderschmierung soll nicht durch Verwendung möglichst billiger Zylinderöle, sondern durch zweckmäßige Zufuhr hochwertiger Schmiermittel und dadurch bedingte quantitative Ersparnisse erzielt werden.

26. Interessante Fälle aus der Praxis.

Zum Schluß seien noch einige interessante Fälle aus dem Gebiet der praktischen Schmiertechnik besprochen, die teils persönlichen Erfahrungen des Verfassers, teils Schilderungen von anderer Seite entstammen.

Heißlaufendes Außenlager. Nachstehende Mitteilungen erhielt Verfasser von einem erfahrenen Berufskollegen, der über einen interessanten Fall wie folgt berichtet:

„An unserer Betriebsmaschine ging das mit ca. 9 kg/cm² belastete Außenlager immer recht heiß. Ich öffnete das Lager durch Entfernen des Deckels und der Oberschale und ließ die Maschine wieder laufen. Es zeigte sich, daß der Zapfen so gut wie trocken lief; nur dort, wo die tiefen Kreuznuten der Unterschale ausmündeten, hatten sich schmale Ölwulste gebildet, die mit dem Zapfen umliefen. Das Öl ist also durch die Schmiernuten gefördert worden, ohne an der Schmierung teilzunehmen."

„Ich ließ nach dieser Beobachtung die Unterschale herausnehmen, die Kreuznuten an der Auslaufseite zulöten und die Lagerschale an der Einlaufseite mit einer breiten Öltasche versehen.

Nach erneuter Instandsetzung ging der Zapfen bis etwa 30 Umdrehungen pro Minute durchweg noch ziemlich trocken, wobei die Ölwulste auf dem Zapfen allerdings nicht mehr sichtbar waren. Bei allmählich weiter zunehmender Drehzahl kam jedoch die über den ganzen Zapfen verteilte braune Ölschicht mehr und mehr zum Vorschein und nahm bei voller Drehzahl der Kurbelwelle schließlich eine solche Dicke an, daß man die Zapfenoberfläche nicht mehr durchschimmern sah. — Es war ein glänzender Erfolg, den ich der neuen Anschauung in der Schmiertechnik und Ihrer geschätzten Vermittlung derselben zu danken hatte."

Wie wir aus diesem Bericht ersehen, konnte die schädliche Wirkung der Schmiernuten, die bis dato das Heißgehen des Lagers verursacht hatte, bereits durch bloßes Verschließen der Auslaufenden so weit herabgemindert werden, daß Vollschmierung erzielt wurde.

Klopfende Kurbellager. Eine nicht minder interessante Mitteilung entnehmen wir einem weiteren Bericht desselben Kollegen.

„Vor einigen Tagen hatte ich wieder Gelegenheit, von der Keilkraftschmierung (diese von Ihnen vorgeschlagene Bezeichnung ist treffend und doch von der gewünschten Kürze) Gebrauch zu machen, und zwar an einer Einzylinder-Kondensationsdampfmaschine, deren Kurbelzapfenlager fast dauernd klopfte und häufig heiß lief.

Dieses Mal ging ich einen Schritt weiter und ließ kurzerhand die ganzen Schmiernuten zulöten und nur an den Teilstellen schlanke Einlauftaschen anarbeiten. — Der Erfolg war überraschend: das Lager wurde nicht mehr heiß und das frühere Klopfen im Druckwechsel war verschwunden.

Nachdem sich diesem Erfolg ein weiterer anschloß (ich hatte inzwischen wieder Gelegenheit, ein Kurbelzapfenlager nach Ihren Vorschlägen herrichten und einbauen zu lassen), scheint man auch hier langsam zur Einsicht zu kommen und die sinnlose Verteidigung der ‚alten guten‘ Schmiernuten endlich aufgeben zu wollen."

Wie wir obigen Mitteilungen entnehmen, wirkt eine vernünftige Ausbildung der Lagerschalen ausgesprochen im Sinne einer allgemeinen Schmierschichtverstärkung; denn es geht nicht nur die Reibungszahl und damit die Betriebstemperatur herab, sondern es findet auch gleichzeitig eine wirksame Dämpfung der Getriebestöße im Druckwechsel statt.

Verschleißende Kreuzkopfführung. Der gußeiserne Gleitschuh eines kräftig belasteten Kreuzkopfes zeigte nach einiger Betriebszeit eine beträchtliche Abnutzung, so daß sich bald infolge des entstandenen Spieles ein Klopfen im Kolbentotpunkt bemerkbar machte. Diese Erscheinung, in Verbindung mit der wachsenden Gefahr des Heißlaufens, gemahnte zum Abstellen der Maschine und legte die Notwendigkeit nahe, dem Übel abzuhelfen.

Da auch die Gleitbahn Verschleiß aufwies, wenngleich es zum Fressen bisher nicht gekommen war, glaubte die Betriebsleitung zu hohen Flächendruck annehmen zu müssen, und riet zur Ausführung eines Tragschuhbelages aus Weißmetall. — Ein Gegenvorschlag sollte jedoch zeigen, daß dies nicht ertorderlich war.

In Anbetracht der geringeren Kosten und des geringeren Zeitverlustes entschloß man sich, den Kreuzkopfschuh zu unterlegen und vorn und hinten mit einem schlanken, keilförmigen Anlauf zu versehen.

Der erwartete Erfolg blieb nicht aus. Nach Wiederinbetriebnahme ging der Kreuzkopf ruhig und, nach der sichtbaren blanken Ölschicht auf der Gleitbahn zu urteilen, auch anscheinend verschleißlos. Die angearbeiteten Keilflächen bewirkten offenbar ein regelrechtes Auflaufen des Tragschuhes auf die Schmierschicht und damit dynamisches Schwimmen.

Die Schwierigkeit, bei starrer Verbindung des Kreuzkopfes mit der Kolbenstange dauernden Parallelismus der Gleitflächen zu erhalten, darf hierbei nicht verkannt werden, und es ist daher damit zu rechnen, daß bei allmählicher Abnutzung des Kolbens die vordere Kante des Gleitschuhes sich mehr und mehr von der Gleitbahn abheben wird, bis schließlich halbflüssige Reibung und damit Verschleiß auftritt. — Bleibende Abhilfe könnte nur durch Anwendung beweglicher Kreuzkopfschuhe erzielt werden, wofür ja bereits eine ganze Reihe mehr oder weniger vollkommener konstruktiver Lösungen vorliegt.

Jedenfalls kann daran festgehalten werden, daß bei geeigneter Ausbildung der Kreuzkopfschuhe ein Weißmetallbelag entbehrlich ist.

Verschleißendes Vertikallager. Das Halslager einer raschlaufenden senkrechten Welle, die ständigen elastischen Deformationen durch einseitige Fliehkräfte ausgesetzt war, bestand aus einer einteiligen, mit Weißmetall gefütterten Büchse von erheblicher Länge. Das Lager war in üblicher Weise starr in das Maschinengehäuse eingebaut und wurde durch die durchbohrte Welle von oben mit Tropföl beschickt.

Im Betriebe machten sich dauernd harte Erschütterungen bemerkbar, das Lager wurde empfindlich warm und begann nach Eintreten eines gewissen Verschleißes zu „trommeln". Der Betriebsleiter glaubte zunächst, es könne nur ungenügende Schmierung vorliegen, und ließ die bereits zahlreich vorhandenen Schmiernuten des Lagers noch um weitere vermehren. Das Übel verschlimmerte sich jedoch nur und der Verschleiß schritt schneller vorwärts, so daß das Weißmetallfutter erneuert werden mußte.

In der Absicht, die Häufigkeit des erforderlichen Weißmetallersatzes möglichst herabzudrücken, wurde die Lagerbuchse schließlich noch mehrfach geschlitzt, um das Lager nach eingetretenem Verschleiß in gewissen Grenzen nachstellen zu können. Diese Maßnahme ergab jedoch statt der erwarteten Besserung eine weitere Verschlechterung, so daß Abhilfe dringend erforderlich wurde.

Zur Beratung herangezogen, stellte Verfasser die Notwendigkeit folgender Änderungen fest:

Zunächst mußte zur Aufnahme der unter raschem Richtungswechsel auftretenden harten Stöße Druckschmierung angebracht werden, womit gleichzeitig für reichliche Schmierung und genügende Wärmeabfuhr gesorgt war. Die Ölzuführung erfolgte zweckmäßig durch eine in Mitte Lagerlänge vorgesehene, im Weißmetall umlaufend ausgesparte Ringnute, womit auch nach beiden Enden hin genügende Sperrlänge für den Preßölaustritt gegeben war. Schmiernuten irgendwelcher Art wurden selbstverständlich nicht vorgesehen.

Des weiteren mußte zur Aufnahme der Wellendeformationen und auch mit Rücksicht auf die beträchtliche Lagerlänge die vorhandene

Lagerbuchse durch eine neue, selbsteinstellende Lagerschale ersetzt werden. Letztere war ebenfalls einteilig, jedoch kugelig gelagert, so daß sie sich nach allen Seiten frei einstellen konnte, ohne eigentliches Spiel zu haben. Die Welle wurde sauber nachgeschliffen und das neue Lager nach Laufsitzpassung ausgebohrt.

Die Inbetriebnahme erfolgte störungslos und bestätigte die Richtigkeit der getroffenen Maßnahmen: das Lager wurde nicht warm, lief dauernd ruhig und erschütterungsfrei, und die früher beobachtete Abnutzung blieb aus.

Heißlaufendes Kreissägenlager. Das Lager einer raschlaufenden Warmeisensäge, das nach Aussage der Betriebsleitung bisher zu Störungen keinen Anlaß gegeben hatte, mußte wegen dauernden Heißlaufens außer Betrieb gesetzt werden. Die Lagerschalen wurden aufgenommen, gereinigt und ordnungsmäßig nachgearbeitet; gleichzeitig ersetzte man das bisherige Öl, das nicht sehr vertrauenerweckend aussah, durch frisches, hochwertiges Öl von gleicher Zähigkeit.

Die Kreissäge wurde hiernach wieder in Betrieb genommen, mußte jedoch wegen Heißlaufens alsbald wieder abgestellt werden: die Ursache der Störung war somit noch nicht beseitigt.

Beim erneuten Aufnehmen des Lagers fiel es auf, daß das Kreissägeblatt beim Drehen von Hand nach erfolgtem Loslassen immer in ein und dieselbe Stellung zurückpendelte; es war also eine Unbalance vorhanden. Diesbezügliche Nachfragen ergaben, daß das Heißlaufen erst seit dem Aufsetzen eines neuen Sägeblattes aufgetreten sei, und man untersuchte daher die ausgebaute Welle zusammen mit dem Sägeblatt genauer: es zeigte sich eine sehr erhebliche Unbalance, die nur auf ungleiche Sägeblattstärke zurückgeführt werden konnte. Das Sägeblatt wurde daher durch ein anderes, gleichmäßiges ersetzt und die Welle wieder in Betrieb genommen. — Die Säge lief anstandslos, und das Lager zeigte keinerlei unzulässige Erwärmung.

Da das Sägeblatt einen beträchtlichen Durchmesser besaß, mußten die einseitigen Schleuderkräfte bei der hohen Drehzahl periodische Wellendurchbiegungen von solcher Größe erzeugt haben, daß bei dem verhältnismäßig langen, starren Lager bedeutende Kantenpressungen auftraten, die dann ihrerseits zum Heißlaufen führten.

Erschütterungen an Turbinenlagern. Scheinbar widersprechende Angaben findet man in der technischen Literatur bezüglich des festgestellten Einflusses des Lagerspieles auf den ruhigen Gang von Dampfturbinenlagern. Bekanntlich ist durch zuverlässige praktische Versuche festgestellt worden, daß Erschütterungen bei Turbodynamos durch Vergrößern des Lagerspieles zum Verschwinden gebracht werden können. — Diese Tatsache steht auch mit der heutigen Lagertheorie in bester Übereinstimmung.

Vergegenwärtigt man sich die Wirkung der nie ganz zu beseitigenden dynamischen Unbalancen als durch Biegungskräfte erzeugte elastische Deformationen der Welle, so muß der Einfluß der unvollkommenen Auswuchtung auf ein Lager offenbar als mit der Wellendrehgeschwindigkeit umlaufende radiale Kraft in die Erscheinung treten. Der Augenblick, in welchem diese Kraft senkrecht nach unten wirkt, also mit der Schwerkraft des Rotors zusammenfällt, wird eine Vergrößerung der statischen Lagerpressung, die entgegengesetzte Richtung der Fliehkraft eine Entlastung des Lagers, also eine Verringerung des Flächendruckes, bedeuten. Die resultierende Lagerbelastung wird somit während jeder Umdrehung zwischen einem Maximum und einem Minimum wechseln; desgleichen in gewissem Maße auch die Belastungsrichtung. Hierdurch ist eine rhythmische Änderung der Wellenverlagerung gegeben, die durch Resonanz noch eine besondere Vergrößerung erfahren kann*).

In Wirklichkeit werden diese Änderungen der Wellenverlagerung nicht voll zur Auswirkung kommen, da die hierzu zur Verfügung stehende Zeit zu gering ist. Die Folgen des Kräftespieles werden vielmehr nur als von der Schmierschicht aufzunehmende Erschütterungen bemerkbar werden, die sich um so stärker auf das Lager und den ganzen Maschinenrahmen übertragen, je härter die Dämpfung. Die Dämpfung ist hart, d. h. ein Lager reagiert auf stoßartige Belastungsänderungen um so härter, je geringer das Lagerspiel, da das Verdrängen der Schmierschicht um so schwerer und langsamer vor sich geht. Infolgedessen werden die Erschütterungen bei ganz geringem Lagerspiel mit nahezu ungedämpfter Härte auf das Lager übertragen werden, so daß in Übereinstimmung mit den erwähnten Versuchen ein mehr oder weniger heftiges Vibrieren sämtlicher benachbarten Partien die Folge sein wird. — Auch hier kann wiederum durch Resonanz eine weitere Verschlimmerung eintreten.

Verfasser vertritt hiermit den Standpunkt, daß Erschütterungen äußerlich um so schärfer in die Erscheinung treten, je unmittelbarer die von den umlaufenden Teilen ausgehenden Kraftwirkungen auf den Lagerständer übertragen werden und je stärker die Verbiegungen der Welle. — Der Betrieb raschlaufender Maschinen mit Kugellagern muß danach z. B. stärkere Erschütterungen ergeben als bei richtig ausgeführten Gleitlagern.

Je größer das Lagerspiel, um so leichter die Verdrängbarkeit der Schmierschicht bei plötzlichen Belastungssteigerungen, um so wirksamer also die Dämpfung, falls das durch die Stöße verdrängte Schmiermittel dauernd so rasch, d. h. unter solchem Druck ersetzt wird, daß kein lokaler Schmiermittelmangel (Kavitation) entstehen kann.

Geht man jedoch mit der Vergrößerung des Lagerspieles zu weit, so erhält man schon für den statischen Lagerbelastungszustand nur äußerst geringe Schmierschichtstärken. Treten nun noch die periodisch umlaufenden Zusatzkräfte hinzu, so kann es leicht vorkommen, daß der bei jeder Umdrehung auftretende resultierende Lagerhöchstdruck, unterstützt durch die Wellendeformationen, zu einer Überlastung der Schmierschicht und damit zu einem punktweisen Einklinken der Gleitflächen-

---

*) Die Wellendurchbiegung im Lager, deren Richtung sich innerhalb jeder Umdrehung ständig ändert, wird zudem eine Neigung zu erhöhten Kantenpressungen bedingen, da die Selbsteinstellung der Lager diesen schnellen rhythmischen Bewegungen offenbar nicht zu folgen vermag.

unebenheiten führt. In ihrem Verlauf nicht zu übersehende Störungen der Wellenverlagerung und damit Schwingungserscheinungen teils primären, teils sekundären Ursprungs können die Folge sein. — Schmiernuten in den Lagerschalen würden das Auftreten derartiger Störungen natürlich noch begünstigen.

Die geringsten Schwingungserscheinungen müßten hiernach zu erwarten sein: entweder bei reichlichem (nicht zu großem) Lagerspiel und genügendem Öldruck oder bei kleinem Lagerspiel und federnder Lagerung der Lagerschalen. Wohl zu beachten ist hierbei noch, daß das Ergebnis auch in hohem Maße von der Größe der wirksamen Fliehkräfte (Unbalance), von dem Maße der Wellenverbiegung, der Genauigkeit und Vollkommenheit der Lager- und Zapfenbearbeitung, von den Wärmedehnungseigenschaften des Lagermetalles (Verzerrungen des Lagerspieles), dem genauen Fluchten der Lager, von dem Vorhandensein etwaiger Schmiernuten, von der Lagertemperatur und von der Ölsorte abhängig ist.

Aus diesen Gründen müssen Mitteilungen über Erfolge durch Verkleinerung des Lagerspieles sehr vorsichtig aufgenommen werden, da ohne genaue Kenntnis sämtlicher Begleitumstände die wirkliche Ursache der anscheinend nur durch Verkleinern des Lagerspieles erzielten Besserung nicht feststellbar ist. So sind z. B. in manchen Fällen trotz richtigen Lagerspieles starke Erschütterungen wahrgenommen worden, die erst verschwanden, nachdem man den Öldruck erhöht und damit die Kavernenbildung beseitigt hatte. Wäre statt dessen eine Verringerung des Lagerspieles vorgenommen worden, wobei der ursprüngliche Öldruck genügt haben könnte, ohne daß die Dämpfung dadurch zu hart geworden wäre, so hätte man zweifellos den Eindruck gewonnen, als ob eine Besserung der Erschütterungen nur durch Verkleinern des Lagerspieles erzielbar sei.

Nach den oben dargelegten Anschauungen, durch die sich die bisher vorliegenden praktischen Beobachtungen an Turbinen- und Generatorlagern in befriedigender Weise erklären lassen, muß somit vorläufig daran festgehalten werden, daß bei größeren dynamischen Unbalancen im allgemeinen sehr kleine Lagerspiele einen erschütterungsfreien Betrieb der Lager nicht erwarten lassen.

Heißlaufende Zahnradölpumpe. Eine ziemlich große Zahnradölpumpe gewöhnlicher Bauart sollte dauernd gegen 20 at Gegendruck fördern. Bis zu 15 at machten sich irgendwelche Schwierigkeiten nicht bemerkbar, bei 20 at Förderdruck traten jedoch nach längerer Betriebszeit regelmäßig Heißläufer auf, so daß Abhilfe notwendig war.

Die Zapfen waren in üblicher Weise zu beiden Enden der Zahnräder angeordnet (durchgehende Welle) und liefen in eingesetzten Bronzebuchsen. Der Flächendruck betrug etwa 33 kg/cm², die Drehzahl 600.

Eine Überprüfung der Konstruktions- und Ausführungsverhältnisse ergab folgendes:

Die verhältnismäßig kurzen Lager waren mit einem Lagerspiel von etwa 0,1 mm bei 50 mm Durchmesser ausgeführt; das Lagerspiel war somit für die gegebenen Verhältnisse zu groß. Dennoch konnte ohne weiteres eine Verringerung des Spieles nicht vorgenommen werden, da zu befürchten war, daß die Zapfen infolge der auftretenden Wellendurchbiegung klemmen würden. Der einzige gangbare Weg war damit vorgezeichnet: man bildete die Lagerbuchsen beweglich, d. h. selbsteinstellbar aus und verringerte alsdann das Lagerspiel bis auf Laufsitzpassung. — Ein Klemmen trat nicht ein; das geringe Spiel ermöglichte flüssige Reibung, und die Pumpe konnte, ohne warmzulaufen, mit 20 at Förderdruck in Dauerbetrieb genommen werden.

Hier zeigte sich wieder deutlich die große praktische Wichtigkeit der Berücksichtigung der Wellendurchbiegung. Tragfähigkeit bei der ziemlich hohen Flächenpressung und dem sehr warmen Öl war offenbar nur durch kleines Lagerspiel zu erreichen, und letzteres setzte, um die Wellendurchbiegung unschädlich zu machen, selbsteinstellende Lagerbuchsen voraus. — Ohne diese Maßnahmen wären alle Bemühungen vergeblich geblieben, da ein Dauererfolg auf andere Weise nicht zu erzielen ist.

Abnormer Zapfenverschleiß. Bei einer vollkommen geschlossenen, einfachwirkenden Kapseldampfmaschine zeigte sich nach einigen Wochen Betriebszeit ein Zapfenverschleiß von über 1 mm. Betriebstechnisch hatte sich dieser enorme Verschleiß nicht bemerkbar gemacht, da bei der Maschine kein Druckwechsel auftrat und das große Spiel somit ein Schlagen der Zapfen in den Lagern nicht zur Folge haben konnte.

Die Ursache des Verschleißes schien unerklärlich, da gutes Material und beste Werkstattausführung vorlag und die Flächendrücke die normalen Grenzen nicht überschritten. Die Lager wurden daher wiederum mit allerbestem Weißmetall ausgegossen, die Zapfen auf das sauberste egalisiert und die ganze Maschine sorgfältig überholt. Die erneute Inbetriebnahme ergab jedoch nach kurzer Zeit den gleichen Lager- und Zapfenverschleiß wie früher.

Eine genaue Untersuchung der Sachlage führte zu einer überaus einfachen Aufklärung:

Das bedienende Personal, das seit Jahren nur auf die Wartung von Maschinen mit Tropfschmierung eingestellt war, hatte nicht daran gedacht, daß bei Druckschmierung das Öl einen ständigen Kreislauf vollführt und daß auch Unreinigkeiten, sofern solche einmal vorhanden sind, mit dem Ölstrom wieder den Lagern zugeführt werden. Man hatte daher versäumt, das Öl beim Überholen der Maschine zu erneuern und restlos aus allen Rohrleitungen und Gehäuseteilen herauszuspülen. Der von der ersten Verschleißperiode herrührende Schleifschlamm wurde daher durch die Ölpumpe aufgewirbelt, angesaugt und in die Lager gedrückt, wo das Zerstörungswerk sofort wieder von neuem begann. — Damit war die Ursache des erneuten Verschleißes geklärt.

Der anfängliche Verschleiß hatte im Grunde die gleiche Ursache: die Druckschmieranlage war ohne Filter ausgeführt; das Maschinengehäuse, in welches das aus den Lagern austretende und herausspritzende Öl ablief, bestand aus einem ziemlich stark verrippten Gußstück, dessen äußerste Winkel und Ecken auch bei sorgfältiger Reinigung gar zu leicht Sand- und Schmutzreste enthalten konnten; auch können Unreinigkeiten bei der Montage im Gehäuse zurückbleiben, sofern, wie in diesem Falle, große Einsteigöffnungen vorhanden sind und beim Betreten des Gehäuses mit Stiefeln nicht äußerste Vorsicht beobachtet wird. Jedenfalls mußten irgendwelche Unreinigkeiten durch das Preßöl losgespült und mit dem Öl einem der Lager zugeführt worden sein. Ist der Verschleiß erst eingeleitet, so sorgt der sich bildende Stahlschlamm, der wiederum im Kreise rundgepumpt wird, für schnelles Fortschreiten der Zerstörungsarbeit.

Durch Einschalten eines doppelten Tuchfilters in die Öldruckleitung und nochmaliges vollständiges Erneuern aller Zapfen und Lager war die erforderliche Betriebssicherheit gewährleistet; selbstverständlich wurden sämtliche Teile und Rohrleitungen gründlich mit Petroleum durchgespült und der Ölvorrat nach sorgfältiger Reinigung des Sammelbeckens erneuert. Das Vorsehen eines Ölfilters von vornherein hätte diese Schwierigkeiten vermieden und nur wenige Prozent von dem gekostet, was die wiederholten Überholungsarbeiten und Betriebsstillstände verschlungen hatten.

Die gleiche Erfahrung wird auch von anderer Seite gemacht worden sein. So rüsten z. B. die Atlas-Werke, Bremen, jede ihrer „Roland"-Maschinen (ganzgekapselte, schnellaufende Dampfmaschinen, insbesondere als Lichtmaschinen verwendet) bis herab zu den kleinsten Abmessungen mit einem doppelten, im Betriebe umschaltbaren Tuchfilter aus, nur um Zapfenverschleiß zu verhüten. — Diese Maßnahme kann nicht dringlich genug zur Nachahmung empfohlen werden.

Keilkraft-Spurlager. Eine stehende raschlaufende Welle mit 3000 kg Achsialbelastung sollte an ihrem unteren Ende durch ein zuverlässiges Spurlager gestützt werden. Die Anwendung eines üblichen Kammlagers bzw. eines gewöhnlichen Spurlagers schien wegen zu großen Flächendruckes von vornherein aussichtslos, da derartige Lager trotz gehärteter Spurplatten erfahrungsgemäß rasch verschlissen und zu geringe Betriebssicherheit boten. Man hatte daher als einzige mögliche Lösung die Verwendung eines Spurlagers mit Preßöl von 15—20 at Druck beschlossen.

Für den Fall eines Preßpumpendefektes sollte jedoch die Lauffläche sicherheitshalber als Keilkraft-Spurlager ausgebildet werden, obschon man lebhaft bezweifelte, daß bei dem wegen der beschränkten Platzverhältnisse gegebenen verhältnismäßig hohen Flächendruck und $n = 700$ die Übertragung der vollen Last ohne Preßöl, auch nur auf wenige Minuten, möglich sein sollte. Das nach Angaben des Verfassers ausgeführte einfache Spurlager mit 4 ziemlich schmalen eingearbeiteten Keilflächen (mit je 50 at Flächendruck) wurde daher mit größtem Mißtrauen in Betrieb genommen; erwartete man doch, daß das Lager nach kaum einer Minute fressen müßte.

Bedauerlicherweise war die Keilsteigung infolge Fehlens besonderer Meßgeräte viel zu groß ausgeführt, so daß in der Tat an der Tragfähigkeit gezweifelt werden konnte. Nichtsdestoweniger wurde die

Maschine in Betrieb gesetzt und sofort auf volle Umdrehungen gebracht. — Vergeblich warteten die Herren des Betriebes, mit der Uhr in der Hand, auf das „Zusammenbrechen" des Lagers: die Maschine lief ohne Öldruck anstandslos, und zwar mit äußerst geringem Kraftbedarf, bis man sie schließlich wieder abstellte, da Störungen irgend welcher Art trotz der ungünstigen Verhältnisse nicht aufgetreten waren.

Eigenartige Graphitschmierung. Endlich sei auch noch über einen sonderbaren Vorfall berichtet, der lediglich seiner Eigenartigkeit wegen von Interesse ist.

Bei einem Fischdampfer ging während der Probefahrt aus unbekannter Ursache das Sternbuchslager heiß. Es war ein mächtiger „Brandenburger", da man den Schaden zu spät entdeckt hatte. Die Maschine wurde sofort auf langsameren Gang gestellt, doch blieb das Lager noch lange Zeit so heiß, daß zugeführtes Maschinenöl sofort wieder kochend und dampfend herausgeschleudert wurde. Es schien hiernach sehr fraglich, ob bei diesem Zustande der nächste Hafen erreicht werden konnte.

Auf Veranlassung des Verfassers führte man dem Lager (bei langsam weiterlaufender Welle) eine tüchtige Menge konzentriertes „Oildag" zu — soviel das Lager nur schlucken konnte. Dieses Graphitpräparat wurde eigentümlicherweise nicht herausgeschleudert, offenbar weil Oildag mit einem Mineralöl von hohem Siedepunkt angesetzt ist.

Nach mehreren Stunden hatte sich das Lager so weit abgekühlt, daß man sich entschloß, mit der Drehzahl der Maschine wieder allmählich heraufzugehen. Dies geschah, und nach einer weiteren Stunde hatte man zum allgemeinen Erstaunen die Welle auf volle Drehzahl und das Schiff auf volle Fahrt gebracht. Die Probefahrt verlief ohne weitere Störung.

Da sich nach mehrstündiger Fahrt mit Höchstleistung nicht die geringste anormale Erwärmung gezeigt hatte, nahm man an, daß das Lager sich wieder eingelaufen habe und entschloß sich, mit dem Schiff in See zu gehen.

Zwei Fischfangfahrten wurden absolviert, ohne daß sich an dem Lager die geringste Störung gezeigt hatte. — Zwecks Erneuerung des Schiffsbodenanstriches kam der Dampfer ins Dock. Bei dieser Gelegenheit wurde auch die Schwanzwelle gezogen, um nach dem Zustande des Sternbuchslagers zu sehen. Der Befund war so überraschend, daß man den ersten Berichten des Personals kaum glauben wollte: die Lagerbuchse war in mehrere Stücke zersprungen und auf der Welle festgeschweißt, der Außenmantel der Buchse erwies sich jedoch als säuberlich glatt; es hatte sich somit nicht die Welle in der Lagerbuchse, sondern die mit der Welle verschweißte Lagerbuchse im Stevenrohr gedreht, letztere als Lagerbuchse benutzend (!).

Wenngleich hier besonders günstige Umstände mitgespielt haben müssen, so kann doch jedenfalls aus diesem Vorgang die Folgerung gezogen werden, daß Kolloidalgraphit bei eingetretenen Heißläufern, selbst in schwierigen Fällen, durch seine glättenden Eigenschaften vorzügliche Dienste leistet.

Schlußwort.

Nach Kenntnisnahme der hier dargelegten „Grundzüge der Schmiertechnik" mag nun von mancher Seite die wohlberechtigte Frage aufgeworfen werden, ob denn die Richtigkeit obiger Darlegungen nicht erst durch die „Praxis" bewiesen werden müsse. — Diese Frage kann nur mit gewissen Einschränkungen bejaht werden.

Eine Nachprüfung der hydrodynamischen Theorie durch den Maschinenwärter an der fertigen Maschine ist jedenfalls nicht möglich, weshalb immer wieder darauf hingewiesen werden muß, daß „Berichte aus der Praxis" stets mit Vorsicht aufzunehmen sind, zum mindesten, soweit sie quantitative Angaben betreffen. Zur Beurteilung der wirklichen Vorgänge fehlt in solchen Fällen meistens so ziemlich alles, was für eine sachliche Nachprüfung der betreffenden Verhältnisse erforderlich ist. Durch den Maschinenwärter oder Richtmeister kann nur die Bestätigung der Richtigkeit ganz allgemeiner Momente erwartet werden, z. B. daß das Beseitigen vorhandener Schmiernuten oder das bewegliche Auflagern einer Lagerschale die Gefahr des Heißlaufens verringert.

Der Einfluß des Lagerspieles oder der Ölviskosität kann z. B. auf diese Weise, d. h. ohne richtige Würdigung aller Einzelmomente, nicht mehr festgestellt werden. Versuche solcher Art können, selbst wenn sie in Laboratorien ausgeführt werden, höchstens dem Experimentator für den ihm gerade vorliegenden Fall einen Nutzen bringen. Eine Verallgemeinerung ist jedoch weder möglich noch zulässig, und deshalb haben derartige Versuche, die vielfach mit einem großen Aufwand an Kosten und Mühe durchgeführt wurden, gerade für die Praxis so gut wie gar keinen Wert. Sie können durch unverständige Verallgemeinerung und daraus sich ergebende Mißerfolge eher schädigend und verwirrend wirken.

Eine erfolgreiche Nachprüfung der hier dargelegten Lagertheorie ist nur im Laboratorium und nur unter systematischem Aufbau der Versuchsanordnung nach den Grundsätzen der hydrodynamischen Theorie möglich, wie dies z. B. bei den Versuchen der Firma Brown, Boveri & Co., A.-G., Baden (Schweiz), und in der Doktorarbeit von G. Meyer-Jagenberg, Berlin, der Fall war. Versuche der letztgenannten Art werden sicherlich in ganz geringer Zahl genügen, um alle wichtigen Punkte zu klären, soweit dies nicht schon durch die Stribeck'schen und die oben genannten Versuche geschehen ist.

Kurz zusammengefaßt ist der Tatbestand somit folgender: Der allgemeine Nachweis befriedigender Übereinstimmung zwischen Theorie und Praxis ist durch eine Reihe nach hydrodynamischen Grundsätzen durchgeführter Versuche bereits erbracht worden, so daß es sich bei weiteren Versuchen höchstens noch um Erweiterungen der bisherigen Versuchsgebiete handeln kann. Versuche rein empirischen Charakters, ohne Stützung auf die maßgebenden Naturgesetze, können zu allgemeingültigen Ergebnissen und damit zu einem allgemeinen Fortschritt auf dem Gebiete der Schmiertechnik nicht führen. — Eine Bestätigung der rein qualitativen Grundsätze der wissenschaftlichen Schmiertechnik kann indes, wie zahlreiche Beispiele gezeigt haben, sehr wohl auch durch den praktischen Maschinenbau erbracht werden.

Was die rein quantitative Übereinstimmung anbetrifft, so muß immer wieder eindringlich vor unberechtigten Forderungen bezüglich der „Genauigkeit" gewarnt werden. Es ist ein Unding, von einer Berechnungsmethode, die sich, wie so viele theoretische Berechnungen, auf eine ganze Reihe von Annahmen stützt, eine irgendwie nennenswerte Genauigkeit erwarten zu wollen. Bedenken wir z. B. nur, daß die rechnerisch angenommene mittlere Zähigkeit mit den wirklichen Verhältnissen bei weitem nicht übereinstimmt, daß das auf Grund der Berechnung ausgeführte Lagerspiel infolge der verschiedenen Dehnungskoeffizienten des Wellen- und Lagermateriales bei der Betriebstemperatur offenbar Unstimmigkeiten aufweisen muß, die durch zusätzliche Verzerrungen der Lagerschalen infolge Gußspannungen, einseitiger Ausdehnung usw. noch vergrößert werden können, daß ferner die Wärmeableitverhältnisse nur geschätzt sind und daß unsere Annahme reiner Flüssigkeitsreibung in unmittelbarer Nähe des Grenzgebietes sich lediglich auf die Voraussetzung bestimmter Unebenheitshöhen und genau zylindrischer Zapfen- und Lagerlaufflächen stützt, so werden wir einsehen, daß unsere Ansprüche auf Genauigkeit von vornherein in recht bescheidenen Grenzen bleiben müssen.

Unter diesem Gesichtswinkel sind auch die vom Verfasser eingeführten zahlreichen Näherungsgleichungen zu beurteilen und mit Rücksicht auf die dadurch ermöglichten weitgehenden Vereinfachungen der Rechnung wohl auch zu rechtfertigen*). Auseinandersetzungen über die Zulässigkeit dieser Vereinfachungen erscheinen auf Grund der oben genannten, größtenteils nicht zu beseitigenden Fehlerquellen von vornherein müßig. Im übrigen will und kann vorliegende Arbeit in bezug auf Ausgestaltung und Aufbau keinerlei Anspruch auf Vollständigkeit oder Abgeschlossenheit erheben. Eine Weiterentwicklung muß späteren Auflagen vorbehalten bleiben, und es werden auch noch manche Berichtigungen erforderlich werden.

Wissenschaftlich kurzsichtig wäre es schließlich auch, behaupten zu wollen, daß mit Hilfe der hydrodynamischen Theorie bereits alle Vorgänge auf dem Gebiete der Reibung und Schmierung restlos erklärt wer-

---

*) Daß die gebrachten Formeln vielfach mehrere Dezimalen enthalten, hat ausschließlich den Zweck, die rein arithmetischen Zusammenhänge zu wahren. Der Grad der Genauigkeit soll hierdurch nicht zum Ausdruck kommen.

den könnten. Es gibt vielmehr zur Zeit noch manche Frage, die mangels genügender Kenntnis offen bleiben muß, bis eingehendere Forschungen die erwünschte Klarheit schaffen; erinnert sei hier nur an die Zähigkeit, Adhäsionsfähigkeit und sonstige für die Schmierwirkung etwa noch maßgebende Eigenschaften der Schmiermittel nebst ihrer richtigen zahlenmäßigen Bestimmung und schmiertechnischen Bewertung.

Trotz der noch bestehenden Unklarheiten und Unsicherheiten darf die hydrodynamische Theorie ohne Bedenken als sichere Grundlage auch für alle weiteren Reibungsforschungen angesprochen werden. — Mögen die vorliegenden „Grundzüge" in diesem Sinne überzeugend wirken und zu einem weiteren, allgemeinen Fortschritt der Schmiertechnik führen.

Bedeutung der Buchstaben.

		Maß	Seite
$H_{0,8} \div H_{0,05} = H$ bei einer Keilspitzenlänge $X = 0,8 \div 0,05$ in	m	87
$H_{\min}$ = kleinstes H . . . . in	m	154
$H''_{\min}$ = kleinstes H . . . . in	mm	92
H_m = mittlere Schmierschichtstärke bei Ebenen . . . in	m	187
H_δ = hydrostatische Öldruckhöhe . . . . in	m	186
h = geringste Schmierschichtstärke (ideelle) bei Lagern in	m	44
h'' = geringste Schmierschichtstärke (ideelle) bei Lagern in	mm	50
$h_{0,2} \div h_{0,95} = h$ bei einer Exzentrizität von $\chi = 0,2 \div 0,95$ in	m	46
$h''_{\min}$ = kleinstes h . . . . in	mm	59
h_w = wirkliche geringste Schmierschichtstärke . . in	m	56
h_L = h bei Laufsitzpassung . . . . in	m	149
h_m = mittlere Höhe eines Ölabströmquerschnittes . in	m	179
i = Ölzähigkeitskennziffer	—	145
j = Anzahl der gleichzeitig tragenden Keilflächen . .	—	187
K = Hilfsfaktor für ε bei ebenen Gleitflächen	—	89
k = Hilfsfaktor für ψ bei Lagern	—	48
k_b = zulässige Biegungsbeanspruchung . . . . . in	kg/cm²	65
L = Keilflächenlänge bei ebenen Gleitflächen . . in	m	85
L'' = Keilflächenlänge bei ebenen Gleitflächen . . in	mm	92
l = Zapfenlänge . . . . in	m	39
l' = Zapfenlänge . . . . in	cm	65
l'' = Zapfenlänge . . . . in	mm	50
l_0 = Länge einer Kapillarröhre . . . . in	m	29
l_1 = Länge eines Ölabströmweges (Sperrlänge) . . in	m	179
M = Flüssigkeitsmenge in t Sek. beim Kapillarversuch in	m³	29
M_Z = Zahnradmodul	—	191
m = Verschleißfaktor	—	184
N_r = Reibungsleistung . . . . in	PS	115
N_δ = Ölpumpenkraftverbrauch . . . . in	PS	187
n = minutliche Zapfendrehzahl	—	39
n_e = minutliche Zapfendrehzahl beim „Einklinken" . .	—	107
$n_{\min}$ = kleinste minutliche Zapfendrehzahl	—	105
n_δ = minutliche Drehzahl der Ölpumpe	—	191
$\ddot{O}$ = Ölpumpenleistung bei erweiterter natürl. Kühlung in	lit/min	184
$\ddot{O}_0$ = theoret. Fördermenge einer Zahnradpumpe . in	lit/min	191
$\ddot{O}_1$ = theoret. Ölpumpenleistung bei künstl. Kühlung in	lit/min	187
P = Gesamtlagerdruck, Gleitflächenbelastung, Kraft in	kg	39
P_δ = Zahnraddruck bei Ölpumpen . . . . in	kg	194
p_m = mittlerer Flächendruck (Schmierschichtdruck) bei Lagern und Gleitflächen . . . . in	kg/m²	39
p = mittlerer Flächendruck (Schmierschichtdruck) bei Lagern und Gleitflächen . . . . in	kg/cm²	61
p_1 = Öldruck in Mitte des unbelasteten Lagerteiles in	kg/m²	183
p'_1 = Öldruck in Mitte des unbelasteten Lagerteiles in	kg/cm²	183
p_δ = Ölpumpendruck . . . . in	kg/cm²	186
$p_{\max (\chi=0,5)} \div p_{\max (\chi=0,8)}$ = größter spez. Lagerdruck bei $\chi = 0,5 \div 0,8$ . . . . in	kg/cm²	65
$p_{\max (0,4)} \div p_{\max (0,05)}$ = größter Flächendruck bei $X = 0,4 \div 0,05$ . . . . in	kg/cm²	92
p_0 = Flüssigkeitsüberdruck bei Kapillarquerschnitten in	kg/m²	29

			Maß	Seite
Q	$=$ Ölverbrauch	in	m^3/sek	180
Q'	$=$ Ölverbrauch	in	lit/min	180

$Q_{\chi=0,5} \div Q_{\chi=0,8} =$ Ölverbrauch des belasteten Lagerteiles

bei $\chi = 0,5 \div 0,8$ . . . . in m^3/sek   180

$Q'_{\chi=0,5} \div Q'_{\chi=0,8} =$ Ölverbrauch des belasteten Lagerteiles

bei $\chi = 0,5 \div 0,8$ . . . . in   lit/min   180

$Q'_{\text{Tropf.}} =$ Ölverbrauch bei Tropfschmierung (Mittelwert) in   lit/min   181

$Q_{1(\chi=0,5)} \div Q_{1(\chi=0,8)} =$ Ölverbrauch des unbelasteten Lager-

teiles bei $\chi = 0,5 \div 0,8$ . . . . in m^3/sek   183

$Q'_{1(\chi=0,5)} \div Q'_{1(\chi=0,8)} =$ Ölverbrauch des unbelasteten Lager-

teiles bei $\chi = 0,5 \div 0,8$ . . . . in   lit/min   183

$Q'_{\Sigma(\chi=0,5)} \div Q'_{\Sigma(\chi=0,8)} =$ Ölverbrauch bei Druckschmierung

und $\chi = 0,5 \div 0,8$ . . . . in   lit/min   183

$Q'_{\Sigma} = Q'_{\text{Druck}} =$ Ölverbrauch bei Druckschmierung (Mittelwert)

in   lit/min   183

Q'_2	$=$ Drucköiverbrauch bei künstl. Kühlung. . . .	in	lit/min	185
$Q_{\text{Gleitschuh}}$	$=$ Ölverbrauch bei Gleitschuhen	in	m^3/sek	187
q	$=$ Ölaustrittsmenge durch Sperrkanal	in	m^3/sek	180
R	$=$ ideeller Lagerbohrungshalbmesser	in	m	39
R_K	$=$ Zahnradkopfkreishalbmesser	in	cm	191
R_F	$=$ Zahnradfußkreishalbmesser	in	cm	191
r	$=$ Zapfenhalbmesser	in	m	39
r_0	$=$ Halbmesser einer Kapillarröhre	in	m	29
$S_{0,5} \div S_{0,8}$	$=$ ideelles Lagerspiel $D' - d'$ bei $\chi = 0,5 \div 0,8$ in		cm	66
$s_{0,5} \div s_{0,8}$	$=$ ideelles Lagerspiel in $^0/_{00}$ bei $\chi = 0,5 \div 0,8$ in		$^0/_{00}$	66
t	$=$ Auslaufzeit beim Kapillarversuch	in	sek	29
u	$=$ Absolute Keilspitzenlänge	in	m	86
V	$=$ Gleitgeschwindigkeit (bei ebenen Gleitflächen) in		m/sek	85
$V_{\min}$	$=$ kleinstes V	in	m/sek	154
$V_{\ddot{o}}$	$=$ Durchflußgeschwindigkeit im Druckölkreislauf in		m/sek	186
v	$=$ Gleitgeschwindigkeit (bei Zapfen)	in	m/sek	71
v_0	$=$ mittlere Durchflußgeschwindigkeit beim Kapillar-			
	versuch	in	m/sek	30
$v_{0\,\text{kritisch}}$	$=$ kritische Durchflußgeschwindigkeit beim Kapillar-			
	versuch	in	m/sek	30
W	$=$ Widerstand der halbtrockenen Reibung . . .	in	kg	1
W'	$=$ Widerstand der flüssigen Reibung	in	kg	25
W_0	$=$ Widerstandsmoment eines Zapfens	in	cm^3	65
w	$=$ spez. Wärme des Öles	in	WE/kg	185
Z	$=$ Zahnradzähnezahl		—	191
z	$=$ absolute Ölzähigkeit (in der Schmierschicht)	in	kg·sek/m^2	30
$z_{\min}$	$=$ kleinstes z	in	kg·sek/m^2	154
α	$=$ Gesamtwärmeabgabe eines Lagers	in	WE/st	127
α_1	$=$ spez. Wärmeabgabe eines Lagers	in	WE/st·m^2	127
α_0	$=$ unterster (theor.) Grenzwert von α_1	in	WE/st·m^2	128
α_2	$=$ durch künstliche Kühlung abzuführende Lager-			
	wärme	in	WE/st·m^2	132
β	$=$ Wellenverlagerungswinkel im Betriebszustande in		$\sphericalangle\,^\circ$	39
β_1	$=$ Wellenverlagerungswinkel beim „Einlaufen".	in	$\sphericalangle\,^\circ$	79
γ	$=$ spez. Gewicht einer Flüssigkeit	in	kg/lit	33
γ_0	$=$ spez. Gewicht einer Flüssigkeit	in	kg/m^3	30

				Maß	Seite
$\varDelta$	= Höhe der Unebenheiten bei ebenen Flächen		in	m	92
$\varDelta''$	= Höhe der Unebenheiten bei ebenen Flächen		in	mm	92
δ	= Höhe der Unebenheiten bei Zapfen		in	m	55
δ''	= Höhe der Unebenheiten bei Zapfen		in	mm	56
δ_1	= Höhe der Unebenheiten bei Lagern		in	m	55
δ''_1	= Höhe der Unebenheiten bei Lagern		in	mm	56
ε	= Keilsteigung auf 1 m Länge		in	m	85
$\varepsilon_{0,8} \div \varepsilon_{0,05}$	= Keilsteigung bei $X = 0,8 \div 0,05$ . . .		in	m	87
$\varepsilon''_{0,8} \div \varepsilon''_{0,05}$	= Keilsteigung bei $X = 0,8 \div 0,05$ . . .		in	%	92
ζ	= Verhältniswert $= \mu : \psi$			—	102
η	= Wirkungsgrad einer Ölpumpe (Lieferungsgrad) .			—	192
Θ	= Schmierschichttemperatur bei Lagern und Gleit-				
	flächen (auch Öltemperatur allgemein). . . .			° C	127
Θ_{max}	= größtes Θ		in	° C	147
Θ_1	= Temperatur der umgebenden Luft		in	° C	127
Θ_2	= Spülöleintrittstemperatur		in	° C	185
ι	= Wärmeentwicklung einer ebenen Gleitfläche .		in	WE/st	157
ι_1	= spez. Wärmeentwicklung einer ebenen Gleitfläche				
			in	WE/st · m²	157
$\varkappa$	= Reibungsbeiwert für Lager.			—	100
λ	= Gesamtwärmeabgabe einer ebenen Gleitfläche		in	WE/st	157
λ_1	= spez. Wärmeabgabe einer ebenen Gleitfläche		in	WE/st · m²	157
λ_2	= durch künstliche Kühlung abzuführende Reibungs-				
	wärme bei ebenen Gleitflächen		in	WE/st · m²	163
μ	= Reibungszahl für Lager und ebene Gleitflächen .			—	99
μ_{min}	= kleinstes μ für Lager und ebene Gleitflächen . .			—	112
$\mu_{0,5}$	= Lagerreibungszahl bei $\chi = 0,5$			—	102
μ_{hfl}	= Lagerreibungszahl bei halbflüssiger Reibung . .			—	107
μ_e	= Lagerreibungszahl beim „Einklinken"			—	107
μ_{htr}	= Lagerreibungszahl bei halbtrockener Reibung . .			—	107
π	= die Ludolf'sche Zahl $= 3,14$			—	29
ϱ	= Wärmeentwicklung eines Lagers		in	WE/st	125
ϱ_1	= spez. Wärmeentwicklung eines Lagers . . .		in	WE/st · m²	126
σ_b	= Biegungsbeanspruchung		in	kg/cm²	141
τ	= Reibungsbeiwert bei ebenen Gleitflächen			—	152
Φ	= Verhältniswert bei Lagern			—	39
φ	= Verhältniswert bei ebenen Gleitflächen			—	86
X	= verhältnismäßige Keilspitzenlänge $= u : L$ . . .			—	86
χ	= verhältnismäßige Exzentrizität der Wellenverlage-				
	rung			—	39
ψ	= verhältnismäßiges Lagerspiel $= (D - d) : d$ . .			—	39
$\psi_{0,2} \div \psi_{0,95}$	= verhältnismäßiges Lagerspiel bei $\chi = 0,2 \div 0,95$			—	39
ω	= Winkelgeschwindigkeit $= 0,1047 \cdot n$		in	1/sek	39

Literaturverzeichnis.

Nachstehende Zusammenstellung, die keinerlei Anspruch auf Vollständigkeit erheben will, bringt in alphabetischer Ordnung eine
größere Anzahl von Veröffentlichungen über Reibung, Schmierung
und verwandte Gebiete, auf deren manche im Rahmen dieser Arbeit
Bezug genommen wurde. Die betreffenden Buchseiten sind jeweils
in Klammern angeführt.

1. Ascher, Dr. R.: Die Schmiermittel, ihre Art, Prüfung und Verwendung.
   Berlin: Julius Springer 1922 (211).
2. Berndt, Prof. Dr. G.: Die Oberflächenbeschaffenheit bei verschiedenen Be-
   arbeitungsmethoden. Loewe-Notizen, Januar—März 1924. Ludwig
   Loewe & Co., A.-G., Berlin NW 87 (57).
3. Biel, Dr.-Ing. C.: Die Reibung in Gleitlagern bei Zusatz von Voltolöl zu
   Mineralöl und bei Veränderung der Umlaufzahl und der Temperatur. Z. V.
   d. I. 1905 (108).
4. Brown, Boveri & Cie. Siehe Nr. 15.
5. Czochralski, Obering. J. und Dr.-Ing. G. Welter: Lagermetalle und ihre
   technologische Bewertung. Berlin: Julius Springer 1920 (15).
6. Commentz, Dr.-Ing. C.: Einringdrucklager. Werft Reederei Hafen, Januar
   1921, Hft 2 (230).
7. Dallwitz - Wegener, Dr. R. v.: Neue Wege zur Untersuchung von Schmiermitteln. München-Berlin: R. Oldenbourg 1919.
8. — Zur Schmierölprüfung auf die kapillaren Eigenschaften der Schmiermittel.
   Petroleum 1921, H. 24 u. 25.
9. Dettmar, Obering.: Reibungsverluste in el. Maschinen. ETZ 1899, H. 22.
10. Dierfeld, Reg.-Baumeister: Künstlicher Graphit, seine Entstehung und Ver-
    wendung im Maschinenbau. Dingler 1914, H. 21 u. 22 (82).
11. Ensslin, Dr.-Ing. M.: Mehrmals gelagerte Kurbelwellen mit einfacher und
    doppelter Kröpfung. Stuttgart 1902 (74).
12. Ernst, Prof. W.: Das Verhalten der Zylinderschmieröle bei hohen Drücken
    und Temperaturen. Zeitschr. der Dampfkesseluntersuchungs- und -ver-
    sicherungsgesellschaft a. G., November u. Dezember 1920. Wien I, Opern-
    gasse 6 (174).
13. Falz, Obering. E.: Die praktische Bekämpfung der Getriebestöße bei Kolben-
    maschinen. N. Z. I. Nr. 39. 1924. Hannover: C. V. Engelhard & Co.,
    G. m. b. H. (172).
14. Frank, Prof. Dr. F.: Beobachtungen über die Ursachen der Veränderung der
    Schmier- und Isolieröle im Gebrauch. N. Z. I. Nr. 42, Dezember 1924; auch
    Der prakt. Maschinen-Konstrukteur Nr. 43, November 1924 (214).
15. Freudenreich, J. von (Brown, Boveri & Cie.): Untersuchungen an Lagern.
    BBC-Mitteilungen 1917, H. 1—4 (25, 102, 108, 230).
16. Friedrich, Dr.-Ing. W.: Die mechanische Schmierung der Eisenbahnachsen.
    Z. V. d. I. 1924, Nr. 34.
17. Gramenz, Obering. K.: Die Dinpassungen und ihre Anwendung. Berlin NW 7:
    Dinorm, Sommerstr. 4a.
18. Großmann, J.: Die Schmiermittel. Wiesbaden: Kreidel 1909 (211).

19. Gümbel, Prof. Dr.-Ing. L.: Das Problem der Lagerreibung. Monatsblätter Berlin. Bez.-V. d. I., April und Mai 1914 (24).
20. — Die Schubkraftmaschine. Z. ges. Turb.-Wes. 1914 (24).
21. — Weitere Beiträge zum Problem geschmierter Flächen. Monatsbl. Berlin. Bez.-V. d. I., Juli 1916 (24).
22. — Das Problem der Lagerreibung. Monatsbl. Berlin. Bez.-V. d. I. 1916 (24).
23. — Über geschmierte Zahntriebe. Z. ges. Turb.-Wes. 1916 (24).
24. — Einfluß der Schmierung auf die Konstruktion. Jahrb. Schiffsbaut. Ges. 1917. (24).
25. — Die Reibungszahl der flüssigen Reibung unter Berücksichtigung der endlichen Lagerbreite. Z. ges. Turb.-Wes. 1918 (24).
26. — Der heutige Stand der Schmierungsfrage. Forsch.-Arb. 1920, H. 224 (24).
27. — Vergleich der Ergebnisse der rechnerischen Behandlung des Lagerschmierungsproblems mit neueren Versuchsergebnissen. Monatsbl. Berlin. Bez.-V. d. I., September 1921 (6, 24, 40).
28. Haserick, Obering. O.: Zum Kapitel Schmierung. (Ein Beitrag aus der Praxis.) Petroleum, Mai 1920, H. 3 (174).
29. Heimann, Dipl.-Ing. Dr. H.: Versuche über Lagerreibung nach dem Verfahren von Dettmar. Z. V. d. I. 1905 (106).
30. Herttrich, Dipl.-Ing. H.: Gleitlager. (Grundlagen der Lagergestaltung.) Maschinenbau/Gestaltung, Dez. 1923, H. 6.
31. Hoffmann, Dipl.-Ing. M.: Das Drucklager der Schiffsmaschine. Dingler, Mai 1919, H. 11 (230).
32. Holde, Geh.-Rat Prof. Dr. D.: Untersuchung der Kohlenwasserstofföle und Fette. Berlin: Julius Springer 1918 (211).
33. Kablitz, Ing. R.: Transmissionslager mit selbsttätiger Schmierung. Z. V. d. I. 1902.
34. Kammerer, Prof. Dr.-Ing.: Entstehung der Lagerversuche. — Welter, Dr.-Ing. G. und Dipl.-Ing. G. Weber: Durchführung der Lagerversuche. Versuchsergebnisse des Versuchsfeldes für Maschinenelemente der Technischen Hochschule zu Berlin. München u. Berlin: R. Oldenbourg 1920 (15).
35. Klein, Geh.-Rat Prof. L.: Beusch-Steinlager. Maschinenbau/Betrieb 1923/24, H. 5/6. Verl. d. V. d. I. (221).
36. Krabbe, Dipl.-Ing.: Kraftfluß und mechanisches Triebwerk. Maschinenbau/Betrieb 1921/22.
37. Kronefeld, H.: Graphitiertes Gittermetall im Automobilbau. Kraftwagen, Sept. 1921, Nr. 12.
38. Kucharsky, Obering. W.: Die Anordnung der Schmiernuten. Dingler, Januar 1919, H. 1.
39. Lasche, Dr.-Ing. e. h. O.: Die Reibungsverhältnisse in Lagern mit hoher Umfangegeschwindigkeit. Z. V. d. I. 1902, auch Forsch.-Arb. H. 9 (25, 128).
40. — Konstruktion und Material im Bau von Dampfturbinen und Turbodynamos. Berlin: Julius Springer 1921 2. Aufl. (24, 25).
41. Lincke, Obering.: Versuche an Transmissionen. Maschinenbau/Betrieb 1921/22.
42. Mester, Ing. Chr.: Ströme in Lagern und Wellen elektrischer Maschinen. N. Z. I. Januar 1925, H. 1. Hannover: Engelhard & Co. G. m. b. H.
43. Meyer-Jagenberg, Dr.-Ing. G.: Lagerversuche. Werkst.-Techn. 1924, H. 3, 7 u. 8 (25).
44. Michell, A. G. M.: The lubrication of plane surfaces. Z. Math. Phys. 1905 (230).
45. Ölschläger: Die Zähigkeit von Ölen. Z. V. d. I. 1918, H. 27.
46. Ostwald, Wa.: Wie deutscher Kolloidalgraphit entsteht. Motorfahrer.
47. Pape, Obering. W.: Einfluß von Fundamentschwingungen auf den Lauf von Turbodynamos. N. Z. I. Nr. 6, April 1924. Hannover: Engelhard & Co., G. m. b. H.
48. Petroff, Prof. N.: Neue Theorie der Reibung. Urschrift (russisch) 1883. Deutsche Übersetzung von Wurzel 1887. Hamburg: Leopold Voss (23).
49. Polster, Dr.-Ing. H.: Untersuchung der Druckwechsel und Stöße im Kurbelgetriebe von Kolbenmaschinen. Forsch.-Arb. 1915, H. 172 u. 173 (172).

50. Praetorius, Ing. K. R. H.: Die Schmierung leichter Verbrennungsmotoren. Automobiltechnische Bibliothek Bd. 9. Berlin: M. Krayn 1920.
51. Reynolds, O.: On the theory of lubrikation and its application to Mr. Beauchamp Tower's experiments. Phil. Transactions Roy. Society of London 1886 (24).
52. Sachs, G.: Versuche über die Reibung fester Körper. Z. ang. Math. Mech. 1924, Bd. 4.
53. Saytzeff, Ing.-Technolog. A.: Vergleichende Untersuchungen von Mineralschmierölen mit 1,5% Oildag-Zusatz. Z. V. d. I. 1924, Nr. 29.
54. Sommerfeld, Prof. Dr. A.: Zur hydrodynamischen Theorie der Schmiermittelreibung. Z. Math. u. Phys. 1904 (24).
55. — Zur Theorie der Schmiermittelreibung. Z. techn. Phys. 1921 (24).
56. Schenfer, Cl.: Stabilität der Ölschicht bei Lagern. Arch. Elektrot. 1922, H. 3 (106, 108).
57. Schlesinger und Kurrein: Forschung und Werkstatt: Schmierölprüfung für den Betrieb. Werkst.-Techn. 1916, H. 1—3.
58. Schulz, Marine-Oberbaurat B.: Kriegserfahrungen mit Lagermetallen in der Marine und Vorschläge zu ihrer Normalisierung. Werft Reederei Hafen 1921, H. 12.
59. Stanton, Dr. T. E.: Some recent researches on lubrication. Eng. v. 8. Dez. 1922 (75, 107).
60. Stoney, G.: High speed bearing. Engg. v. 7. Aug. 1914.
61. Stribeck, Prof. R.: Die wesentlichen Eigenschaften der Gleit- und Rollenlager. Z. V. d. I. 1902, auch Forsch.-Arb., H. 7 (24, 25, 83, 100).
62. Thurston: Friction and lubrication. New York 1879.
63. Tower, B.: Proceedings of the Instit. of Mechanical Eng. 1883 (25).
64. Tower und Thurston (Bericht): Bericht über die Versuche von Tower und Thurston. Z. V. d. I. 1885, S. 836.
65. Ubbelohde, Prof. Dr. L.: Tabellen zum Engler'schen Viskosimeter. Leipzig: S. Hirzel 1907 (32).
66. — Zur Theorie der Reibung geschmierter Maschinenteile. Petroleum 1912, H. 14, 16 u. 17 (29, 32, 209).
67. Vieweg, Geh.-Rat, Dipl.-Ing. V.: Bestimmung der Dicke der Ölschicht bei Lagern. Arch. Elektrot. 1919, auch Petroleum 1922, H. 34 (24, 40, 59, 106).
68. Vieweg, V. und R. Vieweg: Über die Trennung von Luft- und Lagerreibung. Maschinenbau/Betrieb 1923/24, H. 5/6.
69. Weber, Dipl.-Ing. G.: Der Reibungswiderstand von Gleitlagern und die Berechnung der Gleitlager. Der praktische Maschinenkonstrukteur 1916 (Uhland): „Aus der Schweizer Technik" S. 45.
70. Welter und Weber. Siehe Nr. 34.

Sachverzeichnis.

Druck der Spamerschen Buchdruckerei in Leipzig.

Verlag von Julius Springer in Berlin W 9

Die Schmiermittel, ihre Art, Prüfung und Verwendung. Ein Leitfaden für den Betriebsmann. Von Dr. **Richard Ascher.** Mit 17 Textabbildungen. (255 S.) 1922. Gebunden 8 Goldmark

---

Kohlenwasserstofföle und Fette sowie die ihnen chemisch und technisch nahestehenden Stoffe. Von Professor Dr. **D. Holde** in Berlin. Sechste, vermehrte und verbesserte Auflage. Mit 179 Abbildungen im Text, 196 Tabellen und einer Tafel. (882 S.) 1924. Gebunden 45 Goldmark

---

Berichte des Versuchsfeldes für Werkzeugmaschinen an der Technischen Hochschule Berlin.

Erstes Heft: Vorbericht: **Das Versuchsfeld und seine Einrichtungen.** 1. Fachbericht: **Untersuchung einer Drehbank mit Riemenantrieb.** Von Professor Dr.-Ing. **G. Schlesinger** in Berlin. Mit 46 Textfiguren. (26 S.) 1912. Vergriffen

Zweites Heft: **Der Azetylen-Sauerstoff-Schweißbrenner,** seine Wirkungsweise und seine Konstruktionsbedingungen. Von Dipl.-Ing. **Ludwig.** Mit 39 Textfiguren. (30 S.) 1912. Vergriffen

Drittes Heft: **1. Untersuchungen an Preßluftwerkzeugen.** Von Dr.-Ing. **R. Harm.** Mit 38 Textfiguren. — **2. Der deutsche (metrische) Bohrkegel für Fräsdorne.** Von Professor Dr.-Ing. **G. Schlesinger.** Mit 36 Textfiguren. (34 S.) 1913. 2 Goldmark

Viertes Heft: **Forschung und Werkstatt.** 1. Untersuchung von Spreizringkupplungen. Von Professor Dr.-Ing. **G. Schlesinger** in Berlin. Mit 115 Textfiguren. — 2. Schmierölprüfung für den Betrieb. Von Dr.-Ing. **G. Schlesinger** und Dr. techn. **M. Kurrein.** Mit 29 Textfiguren. (34 S.) 1916. Unveränderter Neudruck. 1922. 2 Goldmark

Fünftes Heft: **Untersuchung einer Wagerecht-Stoßmaschine mit elektrischem Einzelantrieb und Riemenzwischengliedern.** Von Professor Dr.-Ing. **G. Schlesinger** und Privatdozent Dr. techn. **M. Kurrein.** Mit 108 Textfiguren und 15 Zahlentafeln. (40 S.) 1921. 2,50 Goldmark

Sechstes Heft: **Forschung und Werkstatt II.** Ersatzstoffe („Kriegsnachklänge"). 1. Untersuchung von Ersatzriemen. Von **G. Schlesinger** und **M. Kurrein.** — 2. Untersuchung von Bohrölen. Von **G. Schlesinger** und **E. Simon.** — 3. Kupferarme Zinklegierungen für die Lagerungen der Werkzeugmaschinen. Einfluß der Gießart und der Schmierung. Von **G. Schlesinger** und **M. Kurrein.** (31 S.) 1924. 2.40 Goldmark

Siebentes Heft: **Der Ausbau der Einrichtung des Versuchsfeldes für Werkzeugmaschinen an der Technischen Hochschule zu Berlin seit 1912.** Von Professor Dr.-Ing. **G. Schlesinger** und Professor Dr. techn. **M. Kurrein.** Mit vielen Abbildungen. (22 S.) 1924. 2.40 Goldmark

---

Die Gewinde, ihre Entwicklung, ihre Messung und ihre Toleranzen. Im Auftrage von Ludw. Loewe & Co., Berlin, bearbeitet von Professor Dr. **G. Berndt** in Dresden. Mit 395 Abbildungen im Text und 287 Tabellen. (673 S.) 1925. Gebunden 36 Goldmark

---

Mehrfach gelagerte, abgesetzte und gekröpfte Kurbelwellen. Anleitung für die statische Berechnung mit durchgeführten Beispielen aus der Praxis. Von Professor Dr.-Ing. **A. Gessner** in Prag. Mit 52 Textabbildungen. Erscheint Ende November 1925

Taschenbuch für den Maschinenbau. Bearbeitet von Fachleuten. Herausgegeben von Professor **Heinrich Dubbel**, Ingenieur, Berlin. V i e r t e , erweiterte und verbesserte Auflage. Mit 2786 Textfiguren. In zwei Bänden. (1739 S.) 1924. Gebunden 18 Goldmark

Freytags Hilfsbuch für den Maschinenbau, für Maschineningenieure, sowie für den Unterricht an Technischen Lehranstalten. S i e b e n t e , vollständig neubearbeitete Auflage. Unter Mitarbeit von Fachleuten herausgegeben von Professor **P. Gerlach.** Mit 2484 in den Text gedruckten Abbildungen, 1 farbigen Tafel und 3 Konstruktionstafeln. (1502 S.) 1924. Gebunden 17.40 Goldmark

---

Technische Untersuchungsmethoden zur Betriebskontrolle insbesondere zur Kontrolle des Dampfbetriebes. Zugleich ein Leitfaden für die Übungen in den Maschinenbaulaboratorien technischer Lehranstalten. Von Oberlehrer Professor **Julius Brand** in Elberfeld. Mit einigen Beiträgen von Dipl.-Ing. Oberlehrer R o b e r t H e e r m a n n. V i e r t e , verbesserte Auflage. Mit 277 Textabbildungen, 1 lithographischen Tafel und zahlreichen Tabellen. (385 S.) 1921. Gebunden 12 Goldmark

---

Maschinentechnisches Versuchswesen. Von Professor Dr.-Ing. **A. Gramberg,** Oberingenieur an den Höchster Farbwerken.

E r s t e r B a n d : **Technische Messungen bei Maschinenuntersuchungen und zur Betriebskontrolle.** Zum Gebrauch an Maschinenlaboratorien und in der Praxis. F ü n f t e , vielfach erweiterte und umgearbeitete Auflage. Mit 326 Figuren im Text. (577 S.) 1923. Gebunden 18 Goldmark
Z w e i t e r B a n d : **Maschinenuntersuchungen und das Verhalten der Maschinen im Betriebe.** Ein Handbuch für Betriebsleiter, ein Leitfaden zum Gebrauch bei Abnahmeversuchen und für den Unterricht an Maschinenlaboratorien. D r i t t e , verbesserte Auflage. Mit 327 Figuren im Text und auf 2 Tafeln. (619 S.) 1924. Gebunden 20 Goldmark

---

Kolbendampfmaschinen und Dampfturbinen. Ein Lehr- und Handbuch für Studierende und Konstrukteure. Von Professor **Heinrich Dubbel,** Ingenieur. S e c h s t e , vermehrte und verbesserte Auflage. Mit 566 Textfiguren. (530 S.) 1923. Gebunden 14 Goldmark

---

Die Kondensation bei Dampfkraftmaschinen einschließlich Korrosion der Kondensatorrohre, Rückkühlung des Kühlwassers, Entölung und Abwärmeverwertung. Von Oberingenieur Dr.-Ing. **K. Hoefer** in Berlin. Mit 443 Abbildungen im Text. (453 S.) 1925. Gebunden 22.50 Goldmark

---

O. Lasche, Konstruktion und Material im Bau von Dampfturbinen und Turbodynamos. D r i t t e , umgearbeitete Auflage von **W. Kieser,** Abteilungsdirektor der A E G - Turbinenfabrik. Mit 377 Textabbildungen. (198 S.) 1925. Gebunden 18.75 Goldmark

---

Regelung der Kraftmaschinen. Berechnung und Konstruktion der Schwungräder, des Massenausgleichs und der Kraftmaschinenregler in elementarer Behandlung. Von Hofrat Professor Dr.-Ing. **Max Tolle** in Karlsruhe. D r i t t e , verbesserte und vermehrte Auflage. Mit 532 Textfiguren und 24 Tafeln. (902 S.) 1921. Gebunden 33.50 Goldmark

Dampf- und Gasturbinen. Mit einem Anhang über die Aussichten der Wärmekraftmaschinen. Von Professor Dr. phil. Dr.-Ing. **A. Stodola** in Zürich. Sechste Auflage. Unveränderter Abdruck der fünften Auflage. Mit einem Nachtrag nebst Entropietafel für hohe Drücke und B¹T-Tafel zur Ermittelung des Rauminhaltes. Mit 1138 Textabbildungen und 13 Tafeln. (1154 S.) 1924. Gebunden 50 Goldmark

Nachtrag zur fünften Auflage von Stodolas Dampf- und Gasturbinen nebst Entropietafel für hohe Drücke und B¹T-Tafel zur Ermittelung des Rauminhaltes. Mit 37 Abbildungen und 2 Tafeln. (32 S.) 1924. 3 Goldmark Dieser der 6. Auflage beigefügte Nachtrag ist auch als Sonderausgabe einzeln zu beziehen, um den Besitzern der 5. Auflage des Hauptwerkes die Möglichkeit einer Ergänzung auf den Stand der 6. Auflage zu bieten.

Schnellaufende Dieselmaschinen. Beschreibungen, Erfahrungen, Berechnung, Konstruktion und Betrieb. Von Marinebaurat a. D. Professor Dr.-Ing. **O. Föppl** in Braunschweig, Oberingenieur Dr.-Ing. **H. Strombeck,** Leunawerke und Professor Dr. techn. **L. Ebermann** in Lemberg. Dritte, ergänzte Auflage. Mit 148 Textabbildungen und 8 Tafeln, darunter Zusammenstellungen von Maschinen von A EG., Benz, Daimler, Danziger Werft, Deutz, Germaniawerft, Görlitzer M.-A., Körting und M A N Augsburg. (246 S.) 1925. Gebunden 11.40 Goldmark

Das Entwerfen und Berechnen der Verbrennungskraftmaschinen und Kraftgas-Anlagen. Von Maschinenbaudirektor Dr.-Ing. e. h. **Hugo Güldner,** Aschaffenburg. Dritte, neubearbeitete und bedeutend erweiterte Auflage. Mit 1282 Textfiguren, 35 Konstruktionstafeln und 200 Zahlentafeln. 1914. (809 S.) Dritter, unveränderter Neudruck. 1922. Gebunden 42 Goldmark

Untersuchungen über den Einfluß der Betriebswärme auf die Steuerungseingriffe der Verbrennungsmaschinen. Von Dr.-Ing. **C. H. Güldner.** Mit 51 Abbildungen im Text und 5 Diagrammtafeln. (128 S.) 1924. 5 .10 Goldmark; gebunden 6 Goldmark

Die Theorie der Wasserturbinen. Ein kurzes Lehrbuch von Professor **Rudolf Escher †** in Zürich. Dritte, vermehrte und verbesserte Auflage, herausgegeben von Ober-Ing. **Robert Dubs** in Zürich. Mit 364 Textabbildungen und 1 Tafel. (369 S.) 1924. Gebunden 13.50 Goldmark

Dynamik der Leistungsregelung von Kolbenkompressoren und -pumpen (einschl. Selbstregelung und Parallelbetrieb). Von Dr.-Ing. **Leo Walther** in Nürnberg. Mit 44 Textabbildungen, 23 Diagrammen und 85 Zahlenbeispielen. (156 S.) 1921. 4.60 Goldmark

Kolben- und Turbo-Kompressoren. Theorie und Konstruktion. Von Professor **P. Ostertag,** Diplom-Ingenieur, Winterthur. Dritte, verbesserte Auflage. Mit 358 Textabbildungen. (308 S.) 1923. Gebunden 20 Goldmark

Die Werkzeugmaschinen, ihre neuzeitliche Durchbildung für wirtschaftliche Metallbearbeitung. Ein Lehrbuch. Von Professor **Fr. W. Hülle,** Oberlehrer an den Staatl. Vereinigten Maschinenbauschulen in Dortmund. Vierte, verbesserte Auflage. Mit 1020 Abbildungen im Text und auf Textblättern sowie 15 Tafeln. (619 S.) 1919. Unveränderter Neudruck. 1923. Gebunden 24 Goldmark

Taschenbuch für den Fabrikbetrieb. Bearbeitet von bewährten Fachleuten. Herausgegeben von Professor **H. Dubbel,** Ingenieur, Berlin. Mit
933 Textfiguren und 8 Tafeln. (890 S.) 1923.   Gebunden 12 Goldmark

Industriebetriebslehre. Die wirtschaftlich-technische Organisation des Industrie-
betriebes mit besonderer Berücksichtigung der Maschinenindustrie. Von
Professor Dr.-Ing. **E. Heidebroek** in Darmstadt. Mit 91 Textabbildungen und
3 Tafeln. (291 S.) 1923.   Gebunden 17.50 Goldmark

Grundlagen der Fabrikorganisation. Von Professor Dr.-Ing. **Ewald Sachsen-
berg** in Dresden. D r i t t e , verbesserte und erweiterte Auflage. Mit 66 Textabbildungen. (170 S.) 1922.   Gebunden 8 Goldmark

Schriften der Arbeitsgemeinschaft Deutscher Betriebsingenieure.

B a n d I: **Der Austauschbau** und seine praktische Durchführung. Bearbeitet
von bekannten Fachleuten. Herausgegeben von Dr.-Ing. **Otto Kienzle.**
Mit 319 Textabbildungen und 24 Zahlentafeln. (328 S.) 1923.
                                    Gebunden 8.50 Goldmark

B a n d II: **Lehrbuch der Vorkalkulation von Bearbeitungszeiten.** Von
Kurt Hegner, Oberingenieur der Ludw. Loewe & Co. A.-G., Berlin.
Erster Band: S y s t e m a t i s c h e E i n f ü h r u n g . Mit 107 Bildern.
(198 S.) 1924.   Gebunden 14 Goldmark

B a n d III: **Spanabhebende Werkzeuge** f ü r d i e M e t a l l b e a r b e i t u n g
und ihre Hilfseinrichtungen. Bearbeitet von Direktor **R. Bussien,** Obering.
A. Cochius, Prokurist **K. Güldenstein,** Ing. **E. Herbst,** Direktor **W. Hippler,**
Dr.-Ing. **R. Koch,** Ingenieur **H. Mauck,** Direktor Dr.-Ing. e. h. **J. Reindl,**
Professor Dr.-Ing. **O. Schmitz,** Dipl.-Ing. **E. Simon,** Professor **E. Tous-
saint.** Herausgegeben von Dr.-Ing. e. h. **J. Reindl,** Techn. Direktor der
Schuchardt & Schütte A.-G. Mit 574 Textabbildungen und 7 Zahlentafeln.
(466 S.) 1925.   Gebunden 28.50 Goldmark

B a n d IV: **Spanlose Formung.** Herausgegeben von Dr.-Ing. **Valentin Litz,**
Direktor der Firma Borsig G. m. b. H., Berlin. Mit etwa 170 Textabbildungen.   Erscheint Ende 1925

Technisches Hilfsbuch. Herausgegeben von **Schuchardt & Schütte.** S e c h s t e
Auflage. Mit 500 Abbildungen und 8 Tafeln. (490 S.) 1923.
                          In Halbleinen gebunden 6.50 Goldmark

Normung, Typung, Spezialisierung in der Papiermaschinen-Industrie.

Von Dr.-Ing. **Heinrich Biagosch.** (158 S.) 1924.   Gebunden 15 Goldmark